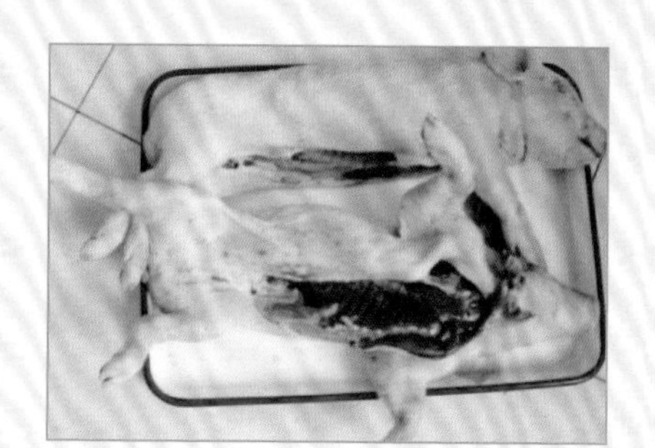
彩图7-1　腹下皮肤点状出血

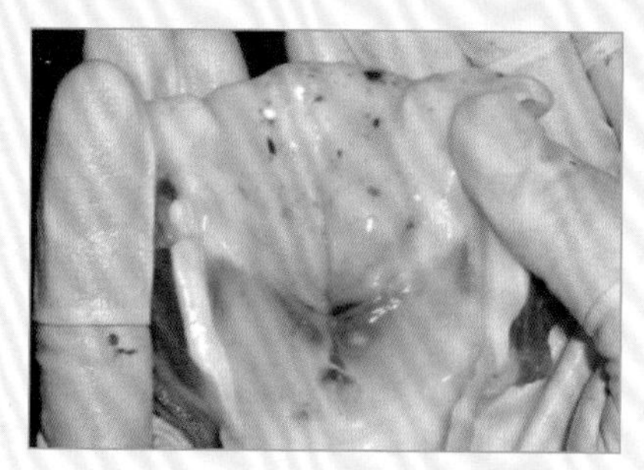
彩图7-2　喉头黏膜出血

彩图7-3　淋巴结切面大理石样外观

彩图7-4　肾脏表面点状出血（一）

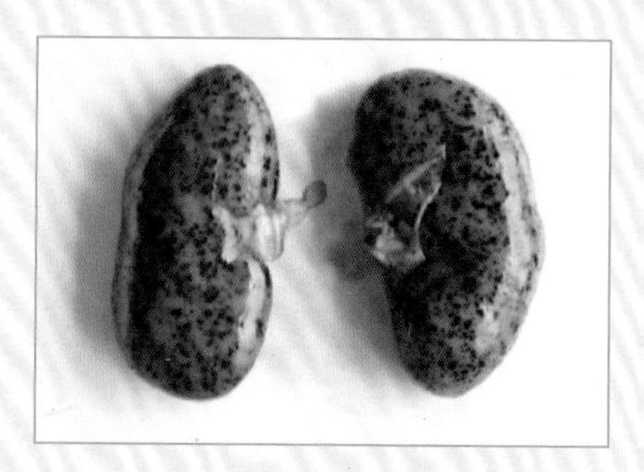
彩图7-5　肾脏表面点状出血（二）

彩图7-6　胃底出血

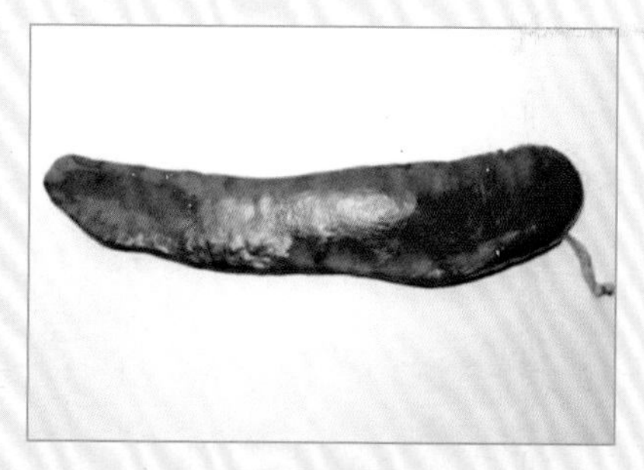
彩图7-7　脾脏边缘出血性梗死

彩图7-8　回盲口溃疡

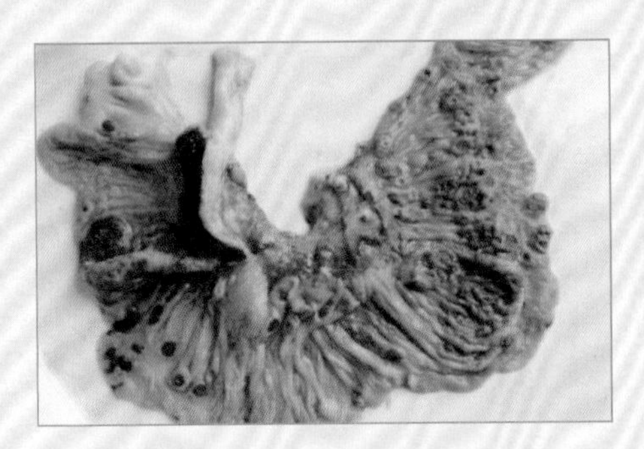

彩图7-9　盲肠黏膜纽扣状溃疡

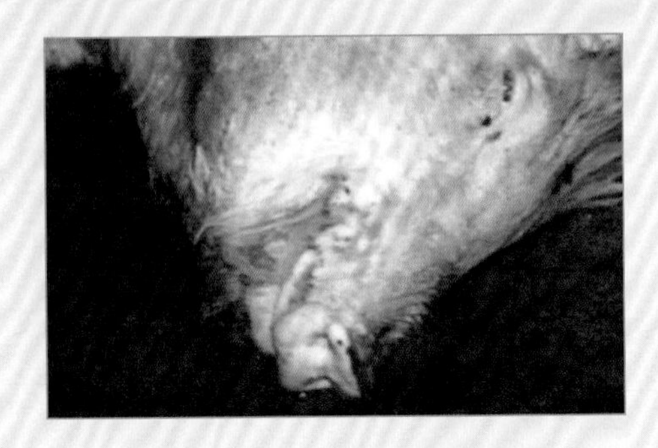

彩图7-10　口唇、嘴角溃疡

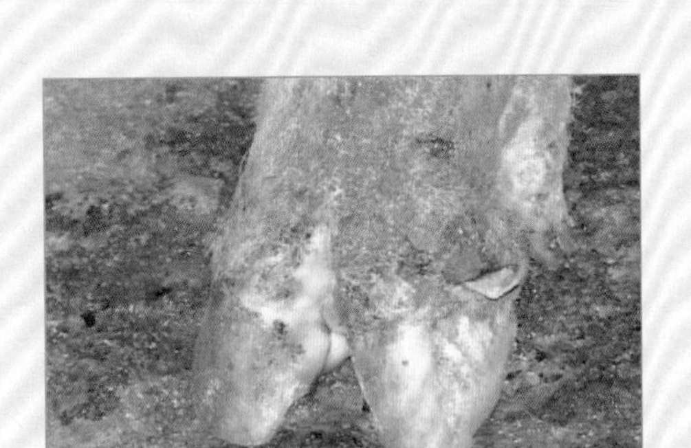

彩图7-11　蹄冠烂斑

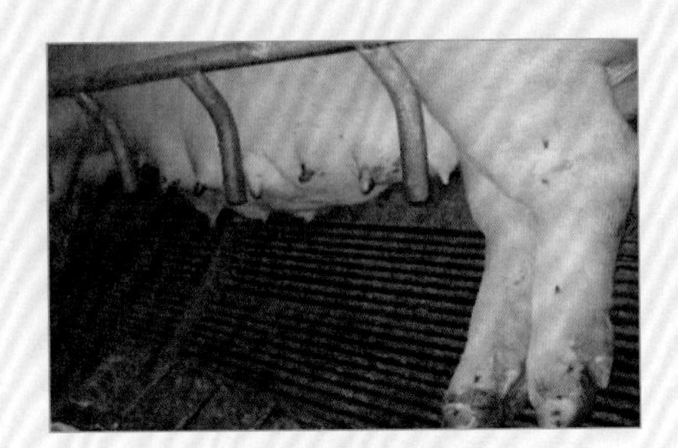

彩图7-12　乳房水疱烂斑

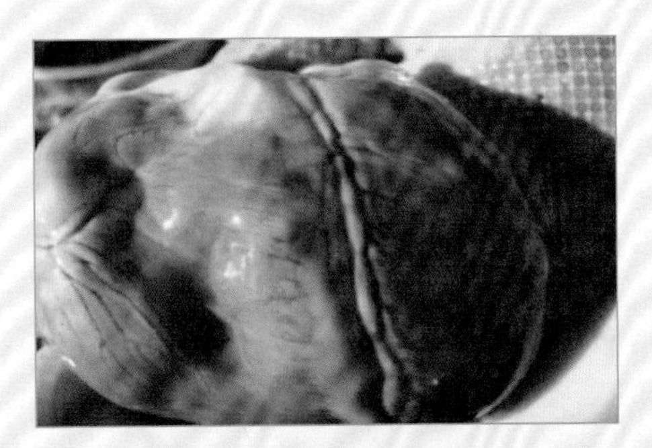

彩图7-13　虎斑心

彩图7-14　肾脏肿大，有出血斑点、坏死灶

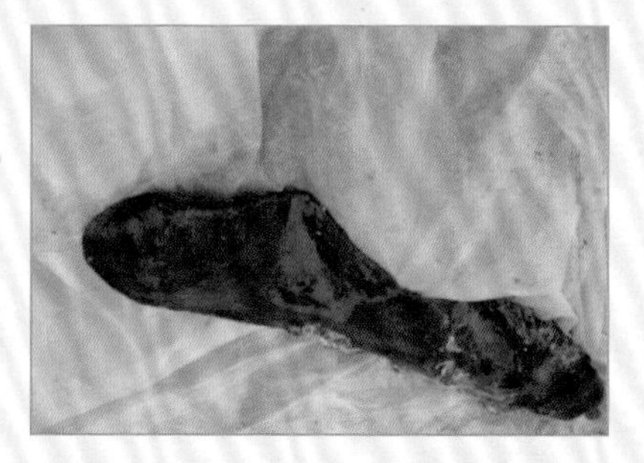

彩图7-15　脾脏肿大、边缘有梗死灶

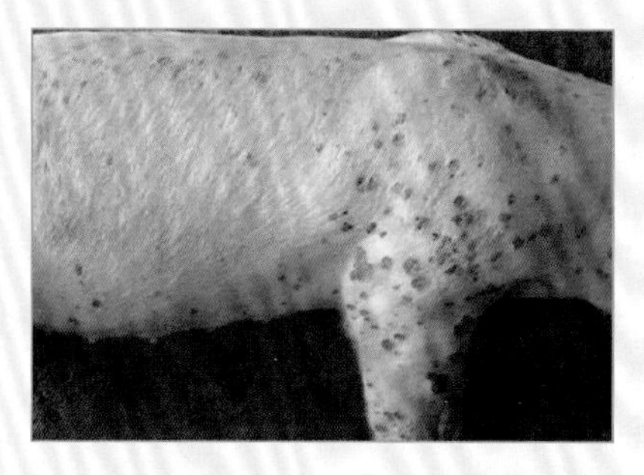

彩图7-16　皮肤上出现圆形或不规则的红紫色病变斑点或斑块

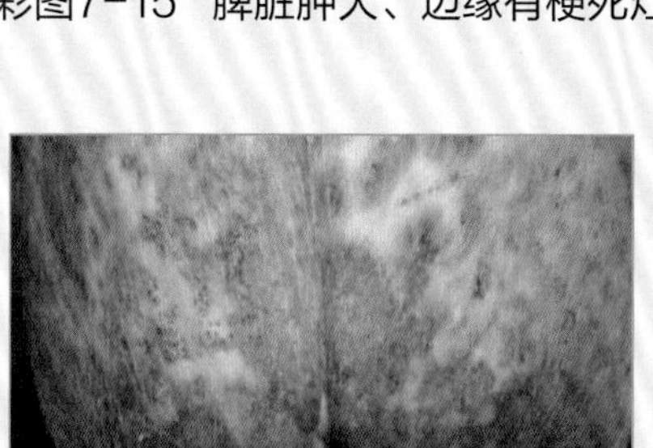

彩图7-17　会阴、四肢形成融合的斑块

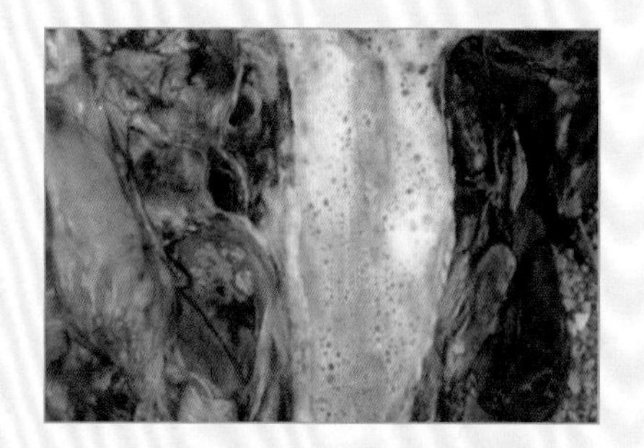

彩图7-21　气管内泡沫

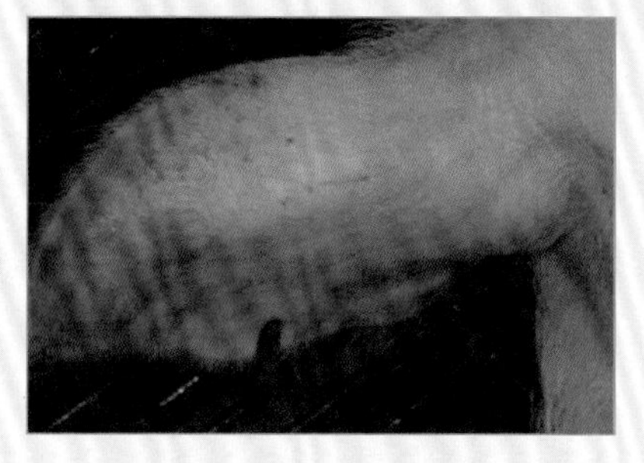

彩图7-22　耳尖发绀

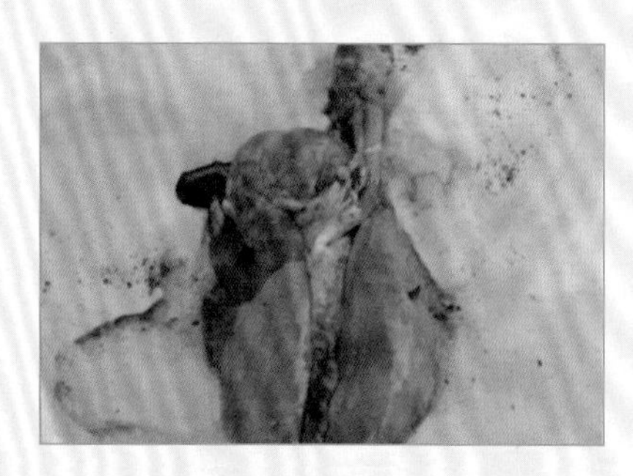

彩图7-24　严重肺炎

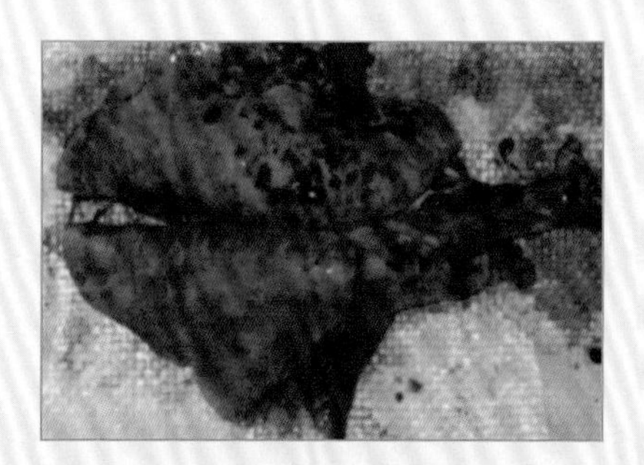

彩图7-25　肺炎病变

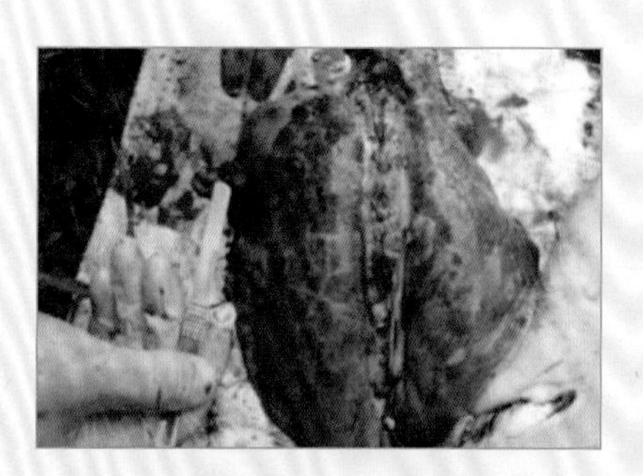

彩图7-27　肺水肿出血

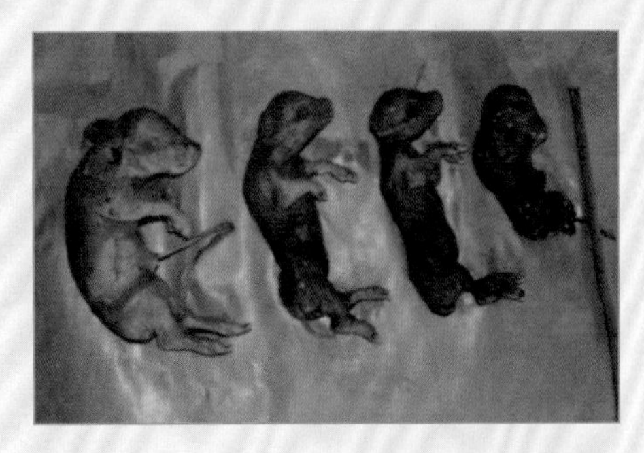

彩图7-28　50~60日感染，母猪多产死胎，60~70日感染，多表现流产症状

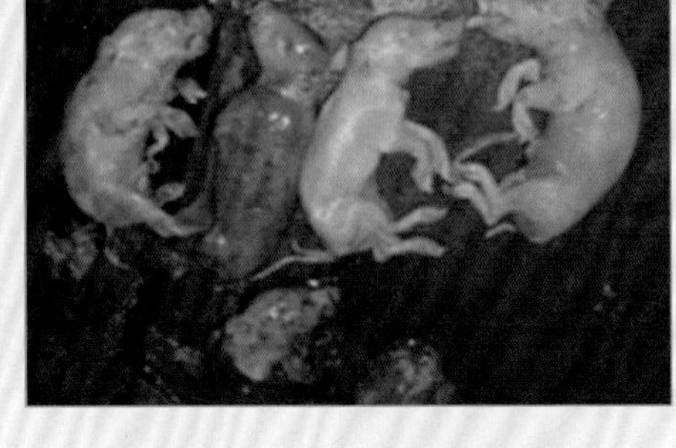

彩图7-30　乙脑导致母猪产出死胎、木乃伊胎

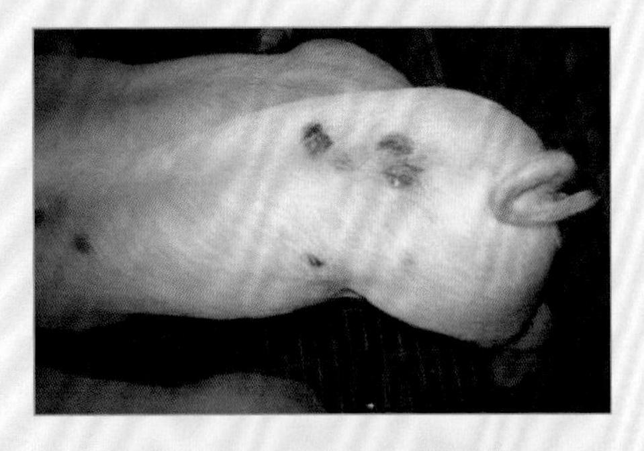

彩图7-31　背部水疱破溃

彩图7-32　无毛区的猪痘

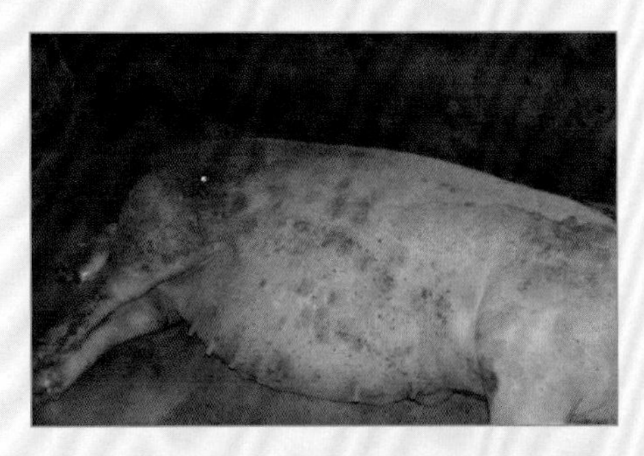

彩图8-1　怀孕母猪流产

彩图8-2　亚急性疹块

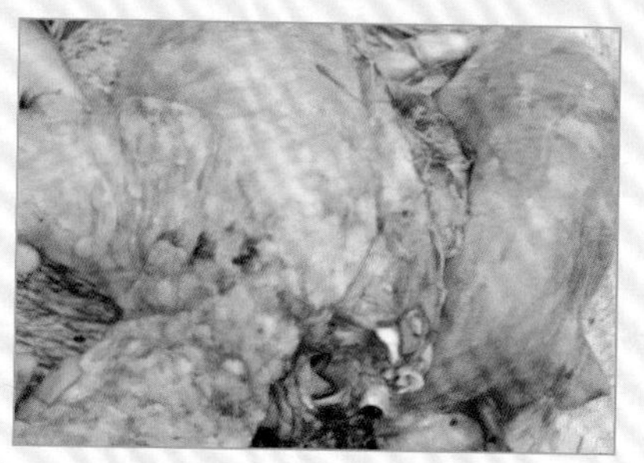

彩图8-3　肺瘀血、水肿

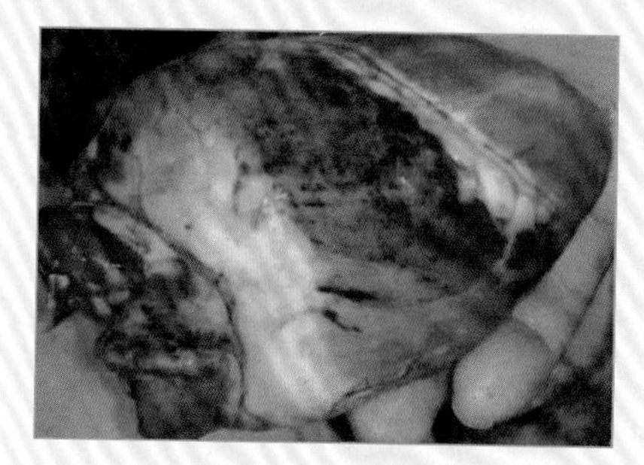

彩图8-4　心肌出血

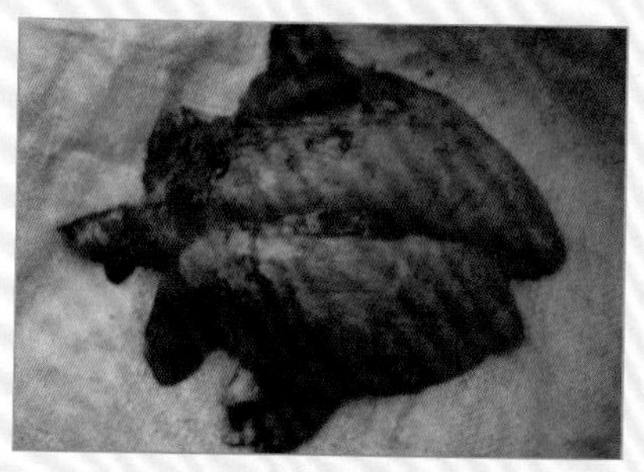

彩图8-6　肺充血肿胀

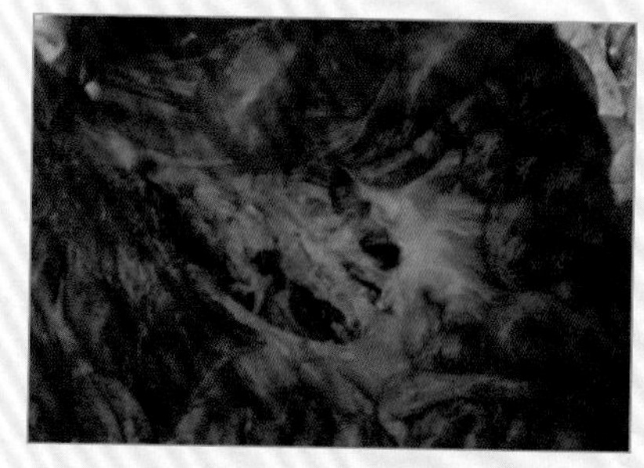

彩图8-7　肠系膜淋巴结肿大，呈紫红色

彩图8-8　脾脏肿大被纤维素性渗出物包裹

彩图8-9　红皮猪

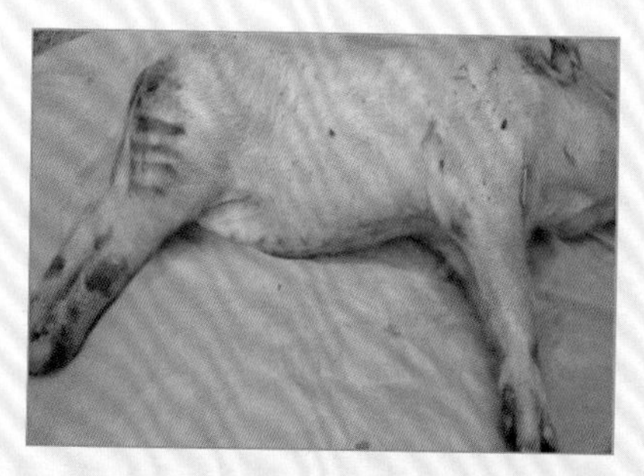

彩图8-10　皮肤苍白黄疸，腿部皮肤有出血斑

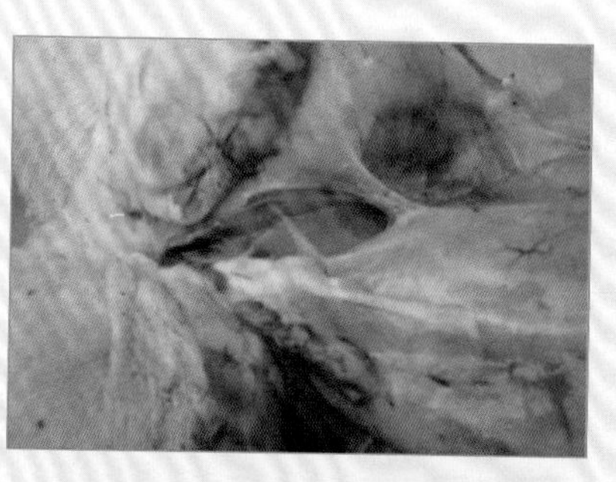

彩图8-11　腹股沟淋巴结肿大

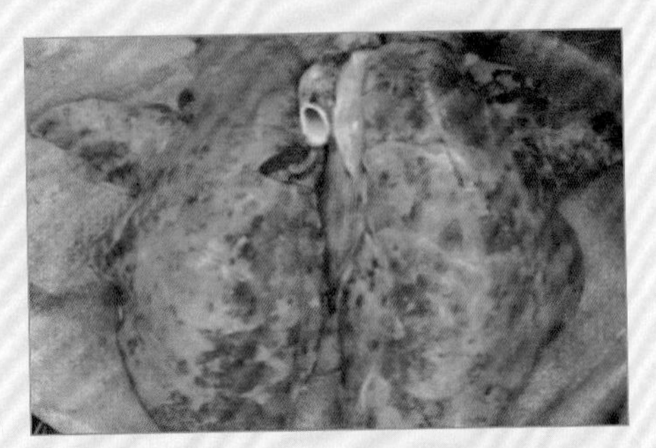
彩图8-12　肺肿胀瘀血，有出血斑

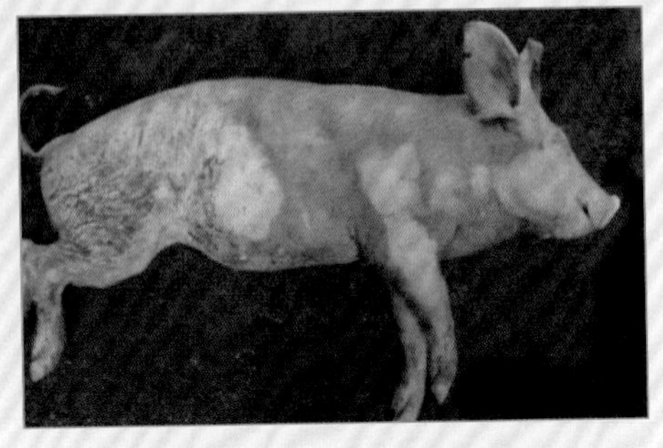
彩图8-13　皮肤蓝紫色

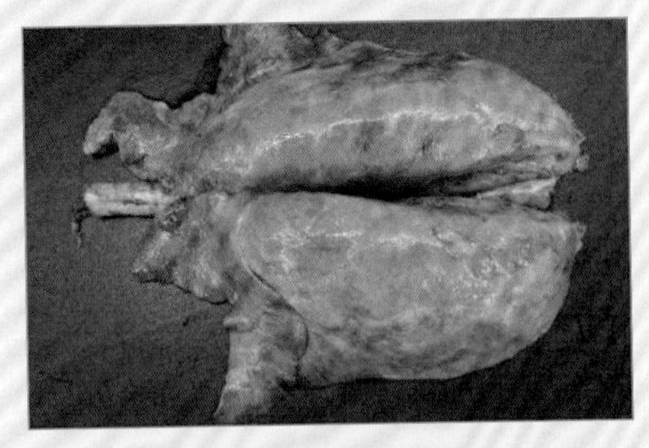
彩图8-14　肺充血水肿

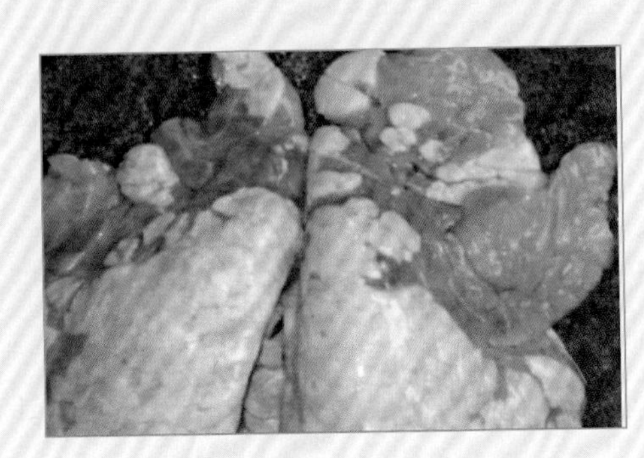
彩图8-18　肺“虾肉样”变

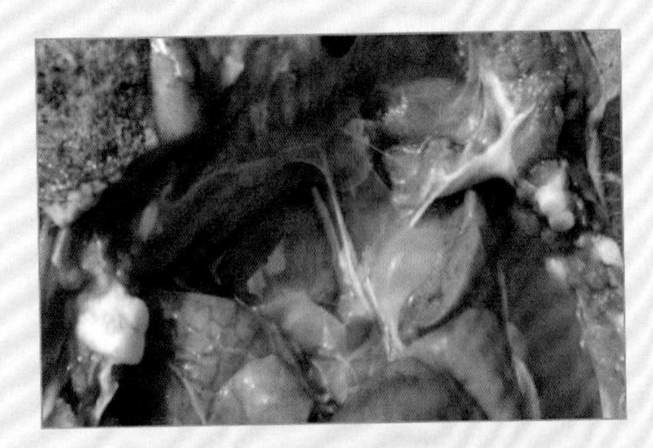
彩图8-21　胸腔积液

彩图8-22　关节腔内胶冻样物

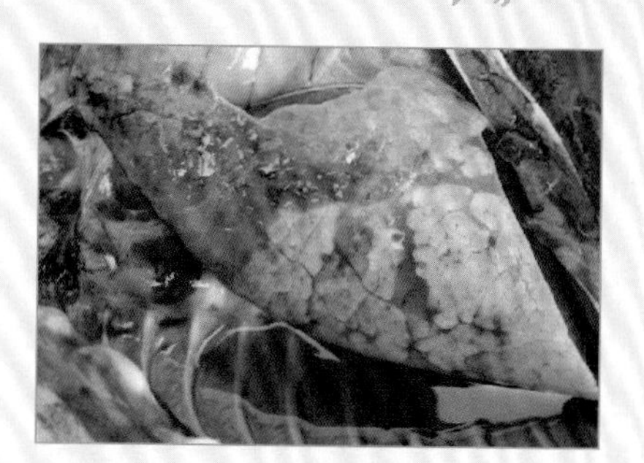

彩图8-24　最急性型肺部病理变化

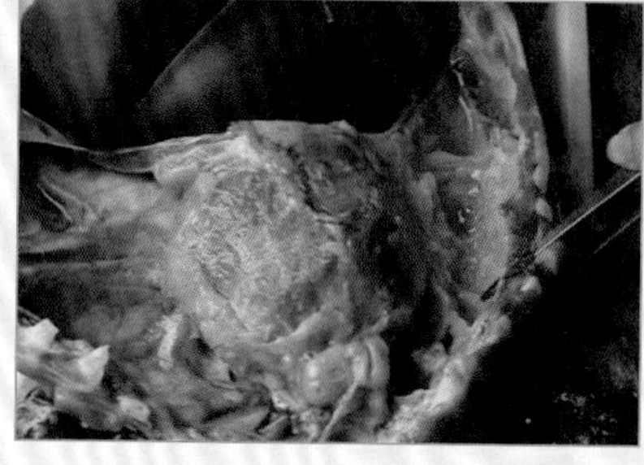

彩图8-25　纤维素性胸膜肺炎和心包炎

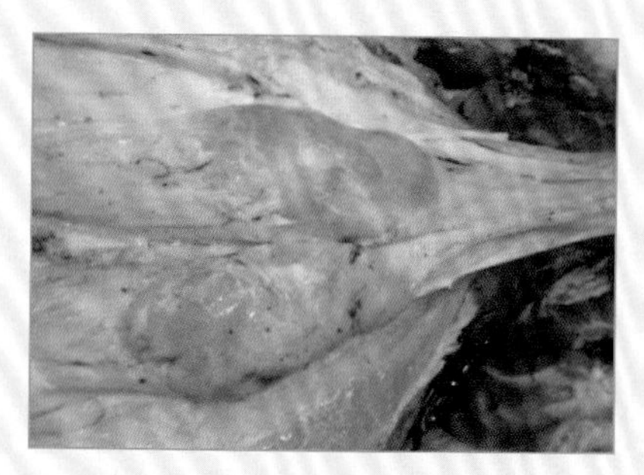

彩图8-26　肺门淋巴结肿大

彩图8-27　脾脏肿大

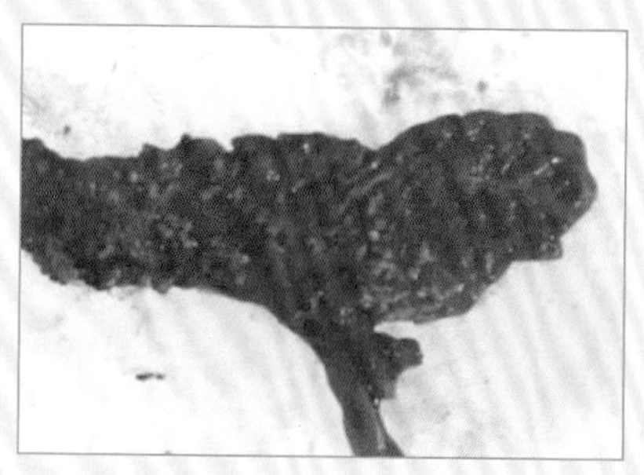

彩图8-28　大肠黏膜表面有麸皮样假膜

彩图8-29　仔猪黄痢：黄色糨糊状稀粪

彩图8-30　仔猪白痢：灰白色糨糊状稀粪

彩图8-31 仔猪黄痢：肠管膨胀

彩图8-32 仔猪水肿病：眼睑水肿

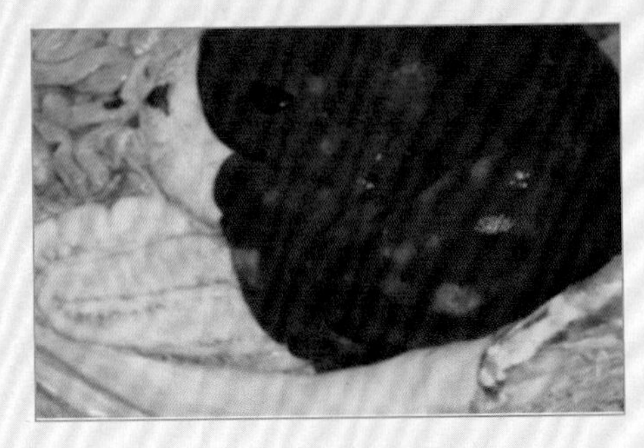

彩图9-1 肝脏有坏死灶

彩图9-2 肾脏呈黄褐色，有坏死灶

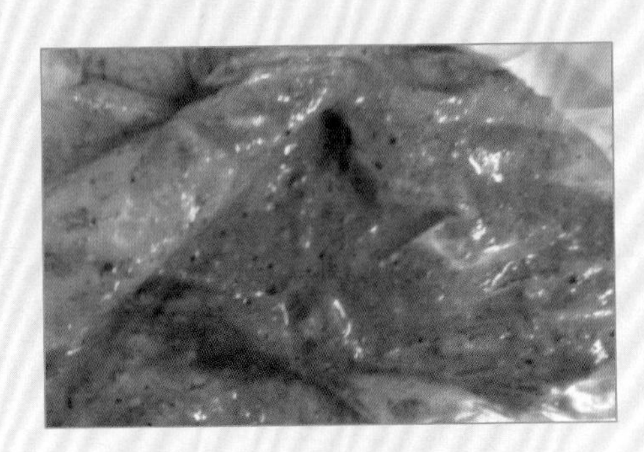

彩图9-3 感染猪结肠小袋纤毛虫的水样粪便

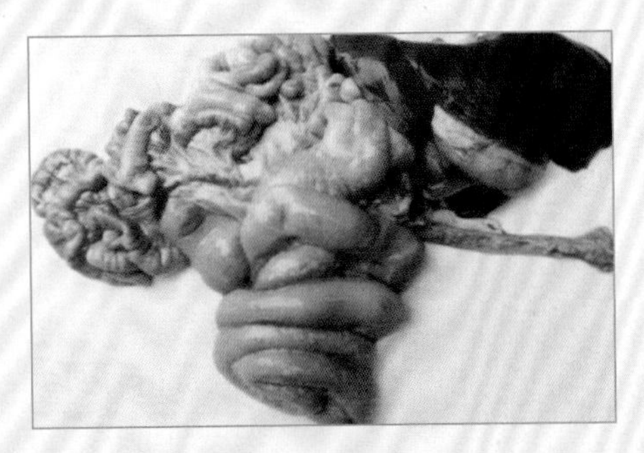

彩图9-4 肠壁变薄

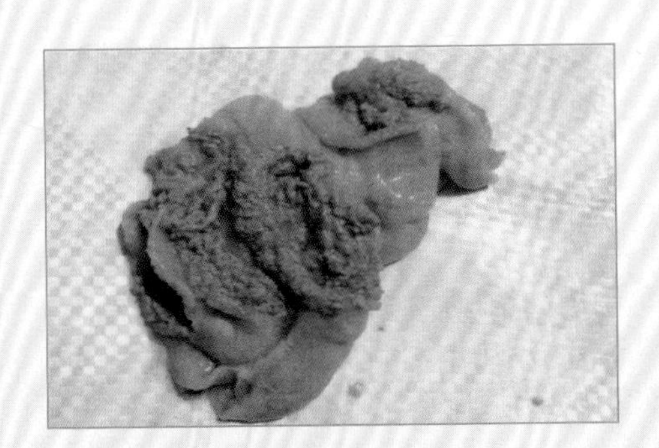

彩图9-5 肠黏膜溃疡灶

常德雄　编著

规模猪场猪病高效防控手册

GUIMO ZHUCHANG ZHUBING
GAOXIAO FANGKONG SHOUCE

化学工业出版社
·北京·

内 容 简 介

我国养猪业规模化程度不断提高，猪病越来越复杂，对猪群健康、公共卫生、环境保护的压力也越来越大，转变疾病控制理念，尽快由“治疗兽医”转变为“预防兽医”，对规模化猪场猪病进行综合防控是养猪业发展的必然。本书就猪场生物安全与疫情控制、猪场消毒、防疫、免疫以及猪病的诊断、治疗、安全用药等内容进行了全方位的阐述，适合基层猪场管理人员、技术人员，专职兽医、饲养员及其他养殖工作者参考使用，也可作为大中专院校畜牧兽医专业的参考教材。

图书在版编目（CIP）数据

规模猪场猪病高效防控手册/常德雄编著. —北京：化学工业出版社，2020.12
ISBN 978-7-122-37750-0

Ⅰ.①规… Ⅱ.①常… Ⅲ.①猪病-防治-手册
Ⅳ.①S858.28-62

中国版本图书馆 CIP 数据核字（2020）第 177889 号

责任编辑：张林爽　　文字编辑：焦欣渝
责任校对：王　静　　装帧设计：张　辉

出版发行：化学工业出版社（北京市东城区青年湖南街 13 号　邮政编码 100011）
印　　装：三河市延风印装有限公司
710mm×1000mm　1/16　印张 26¾　彩插 4　字数 479 千字　2021 年 1 月北京第 1 版第 1 次印刷

购书咨询：010-64518888　　售后服务：010-64518899
网　　址：http://www.cip.com.cn
凡购买本书，如有缺损质量问题，本社销售中心负责调换。

定　　价：98.00 元

前言

当前，我国养猪业从千家万户散养模式转向适度规模化饲养模式的进程在不断加快。伴随着养猪业集约化程度的不断提高，猪群密度增大，应激因素增多，圈舍卫生和猪群防疫的难度加大，猪病的流行情况越来越复杂，老病新发，新病不断，免疫抑制病普遍存在，多病原间的混合感染、继发感染、协同感染越来越普遍，细菌耐药性日趋严重，引发公共卫生问题备受关注，猪场疾病压力以及对环境的影响压力越来越突出。与此同时，有限的兽医们又因传统兽医观念的束缚，一部分人仍然停留在就病论病、单纯治疗的层面上，很难应对当前猪病流行新形势。为此，掌握目前猪病的流行情况以及预测未来猪病的流行趋势，尽快从“治疗兽医”转向“预防兽医”，可以有效地控制疾病的发生，减少经济损失，促进我国养猪业的稳定、可持续发展，也是当前及今后很长一段时间规模猪场管理工作的重中之重。

正是基于这种想法，我们组织编写了《规模猪场猪病高效防控手册》一书，就猪场生物安全与疫情控制、猪场消毒、防疫、免疫以及猪病的诊断、治疗、安全用药等内容进行了全方位的阐述。本书作者长期从事畜牧兽医研究、教学和生产服务，编写过程中力求内容系统完整、语言通俗易懂、技术先进实用、用药安全规范，特别适合基层猪场管理人员、技术人员，专职兽医、饲养员及其他养殖工作者参考使用，也可作为大中专院校畜牧兽医专业的参考教材。

由于作者水平有限，加之全国各地情况不一，书中存在不足和纰漏在所难免，敬请广大读者针对性地学习、选择性地应用，对不当之处不吝批评指正，以便进一步修改补充。

编著者

2020. 5

目录

第四章 规模猪场的免疫

第五章 猪病的诊断方法与治疗技术

第六章 猪场药物的安全使用

第七章 猪常见病毒性疾病的防制

第十章 猪常见普通病的防制

附 录

参考文献

第一章　规模猪场生物安全与疫情控制

第一节　规模猪场建设必须符合防疫要求

近年来，我国生猪生产经营模式发展很快，规模化程度越来越高。但是应当看到，在建设专业规模猪场的过程中，有相当部分生产经营者，由于缺乏科学养猪和防疫知识，在规模猪场场址的选择、布局和与之相配套的防疫设施配置等方面不科学、未完善，以至于在猪场投产后，防疫、环保条件不能达标，甚至引起疫病的发生、流行。规模化猪场建设必须符合防疫的要求。

一、依据主客观条件确定养猪生产规模

养猪的生产规模与经济效益成正相关。大的生产规模，要产生高的经济效益，必须有面积足够大、环境条件好的生产场地，有足够的生产投入资金和与生产规模相适应的各种配套设施，具有生产管理经验、防疫、疾病诊治的技术来作保证。因此，生产经营者一定要在建场时充分正视、考虑上述的各项条件，量力而行。

二、规模猪场场址的选择与布局

（一）规模猪场的选址

规模猪场选址应考虑到猪场的地势、水源、交通、疫情等自然条件，尽量做到有利于生产的进行、疫病的预防，有利于防止猪场对外部环境的污染。猪场应选择距一般公路100米以上，居民区200米以上，地势高燥、平坦（坡度小于20°），向

阳地带，交通方便，有充足无污染的水源、可靠的供电条件。猪场距其他养殖场、屠宰场、垃圾处理场、活畜交易集散地、风景区、水源地不应少于2千米。有条件的可配套果园、鱼塘，实行“猪-鱼-果”或“猪-沼-果”生产模式，以便猪场污水、粪便的处理。否则要注意留有一定面积场地，供污水、粪便处理设施用地。据测算，自繁自养的商品肉猪场，生产一头商品猪总的土地使用面积为2.5米^2。

（二）猪场的布局

猪场内应按生产区、生产辅助区（饲料加工车间、仓库、修理车间等）、办公生活区、排污处理区严格划片分开，切不可互相穿插。猪场用围墙围定，与外界隔离，界限分明。猪场内的办公生活区、饲料加工车间依次在生产区的上风向。办公生活区和饲料加工车间应有独立的门户通向猪场外部，各自有通道通向生产区。三者之间有隔墙，互为隔绝。生产区按公猪配种舍、怀孕舍、分娩舍、保育舍、育成舍、育肥舍、出猪台，从上风向至下风向顺序排列。在生产区内相对偏僻最远处，建立患病猪隔离观察治疗舍、病死猪无害化处理车间、尸井，此地注意用围墙保证与其他猪舍的隔离。在猪场大门入口处、各区间和各栏舍间进出口处根据需要建有大小不同水泥结构的消毒池。各栋猪舍间的距离应在7米以上，若栋距再大些，空气环境会更好。

三、猪舍的建筑和设施配置

（一）猪舍建筑

1. 高度、跨度、坡度

猪舍内净高2.4～2.7米，有条件的可达3～3.5米，自然通风的猪舍跨度不超过15米。猪舍双坡屋面最小坡度为25%。

2. 猪舍的建筑形式

（1）开放式猪舍　建筑简单，省工省料，造价低，采光通风好，舍内有害气体易排出。但由于猪舍不封闭，舍内气温随着室外变化而变化，无法人为控制，对于冬季寒冷地区，会影响猪繁殖与生产。

（2）封闭式猪舍

① 单列封闭式猪舍　在舍内靠墙设走道，构造简单，采光、通风、防潮好，适用于冬季不是很冷的地区。

② 双列封闭式猪舍　舍内猪栏成两列，中间设走道，管理方便，保温较好，

地面利用率高，但采光、防潮性不如单列式猪舍，适用于冬季较寒冷地区。

（二）主要设施配置

1. 取水装置

在圈舍间隔墙上距离南面围栏 50 厘米处安装自动饮水器。公猪舍水龙头距地面 50 厘米，其他猪舍为 40 厘米。

2. 限位栏

妊娠中后期母猪的限位单列式猪舍，每头母猪 1 个圈栏，栏高 1 米、宽 0.6 米、长 2.1 米。栏的前方有圈门和通长食槽，后方有圈门和通长粪沟，通长食槽上方安装普通人工开关的水龙头 1～2 个，供喂料后放水饮用。栏位前为 1 米宽的饲喂通道，栏位后为清理粪便用的 1 米宽的通道和宽 30 厘米、深 10 厘米的粪沟（为明沟），舍内总粪沟宽为 30 厘米、深 40～60 厘米，上有盖板。

3. 产床

产床前方有食槽，前后方都有圈门，产床两侧是哺乳仔猪的活动区域，其中一侧前方安装仔猪保温箱，另一侧的前方距底线 15 厘米处安装自动饮水器，稍后处放置仔猪料槽。产床底层为金属全漏缝地板，其高度与地面平，产床下为粪沟，其后 1/3 为主粪沟。猪舍内的粪沟汇总处设闸板，闸板外是舍外排粪沟。产床的排列方式一般为尾对尾的双列式，设有中央通道和环形通道。

4. 保育栏

保育栏为全漏缝地板式的网床结构，以双列单行排列为好，即两列保育栏并为一行排列，在舍内中央区安装保育栏，周边区为环形通道。

保育栏靠通道的一侧安装饲料自由采食箱，舍内的中轴线通过供水管线，在中轴线上距底层 25 厘米处安装自动饮水器；保育栏底层与地面平。舍内中央有粪沟，其横截面为梯形，以 5%坡度接纳网床边缘的粪便进入中央区域，粪沟出猪舍之前设有闸板。

5. 通风换气设施

开放式猪舍为自然通风。密闭式猪舍为自然通风与机械通风相结合，自然通风是在猪舍南北墙上开放地窗，距地面 60 厘米，长度与窗户相等，高度为 25 厘米，每个圈栏相应开设 1 个地窗。机械通风采用负压通风与纵向通风方式，即在猪舍纵向的墙上安装排气扇，在相对的墙面上开启进气口，排、进气口的下沿高度距圈栏地面 80 厘米，使气体不直吹猪体。进气口与排气扇面积应相等，排气扇的功率可估算，一般猪舍通风量夏季为 0.6 米^3/(小时·千克活重)、冬季为 0.35 米^3/(小时·千克活重）、春秋季为0.45米^3/（小时·千克活重）。排气扇的功率应按夏季最大活重的标准计算，以便通过时间控制开关来调节功率。

6. 供暖保温

开放式猪舍在寒冷季节可罩塑料膜保暖，膜上留通气孔，以调节湿度和空气质量。重点在产房，为哺乳仔猪设置保温箱、红外线电热板、红外线灯泡等保温设施。

猪舍内地板除上述规定的材料和做法外，其他栏舍和场内各通道均用水泥地板，便于清扫冲洗。

7. 粪便处理

有条件的建沼气池。干粪用粪车运至储粪场堆放，或直接出售给农户或自用作肥料或饵料，稀粪、污水流入粪场内化粪池发酵处理。

四、规模猪场防疫

（一）疫病的预防

1. 安全引种

大力提倡自繁自养。引进的种猪群，应来源于无特定病原（SPF）的猪场，只有经严格的官方检疫认定健康的种猪方可引入，进场时应在隔离舍观察饲养25～30天，确认无异常后移至相应的猪舍内饲养。

2. 免疫

制订适合本场的疫病免疫程序，免疫的种类取决于当地存在何种疫病和可能受到何种疫病的威胁，危害严重的疫病是免疫工作的重点。危害程度较轻，常见的疫病免疫也应同时进行。

（二）配备专职兽医

聘用责任心强，具有执业兽医资格或受过专门培训的专业技术人员任猪场专职兽医，负责对猪群进行免疫、疾病诊治、消毒等工作，是猪场安全生产的重要保证。禁止猪场兽医技术人员到猪场以外进行兽医诊疗工作，防止疫病的传入。

（三）消毒

对进场大门入口，生活区、生产区、猪舍内外环境各通道入口处由专人定期进行消毒，对需要进入生产区的人员、用具都要按规定程序严格消毒。根据消毒的对象、地点，选用相应消毒药品种，视进行消毒的时间段、温度、气候条件来决定药的品种和浓度，尽量避免雨中消毒。严格遵守先清扫、后冲洗、再消毒的原则，才能达到消毒的效果。

（四）无害化处理

选择远离居民区、河流、水源地、放牧场、道路1千米以外高燥处，挖2米以上深的土坑，投入病死猪尸、胎衣等，在其上厚撒（2厘米以上）石灰后填土打实掩埋，填土的厚度应在1.5米以上。掩埋地上插牌告示，禁止开挖。对原饲养、放置病、死猪的栏舍及运载工具用3%氢氧化钠溶液或3%～5%漂白粉溶液或0.1%～2%消特灵溶液进行喷洒消毒。参与掩埋的工作人员身体裸露部位用0.1%消特灵溶液消毒。有条件的猪场可建造尸井，尸井深5米以上，为砖和水泥结构，底部宽大，井口直径0.8米左右，用活动盖板严密封盖。在使用时，应向尸井添加如氢氧化钠类强消毒药，并做好尸井外污染地、用具的消毒。

（五）灭鼠

保持猪场圈舍各类设施的完整性，使老鼠无藏身之处。药物灭鼠选用抗凝血性灭鼠药灭鼠，如敌鼠钠盐、杀鼠迷等国家允许使用的灭鼠药，禁用剧毒农药灭鼠。

（六）禁止猪场内饲养其他畜禽和带入其他动物

警卫用犬应拴养，严禁喂给死猪、死胎及胎衣。

第二节　规模猪场生物安全体系

生物安全体系是指为了阻断病原体（病毒、细菌、真菌、寄生虫等）侵入动物群体，保证动物健康安全而采取的一系列疫病综合防控措施。生物安全体系的主要目的是为了给动物生长提供一个舒适的生活环境，从而提高动物机体的免疫力和抵抗力，同时最大限度地使动物远离病原体的攻击。

一、生物安全措施在规模养猪生产中的应用

由于规模猪场因疾病而造成的损失往往会比采取防控措施所需的成本要大得多，所以应严格执行一套综合的生物安全措施，以最大限度地防止疾病的传入和在

猪场内的传播，从而保证猪只的安全及猪肉的安全性，以提高养猪经济效益，促进养猪业的发展。

二、生物安全体系的核心内容

就是使规模化养猪场对养猪业危害较大的常见传染病进行控制和净化，以降低疫病风险与用药成本。针对规模猪场疫病控制的新特点，生物安全措施已经与药物治疗、疫苗免疫一样，成了疫病控制不可分割的一部分。生物安全措施的有效实施，可以为药物治疗和疫苗免疫提供一个良好的应用环境，以使猪只能获得药物治疗和疫苗免疫的最佳效果，并减少其在饲养过程中的药物使用。

三、规模猪场生物安全体系的具体内容

（一）控制环境，减少和消灭传染源

（1）禁止从外地购买猪肉及相关的猪肉制品。

（2）不得从健康状况不明的猪场购买种猪或商品猪。

（3）病猪应及时隔离，及时治疗；死猪应焚烧或深埋处理。

（4）活疫苗及使用后的空疫苗瓶不得随意丢弃，必须高温高压处理后深埋。

（5）相邻猪场最好间隔 3 千米以上。如果间隔在 3 千米以内，两个猪场应执行相同的免疫程序。

（6）保育室应建在上风口，化粪池及死猪处理坑应建在远离猪舍的下风口。

（7）饲料走道（净道）与运粪道（污道）要分开。

（二）控制人员、物品等带入疫病的渠道，切断传播途径

1. 人员

（1）所有外出人员必须隔离 2 天或 2 天以上才能进入猪场。

（2）凡是进入生产区的工作人员必须彻底淋浴，换上工作服后方可进入。

（3）谢绝闲杂人员参观。

（4）进入各个生产区的工作人员必须通过脚浴盆消毒。

（5）参观时的顺序应该是先看保育室，再看产房、配种舍，最后看育肥室。注意不得逆向参观。

（6）各个生产区之间的饲养员和工作人员不得随意走动，相互串门。

（7）猪场内的所有设备、通道、洗澡房每周至少消毒 1 次。

（8）购猪人员不能进入装猪台，猪场的赶猪人员不能进入装猪车。

2. 车辆

（1）杜绝外来车辆进入生产区。

（2）运输饲料的车辆在进入生产区前要进行严格的清洗消毒。

（3）其他地区的装猪车进入装猪台前必须严格消毒，并且杜绝其进入生产区。

3. 工具

（1）即使是猪场内部使用的工具，如果要带入生产区，也必须经严格的熏蒸消毒。

（2）注射用时必须做到每头猪换一个针头。

（3）各个生产区的工具必须单独使用，不得混用。

（4）必须采用全进全出的饲养制度。猪舍空舍后必须经高压水枪冲洗干净，彻底消毒，干燥后方可再进猪只。

（5）每次装猪完毕必须对装猪台进行严格的冲洗和消毒。

4. 其他动物及昆虫

（1）规模猪场内不得养狗、猫及其他宠物，以防传染性胃肠炎、猪痢疾、巴氏杆菌、弓形体、钩端螺旋体等疾病的传播。

（2）猪场内不得同时饲养其他动物。

（3）猪场内要定时除蚊、蝇、老鼠。

5. 饲料

（1）选择合格的饲料厂，以防从饲料原料中带入污染源。

（2）谨慎使用动物制品（如肉骨粉、血粉等）。

（3）所购饲料必须先放仓库中干燥消毒1周后方可使用。

（三）控制动物，降低动物的易感性

（1）进行适当的免疫接种，定期（至少2次/年）进行免疫监测；对猪场生产数据进行分析；对育肥猪屠宰时进行抗体跟踪监测。

（2）不能对病猪进行疫苗接种，必须待其康复后方可进行疫苗接种。

（3）疫苗接种时，要给予足够的免疫剂量（使用疫苗的同时不能使用抗生素类药物）。

（4）根据猪的营养需求喂给全价饲料和干净充足的饮水。

（5）给猪群提供舒适的环境。

（6）病猪应及时隔离，并使用充足剂量的药物及时治疗。治愈的病猪不能返回

原猪群，应该在隔离舍饲养。

（7）在环境突然发生变化时，应在饲料和饮水中添加适量电解质和多种维生素等抗应激药物。

（8）规模猪场引进新猪时，必须严格执行隔离与适应程序。

（9）在病猪治疗时能局部给药的不必使用全群给药，药物剂量不得随意更改。

（10）同一猪舍内要饲养年龄、体重大致相当的猪。要善待猪只，不得使用暴力。

第三节　猪群健康检查与疫情控制

一、猪群健康检查与疫病监测

猪群健康检查与疫病监测的主要任务是：对猪群健康状况的定期检查，对猪群中常见疫病的治疗及日常生产状况数据收集分析，监测各类疫病和防疫措施的效果，对猪群健康水平的综合评估，对疫病发生的危险度的预测预报等。

（一）健康检查

饲养员对自己所养猪只要随时观察，如发现异常，及时向兽医或技术员汇报。猪场技术员和兽医每日至少巡视猪群2～3遍，并经常与饲养员取得联系，互通信息，以掌握猪群动态。不管是饲养员还是技术人员，观察猪群要认真、细致，掌握好观察技术、观察时机和方法。

生产上可采用“三看”措施，即“平时看精神，喂饲看食欲，清扫看粪便”。并应考虑猪的年龄、性别、生理阶段、季节、温度、空气等，有重点、有目的地观察。对观察中发现的不正常情况，应及时分析，查明原因，尽早采取措施加以解决。如属一般疾病，应采用对症治疗或淘汰；如是烈性传染病，则应立即捕杀，妥善处理尸体，并采取紧急消毒、紧急免疫接种等措施，防止其蔓延扩散。

对异常猪只及时淘汰，可提高生产水平，减少耗料和用药，更有利于维护全群的安全，因为这些猪往往对传染病易感或是带菌带毒，是危险的传染源或潜在的传染源。

（二）测量统计

特定的品种或杂交组合，要求特定的饲养管理水平，并同时表现特定的生产水平。通过测量统计，便可了解饲养管理水平是否适宜，猪群的健康是否在最佳状态。低劣的饲养管理，发挥不出猪的最大遗传潜力，同时也降低了猪的健康水平。

猪所表现的生产力水平的高低是反映饲养管理好坏和健康状况的“晴雨表”，例如，母猪受胎率低、产仔数少，往往与配种技术不佳、饲养管理不当和某些疾病有关；出生重低与母猪怀孕期营养不良有关；21天窝重小、整齐度差与母乳不足、补料过晚或不当、环境不良或受到疾病侵袭有关；肉猪日增重低、饲料报酬差有可能是由于猪群潜藏某些慢性疾病或饲养管理不当。

（三）病猪剖检

通过对病猪的剖检，观察各器官组织有无病变或病变的种类、程度等，了解猪病的种类及严重程度。

（四）屠宰厂检查

在屠宰厂检查屠宰猪只各器官组织有无异常或病变，了解有无某种传染病及严重程度。

（五）抗原、抗体测定

检查和测定血清及其他体液中的抗体水平，是了解动物免疫状态的有效方法。动物血清中存在某种抗体，说明动物曾经与同源抗原接触过，抗体的出现意味着动物正在患病或过去患过病，或意味着动物接种疫苗已经产生效力。如果抗体水平下降，表示这些抗体可能是传染病或接种疫苗的残余抗体。接种疫苗后测定抗体，可以明确人工免疫的有效程度，并作为以后何时再接种疫苗的参考。怀孕母猪接种疫苗后，仔猪可通过吃初乳获得母源抗体。测定仔猪体内的母源抗体量，可了解仔猪的免疫状态，同时也是确定仔猪何时再接种疫苗的重要依据。用来检查抗体的技术，也可以检查和鉴别抗原、诊断疾病。生产现场可用全血凝集试验等较简单的方法进行某些疾病的检疫，淘汰反应阳性猪，净化猪群。

二、及时诊疗疾病与扑灭疫情

（一）日常诊疗

兽医技术人员应每天深入猪舍，巡视猪群，对猪群中发现的病例及时有效地进行诊断治疗和处理。对内科、外科、产科等非传染性疾病的单个病例，有治疗价值的及时予以治疗，对无治疗价值者尽快予以淘汰。对怀疑或已确诊的常见多发性传染病患猪，应及时组织力量进行控制，防止其扩散。

（二）疫情扑灭

当发现有猪瘟、口蹄疫等急性、烈性传染病或新的传染病时，应立即对该猪群进行封锁，根据具体情况或将病猪转移至病猪隔离舍进行诊断和处置，或将其扑杀焚烧和深埋；实施强化消毒，对假定健康猪群实施紧急免疫；全生产区内禁止猪群调动，禁止出售或购入猪只，禁止人员流动，实施防疫封锁。当最后一头病猪痊愈、淘汰或死亡后，经过一定时间（该病的最长潜伏期），无该病新病例出现时，经大消毒后方可解除封锁。

（三）果断淘汰病猪

猪场一旦发生猪病，多数人抱有侥幸心理，舍不得淘汰已经没有希望但尚未死亡的猪，结果不但病猪没有保住，疫病反而不断蔓延。所以在规模饲养的情况下，应该树立群体防疫的概念，放弃个体的得失，对病猪处理应做到发现早、诊断准、处置快，及时淘汰处理那些没有挽救希望且构成严重威胁的病猪。

（四）无害化处理病死猪

病死猪应及时按照国家有关规定的标准进行无害化处理，以免造成二次污染。无害化处理病死猪的方式有多种，如专业化尸池（毁尸坑）处理、湿化焚烧处理、深埋处理。其中，专业化尸池处理和深埋处理，化尸速度慢，长期使用存在对周边土壤造成二次污染的风险。湿化焚烧处理效果好，但成本较高，效率低。推荐使用发酵堆肥处理法和生物化尸机（有机废弃物处理机）。

1. 发酵堆肥处理法

在距离猪舍60米以上，避开水源和低洼地带建设发酵堆肥场。初期地面铺一层30厘米厚的木屑（如果处理大于100千克的猪要铺更厚的木屑），堆一层尸体后在其表面上至少覆盖一层20厘米厚的木屑。如靠墙边，应留30厘米的距离，并填满木屑。如果处理100千克以上的猪，则猪只之间约留30厘米的间距。死胎、胎衣及哺乳仔猪可以群放，但应整齐地层层叠加安放并覆盖严密。堆肥期为6个月。在3个月时进行2次机械性翻动，重新分配多余水分，引入新的氧气供给，这样效果会更好。熟化的堆肥50%可再次利用，50%另外处理（还田作肥料或与粪便一起堆肥等）。

控制影响堆肥效果的因素：堆料水分含量为55%，堆料孔隙度为40%，堆料理想温度37.7～65.5℃。保持温度大于55℃的天数至少5天，以杀灭病原体。

发酵堆肥处理法的优点：无二次污染，处理效果良好；简单易学，易管理；初期投入及运行费用低廉；大小猪场均可实施。缺点：需要大量碳原料，全程要管理和监控；要设置防护栏，防止狗等叼走病死猪。

2. 生物化尸机（有机废弃物处理机）**处理法**

将病死猪、胎衣、胎盘等有机废弃物投入化尸机中，按比例加入辅料和耐高温的生物酵素。经化尸机切割、粉碎、高温分解发酵、高温灭菌、烘干处理48～72小时（12小时杀菌和生物降解，24小时后物料呈流质状，48小时后物料呈粉末状），生成无害的粉状有机肥料。辅料主要为木屑、谷壳糠、麸皮等。

生物化尸机处理法的优点：整个生产处理过程无烟、无臭、无污水排放，占用场地小，处理过程卫生清洁；能将病死猪等有机废弃物转化为有一定价值的有机肥料，实现综合利用的目的，避免了对环境造成二次污染的风险。缺点：一次性投入大，运行成本相对较高。

三、适度推行猪群药物预防保健计划

规模化猪场除了部分传染病可使用免疫注射加以预防外，许多传染病尚无疫苗或无可靠疫苗用于防控，使得在实际工作中必须对整个猪群投放药物进行群体预防或控制，因此，适度推行药物保健措施是需要的，也是合理的；但其成功与否，关键在于药物的选用，而选择药物的关键在于对本猪群致病菌的耐药性和敏感性的监测，所以必须定期检测猪群的健康状况，有针对性地选择敏感性较高的药物，及时制订适合本场的保健计划，预防疾病发生。用于预防的药物应有计划地定期轮换使用，投药时剂量合理，不宜盲目追求大剂量。混饲时搅拌要均匀，用药时间一般以3～7天为宜。

提倡使用中草药开展预防保健工作。要充分发挥中草药资源丰富、无有害残留、毒副作用小以及病原菌不易产生耐药性等优点来开展猪群的预防保健。

第四节　规模猪场猪病流行特点与综合防控

猪只生病是常见现象，尤其是规模化猪场，更容易引起大面积的感染，了解规模化养猪场猪病流行的特点，对疫病的防御和治疗能起到很大作用。

一、规模猪场猪病流行特点

（一）规模猪场以传染性疾病为主的发病率与死亡率呈上升趋势

规模化猪场养殖密度大，一旦病原侵入易感猪群，很快涉及全群，造成明显的经济损失，当前猪病以猪口蹄疫、猪瘟、猪伪狂犬病、蓝耳病等传染病为主。

（二）有些猪病多由原来的典型向非典型的温和型或亚临床型转化

如温和型猪瘟就是非典型猪瘟，猪瘟病毒低毒力毒株通常引起疾病经过呈隐性感染，但是妊娠母猪感染温和型或低毒力毒株时，可发展成带毒母猪综合征，其母猪食欲和精神状况未见异常。

（三）老疫病仍然有，并出现新的流行特点

某些细菌产生耐药性、变异性以及毒性累积作用，有的细菌和病毒发生抗原结构变异和血清型复杂多变，这些传染病病原在流行的过程中发生毒株变异，导致非典型疫病流行，使得疫病预防控制变得越来越困难，疫病流行加重，如大肠杆菌病、链球菌病、口蹄疫、猪瘟、流行性感冒等。

（四）猪群发病的方式由原来的单一感染为主转向混合感染为主的综合征

目前，在猪的流行病中，多数是多种病原体混合感染，如猪蓝耳病、猪瘟、猪伪狂犬病、附红细胞体病、猪链球菌、弓形体病等混合感染，给诊断与治疗带来一定的困难，要根据临床症状与实验室检查等综合分析，方能作出正确的诊断与治疗。

（五）新发生的疫病种类增多

如从国外传染来的伪狂犬病、细小病毒病、萎缩性鼻炎、猪痢疾、猪繁殖与呼吸综合征、猪传染性胃肠炎、猪流行性腹泻、猪增生性坏死性肺炎、猪圆环病毒感染（猪断奶后多系统衰竭征、猪皮炎肾病综合征）、猪增生性肠炎等病。

（六）繁殖障碍综合征、呼吸道疾病普遍存在

与繁殖障碍综合征有关的疫病有30多种，危害较大的有猪伪狂犬病、蓝耳病、

细小病毒病、日本乙型脑炎、弓形体病等。断奶仔猪、生长猪呼吸道疾病普遍存在且不容易控制，如蓝耳病、猪断奶后多系统衰竭综合征、传染性胸膜肺炎、猪气喘病等，由于饲养环境的恶化和管理不到位，使呼吸道疾病日益突出。

（七）中毒性疾病与免疫抑制疫病危害性加大

饲料配合不当或贮存时间过长，维生素、微量元素缺乏，霉菌、中毒性疾病，例如治疗使用磺胺类药物、痢菌净、土霉素等药过量，均能发生中毒。免疫抑制性疫病除对机体直接危害外，还造成机体免疫抑制，使免疫失败。

（八）环境污染、饲料营养与饲养管理不当所致的疾病增多

如关节肿、蹄病、繁殖生殖疾病、中毒性疾病（霉菌、喹乙醇、铜、砷及药物等）以及应激综合征和遗传性疾病。

二、主要猪病的流行趋势

（一）猪繁殖与呼吸综合征

猪繁殖与呼吸综合征仍将是影响养猪生产的主要疫病。猪繁殖与呼吸综合征病毒类 NADC30 毒株会继续传播，但流行强度和临床危害程度可能会有所减轻；如果猪场对高致病性猪繁殖与呼吸综合征病毒减毒活疫苗的安全性仍视而不见，其造成的临床问题会依然存在；猪繁殖与呼吸综合征病毒毒株的多样性会进一步攀升，重组病毒和新毒株会不断涌现；猪场多毒株感染的局面以及由此引起的临床疾病的复杂性可能会加重。

（二）猪瘟

猪瘟以散发为主，母猪产死胎、木乃伊胎等繁殖障碍问题以及生长猪群的非典型猪瘟仍然是主要的临床表现形式。猪瘟疫苗的质量是有效控制猪瘟的关键，一旦猪瘟疫苗质量不好或猪群免疫程序不合理，将导致免疫失败，猪场会发生典型猪瘟。一些地区的散养、中小型猪场如果疫苗免疫不到位，有可能出现猪瘟疫情。

（三）猪伪狂犬病

伪狂犬病病毒变异毒株的流行强度将进一步减弱，全国范围内猪群 gE 抗体阳

性率会继续下降，但仍会有猪场受到感染，特别是中小型猪场有疫情发生的风险。随着伪狂犬病净化工作的不断推进，阴性种猪场和种猪群的数量会有所增加。

（四）猪流行性腹泻

基于猪流行性腹泻疫苗的免疫效力，其流行会呈现常态化，冬、春季节仍会有一些猪场发生疫情。

（五）细菌性疫病

副猪嗜血杆菌病和猪传染性胸膜肺炎会继续危害养猪生产。

（六）其他疫病

猪O型口蹄疫仍以散发为主，猪A型口蹄疫有可能会出现局部流行疫情。

三、规模猪场猪病综合防控对策

（一）切实推进种猪场疫病净化工作

种猪的交易和流通是造成猪繁殖与呼吸综合征、伪狂犬病、猪瘟等疫病传播的重要途径之一，因此推进种猪场疫病净化，建设猪繁殖与呼吸综合征、伪狂犬病和猪瘟阴性种猪场，从源头清除病原，是有效控制这些疫病的根本出路。应按照农业部兽医行政部门颁布的种猪场疫病净化指导原则，以企业为主体，制定切实可行的净化方案，扎实开展种猪场疫病净化工作。同时，相关部门应推动猪繁殖与呼吸综合征、伪狂犬病和猪瘟净化创建场和示范场的评估与认证工作。

（二）加强散养和中小型猪场猪瘟疫苗的免疫工作

由于猪瘟疫苗退出政府采购免疫计划，猪瘟病毒污染地区的散养、中小型猪场疫苗免疫工作可能会受到影响，有发生猪瘟疫情的可能，因此应重视中小型猪场猪瘟的防控，切实做好疫苗免疫工作。

（三）推行科学减负，合理规范使用疫苗

虽然疫苗免疫是控制猪场疫病的主要措施，但目前猪场面临着使用的疫苗种类多、免疫频度高、免疫程序不合理等诸多问题。一些疫苗的安全性问题十分突出，但猪场仍在使用；一些疫苗的免疫效力有限，但仍大量使用。这不仅导致猪场防疫

的经济成本和人力成本居高不下，而且严重影响猪群的生产性能（如母猪繁殖性能、猪群生长性能）和猪场的生产成绩。因此，猪场应树立生物安全理念，完善猪场生物安全体系建设；科学对待疫苗免疫，推行疫病控制的科学减负，制定针对各类疫病的科学、合理的免疫程序（免疫猪群、免疫时间、免疫次数、免疫剂量），合理规范使用各类疫苗。

第二章 规模猪场的有效消毒

第一节 消毒基础知识

当前，随着养猪业集约化程度的不断发展，猪只大群体、高密度饲养已成常态，猪只所受到的应激越来越多，为疾病的传播提供了有利的环境条件，某些原来处在小群散养条件下危害性不大的疾病，也可能会给养猪业带来严重的损失。由于猪育种技术的发展，生产性能不断提高，生长发育迅速，育成期短，周转快，使不同日龄之间的猪出现交叉感染的概率也大。同时，为了控制细菌病的继发或并发感染，有些养殖场户增加疫苗种类、免疫剂量和次数及滥用、过量使用抗生素的问题突出，造成病原耐药性增强，发病后难以挑选有效药物，且猪机体内的有益微生物被杀死，菌群严重失调，更影响了猪的健康水平和生产性能的发挥。

为了保证猪免受这些微生物的侵袭，快速健康地生长，必须有严格的消毒措施以消除养殖环境中的各种致病微生物。只有秉持“预防为主，防治结合，防重于治”的理念，才能保证养殖生产顺利进行。

一、消毒及有关概念

（一）消毒

消毒是指用物理、化学和生物的方法清除或杀灭外环境（各种物体、场所、饲料、饮水及动物体表、黏膜、浅体表）中的病原微生物及其他微生物，从而阻止和控制传染病的发生和蔓延。

消毒的含义有两点：消毒是针对病原微生物和其他有害微生物的，并不要求清除或杀灭所有微生物；消毒是相对的而不是绝对的，它只要求将有害微生物的数量减少到无害程度，而不要求把所有病原微生物全部杀死。

用于消毒的药物称为消毒剂，即用于杀灭传播媒介上的病原微生物，使其达到无害化要求的制剂。

（二）灭菌

灭菌是指用物理或化学的方法杀死物体及环境中一切活的微生物，包括致病性微生物、非致病性微生物及其芽孢、霉菌孢子等。灭菌的含义是绝对的，是指完全破坏或杀灭所有的微生物。因此，灭菌比消毒的要求高。消毒不一定能达到灭菌的程度，而灭菌一定是达到消毒后的更高要求。

用于灭菌的化学药物叫灭菌剂。

（三）防腐

防腐是指阻断或抑制微生物（含致病性微生物和非致病性微生物）的生长繁殖，以防止活体组织受到感染或其他生物制品、食品、药品等发生腐败的措施。防腐只能抑制微生物的生长繁殖，而并非必须杀灭微生物，与消毒的区别只在于效力强弱的差异或灭菌、抑菌强度上的差异。

用于防腐的化学药品称为防腐剂或抑菌剂。一般常用的消毒剂在低浓度时就可以起到防腐剂的作用。

二、消毒的意义

当前饲养成本不断上升，养殖利润不断缩水。这种情况下，除了饲料原料、饲料、人力成本增加等因素外，养殖成活率低、生产性能差也是最主要的因素之一。因此，增强消毒意识，加强消毒管理，提高成活率及生产性能，是养殖者亟须注意的问题。

（一）消毒是切断传播途径、预防传染病的重要手段

传染病是由各种病原体引起的能在人与人、动物与动物或人与动物之间相互传播的一类疾病。病原体中大部分是微生物，小部分为寄生虫，寄生虫引起者又称寄生虫病。传染病的特点是有病原体、传染性和流行性，感染后常有免疫性。其传播和流行必须具备 3 个环节，即传染源（能排出病原体的畜禽）、传播途径（病原体

传染其他畜禽的途径）及易感畜禽群（对该种传染病无免疫力者）。若能完全切断其中的一个环节，即可防止该种传染病的发生和流行。其中，切断传播途径最有效的方法是消毒、杀虫和灭鼠。因此，消毒是消灭和根除病原体必不可少的手段，也是兽医卫生防疫工作中的一项重要工作，是预防和扑灭传染病的最重要的措施之一。

猪传染病的传播途径分为垂直传播和水平传播。

垂直传播是母体传给子代的传播方式，是纵向传播。经胎盘传播，是指产前被感染的怀孕动物，通过胎盘将其体内的病原体传染给胎儿的传播方式，比如猪瘟、细小病毒病、乙型脑炎、伪狂犬病等，都可以经胎盘传播；经产道传播，是指存在于怀孕动物阴道和子宫颈口的病原体，在分娩的过程中，造成新生胎儿感染的现象，比如大肠杆菌病、链球菌病、葡萄球菌病等都可以经产道传播。

水平传播是指动物群体之间或动物个体之间的横向传播，包括直接接触传播和间接接触传播。直接接触传播是指在没有任何外界因素影响下，通过传染源和易感动物直接接触传播的方式。这种传播方式较少，当猪发病或携带病原体时，可通过交配、舔咬的方式传染给对方，最具有代表性的是狂犬病。如猪患口蹄疫时，病猪的水疱液中含有大量的口蹄疫病毒，如果别的猪舔或拱到病猪的水疱时，该猪就会被染上口蹄疫，这种传播的特点是一个接一个地发生，由于传播受到限制，因而不易造成广泛的流行造成大的伤害与损失。间接接触传播指病原体必须在外界因素的参与下，通过传播媒介侵入易感动物的方式。

1. 空气传播

主要是病猪在咳嗽、喷嚏和呼吸时，可以传播病菌引起感染。这类疾病有猪气喘病、猪肺疫、接触传染性胸膜肺炎等。某些在外界生存力较强的病原体，如结核杆菌、炭疽杆菌、丹毒杆菌及胸膜肺炎放线杆菌等，从病猪的分泌物、排泄物排出，或从处理不当的尸体上散布在地面和环境中，干燥后随灰尘一道飘扬于空气中，当易感猪吸入后可受感染。把病原体和分泌物从呼吸道中喷射出来，形成飞沫，在空气中飘移，当易感动物直接接触到带有病原体的飞沫而发病，这种传播方式是空气传播。另一方面，当飞沫的水分蒸发后，就形成了由细菌、病毒以及飞沫中的干物质组成的飞沫核，易感动物接触到飞沫核而被感染，这种传播方式也叫空气传播。所有的呼吸道疾病均可通过飞沫传播，而只有少数疾病能通过尘埃传播，如结核病、炭疽病、猪丹毒。

2. 经土壤传播

病原体随患病动物的分泌物、排泄物或动物尸体进入土壤，从而使土壤被污染，而易感动物如果接触被污染的土壤，就可能会被感染。如炭疽杆菌病、破伤风、猪丹毒都可形成抵抗力很强的芽孢，在土壤中生存较长的时间。因此，对于能通过污染土壤而传播的传染病，要特别注意病猪的排泄物所污染的环境、物品和尸体的处理，防止病原体落入土壤，以免形成永久性的疫源地，后患无穷。但由于现在绝大多数都采用水泥地面进行圈养，所以这种传播方式非常少见。

3. 经污染的饲料和饮水传播

对以消化道为主要侵入途径的传染病有重要意义，即通常所说的病从口入。易感猪采食了被污染的饲料、饲草和水源，而被感染的传播方式。如猪瘟、口蹄疫、仔猪黄痢、白痢、传染性胃肠炎等多种传染病均可通过这种方式传播。

4. 经物品用具传播

如果医疗器械或其他物品被污染，而易感动物接触到了这些被污染的物品，也能被感染。比如注射针头、体温计等与病猪接触密切的物品，没经消毒或消毒不严，再给易感猪注射，可引起人为的传播，易感猪就极易被感染。在实践中这样的例子不少，教训颇为深刻。

5. 经活的媒介传播

活的媒介包括人类、蚊、蝇、野生动物、鼠等。日本乙型脑炎主要就是经活的媒介传播，如蚊、蝇叮咬患病动物后，再去叮咬易感动物，就会使易感动物发病。老鼠可将伪狂犬病毒传播给易感动物。人虽不会得猪瘟，但可将猪瘟病毒机械性地传播给易感动物。具体来讲，可分为以下几种类型：

(1) 节肢昆虫　包括蚊、蝇、蝶、蚊等。通过这些昆虫传播疾病的特点是有明显的季节性，如炎热的夏季，蚊子滋生，也是猪乙型脑炎、猪丹毒等疾病的流行高峰期，因为这些疾病可以通过蚊子的刺螯传播。家蝇虽不吸血，但活动于猪群与排泄物、病死尸体和饲料之间，可机械性地携带和传播病原。由于这些昆虫都能飞翔，不易控制，可将疾病传播到较远的地区。

(2) 野生动物和其他畜禽　可以感染多种动物的共患病，如伪狂犬病、李氏杆菌病、沙门氏菌病等，这些疾病也可传染给猪。有些猪病是由于机械性地携带病原而引起流行的，如猪瘟、猪口蹄疫等病，其中以鼠的危害最大。此外，狗、猫及各种飞鸟、家禽也易进入猪场，可能传播弓形虫病、猪囊尾蚴病等。因此，要求猪场内禁止狗、猫、家禽等动物入内，重视灭鼠，避免鸟类飞进猪舍。

(3) 人　饲养人员、猪场的管理人员、兽医人员以及参观者，若不遵守防疫卫生制度，随意进出猪场，都有可能将污染在手上、衣服上、鞋底上的病原体传播给健康猪。有些人畜共患病如布氏杆菌病、结核病等，还能由病人直接传播给猪，所以猪场工作人员要定期进行体检。

传染病的传播多种多样，途径较多，也比较复杂，每种传染病都有自己的传播途径。有的传染病只有一种传播途径，如皮肤霉菌病，只能通过破损的皮肤伤口感染；但大多数病有多种传播途径，比如猪瘟、猪传染性胃肠炎、仔猪白痢、猪丹毒等大多数传染病，既可垂直传播，又可水平传播。

消毒是切断传染病的传播途径，保护易感猪只，使传染病不再发生或流行的重要手段。

（二）消除非常时期传染病的发生和流行

猪的疫病水平传播有两条途径，即消化道和呼吸道。消化道途径通常是指带有病原体的粪便污染饮水、用具、物品，主要指病原体对饲料、饮水、笼舍及用具的污染；呼吸道途径主要指通过空气和飞沫传播，被感染动物通过咳嗽、打喷嚏和呼吸等将病原体排入空气中，并可污染环境中的物体。非常时期传染病的流行主要就是通过这两种方式。因此，对空气和环境中的物体消毒具有重要的防病意义。动物门诊、兽医院等地方也是病原微生物比较集中的地方，做好这些地方的消毒工作，对防止动物群体之间传染病的流行也具有重要意义。

（三）预防和控制新发传染病的发生和流行

随着养猪业的迅速发展，从国外引进的种猪种类和数量显著增加，尤其是多渠道引进，又不了解被引进国疾病的发生情况，以及缺乏有效的监测手段和配套措施，在引进种猪的同时，不可避免地带入了疾病，使疾病流行出现了很多新的形势：老病未除，新病又出；非典型化、混合感染占据主流；控制和净化难度增大。

面对猪病流行的新形势，消毒工作显得更为重要。有些疫病，在尚未确定具体传染源或流行特点的情况下，对有可能被病原微生物污染的物品、场所和动物体等进行的消毒（预防性消毒），可以预防和控制新传染病的发生和流行。同时，一旦发现新的传染病，要立即对病猪的分泌物、排泄物、污染物、胴体、血污、居留场所、生产车间以及接触过病猪和其产品的工具、饲槽、工作人员的刀具、工作服、手套、胶鞋、病猪通过的道路等进行消毒（疫源地消毒），以阻止病原微生物的扩散，切断其传播途径。

（四）维护公共安全和人类健康

养殖环境不卫生，病原微生物种类多、含量高，不仅能引起猪群发生传染病，而且直接影响到猪肉产品的质量，从而危害人的健康。从社会预防医学和公共卫生学的角度来看，兽医消毒工作在防止和减少人猪共患传染病的发生和蔓延中发挥着重要的作用，是维护人类环境卫生、身体健康的重要保障。通过全面彻底的消毒，可以阻止人猪共患病的流行，减少对人类健康的危害。

三、消毒的分类

（一）按消毒目的分

根据消毒的目的不同，可分为疫源地消毒、预防性消毒。

1. 疫源地消毒

疫源地消毒是指对有传染源（病猪或病原携带者）存在的地区进行消毒，以免病原体外传。疫源地消毒又分为随时消毒和终末消毒两种。

（1）随时消毒　是指猪场内存在传染源的情况下开展的消毒工作，其目的是随时、迅速杀灭刚排出体外的病原微生物。当猪群中有个别或少数猪发生一般性疫病或有突然死亡现象时，立即对所在栏舍进行局部强化消毒，包括对发病和死亡猪只的消毒及无害化处理，对被污染的场所和物体的立即消毒。这种情况的消毒需要多次反复地进行。

（2）终末消毒　是采用多种消毒方法对全场或部分猪舍进行全方位的彻底清理与消毒。当被某些烈性传染病感染的猪群已经死亡、淘汰或痊愈，传染源已不存在，准备解除封锁前，应进行大消毒。在全进全出生产系统中，当猪群全部从栏舍中转出后，对空栏及有关生产工具要进行大消毒。春秋季节气候温暖，适宜于各种病原微生物的生长繁殖，因此，春秋两季要进行常规大消毒。

2. 预防性消毒

预防性消毒也叫日常消毒，是指未发生传染病的安全猪场，为防止传染病的传入，结合平时的清洁卫生工作、饲养管理工作和门卫制度，对可能受病原污染的猪舍、场地、用具、饮水等进行的消毒。主要包括以下内容：

（1）定期消毒　根据气候特点、本场生产实际，对栏舍、舍内空气、饲料仓库、道路、周围环境、消毒池、猪群、饲料、饮水等制订具体的消毒日期，并且在规定的日期进行消毒。例如，每周一次带猪消毒，安排在每周三下午；周围环境每月消毒一次，安排在每月初的某一晴天。

（2）生产工具消毒　食槽、水槽（饮水器）、笼具、刺种针、注射器、针头。

（3）人员、车辆消毒　任何人、任何车辆、任何时候进入生产区均应经过严格消毒。

（4）猪只转栏前对栏舍的消毒　转栏前对准备转入猪只的栏舍彻底清洗、消毒。

（5）术部消毒　对猪的免疫注射部位、手术部位进行消毒。

（二）按消毒程度分

1. 高水平消毒

杀灭一切病原微生物繁殖体包括分枝杆菌、病毒、真菌及其孢子和绝大多数细菌芽孢。达到高水平消毒常用的消毒剂包括：氯制剂、二氧化氯、邻苯二甲醛、过氧乙酸、过氧化氢、臭氧、碘酊等，在规定的条件下，以合适的浓度和有效的作用时间进行消毒的方法。

2. 中水平消毒

杀灭除细菌芽孢以外的各种病原微生物，包括分枝杆菌，即达到了中水平消毒。常用的消毒剂包括：碘类（碘伏、氯己定碘等）、醇类和氯己定碘的复方、醇类和季铵盐类化合物的复方、酚类等，在规定的条件下，以合适的浓度和有效的作用时间进行消毒的方法。

3. 低水平消毒

能杀灭细菌繁殖体（分枝杆菌除外）和亲脂类病毒的化学消毒方法以及通风换气、冲洗等机械除菌法。如采用季铵盐类（苯扎溴铵等）、双胍类消毒剂（氯己定）等，在规定的条件下，以合适的浓度和有效的作用时间进行消毒的方法。

四、影响消毒效果的因素

消毒效果受许多因素的影响，了解和掌握这些因素，可以指导正确进行消毒工作，提高消毒效果；反之，处理不当，只会影响消毒效果，导致消毒失败。影响消毒效果的因素很多，概括起来主要有以下几个方面：

（一）消毒剂的种类

针对所要消毒的微生物特点，选择恰当的消毒剂很关键，如果要杀灭细菌芽孢或非囊膜病毒，则必须选用灭菌剂或高效消毒剂，也可选用物理灭菌法，才能取得可靠的消毒效果，若使用酚制剂或季铵盐类消毒剂则效果很差；季铵盐类是阳离子表面活性剂，有杀菌作用的阳离子具有亲脂性，杀革兰氏阳性菌和囊膜病毒效果较好，但对非囊膜病毒就无能为力了。龙胆紫对葡萄球菌的效果特别强。热对结核杆菌有很强的杀灭作用，但一般消毒剂对其作用要比对常见细菌繁殖体的作用差。所以为了取得理想的消毒效果，必须根据消毒对象及消毒剂本身的特点科学地进行选择，采取合适的消毒方法使其达到最佳消毒效果。

（二）消毒剂的配方

良好的配方能显著提高消毒的效果。如用70%乙醇配制季铵盐类消毒剂比用水配制穿透力强，杀菌效果更好；苯酚若制成甲苯酚的肥皂溶液就可杀死大多数繁殖体微生物；超声波和戊二醛、环氧乙烷联合应用，具有协同效应，可提高消毒效力；另外，用具有杀菌作用的溶剂如甲醇、丙二醇等配制消毒液时，常可增强消毒效果。当然，消毒药之间也会产生拮抗作用，如酚类不宜与碱类消毒剂混合，阳离子表面活性剂不宜与阴离子表面活性剂（肥皂等）及碱类物质混合，它们彼此会发生中和反应，产生不溶性物质，从而降低消毒效果。次氯酸盐和过氧乙酸会被硫代硫酸钠中和。因此，消毒药不能随意混合使用，但可考虑选择几种产品轮换使用。

（三）消毒剂的浓度

任何一种消毒药的消毒效果都取决于其与微生物接触的有效浓度，同一种消毒剂的浓度不同，其消毒效果也不一样。大多数消毒剂的消毒效果与其浓度成正比，但也有些消毒剂，随着浓度的增大消毒效果反而下降。各种消毒剂受浓度影响的程度不同。每一消毒剂都有最低有效浓度，要选择有效而又对人畜安全并对设备无腐蚀的杀菌浓度。消毒液浓度并不是越高越好，浓度过高，一是浪费，二会腐蚀设备，三还可能对猪造成危害。另外，有些消毒剂浓度过高反而会使消毒效果下降，如酒精在75%时消毒效果最好。消毒液用量方面，在喷雾消毒时按每立方米空间30毫升为宜，太大会导致舍内过湿，用量小又达不到消毒效果。一般应灵活掌握，在猪群发病、温暖天气等情况下应适当加大用量；而天气冷、肉猪育雏后期则用量应减少。

（四）作用时间

消毒剂接触微生物后，要经过一定时间后才能杀死病原，只有少数能立即产生消毒作用，所以要保证消毒剂有一定的作用时间。消毒剂与微生物接触时间越长消毒效果越好，接触时间太短往往达不到消毒效果。被消毒物品上微生物数量越多完全灭菌所需时间越长。此外，大部分消毒剂在干燥后就失去消毒作用，溶液型消毒剂在溶液中才能有效地发挥作用。

（五）温度

一般情况下，消毒液温度高，药物的渗透能力也会增强，消毒效果可加大，消毒所需要的时间也可以缩短。实验证明，消毒液温度每提高 10℃，杀菌效力增加 1 倍，但配制消毒液的水温不超过 45℃为好。一般温度按等差级数增加，则消毒剂杀菌效果按几何级数增加。许多消毒剂在温度低时，反应速度缓慢，影响消毒效果，甚至不能发挥消毒作用。如福尔马林在室温 15℃以下用于消毒时，即使用其有效浓度，也不能达到很好的消毒效果，但室温在 20℃以上时，则消毒效果很好。因此，在熏蒸消毒时，需将舍温提高到 20℃以上，才有较好的效果。

（六）湿度

湿度对许多气体消毒剂的作用有显著影响。这种影响来自两方面：

一是消毒对象的湿度，它直接影响微生物的含水量。如用环氧乙烷消毒时，细菌含水量太多，则需要延长消毒时间；细菌含水量太少，消毒效果亦明显降低。

二是消毒环境的相对湿度。每种气体消毒剂都有其适宜的相对湿度范围，如甲醛以相对湿度大于 60%为宜，用过氧乙酸消毒时要求相对湿度不低于 40%，以 60%～80%为宜；熏蒸消毒时需将舍内湿度提高到 60%～70%，才有效果。直接喷洒消毒剂干粉处理地面时，需要有较高的相对湿度，使药物潮解后才能发挥作用，如生石灰单独用于消毒是无效的，须洒上水或制成石灰乳等。紫外线消毒时，相对湿度增高，反而会影响穿透力，不利于消毒处理。

（七）酸碱度（pH）

酸碱度（pH）可从两方面影响消毒效果：一是对消毒剂的作用，pH 变化可改变其溶解度、离解度和分子结构；二是对微生物的影响，病原微生物的适宜 pH 值在 6～8，过高或过低的 pH 有利于杀灭病原微生物。酚类、次氯酸等是以非离解形式起杀菌作用，所以在酸性环境中杀灭微生物的作用较强，碱性环境就差。在环境偏碱性时，细菌带负电荷多，有利于阳离子型消毒剂作用；而对阴离子消毒剂来说，酸性条件下消毒效果更好些。新型的消毒剂常含有缓冲剂等成分，可以减少 pH 对消毒效果的直接影响。

（八）表面活性和稀释用水的水质

非离子表面活性剂和大分子聚合物可以降低季铵盐类消毒剂的作用；阴离子表

面活性剂会影响季铵盐类的消毒作用，因此在用表面活性剂消毒时应格外小心。由于水中金属离子（如 Ca^{2+} 和 Mg^{2+}）对消毒效果也有影响，所以在稀释消毒剂时，必须考虑稀释用水的硬度问题。如季铵盐类消毒剂在硬水环境中消毒效果不好，最好选用蒸馏水进行稀释。一种好的消毒剂应该能耐受各种不同的水质，不管是硬水还是软水，消毒效果都不受什么影响。

（九）污物、残料和有机物的存在

灰尘、残料等都会影响消毒液的消毒效果，料槽、饮水器等用具消毒时，一定要先清洗再消毒，不能清洗消毒一步完成，否则污物或残料会严重影响消毒效果，使消毒不彻底。

消毒现场通常会遇到各种有机物，如血液、血清、培养基成分、分泌物、脓液、饲料残渣、泥土及粪便等，这些有机物的存在会严重干扰消毒剂消毒效果。因为有机物覆盖在病原微生物表面，妨碍消毒剂与病原直接接触而延迟消毒反应，以致对病原杀不死、杀不全。部分有机物可与消毒剂发生反应生成溶解度更低或杀菌能力更弱的物质，甚至产生的不溶性物质反过来与其他组分一起对病原微生物起到机械保护作用，阻碍消毒过程的顺利进行。同时有机物消耗部分消毒剂，降低了对病原微生物的作用浓度。如蛋白质能消耗大量的酸性或碱性消毒剂；阳离子表面活性剂等易被脂肪、磷脂类有机物所溶解吸收。因此，在消毒前要先进行清洁。当然，各种消毒剂受有机物影响程度有所不同。在有机物存在的情况下，氯制剂消毒效果显著降低；季铵盐类、过氧化物类等消毒作用也明显地受到有机物影响；但烷基化类、戊二醛类及碘伏类消毒剂受有机物影响比较小些。对大多数消毒剂来说，当有有机物影响时，需要适当加大处理剂量或延长作用时间。

（十）微生物的类型和数量

不同类型的微生物对消毒剂的敏感性不同，而且每种消毒剂有各自的特点，因此消毒时应根据具体情况科学地选用消毒剂。

为便于消毒工作的进行，往往将病原微生物对杀菌因子抗力分为若干级，以作为选择消毒方法的依据。过去，在致病微生物中多以细菌芽孢的抗力最强，分枝杆菌其次，细菌繁殖体最弱。但根据近年来对微生物抗力的研究，微生物对化学因子抗力由大到小的排序依次为：感染性蛋白因子（牛海绵状脑病病原体）、细菌芽孢（炭疽杆菌、梭状芽孢杆菌、枯草杆菌等芽孢）、分枝杆菌（结核杆菌）、革兰氏阴性菌（大肠杆菌、沙门氏菌等）、真菌（念珠菌、曲霉菌等）、无囊膜病毒（亲水病毒）或小型病毒（腺病毒等）、革兰氏阳性菌繁殖体（金黄色葡萄球菌、铜绿假单胞菌等）、囊膜病毒（亲脂病毒等）或中型病毒（疱疹病毒、流感病毒等）。其中，抗力最强的不再是细菌芽孢，而是最小的感染性蛋白因子（朊粒）。因此，在选择消毒剂时，应根据新的排序加以考虑。

目前所知，对感染性蛋白因子（朊粒）的灭活只有3种方法效果较好：一是长时间的压力蒸汽处理，132℃（下排气）30分钟或134～138℃（预真空）18分钟；二是浸泡于1摩尔/升氢氧化钠溶液作用15分钟，或含8.25%有效氯的次氯酸钠溶液作用30分钟；三是先浸泡于1摩尔/升氢氧化钠溶液内作用1小时，然后以121℃蒸汽处理60分钟。杀芽孢类消毒剂目前公认的主要有戊二醛、甲醛、环氧乙烷及氯制剂和碘伏等。酚类制剂、阳离子表面活性剂、季铵盐类等消毒剂对畜禽常见囊膜病毒有很好的消毒效果，但其对无囊膜病毒的效果就很差；无囊膜病毒必须用碱类、过氧化物类、醛类、氯制剂和碘伏类等高效消毒剂才能确保有效杀灭。

消毒对象的病原微生物污染数量越多，则消毒越困难。因此，对严重污染物品或高危区域（如孵化室及伤口等破损处）应加强消毒，加大消毒剂的用量，延长消毒剂作用时间，并适当增加消毒次数，这样才能达到良好的消毒效果。

五、消毒过程中存在的误区

养猪户在消毒过程中存在许多误区，致使消毒达不到理想效果。常见消毒误区主要包括以下几个：

（一）未发生疫病可以不进行消毒

消毒的主要目的是杀灭传染源的病原体，猪传染病的发生要有三个基本环节：传染源，传播途径，易感动物。在畜禽养殖中，有时没有疫病发生，但外界环境存在传染源，传染源会释放病原体，病原体就会通过空气、饲料、饮水等途径，入侵易感猪群，引起疫病发生。如果没有及时消毒、净化环境，环境中的病原体就会越积越多，达到一定程度时，就会引起疫病的发生。因此，未发生疫病地区的养殖户更应进行消毒，防患于未然。

（二）消毒过的猪群就不会再得传染病

尽管进行了消毒，但并不一定就能收到彻底的消毒效果，这与选用的消毒剂品种、消毒剂质量及消毒方法有关。就是已经彻底规范消毒后，短时间内很安全，但许多病原体可以通过空气、飞禽、老鼠等媒介传播，养殖动物自身不断污染环境，也会使环境中的各种致病微生物大量繁殖，所以必须定时、定位、彻底、规范消毒，同时结合有计划地免疫接种，才能做到猪只不得病或少得病。

（三）消毒剂气味越浓、效果越好

消毒效果的好坏，主要和消毒剂的杀菌能力、杀菌谱有关。目前市场上一些先进的、好的消毒剂没有什么气味，如季铵盐络合碘溶液、聚维酮碘、聚醇醚碘、过硫酸盐等；相反有些气味浓、刺激性大的消毒剂，存在着消毒盲区，且气味浓、刺激性大的消毒剂对猪只呼吸道、体表等有一定的伤害，反而易引起呼吸道疾病。

（四）饮水消毒的误区

饮水消毒目的是要把饮水中的微生物杀灭或者减少，以控制猪体内的病原微生物。如果任意加大消毒药物的浓度或让猪长期饮用，除可引起猪只急性中毒外，还可杀死或抑制肠道内的正常菌群，对猪只健康造成危害。因此，饮水消毒要严格控制配比浓度和饮用时间。

（五）带猪喷雾消毒的误区

随着规模化养猪的不断发展，带猪消毒已成为规模化猪场常规的生物安全防控措施之一。但在实际应用过程中，猪场存在很多带猪消毒的误区，如果操作不当，不但不会降低疫病风险，反而会损害猪群健康。常见的猪场带猪消毒误区有：

1. 带猪消毒就是将猪舍中的病原微生物全部杀死

从“带猪消毒”的字面意义上理解，很容易让大家认为，带猪消毒就是要将猪生存环境中的病原微生物全部杀死。但猪是活的生命体，生命体喜欢的是自然、清新的环境，而自然环境中最重要的组成部分就是无处不在的微生物。生命体如果脱离微生物环境，就像生活在真空里，很难长期生存。由于规模化猪场的饲养密度大，猪舍内环境质量非常差，各种微生物的数量严重超标。有数据显示，在正常无疫情的情况下，密闭式猪舍在寒冷季节和温暖季节舍内空气中细菌浓度分别是舍外空气的1100倍和500倍，半开放式猪舍空气中的细菌浓度是舍外的110～580倍。因此带猪消毒的目的是要降低环境中病原微生物的数量，使其不能够对猪群的健康造成危害，而不是要将猪舍中的所有病原微生物全部杀死。在实际生产应用中，我们也能认识到，不论多么高效的消毒剂，都不能100％地杀灭环境中的所有微生物，也不可能24小时连续进行带猪消毒。所以，猪场应该重新认识带猪消毒的目的，避免陷入误区。

猪场带猪消毒的目的除了降低舍内病原微生物的数量外，还应包括降低舍内有害气体的含量。特别是猪场冬季时为了保温，减少通风，猪舍内的氨气、二氧化碳、硫化氢以及悬浮颗粒物含量大幅增加，这些有害物质会破坏猪的呼吸道屏障，增加呼吸道及其他疾病发病率。所以猪场在选择消毒剂时还应考虑到消毒剂的空气清新作用。比如可以选择弱酸性的消毒剂，中和舍内的氨气。中药消毒剂一般选用具有芳香化浊类的名贵中药，提取物的 pH 多在 6 左右，除了可以中和舍内氨气，还具有散发芳香、化浊的作用，明显改善猪舍内空气质量。

2. 带猪消毒应选择杀菌效果最好的消毒剂

市面上消毒剂的种类非常繁多，猪场在选择消毒剂时，不但要看消毒剂的杀菌效果，还要看其对猪体自身造成损害的程度。比如强酸、强碱类的过氧乙酸和火碱，对猪的皮肤、呼吸道黏膜会造成严重的损伤；戊二醛对眼睛、皮肤、黏膜有强烈的刺激作用，吸入可引起喉、支气管的炎症，化学性肺炎、肺水肿等；长期使用季铵盐类消毒剂会使皮肤表皮老化，消毒剂通过皮肤进入机体后产生慢性中毒并积聚，难以降解。严格来说，所有的化学消毒剂都会对猪体自身造成损害，特别是对猪呼吸道黏膜造成损伤，只是损害的程度有所不同。因此，猪场在选择带猪消毒剂时除了看杀菌效果，还要看消毒剂的毒性，应选择既可以杀灭病原微生物，又不会对猪群健康造成损害的消毒剂。

3. 带猪消毒频率随意调整

很多养猪人认为，既然消毒不能将猪舍中的病原微生物全部杀死，就没有必要经常消毒，只是每月偶尔象征性地消毒 1 次，或者听到外面有传染病疫情时再进行消毒，其实这些做法是非常错误的。猪群每天都通过呼吸、粪尿向体外排出大量的病原体，我们必须通过消毒来减少环境中致病微生物的数量，如果任由环境中病原微生物繁殖，当其超过猪群自身的抵抗能力时，就会造成猪群发病。所以规模化猪场应该每 2 天带猪消毒 1 次，至少做到 2 次/周。这样才能确保环境中的病原微生物不会对猪群健康造成严重影响。北方有些猪场的保温设施比较落后，舍内温度较低，这种情况下带猪消毒不但会降低舍内温度，同时增加舍内湿度。这时猪场应采用灵活的应对措施，比如选择在中午温暖的时候进行消毒；在过道地面铺撒白灰，以降低舍内湿度；选择具有挥发性的中药消毒剂悬挂到舍内，适当降低带猪喷雾频率等。

（六）消毒浓度越高，消毒效果越好

消毒浓度是决定消毒液杀菌（毒）力的首要因素，但不是唯一因素，也不是浓

度越高越好，如96%以上酒精不如70%酒精的杀菌效果好。影响消毒效果的因素很多，要根据不同的消毒对象和消毒目的选择不同的消毒剂，选择合适的浓度和消毒方法等。消毒剂对动物多少有点影响，浓度越高对动物越不安全，搞好消毒工作的同时还应时刻关注动物的安全。

（七）消毒前环境清扫不重要

由于养殖场存在大量的有机物，如粪便、饲料残渣、畜禽分泌物、体表脱落物，以及鼠粪、污水或其他污物，这些有机物中藏匿有大量病原微生物；这会消耗或中和消毒剂的有效成分，严重降低了消毒剂对病原微生物的作用浓度，所以说彻底清扫是有效消毒的前提。这里要引起大家注意的是，就清扫消毒在清除病原中的重要程度来看，清扫占70%，消毒只占30%。也就是说，要重视清扫，要清扫之后才消毒。

（八）长期固定使用单一消毒剂

长期固定使用单一消毒剂，细菌、病毒也可能会产生耐药性；同时由于杀菌谱有限，可能不能杀灭某种致病菌，使其大量繁殖，并对消毒剂产生耐药性。因此，最好几种不同类型的消毒剂轮换使用。

第二节　常用消毒设备

根据消毒方法、消毒性质不同，消毒设备也有所不同。消毒工作中，由于消毒方法的种类很多，除根据具体消毒对象的特点和消毒要求选择适当的消毒剂外，还要选择适当的设备进行消毒，并重视操作中的注意事项等。同时还需注意，无论采取哪种消毒方式，都要做好消毒人员的自身防护。

常用消毒设备可分为物理消毒设备、化学消毒设备和生物消毒设备。以下主要介绍几种常用的物理和化学消毒设备。

一、物理消毒常用设备

物理消毒灭菌技术在动物养殖和生产中具有独特的特点和优势。物理消毒灭菌一般不改变被消毒物品的形状与原有组分，能保持饲料和食物固有的营养价值；不产生有毒有害物质残留，不会造成被消毒灭菌物品的二次污染；对周围环境的影响较小。但是，大多数物理消毒灭菌技术往往操作比较复杂，需要大量的机械设备，而且成本较高。

养猪场物理消毒主要有紫外线照射、机械清扫、洗刷、通风换气、干燥、煮沸、蒸汽、火焰焚烧等。依照消毒的对象、环节等，需要配备相应的消毒设备。

（一）机械清扫、冲洗设备

机械清扫、冲洗设备主要是高压清洗机，是通过动力装置使高压柱塞泵产生高压水来冲洗物体表面的机器。它能将污垢剥离、冲走，达到清洗物体表面的目的。因为是使用高压水柱清理污垢，所以高压清洗也是世界上公认最科学、经济、环保的清洁方式之一。主要用途是冲洗养殖场场地、畜禽圈舍建筑、养殖场设施设备、车辆和喷洒药剂等。

高压清洗机可分为冷水高压清洗机、热水高压清洗机。两者最大的区别在于，热水清洗机增加了一个加热装置，利用燃烧缸把水加热。

1. 分类

按驱动引擎不同，可分为电机驱动高压清洗机、汽油机驱动高压清洗机和柴油机驱动清洗机三大类。顾名思义，这三种清洗机都配有高压泵，不同的是它们分别与电机、汽油机或柴油机相连，由此驱动高压泵运行。汽油机驱动高压清洗机和柴油机驱动清洗机的优势在于它们不需要电源就可以在野外作业。

按用途不同，可分为家用、商用和工业用三大类。家用高压清洗机，通常压力、流量和寿命比较低一些（一般 100 小时以内），追求携带轻便、移动灵活、操作简单；商用高压清洗机，对参数的要求更高，且使用次数频繁，使用时间长，所以一般寿命比较长；工业用高压清洗机，除了一般的要求外，往往还会有一些特殊要求，水切割就是一个很好的例子。

2. 产品原理

由于水的冲击力大于污垢与物体表面的附着力，高压水就会将污垢剥离并冲走，以此来达到清洗物体表面的目的。因为是使用高压水柱清理污垢，除非是很顽固的油渍才需要加入一点清洁剂，一般情况下强力水压所产生的泡沫就足以能将污垢带走。

（二）紫外线灯

紫外线是一种低能量电磁波，具有较好的杀菌作用。紫外线消毒仅需几秒钟即可对细菌、病毒、真菌、芽孢、衣原体等达到灭活效果，而且运行操作简便，基建投资及运行费用低，因此被广泛应用于畜禽养殖场消毒。

1. 紫外线的消毒原理

利用紫外线照射，使菌体蛋白发生光解、变性，菌体的氨基酸、核酸、酶遭到破坏死亡。同时紫外线通过空气时，使空气中的氧电离产生臭氧，加强了杀菌作用。

2. 紫外线的消毒方法

紫外线多用于空气及物体表面的消毒，波长 2573 埃（1 埃$=10^{-10}$米）。用于空气消毒，有效距离不超过 2 米，照射时间 30～60 分钟；用于物体表面消毒，有效距离在 25～60 厘米，照射时间 20～30 分钟，从灯亮 5～7 分钟开始计时（灯亮需要预热一定时间，才能使空气中的氧电离产生臭氧）。

3. 紫外线的消毒措施

（1）空气消毒均采用紫外线照射时，采用固定式安装，将灯固定吊装在天花板或墙壁上，离地面 2.5 米左右。灯管下安装金属反射罩，使紫外线反射到天花板上，安装在墙壁上的，反光罩斜向上方，使紫外线照射在与水平面呈 3°～80°角，这样使上部空气受到紫外线的直接照射，而当上下层空气对流交换（人工或自然）时，整个空气都会受到消毒。通常每 6～15 米^3 空间用 1 支 15 瓦的紫外线灯。

对实验室、更衣室空气的消毒，在直接照射时每 9 米^2 地板面积需要 1 支 30 瓦的紫外线灯。人员进出场区，要通过消毒间，经过紫外线照射消毒。

空气消毒时，室内的所有的柜门、抽屉等都要打开，保证消毒室所有空间充分暴露，都能得到紫外线的照射，做到消毒无死角。

（2）关灯后立即开灯，会缩短灯管寿命。应冷却 3～4 分钟后再开，可以连续使用 4 小时，通风散热要好。

（3）应随时保持消毒室的清洁干燥，每天用消毒液浸泡后的专用抹布擦拭消毒室。用专用拖把拖地。

（4）规范紫外线灯日常监测登记，必须做到分室、分盏进行登记，登记簿中有灯管启用日期、每天消毒时间、累计时间、执行者签名等内容，要求消毒后如实作好记录。

（5）紫外线也可对水进行消毒，优点是水中不必添加其他消毒剂或提高温度。紫外线在水中的穿透力随深度的增加而降低。水中杂质对紫外线穿透力的影响更大。

对水消毒的装置，可呈管道状，使水由一侧流入，另一侧流出；紫外线灯管不能浸于水中，以免降低灯管温度，减少输出强度；流过的水层不宜超过 2 厘米。

直流式紫外线水液消毒器，使用30瓦灯管1支，每小时可处理约2000升水；套管式紫外线水液消毒器，使水沿外管壁形成薄层流到底部，接受紫外线的充分照射，每小时可生产150升无菌水。

（6）在进行紫外线消毒的时候，还要注意保护好个人的眼睛和皮肤，因为紫外线会损伤角膜、皮肤上皮。在进行紫外线消毒的时候，最好不要进入正在消毒的房间。如果必须进入，最好戴上防紫外线的护目镜。

4. 使用紫外线消毒灯应注意事项

紫外线灯灯管表面应经常（一般2周1次）用酒精棉球轻轻擦拭，除去上面的灰尘和油垢，减少对紫外线穿透力的影响；紫外线肉眼看不见，有条件的场应定期测量灯管的输出强度，没有条件的可逐日记录使用时间，以判断是否达到使用期限；消毒时，房间内应保持清洁、干燥，空气中不应有灰尘和水雾，温度保持在20℃以上，相对湿度不宜超过60%；紫外线不能穿透的表面（如纸、布等），只有直接照射的一面才能达到消毒目的，因而要按时翻动，使各面都能受到有效照射；人员进场需要进行紫外线消毒时，消毒时间不能过长，以每次消毒5分钟为宜；不能让紫外线直接长期照射人的体表和眼睛。

（三）干热灭菌设备

干热灭菌法是热力消毒、灭菌常用的方法之一，包括焚烧、烧灼和热空气法。焚烧是用于传染病畜禽尸体、病畜禽垫草、病料以及污染的杂草、地面等的灭菌，可直接点燃或在炉内焚烧；烧灼是直接用火焰进行灭菌，适用于微生物实验室的接种针、接种环、试管、玻璃片等耐热器材的灭菌；热空气法是利用干热空气进行灭菌，主要用于各种耐热玻璃器皿，如试管、吸管、烧瓶及培养皿等实验器材的灭菌。这种灭菌法是在一种特制的电热干燥器内进行的。由于干热的穿透力低，因此，箱内温度上升到160℃后，保持2小时才可保证杀死所有的细菌及其芽孢。

1. 干热灭菌器

（1）构造　干热灭菌器也就是烤箱，是由双层铁板制成的方形金属箱，外壁内层装有隔热的石棉板。箱底下放置大型火炉，或在箱壁中装置电热线圈。内壁上有数个孔，供流通空气用。箱前有铁门及玻璃门，箱内有金属箱板架数层。电热烤箱的前下方装有温度调节器，可以保持所需的温度。

（2）干热灭菌器的使用方法将培养皿、吸管、试管等玻璃器材包装后放入箱内，闭门加热。当温度上升至160～170℃时，保持温度2小时，达到时间后，停止加热，待温度自然下降至40℃以下，方可开门取物，否则冷空气突然进入，易引起玻璃炸裂；且热空气外溢，往往会灼伤取物者的皮肤。一般吸管、试管、培养皿、凡士林、液体石蜡等均可用本法灭菌。

2. 火焰灭菌设备

火焰灭菌法是指用火焰直接烧灼的灭菌方法。该方法灭菌迅速、可靠、简便，适合于耐火材料（如金属、玻璃及瓷器等）与用具的灭菌，不适合药品的灭菌。

所用的设备包括火焰专用型和喷雾火焰兼用型两种。专用型特点是使用轻便，适用于大型机种无法操作的地方；便于携带，适用于室内外和小、中型面积处，方便快捷；操作容易，打气、按电门即可发动，按气门钮即可停止；全部采用不锈钢材料，机件坚固耐用。兼用型除上述特点外，还具有以下特点：一是节省药剂，可根据被使用的场所和目的不同，用旋转式药剂开关来调节药量；二是节省人工费，用1台烟雾消毒器能达到10台手压式喷雾器的作业效率；三是消毒彻底，消毒器喷出的直径5～30微米的小粒子形成雾状浸透在每个角落，可达到最大的消毒效果。

（四）湿热灭菌设备

湿热灭菌法是热力消毒和灭菌的一种常用方法，包括煮沸消毒法、流通蒸汽消毒法和高压蒸汽灭菌法。

1. 消毒锅

消毒锅用于煮沸消毒，适用于一般器械如刀剪、注射器等金属和玻璃制品及棉织品等的消毒。这种方法简单、实用、杀菌能力比较强，效果可靠，是最古老的消毒方法之一。消毒锅一般使用金属容器，煮沸消毒时要求水沸腾后5～15分钟，一般水温能达到100℃，细菌繁殖体、真菌、病毒等可立即死亡；而细菌芽孢需要的时间比较长，要15～30分钟，有的要几个小时才能杀灭。

煮沸消毒时，要注意以下几个问题：

（1）煮沸消毒前，应将物品洗净。易损坏的物品用纱布包好再放入水中，以免沸腾时互相碰撞。不透水物品应垂直放置，以利水的对流。水面应高于物品。消毒器应加盖。

（2）消毒时，应自水沸腾后开始计算时间，一般需15～20分钟（各种器械煮沸消毒时间见表2-1）。对注射器或手术器械灭菌时，应煮沸30～40分钟。加入2%碳酸钠，可防锈，并可提高沸点（水中加入1%碳酸钠，沸点可达105℃），加速微生物死亡。

表 2-1　各种器械煮沸消毒参考时间

消毒对象	消毒参考时间/分钟
玻璃类器材	20～30
橡胶类及电木类器材	5～10
金属类及搪瓷类器材	5～15
接触过传染病料的器材	＞30

（3）对棉织品煮沸消毒时，一次放置的物品不宜过多。煮沸时应略加搅拌，以利于水的对流。物品加入较多时，煮沸时间应延长到 30 分钟以上。

（4）消毒时，物品间勿存留气泡；勿放入会增加黏稠度的物质。消毒过程中，水应保持连续煮沸，中途不得加入新的污染物品，否则消毒时间应从水再次沸腾后重新计算。

（5）消毒时，物品因无外包装，事后取出和放置时谨防再污染。对已灭菌的无包装医疗器材，取用和保存时应严格按无菌操作要求进行。

2. 高压蒸汽灭菌器

（1）高压蒸汽灭菌器的结构　高压蒸汽灭菌器是一个双层的金属圆筒，两层之间盛水，外层坚固厚实，其上方有金属厚盖，盖旁附有螺旋，借以紧闭盖门，使蒸汽不能外溢，因而蒸汽压力升高，其温度亦相应地增高。

高压蒸汽灭菌器上装有排气阀门、安全活塞，以调节蒸汽压力。有温度计及压力表，以表示内部的温度和压力。灭菌器内装有带孔的金属搁板，用以放置要灭菌物体。

（2）高压蒸汽灭菌器的使用方法加水至外筒内，被灭菌物品放入内筒。盖上灭菌器盖，拧紧螺旋使之密闭。灭菌器下用煤气或电炉等加热，同时打开排气阀门，排净其中冷空气，否则压力表上所示压力并非全部是蒸汽压力，灭菌将不完全。

待冷空气全部排出后（即水蒸气从排气阀中连续排出时），关闭排气阀。继续加热，待压力表渐渐升至所需压力时（一般是 101.53kPa，即 15 磅力/英寸^2，温度为 121.3℃），调节炉火，保持压力和温度（注意压力不要过大，以免发生意外），维持 15～30 分钟。达到灭菌时间后，停止加热，待压力降至零时，慢慢打开排气阀，排出余气，开盖取物。切不可在压力尚未降为零时突然打开排气阀门，以免灭菌器中液体喷出。

高压蒸汽灭菌法为湿热灭菌法，其优点有三：一是湿热灭菌时菌体蛋白容易变性；二是湿热穿透力强；三是蒸汽变成水时可放出大量热增强杀菌效果。因此，它是效果最好的灭菌方法。凡耐高温和潮湿的物品，如培养基、生理盐水、衣服、纱布、棉花、敷料、玻璃器材、传染性污物等都可应用本法灭菌。

3. 流通蒸汽灭菌器

流通蒸汽消毒设备的种类很多，比较理想的是流通蒸汽灭菌器。

流通蒸汽灭菌器由蒸汽发生器、蒸汽回流装置、消毒室和支架等构成。蒸汽由底部进入消毒室，经回流罩再返回到蒸汽发生器内，这种蒸汽消耗少，只需维持较小火力即可。

流通蒸汽消毒时，消毒时间应从水沸腾后有蒸汽冒出时算起，消毒时间同煮沸法，消毒物品包装不宜过大、过紧，吸水物品不要浸湿后放入。因在常压下，蒸汽温度只能达到100℃，维持30分钟只能杀死细菌的繁殖体，不能杀死细菌芽孢和霉菌孢子，所以有时必须使用间歇灭菌法，即用蒸汽灭菌器或用蒸笼加热至约100℃维持30分钟，每天进行1次，连续3天。每天消毒完后都必须将被灭菌的物品取出放在室温或37℃温箱中过夜，提供芽孢发芽所需的条件。对不具备芽孢发芽条件的物品不能用此法灭菌。

二、化学消毒常用设备

化学消毒时常用的是喷雾器。喷雾器有背负式喷雾器和机动喷雾器。背负式喷雾器又有压杆式喷雾器和充电式喷雾器，用于小面积环境消毒和带猪消毒。机动喷雾器按其所使用的动力来划分，主要有电动（交流电或直流电）和气动两种，每种又有不同的型号，适用于猪舍外环境和空舍消毒，在实际应用时要根据具体情况选择合适的喷雾器。

在使用喷雾器进行消毒时要注意：固体消毒剂有残渣或溶化不全时，容易堵塞喷嘴，因此不能直接在喷雾器的容器内配制消毒剂，而是在其他容器内配制好了以后经喷雾器的过滤网装入喷雾器的容器内。压杆式喷雾器容器内药液不能装得太满，否则不易打气。配制消毒剂的水温不宜太高，否则易使喷雾器的塑料桶身变形，而且喷雾时不顺畅。使用完毕，将剩余药液倒出，用清水冲洗干净，倒置，打开一些零部件，等晾干后再装起来。

喷雾时，房舍应密闭，关闭门、窗和通风口，减少空气流动。在喷雾完后15～20分钟再开启门窗。如选用雾滴直径为59微米以下的喷雾器，喷雾枪口应在猪头部上方约30厘米处喷射，以形成良好的雾化区，并且雾滴粒子不立即沉降而可在空间悬浮适当时间。

第三节　常用的消毒剂

利用化学药品杀灭传播媒介上的病原微生物以达到预防感染、控制传染病的传播和流行的方法称为化学消毒法。化学消毒法具有适用范围广、消毒效果好、无须特殊仪器和设备、操作简便易行等特点，是目前兽医消毒工作中最常用的方法。

一、化学消毒剂的分类

用于杀灭传播媒介上病原微生物的化学药物称为消毒剂。化学消毒剂的种类很多，分类方法也有多种。

（一）按杀菌能力分类

消毒剂按照其杀菌能力可分为高效消毒剂、中效消毒剂、低效消毒剂三类。

1. 高效消毒剂

可杀灭各种细菌繁殖体、病毒、真菌及其孢子等，对细菌芽孢也有一定杀灭作用，能达到高水平消毒要求，包括含氯消毒剂、臭氧、甲基乙内酰脲类化合物、双链季铵盐等。其中可使物品达到灭菌要求的高效消毒剂又称为灭菌剂，包括甲醛、戊二醛、环氧乙烷、过氧乙酸、过氧化氢、二氧化氧等。

2. 中效消毒剂

能杀灭细菌繁殖体、分枝杆菌、真菌、病毒等微生物，达到消毒要求，包括含碘消毒剂、醇类消毒剂、酚类消毒剂等。

3. 低效消毒剂

仅可杀灭部分细菌繁殖体、真菌和有囊膜病毒，不能杀死结核杆菌、细菌芽孢和较强的真菌和病毒，达到消毒要求，包括苯扎溴铵等季铵盐类消毒剂、氯己定（洗必泰）等双胍类消毒剂，汞、银、铜等金属离子类消毒剂及中草药消毒剂。

（二）按化学成分分类

常用的化学消毒剂按其化学性质不同可分为以下几类：

1. 卤素类消毒剂

这类消毒剂有含氯消毒剂类、含碘消毒剂类及卤化海因类消毒剂等。

含氯消毒剂可分为有机氯消毒剂和无机氯消毒剂两类。目前常用的有二氯异氰尿酸钠及其复方消毒剂、氯化磷酸三钠、液氯、次氯酸钠、三氯异氰尿酸、氯尿酸钾、二氯异氰尿酸等。

含碘消毒剂可分为无机碘消毒剂和有机碘消毒剂，如碘伏、碘酊、碘甘油、PVP碘、洗必泰碘等。碘伏对各种细菌繁殖体、真菌、病毒均有杀灭作用，受有机物影响大。

卤化海因类消毒剂为高效消毒剂，对细菌繁殖体及芽孢、病毒、真菌均有杀灭作用。目前国内外使用的这类消毒剂有三种：二氯海因［二氯二甲基乙内酰脲（DCDMH)］、二溴海因［二溴二甲基乙内酰脲（DBDMH)］、溴氯海因［溴氯二甲基乙内酰脲（BCDMH)］。

2. 氧化剂类消毒剂

常用的有过氧乙酸、过氧化氢、臭氧、二氧化氯、酸性氧化电位水等。

3. 烷基化气体类消毒剂

这类化合物中主要有环氧乙烷、环氧丙烷和乙型丙内酯等，其中以环氧乙烷应用最为广泛，杀菌作用强大，灭菌效果可靠。

4. 醛类消毒剂

常用的有甲醛、戊二醛等。戊二醛是第三代消毒剂的代表，被称为冷灭菌剂，灭菌效果可靠，对物品腐蚀性小。

5. 酚类消毒剂

这是一类古老的中效消毒剂，常用的有石炭酸、来苏儿、复合酚类（农福）等。由于酚消毒剂对环境有污染，目前有些国家限制使用酚消毒剂。这类消毒剂在我国的应用也趋向逐步减少，有被其它消毒剂取代的趋势。

6. 醇类消毒剂

主要用于皮肤术部消毒，如乙醇、异丙醇等消毒剂。这类消毒剂可以杀灭细菌繁殖体，但不能杀灭芽孢，属中效消毒剂。近年来的研究发现，醇类消毒剂与戊二醛、碘伏等配伍，可以增强消毒效果。

7. 季铵盐类消毒剂

单链季铵盐类消毒剂是低效消毒剂，一般用于皮肤黏膜的消毒和环境表面消毒，如新洁尔灭、度米芬等。双链季铵盐阳离子表面活性剂，不仅可以杀灭多种细菌繁殖体，而且对芽孢有一定杀灭作用，属于高效消毒剂。

8. 二胍类消毒剂

二胍类消毒剂是一类低效消毒剂，不能杀灭细菌芽孢，但对细菌繁殖体的杀灭作用强大，一般用于皮肤黏膜的防腐，也可用于环境表面的消毒，如氯己定等。

9. 酸碱类消毒剂

常用的酸类消毒剂有乳酸、醋酸、硼酸、水杨酸等；常用的碱类消毒剂有氢氧化钠（苛性钠）、氢氧化钾（苛性钾）、碳酸钠（石碱）、氧化钙（生石灰）等。

10. 重金属盐类消毒剂

主要用于皮肤黏膜的消毒防腐，有抑菌作用，但杀菌作用不强。常用的有红汞、硫柳汞、硝酸银等。

（三）按性状分类

消毒剂按性状可分为固体消毒剂、液体消毒剂和气体消毒剂三类。

二、化学消毒剂的选择与使用

（一）选择适宜的消毒剂

化学消毒是生产中最常用的方法。但市场上的消毒剂种类繁多，其性质与作用不尽相同，消毒效力千差万别。所以，消毒剂的选择至关重要，关系到消毒效果和消毒成本，必须选择适宜的消毒剂。

1. 优质消毒剂的标准

优质的消毒剂应具备如下条件：

（1）杀菌谱广，有效浓度低，作用速度快。

（2）化学性质稳定，且易溶于水，能在低温下使用。

（3）不易受有机物、酸、碱及其他理化因素的影响。

（4）毒性低，刺激性小，对人畜危害小，不残留在畜禽产品中，腐蚀性小，使用无危险。

（5）无色、无味、无臭，消毒后易于去除残留药物。

（6）价格低廉，使用方便。

2. 适宜消毒剂的选择

（1）考虑消毒病原微生物的种类和特点　不同种类的病原微生物，如细菌、细菌芽孢、病毒、真菌等，它们对消毒剂的敏感性有较大差异，即其对消毒剂的抵抗力有强有弱。消毒剂对病原微生物也有一定选择性，其杀菌、杀病毒力也有强有弱。针对病原微生物的种类与特点，选择合适的消毒剂，是消毒工作成败的关键。例如，要杀灭细菌芽孢，就必须选用高效的消毒剂，才能取得可靠的消毒效果；季铵盐类是阳离子表面活性剂，因其具有亲脂性，而革兰氏阳性菌的细胞壁含类脂多于革兰氏阴性菌，故革兰氏阳性菌更易被季铵盐类消毒剂灭活；如为杀灭病毒，应选择对病毒消毒效果好的碱类消毒剂、季铵盐类消毒剂及过氧乙酸等；同一种类病原微生物所处的不同状态，对消毒剂的敏感性也不同。同一种类细菌的繁殖体比其芽孢对消毒剂的抵抗力弱得多，生长期的细菌比静止期的细菌对消毒剂的抵抗力也低。

（2）考虑消毒对象 不同的消毒对象，对消毒剂有不同的要求。选择消毒剂时既要考虑对病原微生物的杀灭作用，又要考虑消毒剂对消毒对象的影响。不同的消毒对象选用不同的消毒药物。

（3）考虑消毒的时机 平时消毒，最好选用对广范围的细菌、病毒、霉菌等均有杀灭效果，而且是低毒、无刺激性和腐蚀性，对畜禽无危害，产品中无残留的常用消毒剂。在发生特殊传染病时，可选用任何一种高效的非常用消毒剂，因为是在短期间内应急防疫的情况下使用，所以无需考虑其对消毒物品有何影响，而是把防疫灭病的需要放在第一位。

（4）考虑消毒剂的生产厂家 目前生产消毒剂的厂家和产品种类较多，产品的质量参差不齐，效果不一。所以选择消毒剂时应注意消毒剂的生产厂家，选择生产规范、信誉度高的厂家的产品。同时要防止购买假冒伪劣产品。

（二）化学消毒剂的使用

1. 化学消毒剂的使用方法

化学消毒剂的使用方法很多，常用的方法有以下几种：

（1）浸泡法 选用杀菌谱广、腐蚀性弱、水溶性消毒剂，将物品浸没于消毒剂内，在标准的浓度和时间内，达到消毒目的。浸泡消毒时，消毒液连续使用过程中，消毒剂有效成分不断消耗，因此需要注意有效成分浓度变化，及时添加或更换消毒液。当使用低效消毒剂浸泡时，需注意消毒液被污染的问题，从而避免疫源性的感染。

（2）擦拭法 选用易溶于水、穿透性强的消毒剂，擦拭物品表面或动物体表皮肤、黏膜、伤口等处。在标准的浓度和时间里达到消毒灭菌目的。

（3）喷洒法 将消毒液均匀喷洒在被消毒物体上。如用5%来苏儿溶液喷洒消毒畜禽舍地面等。

（4）喷雾法 将消毒液通过喷雾形式对物品全表面、畜禽舍或动物体表进行消毒。

（5）发泡（泡沫）法 此法是自体表喷雾消毒后开发的又一新的消毒方法。所谓发泡消毒是把高浓度的消毒液用专用的发泡机制成泡沫散布在畜禽舍内面及设施表面。主要用于水资源贫乏的地区或为了避免消毒后的污水进入污水处理系统破坏活性污泥的活性以及自动环境控制的畜禽舍，一般用水量仅为常规消毒法的1/10。采用发泡消毒法，对一些形状复杂的器具、设备进行消毒时，由于泡沫能较好地附着在消毒对象的表面，故能得到较为一致的消毒效果，且由于泡沫能较长时间附着在消毒对象表面，延长了消毒剂作用时间。

（6）洗刷法　用毛刷等蘸取消毒剂溶液在消毒对象表面洗刷。如外科手术前术者的手用洗手刷在0.1%新洁尔灭溶液中洗刷消毒。

（7）冲洗法　将配制好的消毒液冲入直肠、瘘管、阴道等部位或冲湿物体表面进行消毒。这种方法消耗大量的消毒液，一般较少使用。

（8）熏蒸法　通过加热或加入氧化剂，使消毒剂呈气体或烟雾，在标准的浓度和时间里达到消毒灭菌目的。适用于畜禽舍内物品及空气消毒、精密贵重仪器和不能蒸、煮、浸泡消毒的物品的消毒。环氧乙烷、甲醛、过氧乙酸以及含氯消毒剂均可通过此种方式进行消毒，熏蒸消毒时环境湿度是影响消毒效果的重要因素。

（9）撒布法　将粉剂型消毒剂均匀地撒布在消毒对象表面。如含氯消毒剂可直接用药物粉剂进行消毒处理，通常用于地面消毒。消毒时，需要较高的湿度使药物潮解才能发挥作用。

化学消毒剂的使用方法应依据化学消毒剂的特点、消毒对象的性质及消毒现场的特点等因素合理选择。多数消毒剂既可以浸泡、擦拭消毒，也可以喷雾处理，根据需要选用合适的消毒方法。如只在液体状态下才能发挥出较好消毒效果的消毒剂，一般采用液体喷洒、喷雾、浸泡、擦拭、洗刷、冲洗等方式。对空气或空间进行消毒时，可使用部分消毒剂进行熏蒸。同样消毒方法对不同性质的消毒对象，效果往往也不同。如光滑的表面，喷洒药液不易停留，应以冲洗、擦拭、洗刷为宜。较粗糙表面，易使药液停留，可用喷洒、喷雾消毒。消毒还应考虑现场条件。在密闭性好的室内消毒时，可用熏蒸消毒；密闭性差的则应用消毒液喷洒、喷雾、擦拭、洗刷的方法。

2. 化学消毒法的选择

（1）根据病原微生物选择　由于各种微生物对消毒因子的抵抗力不同，所以要有针对性地选择消毒方法。一般认为，微生物对消毒因子的抵抗力从低到高的顺序为：亲脂病毒（乙肝病毒、流感病毒）、细菌繁殖体、真菌、亲水病毒（甲型肝炎病毒、脊髓灰质炎病毒）、分枝杆菌、细菌芽孢、朊病毒。对于一般细菌繁殖体、亲脂性病毒、螺旋体、支原体、衣原体和立克次氏体等，可用煮沸消毒或低效消毒剂处理等常规消毒方法，如用新洁尔灭、洗必泰等进行处理；对于结核杆菌、真菌等耐受力较强的微生物，可选择中效消毒剂与热力消毒方法；对于抵抗力很强的细菌芽孢需采用热力、辐射及高效消毒剂处理的方法，如采用过氧化物类、醛类与环氧乙烷等进行消毒。另外，真菌孢子对紫外线抵抗力强，季铵盐类对肠道病毒无效。

（2）根据消毒对象选择　同样的消毒方法对不同性质的物品消毒效果往往不同。例如物体表面可擦拭、喷雾，而触及不到的表面可用熏蒸方法，小物体还可以浸泡。在消毒时，还要注意保护被消毒物品，使其不受损害。如皮毛制品不耐高温，对于食、餐具、茶具和饮水等不能使用有毒或有异味的消毒剂消毒等。

（3）根据消毒现场选择　进行消毒的环境往往是复杂的，对消毒方法的选择及效果的影响也是多样的。如进行居室消毒，房屋密闭性好的，可以选用熏蒸消毒；密闭性差的最好用液体消毒剂处理。对物品表面消毒时，耐腐蚀的物品用喷洒的方法好，怕腐蚀的物品要用无腐蚀或低腐蚀的化学消毒剂擦拭消毒。对垂直墙面的消毒，光滑表面药物不易停留，使用冲洗或药物擦拭方法效果较好；粗糙表面较易濡湿，以喷雾处理较好。进行室内空气消毒时，通风条件好的可以利用自然换气法；若通风不好，污染空气长期滞留在建筑物内的，可以使用药物熏蒸或气溶胶喷洒等方法处理。又如对空气的紫外线消毒，当室内有人（或猪）时只能用反向照射法（向上方照射），以免对人（或猪）造成伤害。

用普通喷雾器喷雾时，地面喷雾量为 200～300 毫升/米^2，其他部位消毒剂溶液喷洒至表面湿润，要湿而不流，一般用量 50～200 毫升/米^2。应按照先上后下、先左后右的方法，依次进行消毒。超低容量喷雾只适用于室内使用，喷雾时，应关好门窗，消毒剂溶液要均匀覆盖在物品表面上。喷雾结束 30～60 分钟后，打开门窗，散去空气中残留的消毒剂。

喷洒有刺激性或腐蚀性消毒剂时，消毒人员应戴防护口罩和眼镜。所用清洁消毒工具（抹布、拖把、容器）每次用后清水冲洗，悬挂晾干备用，有污染时用 250～500 毫克/升有效氯消毒液浸泡 30 分钟，用清水清洗干净，晾干备用。

（4）根据安全性选择　选用消毒方法应考虑安全性，例如，在人群集中的地方，不宜使用具有毒性和刺激性的气体消毒剂，在距火源 50 米以内的场所，不能使用大量环氧乙烷气体消毒。

（5）根据卫生防疫要求选择　在发生传染病的重点地区，要根据卫生防疫要求，选择合适的消毒方法，加大消毒剂量和消毒频次，以提高消毒质量和效率。

（6）根据消毒剂的特性选择　应用化学消毒剂，应严格注意药物性质、配制浓度，消毒剂量和配制比例应准确，应随配随用，防止过期。应按规定保证足够的消毒时间，注意温度、湿度、pH，特别是有机物以及被消毒物品性质和种类对消毒的影响。

3. 化学消毒剂使用注意事项

化学消毒剂使用前应认真阅读说明书，搞清消毒剂的有效成分及含量，看清标签上的标示浓度及使用时稀释倍数。消毒剂均标示有效成分的含量，如60%二氯异氰尿酸钠为原粉中含60%有效氯（含氯消毒剂以有效氯含量表示），20%过氧乙酸指原液中含20%的过氧乙酸，5%新洁尔灭指原液中含5%的新洁尔灭。对这类消毒剂稀释时不能将其当成有效成分含量100%计算使用浓度，而应按其实际含量计算。使用量以稀释倍数表示时，表示1份的消毒剂以若干份水稀释而成，如配制稀释倍数为1000倍的溶液时，即在每1升水中加1毫升消毒剂。

使用量以“%”表示时，消毒剂浓度稀释配制计算公式为：

$$c_1V_1=c_2V_2$$

式中，c_1 为稀释前溶液浓度；c_2 为稀释后溶液浓度；V_1 为稀释前溶液体积；V_2 为稀释后溶液体积。

应根据消毒对象的不同，选择合适的消毒剂和消毒方法，联合或交替使用，以使各种消毒剂的作用优势互补，做到全面彻底地消灭病原微生物。

不同消毒剂的毒性、腐蚀性及刺激性均不同，如含氯消毒剂、过氧乙酸等对金属制品有较大的腐蚀性，对织物有漂白作用，慎用于这种材质物品，如果使用，应在消毒后用水漂洗或用清水擦拭，以减轻对物品的损坏。预防性消毒时，应使用推荐剂量的低限。盲目、过度使用消毒剂，不仅造成物品的损坏浪费，也大量地杀死了许多有益微生物，而且残留在环境中的化学物质越来越多，成为新的污染源，对环境造成严重后果。

大多数消毒剂有效期为1年，少数消毒剂不稳定，有效期仅为数月，如有些含氯消毒剂溶液。有些消毒剂原液比较稳定，但稀释成使用液后不稳定，如过氧乙酸、过氧化氢、二氧化氯等消毒液，稀释后不能放置时间过长。有些消毒液只能现生产现用，不能储存，如臭氧水、酸性氧化电位水等。

配制和使用消毒剂时应注意个人防护，注意安全，必要时应戴防护眼镜、口罩和手套等。消毒剂仅用于物体及外环境的消毒处理，切忌内服。

多数消毒剂在常温下于阴凉处避光保存。部分消毒剂易燃易爆，保存时应远离火源，如环氧乙烷和醇类消毒剂等。千万不要用盛放食品、饮料的空瓶灌装消毒液，如使用必须撤去原来的标签，贴上一张醒目的消毒剂标签。消毒液应放在儿童拿不到的地方，不要将消毒液放在厨房或与食物混放。万一误用了消毒剂，应立即采取紧急救治措施。

4. 化学消毒剂误用或中毒后的紧急处理

大量吸入化学消毒剂时，要迅速从有害环境撤到空气清新处，更换被污染的衣物，对手和其他暴露皮肤进行清洗，如大量接触或有明显不适的要尽快就近就诊；皮肤接触高浓度消毒剂后及时用大量流动清水冲洗，用淡肥皂水清洗，如皮肤仍有持续疼痛或刺激症状，要在冲洗后就近就诊；化学消毒剂溅入眼睛后立即用流动清水持续冲洗不少于15分钟，如仍有严重的眼花及疼痛、畏光、流泪等症状，要尽快就近就诊；误服化学消毒剂中毒时，成年人要立即口服牛奶200毫升，也可服用生蛋清3～5个。一般还要催吐、洗胃，含碘消毒剂中毒可立即服用大量米汤、淀粉浆等，出现严重胃肠道症状者，应立即就近就诊。

三、常用化学消毒剂

国际市场上消毒剂商品名目繁多。美国人医与兽医用的消毒剂品名1400多种，但其中92%是由14种成分配制而成。我国消毒剂市场发展也很快，消毒剂的商品名已达50～60种，但按成分分类只有7～8种。

（一）醛类消毒剂

醛类消毒剂是使用最早的一类化学消毒剂，这类消毒剂抗菌谱广、杀菌作用强，具有杀灭细菌、芽孢、真菌和病毒的作用；性能稳定，容易保存和运输，腐蚀性小，而且价格便宜，广泛应用于畜禽舍的环境、用具、设备的消毒，尤其对疫源地芽孢进行消毒。近年来，利用醛类与其他消毒剂的协同作用以减低或消除其刺激性，提高其消毒效果和稳定性，研制以醛类为主要成分的复方消毒剂，是当前研究的方向。由广东农业科学院兽医研究所研制的长效清便是一种复方甲醛制剂，对各类病原体有快速杀灭作用，消毒池内可持续效力达7天以上。

1. 甲醛

甲醛又称蚁醛，有刺激性特臭，久置发生浑浊。易溶于水和醇，水中有较好的稳定性。37%～40%的甲醛溶液称为福尔马林。制剂主要有福尔马林（37%～40%甲醛）和多聚甲醛（91%～94%甲醛）。适用于环境、笼舍、用具、器械、污染物品等的消毒；常用的方法为喷洒、浸泡、熏蒸。一般以2%的福尔马林溶液消毒器械，浸泡1～2小时。5%～10%福尔马林溶液喷洒畜禽舍环境或每立方米空间用福尔马林25毫升、水12.5毫升，加热（或加等量高锰酸钾）熏蒸12～24小时后开窗通风。本品对眼睛和呼吸道有刺激作用，消毒时穿戴防护用具（口罩、手套、防护服等)，熏蒸时人员、动物不可停留于消毒空间。

2. 戊二醛

戊二醛为无色挥发性液体，其主要产品有碱性戊二醛、酸性戊二醛和强化中性戊二醛。杀菌性能优于甲醛2～3倍，具有高效、广谱的特性，可快速杀灭细菌繁殖体、细菌芽孢、真菌、病毒等微生物。适用于器械、污染物品、环境、粪便、圈舍、用具等的消毒。可采取浸泡、冲洗、清洗、喷洒等方法。2%的碱性水溶液用于消毒诊疗器械，熏蒸用于消毒物体表面。2%的碱性水溶液杀灭细菌繁殖体及真菌需10～20分钟，杀灭芽孢需4～12小时，杀灭病毒需10分钟。使用戊二醛消毒灭菌后的物品应用清水及时去除残留物质；保证足够的浓度（不低于2%）和作用时间；灭菌处理前后的物品应保持干燥；本品对皮肤、黏膜有刺激作用，亦有致敏作用，应注意操作人员的保护；注意防腐蚀；可以带动物使用，但空气中最高允许浓度为0.05毫克/千克。戊二醛在pH小于5时最稳定，在pH为7～8.5时杀菌作用最强，可杀灭金黄色葡萄球菌、大肠杆菌、肺炎双球菌和真菌，作用时间只需1～2分钟。兽医诊疗中不能加热消毒的诊疗器械均可采用戊二醛消毒（浓度为0.125%～2.0%）。本品对环境易造成污染，英国现已停止使用。

（二）卤素及含卤化合物类消毒剂

主要有含氯消毒剂（包括次氯酸盐，各种有机氯消毒剂）、含碘消毒剂（包括碘酊、碘仿及各种不同载体的碘伏）和海因类卤化衍生物消毒剂。

1. 含氯消毒剂

含氯消毒剂是指在水中能产生具有杀菌作用的活性次氯酸的一类消毒剂，包括传统使用的无机含氯消毒剂，如次氯酸钠（10%～12%）、漂白粉（25%）、粉精（次氯酸钙为主，80%～85%）、氯化磷酸三钠（3%～5%）等和有机含氯消毒剂，如二氯异氰尿酸钠（60%～64%）、三氯异氰尿酸（87%～90%）、氯铵T（24%）等，品种达数十种。

由于无机氯制剂的缺点较多（性质不稳定、难储存、强腐蚀等），近年来国内外研究开发出性质稳定、易储存、低毒、含有效氯达60%～90%的有机氯，如二氯异氰尿酸钠、三氯异氰尿酸、三氯异氰尿酸钠、氯异氰尿酸钠是世界卫生组织公认的消毒剂。随着畜牧养殖业的飞速发展，以二氯异氰尿酸钠为原料制成的多种类型的消毒剂已得到了广泛的开发和利用。国内同类产品有优氯净（河北）、百毒克（天津）、威岛牌消毒剂（山东）、菌毒净（山东）、得克斯消毒片（山东）、氯杀宁（山西）、消毒王（江苏）、宝力消毒剂（上海）、万毒灵、强力消毒灵等，有效氯含量有40%、20%及10%等多种规格的粉剂。

含氯消毒剂的优点是广谱、高效、价格低廉、使用方便，对细菌、芽孢和多种病毒均有较好的杀灭能力，其杀菌效果取决于有效氯的含量，含量越高，杀菌力越强。含氯消毒剂在低浓度时即可有效地杀灭牛结核分枝杆菌、肠杆菌、肠球菌、金黄色葡萄球菌。含氯复合制剂对各种病毒（如口蹄疫病毒、猪传染性水疱病病毒、猪轮状病毒、猪传染性胃肠炎病毒、猪新城疫病毒和猪法氏囊病病毒等）具有较强的杀灭作用。其缺点是在养殖场应用时受有机质、还原物质和pH的影响大，在pH为4时，杀菌作用最强；pH8.0以上，可失去杀菌活性。受日光照射易分解，温度每升高10℃，杀菌时间可缩短50%～60%。含氯消毒剂的广泛使用也带来了环境保护问题，有研究表明有机氯有致癌作用。

（1）漂白粉　又称含氯石灰、氯化石灰。白色颗粒状粉末，主要成分是次氯酸钙，含有效氯25%～32%，在一般保存过程中，有效氯每月可减少1%～3%。杀菌谱广，作用强，对细菌、芽孢、病毒等均有效，但不持久。漂白粉干粉可用于地面和人、畜排泄物的消毒，其水溶液用于厩舍、畜栏、饲槽、车辆、饮水、污水等消毒。饮水消毒用量0.03%～0.15%，喷洒、喷雾用5%～10%乳液，也可以用干粉撒布。用漂白粉配制水溶液时应先加少量水，调成糊状，然后边加水边搅拌配成所需浓度的乳液使用，或静置沉淀，取澄清液使用。漂白粉应保存在密闭容器内，放在阴凉、干燥、通风处。漂白粉对织物有漂白作用，对金属制品有腐蚀性，对生物组织有刺激性，操作时应做好防护。

漂粉精为白色粉末，比漂白粉易溶于水且稳定，成分为次氯酸钙，含杂质少，有效氯含量80%～85%。使用方法、范围与漂白粉相同。

（2）次氯酸钠　无色至浅黄绿色液体，存在铁时呈红色，含有效氯10%～12%。次氯酸钠为高效、快速、广谱消毒剂，可有效杀灭各种微生物，包括细菌、芽孢、病毒、真菌等。饮水的消毒，每立方米水加药30～50毫克，作用30分钟；环境消毒，每立方米水加药20～50克，搅匀后喷洒、喷雾或冲洗；食槽、用具等的消毒，每立方米水加药10～15克，搅匀后刷洗并作用30分钟。本品对皮肤、黏膜有较强的刺激作用，水溶液不稳定，遇光和热都会加速分解，避光密封保存有利于增强其稳定性。

（3）氯胺T　又称氯亚明，化学名为对甲基苯磺酰氯胺钠。荷兰英特威公司在我国注册的这种消毒剂，商品名为海氯。消毒作用温和持久，对组织刺激性和受有机物影响小。0.5%～1%溶液，用于食槽、器皿消毒；3%溶液，用于排泄物与分泌物消毒；0.1%～0.2%溶液用于黏膜、阴道、子宫冲洗；1%～2%溶液，用于创伤消毒；饮水消毒，每立方米用 2～4 毫克。与等量铵盐合用，可显著增强消毒作用。

（4）二氯异氰尿酸钠　又称优氯净，商品名为抗毒威。白色晶体，性质稳定，含有效氯 60%～64%。本品广谱、高效、低毒、无污染、储存稳定、易于运输、水溶性好、使用方便、使用范围广，为氯化异氰尿酸类产品的主导品种。20 世纪 90 年代以来，二氯异氰尿酸钠在剂型和用途方面已出现了多样化，由单一的水溶性粉剂发展为烟熏剂、溶液剂、烟水两用剂（如得克斯消毒散）。烟碱、强力烟熏王等就是综合了国内现有烟雾消毒剂的特点，发展其烟雾量大、扩散渗透力强的优势，从而取得杀菌快速、全面的效果。二氯异氰尿酸钠能有效地快速杀灭各种细菌、真菌、芽孢、霉菌、霍乱弧菌。用于养殖业各种用具的消毒，乳制品业的用具消毒及乳牛的乳头浸泡，防止链球菌或葡萄球菌感染导致的乳腺炎；兽医诊疗场所、用具、垃圾和空间消毒，化验器皿、器具的无菌处理和物体表面消毒。饮水消毒，每立方米水用药 10 毫克；环境消毒，每立方米水加药 1～2 克搅匀后，喷洒或喷雾地面、厩舍；粪便、排泄物、污物等消毒，每立方米水加药 5～10 克搅匀后浸泡 30～60 分钟；食槽、用具等消毒，每立方米水加药 2～3 克搅匀后刷洗作用 30 分钟；非腐蚀性兽医用品消毒，每立方米水加药 2～4 克搅匀后浸泡 15～30 分钟。可带畜、禽喷雾消毒；本品水溶液不稳定，有较强的刺激性，对金属有腐蚀性，对纺织品有损坏作用。

（5）三氯异氰尿酸　白色结晶粉末，微溶于水，易溶于丙酮和碱溶液，是一种高效的消毒杀菌漂白剂，含有效氯 89.7%。具有强烈的消毒杀菌与漂白作用，其效率高于一般的氯化剂，特别适合于水的消毒杀菌。水中溶解后，水解为次氯酸和氰尿酸，无二次污染，是一种高效、安全的杀菌消毒和漂白剂。用于饮用水的消毒杀菌处理及畜牧、水产、传染病疫源地的消毒杀菌。

2. 含碘消毒剂

含碘消毒剂包括碘及以碘为主要杀菌成分制成的各种制剂。常用的有碘、碘酊、碘甘油、碘伏等。常用于皮肤、黏膜消毒和手术器械的灭菌。

（1）碘酒　又称碘酊，是一种温和的碘消毒剂溶液，兽医上一般配成 5%（50 克/升）。常用于免疫注射部位、外科手术部位皮肤以及各种创伤或感染的皮肤或黏膜消毒。

（2）碘甘油　含有效碘 1%，常用于鼻腔黏膜、口腔黏膜及幼畜的皮肤和母畜的乳房皮肤消毒和清洗脓腔。

（3）碘伏　由于碘水溶性差，易升华、分解，对皮肤黏膜有刺激性和较强的腐蚀性等缺点，限制了其在畜牧兽医上的广泛应用。因此，20 世纪 70～80 年代国外发展了一种碘释放剂，我国称碘伏，即将碘伏载在表面活性剂（非离子、阳离子及阴离子）、聚合物如聚乙烯吡咯烷酮（PVP）、天然物（淀物、糊精、纤维素）等载体上，其中以非离子表面活性剂最好。1988 年瑞士汽巴-嘉基公司打入我国市场的雅好生（IOSAN）就是以非离子表面活性剂为载体的碘伏。目前，国内已有多个厂家生产同类产品，如爱迪伏、碘福（天津）、爱好生（湖南）、威力碘、碘伏（北京）、爱得福、消毒劲、强力碘以及美国打入大陆市场的百毒消等。百毒消具有获世界专利的独特配方，多年来一直是全球畜牧行业首选的消毒剂。南京大学化学系研制成功的固体碘伏即 PVP-I，在山东、江苏、深圳均有厂家生产，商品名为安得福、安多福。碘伏具有高效、快速、低毒、广谱特点，兼有清洁剂的作用。对各种细菌繁殖体、芽孢、病毒、真菌、结核分枝杆菌、螺旋体、衣原体及滴虫等有较强的杀灭作用。在兽医临床常用于：饮水消毒，每立方米水加 5%碘伏 0.2 克即可饮用；黏膜消毒，用 0.2%碘伏溶液直接冲洗阴道、子宫等；清创处理，用浓度 0.3%～0.5%碘伏溶液直接冲洗创口，清洗伤口分泌物、腐败组织；也可以用于临产前母畜乳头、会阴部位的清洗消毒。碘伏要求在 pH2～5 范围内使用，如 pH 为 2 以下则对金属有腐蚀作用。其灭菌浓度 10 克/升（1 分钟），常规消毒浓度 15～75 毫克/升。碘伏易受碱性物质及还原性物质影响，日光也能加速碘的分解，因此环境消毒受到限制。

3. 海因类卤化衍生物消毒剂

近年来，在寻找新型消毒剂中发现，二甲基海因［5,5-二甲基乙内酰脲(DMH)］的卤化衍生物均有很好的杀菌作用，对病毒、藻类和真菌也有杀灭作用。常用的有二氯海因、二溴海因、溴氯海因等，其中以二溴海因为最好。本类消毒剂应贮存于阴凉、干燥的环境中，严禁与有毒、有害物品混放，以免污染。

（1）二溴海因（DBDMH）　为白色或淡黄色结晶性粉末，微溶于水，溶于氯仿、乙醇等有机溶剂，在强酸或强碱中易分解，干燥时稳定，有轻微的刺激气味。本品是一种高效、安全、广谱杀菌消毒剂，具有强烈杀真菌、细菌、病毒和细菌芽孢的效果，且具有杀灭水体不良藻类的功效。可广泛用于畜禽养殖场所及用具、水产养殖业、饮水、水体消毒。一般消毒，250～500 毫克/升，作用 10～30 分钟；特殊污染消毒，500～1000 毫克/升，作用 20～30 分钟；诊疗器械用 1000 毫克/升，作用 1 小时；饮水消毒，根据水质情况，加溴量 2～10 毫克/升；用具消毒，用 1000 毫克/升，喷雾或超声雾化 10 分钟，作用 15 分钟。

（2）二氯海因（DCDMH）　为白色结晶粉末，微溶于水，溶于多种有机溶剂与油类，在水中加热易分解，工业品有效氯含量70%以上，氯气味比三氯异氰尿酸或二氯异氰尿酸钠小得多，其消毒最佳pH为5～7，消毒后残留物可在短时间内生物降解，对环境无任何污染。主要作为杀菌、灭藻剂，可有效杀灭各种细菌、真菌、病毒、藻类等，广泛用于水产养殖、水体、器具、环境、工作服及动物体表的消毒杀菌。

(3) 溴氯海因（BCDMH） 为淡琥珀色结晶性粉末，可进一步加工成片剂，气味小，微溶于水，稍溶于某些有机溶剂，干燥时稳定，吸潮时易分解。本产品主要用作水处理剂、消毒杀菌剂等，具有高效、广谱、安全、稳定的特点，能强烈杀灭真菌、细菌、病毒和藻类。在水产养殖中也有广泛的运用。使用本品后，能改善水质，水中氨、氮下降，溶解氧上升，维护浮游生物优良种群，且残留物短期内可生物降解完全，无任何环境污染。使用本品时不受水体pH和水质肥瘦影响，且具有缓释性，有效性持续时间长。

（三）氧化剂类消毒剂

此类消毒剂具有强氧化能力，各种微生物对其十分敏感，可将所有微生物杀灭。是一类广谱、高效的消毒剂，特别适合饮水消毒。主要有过氧乙酸、过氧化氢、臭氧、二氧化氯、高锰酸钾等。它们的优点是消毒后在物品上不留残余毒性，由于化学性质不稳定，须现用现配，且因其氧化能力强，高浓度时可刺激、损害皮肤黏膜，腐蚀物品。

1. 过氧乙酸

过氧乙酸是一种无色或淡黄色的透明液体，易挥发、分解，有很强的刺激性醋酸味，易溶于水和有机溶剂。市售有一元包装和二元包装两种规格：一元包装可直接使用；二元包装是指由A、B两个组分分别包装的过氧乙酸消毒剂，A液为处理过的冰醋酸，B液为一定浓度的过氧化氢溶液。临用前一天，将A和B按A∶B=10∶8（质量比）或12∶10（体积比）混合后摇匀，第二天过氧乙酸的含量高达18%～20%。若温度在30℃左右混合后6小时浓度可达20%，使用时按要求稀释用于浸泡、喷雾、熏蒸消毒。配制液应在常温下2天内用完，4℃下使用不得超过10天。

过氧乙酸常用于被污染物品或皮肤消毒，用0.2%～0.5%过氧乙酸溶液，喷洒或擦拭表面，保持湿润，消毒30分钟后，用清水擦净；0.1%～0.5%的溶液可用于消毒蛋外壳。手、皮肤消毒，用0.2%过氧乙酸溶液擦拭或浸洗1～2分钟；在无动物环境中可用于空气消毒，用0.5%过氧乙酸溶液，每立方米20毫升，气溶胶喷雾，密闭消毒30分钟，或用15%过氧乙酸溶液，每立方米7毫升，置瓷或玻璃器皿内，加入等量的水，加热蒸发，密闭熏蒸（室内相对湿度在60%～80%），2小时后开窗通风。用于带猪消毒时，不要直接对着猪头部喷雾，防止伤害猪的眼睛。车、船等运输工具内外表面和空间，可用0.5%过氧乙酸溶液喷洒至表面湿润，作用15～30分钟。温度越高杀菌力越强，但温度降至－20℃时，仍有明显杀菌作用。过氧乙酸稀释后不能放置时间过长，须现用现配，因其有强腐蚀性和较大的刺激性，配制、使用时应戴防酸手套、防护眼镜，严禁用金属制容器盛装。成品消毒剂须避光4℃保存，容器不能装满，严禁曝晒。在搬运、移动时，应注意小心轻放，不要拖拉、摔碰、摩擦、撞击。

2. 过氧化氢

过氧化氢又称双氧水，为强腐蚀性、微酸性、无色透明液体，深层时略带淡蓝色，能与水以任何比例混合，具有漂白作用。可快速灭活多种微生物，如致病性细菌、细菌芽孢、酵母、真菌孢子、病毒等，并分解成无害的水和氧。气雾用于空气、物体表面消毒，溶液用于饮水器、饲槽、用具、手等消毒。畜禽舍空气消毒时使用1.5%～3%过氧化氢喷雾，每立方米20毫升，作用30～60分钟，消毒后进行通风。10%过氧化氢可杀灭芽孢。温度越高杀菌力越强。空气的相对湿度在20%～80%时，湿度越大，杀菌力越强；相对湿度低于20%，杀菌力较差，浓度越高杀菌力越强。过氧化氢有强腐蚀性，避免用金属制容器盛装；配制、使用时应戴防护手套、防护眼镜，须现用现配；成品消毒剂避光保存，严禁曝晒。

3. 臭氧

臭氧是一种强氧化剂，具有广谱杀灭微生物的作用，溶于水时杀菌作用更为明显，能有效地杀灭细菌、病毒、芽孢、包囊、真菌孢子等，对原虫及其卵囊也有很好的杀灭作用，还兼有除臭、增加畜禽舍内氧气含量的作用，用于空气、水体、用具等的消毒。饮水消毒时，臭氧浓度为0.5～1.5毫克/升，水中余臭氧量0.1～0.5毫克/升，维持5～10分钟可达到消毒要求，在水质较差时，用3～6毫克/升。国外报告，臭氧对病毒的灭活程度与臭氧浓度高度相关，而与接触时间关系不大。随温度的升高，臭氧的杀菌作用加强，但与其他消毒剂相比，臭氧的消毒效果受温度影响较小。臭氧在人医上已广泛使用，但在兽医上则是一种新型的消毒剂。在常温和空气相对湿度82%的条件下，臭氧对在空气中的自然菌的杀灭率为96.77%，对物体表面的大肠杆菌、金黄色葡萄球菌等的杀灭率为99.97%。臭氧的稳定性差，有一定腐蚀性和毒性，受有机物影响较大，但使用方便、刺激性低、作用快速、无残留污染。

4. 二氧化氯

二氧化氯在常温下为黄绿色气体或红色爆炸性结晶，具有强烈的刺激性，对温度、压力和光均较敏感。20 世纪 70 年代末期，由美国 Bio-Cide 国际有限公司找到一种方法将二氧化氯制成水溶液，这种二氧化氯水溶液就是百合兴，被称为稳定性二氧化氯。该消毒剂为无色、无味、无臭、无腐蚀作用的透明液体，是目前国际上公认的高效、广谱、快速、安全、无残留、不污染环境的第四代灭菌消毒剂。美国环境保护部门在 20 世纪 70 年代就进行过反复检测，证明其杀菌效果比一般含氯消毒剂高 2.5 倍，而且在杀菌消毒过程中还不会使蛋白质变性，对人、畜、水产品无害，无致癌、致突变性，是一种安全可靠的消毒剂。美国食品药品管理局和美国环境保护署批准广泛应用于工农业生产、畜禽养殖、动物、宠物的卫生防疫中。目前，发达国家已将二氧化氯应用到几乎所有需要杀菌消毒的领域，被世界卫生组织列为 AI 级高效安全灭菌消毒剂，是世界粮农组织推荐使用的优质环保型消毒剂，正在逐步取代醛类、酚类、氯制剂类、季铵类，为一种高效消毒剂。国外 20 世纪 80 年代在畜牧业上推广使用，国内已有此类产品生产、出售，如氧氯灵、超氯（菌毒王）等。

本品适用于畜禽活动场所的环境、场地、栏舍、饮水及饲喂用具等方面消毒。能杀灭各种细菌、病毒、真菌等微生物及藻类、原虫，目前尚未发现能够抵抗其氧化性而不被杀灭的微生物，本品兼有去污、除腥、除臭之功能，是养殖行业理想的灭菌消毒剂。用于环境、空气、场地、笼具喷洒消毒，浓度为 200 毫克/升；禽畜饮水消毒，0.5 毫克/升；饲料防霉，每吨饲料用浓度 100 毫克/升的消毒液 100 毫升，喷雾；动物体表消毒，200 毫克/升，喷雾至微湿；牲畜产房消毒，500 毫克/升，喷雾至垫草微湿；预防各种细菌、病毒传染，500 毫克/升，喷洒；烈性传染病及疫源地消毒，1000 毫克/升，喷洒。

5. 酸性氧化电位水

酸性氧化电位水于 20 世纪 80 年代由日本发明，因其对金黄色葡萄球菌有显著杀菌效果而最先应用于医药领域，以后逐步扩展到食品加工、农业、餐饮、旅游、家庭等领域。酸性氧化电位水杀菌谱广，可杀灭一切病原微生物（细菌、芽孢、病毒、真菌、螺旋体等）；作用速度快，数十秒钟完全灭活细菌，使病毒完全失去抗原性；使用方便，取之即用，无需配制；无色、无味、无刺激；无毒、无害，无任何副作用，对环境无污染；价格低廉；对易氧化金属（铜、铝、铁等）有一定腐蚀性，对不锈钢和碳钢无腐蚀性，因此浸泡器械时间不宜过长；在一定程度上受有机物的影响，因此，清洗创面时应大量冲洗或直接浸泡，消毒时最好事先将被消毒物用清水洗干净；稳定性较差，遇光和空气及有机物可还原成普通水（室温开放保存4天；室温密闭保存30天；冷藏密闭保存可达90天），最好近期配制使用；贮存时最好选用不透明、非金属容器；应密闭、遮光保存，40℃以下使用。

6. 高锰酸钾

高锰酸钾又称锰酸钾或灰锰氧，是一种强氧化剂类消毒药。它能氧化微生物体内的活性基，可有效杀灭细菌繁殖体、真菌、细菌芽孢和部分病毒。实际应用：常配成0.1%～0.2%浓度，用于猪的皮肤、黏膜消毒，主要是对临产前母猪乳头、会阴以及产科局部消毒。

（四）烷基化气体消毒剂

烷基化气体消毒剂是一类主要通过对微生物的蛋白质、DNA和RNA的烷基化作用而将微生物灭活的消毒灭菌剂。对各种微生物均可杀灭，包括细菌繁殖体、芽孢、真菌和病毒；杀菌力强；对物品无损害。主要包括环氧乙烷、乙型丙内酯、环氧丙烷、溴化甲烷等，其中环氧乙烷应用比较广泛，其他在兽医消毒上应用不广。

环氧乙烷在常温常压下为无色气体，具有芳香的醚味，当温度低于10.8℃时，气体液化。环氧乙烷液体无色透明，极易溶于水，遇水产生有毒的乙二醇。环氧乙烷可杀灭所有微生物，而且细菌繁殖体和芽孢对环氧乙烷的敏感性差异很小，穿透力强，属于高效消毒剂。环氧乙烷常用于皮毛、塑料、医疗器械、用具、包装材料、畜禽舍、仓库等的消毒或灭菌，而且对大多数物品无损害。杀灭细菌繁殖体，每立方米空间用300～400克作用8小时；杀灭污染霉菌，每立方米空间用700～950克作用8～16小时；杀灭细菌芽孢，每立方米空间用800～1700克作用16～24小时。环氧乙烷气体消毒时，最适宜的相对湿度是30%～50%，温度以40～54℃为宜，不应低于18℃，消毒时间越长，消毒效果越好，一般为8～24小时。

消毒过程中注意防火防爆，防止消毒袋、柜泄漏，控制温、湿度，不用于饮水和食品消毒。工作人员发生头晕、头痛、呕吐、腹泻、呼吸困难等中毒症状时，应立即移离现场，脱去污染衣物，注意休息、保暖，加强监护。如环氧乙烷液体沾染皮肤，应立即用大量清水或3%硼酸溶液反复冲洗。若皮肤症状较重或不缓解，应去医院就诊。眼睛污染者，于清水冲洗15分钟后点四环素可的松眼膏。

（五）酚类消毒剂

酚类消毒剂为一种古老的消毒剂，19世纪末出现的商品名为来苏儿的消毒剂就是酚类消毒剂。目前国内兽医消毒用酚类消毒剂的代表品种是20世纪80年代我国从英国引进的复合酚类消毒剂——农福，国内也出现了许多类似产品，如菌毒敌（湖南）、农富复合酚（陕西）、菌毒净（江苏）、菌毒灭（广东）、畜禽安等。其有效成分是烷基酚，是从煤焦油中高温分离出的焦油酸，焦油酸中含的酚是混合酚类，所以又称复合酚。由广东省农业科学院兽医研究所研制的消毒灵是国内第一个符合农福标准的复合酚消毒药。这类消毒剂适用于畜禽舍环境消毒，对各种细菌灭菌力强，对带膜病毒具有灭活作用，但对结核分枝杆菌、芽孢、无囊膜病毒（如法氏囊病病毒、口蹄疫病毒）和霉菌杀灭效果不理想。酚类消毒剂受有机物影响小，适用于养殖环境消毒。酚类消毒剂的pH越低，消毒效果越好，遇碱性物质则影响效力。由于酚类化合物有气味滞留，对人畜有毒，不宜用于养殖期间消毒，对畜禽体表消毒也受到限制。另外，国外也研制出可专门用于杀灭猪球虫的邻位苯基酚。

1. 石炭酸

石炭酸又称苯酚，为带有特殊气味的无色或淡红色针状、块状或三棱形结晶，可溶于水或乙醇。其性质稳定，可长期保存，可有效杀灭细菌繁殖体、真菌和部分亲脂性病毒。用于物体表面、环境和器械浸泡消毒，常用浓度为3%～5%。本品具有一定毒性和不良气味，不可直接用于黏膜消毒；能使橡胶制品变脆变硬；对环境有一定污染。近年来，由于许多安全、低毒、高效的消毒剂问世，石炭酸这种古老的消毒剂已很少应用。

2. 煤酚皂溶液

煤酚皂溶液又称来苏儿，黄棕色至红棕色黏稠液体，为甲醛、植物油、氢氧化钠的皂化液，含甲酚50%，可溶于水及醇溶液。煤酚皂溶液能有效杀灭细菌繁殖体、真菌和大部分病毒。1%～2%溶液用于手、皮肤消毒，目前已较少使用；3%～5%溶液用于器械、用具、畜禽舍地面、墙壁消毒；5%～10%溶液用于环境、排泄物及实验室废弃细菌材料的消毒。本品对黏膜和皮肤有腐蚀作用，需稀释后应用。因其杀菌能力相对较差，且对人畜有毒，有气味滞留，有被其他消毒剂取代的趋势。

3. 复合酚

复合酚是一种新型、广谱、高效、无腐蚀的复合酚类消毒剂，国内同类商品较多。主要用于环境消毒，常规预防消毒稀释配比1∶300，病原污染的场地及运载车辆可用1∶100喷雾消毒。严禁与碱性药品或其他消毒液混合使用，以免降低消毒效果。

（六）季铵盐类消毒剂

季铵盐类消毒剂为阳离子表面活性剂，具有除臭、清洁和表面消毒的作用。季铵盐消毒剂的发展已经历了五代。第一代是洁尔灭；第二代是在洁尔灭分子结构上加烷基或氯取代基；第三代为第一代与第二代混配制剂，如日本的Pacoma、韩国的Save等；第四代为苯氧基苄基铵，国外称Hyamine类；第五代是双长链二甲基铵。早期国内有台湾派斯德生化有限公司的百毒杀（主剂为溴化二甲基二癸基铵）、北京的敌菌杀，国外有以色列ABIC公司的Bromo-Sept百乐水等；后期又发展氯盐，即氯化二甲基二癸基铵，日本商品名为Astop（DDAC），欧洲商品名为Bardac。国内也已有数种同类产品，如畜禽安、铵福、K西安（天津）、瑞得士（山西）、信得菌毒杀（山东）、1210消毒剂（北京、山西、浙江）等。

季铵盐类消毒剂性能稳定，在pH6～8时，受pH变化影响小，碱性环境能提高药效，还有低腐蚀、低刺激性、低毒等特点，对有机质及硬水有一定抵抗力。早期季铵盐对病毒灭活力差，但是双长链季铵盐除对各种细菌有效外，对某些病毒也有良好的效果。但季铵盐对芽孢及无囊膜病毒（如口蹄疫病毒等）效力差。此类消毒剂的配伍禁忌多，使用范围受限制。季铵盐类消毒剂如果与其他消毒剂科学组成复方制剂，可弥补上述不足，形成一种既能杀灭细菌又能杀灭病毒的安全无刺激性的复方消毒制剂。目前，季铵盐类多复合戊二醛，制成复合消毒剂，从而克服了季铵盐的不足，将在兽医上有广泛的应用前景。

1. 苯扎溴铵

苯扎溴铵又称新洁尔灭或溴苄烷铵，为淡黄色胶状液体，具有芳香气味，极苦，易溶于水和乙醇，溶液无色透明，性质较稳定，价格低廉，市售产品的浓度为5%。0.05%～0.1%的水溶液用于手术前洗手消毒、皮肤和黏膜消毒；0.15%～2%水溶液用于畜禽舍空间喷雾消毒。本品现配现用，确保容器清洁，不可用作器械消毒，不宜作污染物品、排泄物的消毒。

2. 度米芬

度米芬又称消毒宁，为白色或微黄色的结晶片剂或粉剂，味微苦而带皂味，能溶于水或乙醇，性能稳定。其杀菌范围及用途与新洁尔灭相似。

3. 百毒杀

百毒杀为双链季铵盐类消毒剂，双长链季铵盐代表性化合物主要有溴化二甲基二癸基铵（百毒杀）和氯化二甲基二癸基铵（1210消毒剂），具有毒性低、无刺激性、无不良气味的特点。推荐使用剂量对人、畜禽绝对无毒，对用具无腐蚀性，消毒力可持续10～14天。饮水消毒，预防量按有效药量10000～20000倍稀释；疫病发生时可按5000～10000倍稀释。畜禽舍及环境、用具消毒，预防消毒按3000倍稀释，疫病发生时按1000倍稀释；猪体喷雾消毒，可按3000倍稀释；设备可按2000～3000倍稀释喷雾消毒。

（七）醇类消毒剂

醇类消毒剂具有杀菌作用，随着分子量的增加，杀菌作用增强，但分子量过大水溶性降低，反而难以使用，实际工作中应用最广泛的是乙醇。

1. 乙醇

乙醇又称酒精，为无色透明液体，有较强的酒味，在室温下易挥发、易燃。可快速、有效地杀灭多种微生物，如细菌繁殖体、真菌和多种病毒，但不能杀灭细菌芽孢。市售的医用乙醇浓度，按质量计算为92.3%（质量分数），按体积计算为95%（体积分数）。乙醇最佳使用浓度为70%（质量分数）或75%（体积分数）。配制75%（体积分数）乙醇方法：取一适当容量的量杯（筒），量取95%（体积分数）乙醇75毫升，加蒸馏水至总体积为95毫升，混匀即成。配制70%（质量分数）乙醇方法：取一容器，称取92.3%（质量分数）乙醇70克，加蒸馏水至总重量为92.3克，混匀即成。常用于皮肤消毒、物体表面消毒、皮肤消毒脱碘、诊疗器械和器材擦拭消毒。近年来，较多使用70%（质量分数）乙醇与氯己定、新洁尔灭等复配的消毒剂，效果有明显的增强作用。

2. 异丙醇

异丙醇为无色透明易挥发可燃性液体，具有类似乙醇与丙酮的混合气味。其杀菌效果和作用机制与乙醇类似，杀菌效力比乙醇强，但毒性比乙醇大，只能用于物体表面及环境消毒。可杀灭细菌繁殖体、真菌、分枝杆菌及灭活病毒，但不能杀灭细菌芽孢。常用50%～70%（体积分数）水溶液擦拭或浸泡5～60分钟。国外常将其与洗必泰配伍使用。

（八）胍类消毒剂

此类消毒剂中，氯己定已得到广泛的应用。近年来，国外又报道了一种新的胍类消毒剂，即盐酸聚六亚甲基胍消毒剂。

1. 氯己定

氯己定又称洗必泰，为白色结晶粉末，无臭，味苦，微溶于水和乙醇，溶液呈碱性。杀菌谱与季铵盐类相似，具有广谱抑菌作用，对细菌繁殖体、真菌有较强的杀灭作用，但不能杀灭细菌芽孢、结核分枝杆菌和病毒。因其性能稳定、无刺激性、腐蚀性低、使用方便，是一种用途较广的消毒剂。0.02%～0.05%水溶液用于饲养人员、手术前洗手消毒浸泡3分钟；0.05%水溶液用于冲洗创伤；0.01%～0.1%水溶液可用于阴道、膀胱等冲洗。洗必泰（0.5%）在酒精（70%）作用及碱性条件下可使其灭菌效力增强，可用于术部消毒。但有机质、肥皂、硬水等会降低其活性。配制好的水溶液最好7天内用完。

2. 盐酸聚六亚甲基胍

盐酸聚六亚甲基胍为白色无定形粉末，无特殊气味，易溶于水，水溶液无色至淡黄色。对细菌和病毒有较强的杀灭作用，作用快速，稳定性好，无毒、无腐蚀性，可降解，对环境无污染。用于饮水、水体消毒除藻及皮肤黏膜和环境消毒，一般浓度为2000～5000毫克/升。

（九）其他化学消毒剂

1. 乳酸

乳酸是一种有机酸，为无色澄明或微黄色的黏性液体，能与水或醇任意混合。本品对伤寒杆菌、大肠杆菌、葡萄球菌及链球菌具有杀灭和抵制作用。黏膜消毒浓度为200毫克/升，空气熏蒸消毒为1000毫克/升。

2. 醋酸

醋酸为无色透明液体，有强烈酸味，能与水或醇任意混合。其杀菌和抑菌作用与乳酸相同，但比乳酸弱，可用于空气消毒。

3. 氢氧化钠

氢氧化钠为碱性消毒剂的代表产品。浓度为1%时主要用于玻璃器皿的消毒，2%～5%时主要用于环境、污物、粪便等的消毒。本品具有较强的腐蚀性，消毒时应注意防护，消毒12小时后用水冲洗干净。

4. 生石灰

生石灰又称氧化钙，为白色块状或粉状物，加水后产热并形成氢氧化钙，呈强碱性。生石灰是消毒力好、无不良气味、价廉易得、无污染的消毒药。使用时，加入相当于生石灰重量70%～100%的水，即生成疏松的熟石灰，即氢氧化钙，其离解出的氢氧根离子才具有杀菌作用。本品可杀死多种病原菌，但对芽孢无效，常用20%石灰乳溶液进行环境、圈舍、地面、垫料、粪便及污水沟等的消毒。生石灰应干燥保存，以免潮解失效；石灰乳应现用现配，最好当天用完。

应用误区：有的场、户在入场或畜禽入口池中，堆放厚厚的干石灰，让脚踩踏而过，这起不到消毒作用；也有的用放置时间过久的熟石灰做消毒用，但它已吸收了空气中的二氧化碳，形成了没有氢氧根离子的碳酸钙，已完全丧失了杀菌消毒作用，所以也不能使用；有的将石灰粉直接撒在舍内地面上一层，或上面再铺一薄层垫料，这样常造成幼仔猪的蹄爪灼伤，或舔食而灼伤口腔及消化道；有的将石灰直接撒在猪舍内，致使石灰粉尘大量飞扬，使猪吸入呼吸道内，引起咳嗽、打喷嚏、甩鼻、呼噜等一系列症状，人为造成了呼吸道炎症。

第四节　规模猪场常用消毒方法

一、清洁法

消毒前，彻底的清洁工作很重要。

潮湿肮脏的地面，有机物的存在加大了猪场消毒的难度（图 2-1）；猪舍顶部结满蜘蛛网，给细菌、病毒的繁殖提供条件（图 2-2）。

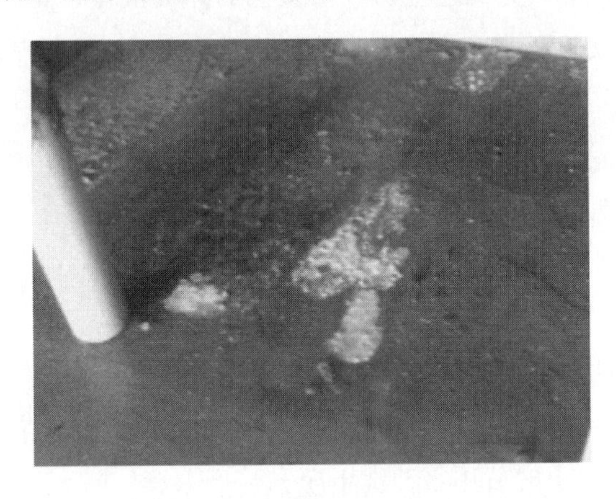

图 2-1　潮湿肮脏的地面

生锈的猪舍、肮脏的母猪，很容易感染细菌，不仅对母猪的健康有影响，同时威胁到仔猪的健康（图 2-3、图 2-4）。

许多养猪场只是空栏清扫后用清水简单冲洗，就开始消毒，这种方法不可取。经过简单冲洗的消毒现场或多或少存在血液、胎衣、羊水、体表脱落物、动物分泌物和排泄物中的油脂等，这些有机物会对微生物具有机械性的保护作用，因而影响杀菌效果。另外，一些清洁不彻底的角落藏匿着大量病原微生物，这种情况下消毒药是难以渗透其中发挥作用的。用机械的方法如清扫、洗刷、通风等清除病原体，

图 2-2 猪舍顶部结满蜘蛛网

图 2-3 生锈的猪舍

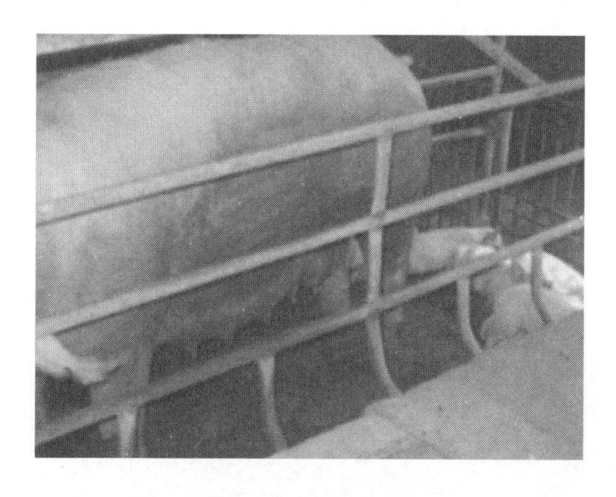

图 2-4 肮脏的母猪

是最普通、常用的方法。如畜舍地面的清扫和洗刷、畜体被毛的刷洗等，可以使畜舍内的粪便、垫草、饲料残渣清除干净，并将家畜体表的污物去掉。随着这些污物的消除，大量病原体也被清除，随后的化学消毒剂对病原体能发挥更好的杀灭作用。

日常清洁是保证消毒效果的重要条件，因此如何在猪群日常管理工作中做好猪舍日常清洁工作，方法尤为重要。

（一）一般清洁（小清洁）

1. 清除杂草

场区的杂草丛生地方，是鼠和蚊蝇的藏身之地，鼠和蚊蝇都是疾病的传播者。例如乙脑的主要传播者就是蚊子，附红细胞体的传播者鼠和蚊蝇。因此，彻底清理生产场区的杂草，对养殖场防病起到了积极的作用，杜绝蚊蝇和鼠害。

2. 清理垃圾和杂物

垃圾和杂物的堆积也有利于蚊蝇和鼠害存在。一些猪场建筑完工后不及时清理杂物；或平时的垃圾及杂物堆积如山，从而给蚊蝇和老鼠提供了生长繁殖的有利条件。

因此，每天要定时打扫清理圈舍垃圾、栏内粪便、尿液等，猪粪定点堆放、尿液进入污水收集池。每月清理圈舍外环境。使用过的药盒、疫苗瓶、一次性输精瓶等物品应立即进行掩埋或焚烧无害化处理。

（二）圈舍彻底清洁（大清洁）

清洁前，舍内应无猪、无饲料、无推车、无加热设备等，防止漏电。

使用高压水枪将粪尿、污泥、料槽内残留饲料彻底冲掉（图 2-5）。

图 2-5　高压水枪冲洗

设备表面、猪栏、地面可用肥皂或洗衣粉等去污剂先喷洒或预浸泡，然后用含有一定浓度、价格便宜的冲洗水进行彻底清洁，再熏蒸消毒，最后做好消毒记录。

按照养殖进度，产房每断奶一批、保育舍每转栏一批、育肥舍每出栏一批猪，都必须进行彻底冲洗（包括顶棚、门窗、走廊等平时不易打扫的地方），对猪舍场地进行喷雾或喷洒消毒，熏蒸。

二、通风换气法

猪舍通风换气的目的有两个：一是在气温高的情况下，通过加大气流使猪感到舒适，以缓和高温对猪的不良影响；二是猪舍封闭的情况下，引进舍外新鲜空气，排出舍内污浊空气和湿气，以改善猪舍的空气环境，并减少猪舍内空气的微生物数量。

通风分为自然通风和机械通风两种。自然通风不需要专门设备，不需动力、能源，而且管理简便，所以在实际生产中，开放舍和半开放舍以自然通风为主，在夏季炎热时辅以机械通风。在密闭猪舍中，以机械通风为主。

猪在生长、发育、繁殖等各种生命活动中，都需要消耗能量。猪是依赖摄入糖、脂类和蛋白质的氧化而获得能量的，而氧是新陈代谢的关键物质。因此，良好的通风是保证氧气供给，进而满足猪生长、发育、繁殖等各种生命活动的需要。猪在各种生命活动中会排出大量排泄物，其中含有大量的氨气、二氧化碳、硫化氢。这些有害气体在猪舍内蓄积会对猪健康产生不同程度的影响，如在低浓度氨的长期作用下，猪体质变弱，采食量、日增重、生殖能力都会下降；较高浓度氨能刺激黏膜，引起黏膜充血、喉头水肿、支气管炎，严重时引起肺水肿、出血；氨还能引起中枢神经系统麻痹，中毒性肝病等。通风是改善猪舍内空气质量的有效措施。

另外，猪场发生传染病后，良好的通风可以迅速降低猪舍内外病原微生物数量，不仅可以防止其他猪群发病，而且可能会使其他猪群获得一定的特异免疫力。

1. 创造良好的通风环境

（1）合理选择场址　理想的猪场场址应背靠西北山，这样既可以防止冬季冷风对猪舍的不良影响，夏季还可充分利用东南风。若在空旷地带建猪场，虽通风理想，但冬季保温难度大。另外，选址时尽量选择南北长、东西短的地形，这样猪场通风效果会更佳。

（2）科学进行猪舍布局　理想的猪舍排列方向应该为东西走向，即猪舍长轴为东西向，这样既有利于猪舍采光，又能保证猪场内通风畅通无阻。猪舍的横向间距应大于 10 米，纵向间距应在 5 米以上；连体猪舍应将东西走向的猪舍横面（即南、北墙）连在一起，各个连体之间距离应大一些，保持在30～50米。

（3）搞好绿化　绿化可以防止阳光直射，降低舍外温度，增加舍内外温差，但绿化时除隔离带外，猪场栽植树木不宜过密，宜种植大量草坪，栽植少量较矮树木，否则易阻挡风力，影响整个猪场通风。紧靠猪舍可以栽植泡桐等高大阔叶树木，其顶端会对猪舍形成良好遮阴，下端则保证良好的通风。

2. 采用利于通风的设施设备

（1）猪床和猪栏　漏风猪床通风条件比较好，如果再辅以猪床下通风口和天窗，可以产生良好的通风效果。钢管猪栏非常有利于猪床水平通风；而实地面和砖砌猪栏则不利于通风，应避免在实地面上建造砖砌猪栏。

（2）完善通风设施　通风设施主要包括排气孔、窗和换气扇。理想的猪舍应该有3层空气流动通道，只有这样才能形成全方位通风。第一层是地面通风口，它对排出长期滞留在地面的二氧化碳等有害气体至关重要；第二层是窗户，它既是采光通道，又是通风主要通道；第三层是天窗，它对排出氨气等有害气体至关重要。换气扇是实行强制通风的常用设施，不管采用正压还是负压通风方式，在安装时换气扇的风力方向应与暖季主风向一致。对于传统实地面猪床，建议在靠近地面的位置加装排气扇，以加速二氧化碳等有害气体和湿气的排放。

（3）供暖和降温设施　冬季通风易造成猪舍内温度下降，因此，要保证冬季合理通风，必须配备热风炉、地热管、热水散热片、电地暖等供暖设施，以保持猪舍内温度的稳定；夏季为了提高通风降温效果，可以配备水帘等降温设施。

3. 采用合理的通风模式

通风模式主要包括3种：一是自然通风，通过门、窗等自然通风口进行空气和热量交换，主要适用于猪舍面积小、存栏密度低和生猪日龄小的猪舍，是冬、春气温较低季节常用的通风模式；二是强制通风，借助风机通过正压或负压作用进行空气和热量交换，主要适用于猪舍面积大、存栏密度高和生猪日龄大的猪舍，是一年四季通风常用模式；三是降温水帘＋强制通风，通过负压通风交换空气和促使水分蒸发带走大量热量，从而达到降温作用，主要适用于猪舍面积大、存栏密度高和生猪日龄大的猪舍，是夏季通风降温的较好模式。

4. 统筹兼顾，规范操作

一到冬季，猪舍的通风、保温就非常矛盾，通风不足，舍内空气质量达不到要求；通风过度，舍内温度过低。因此，在进行通风时，首先要完善供暖设施，保证暖气供应，最好配备气体测定仪和温度计，根据测定结果进行调整，既要保证有害气体低于临界值（猪舍内氨浓度应控制在0.003%以内，二氧化碳浓度不应超过

0.15%，硫化氨浓度不应超过 0.001%），又要保证猪舍温度尽量达到适宜温度。一般哺乳仔猪舍的适宜温度为 28～35℃，保育仔猪舍适宜温度为 22～28℃，其他猪舍适宜温度为 16～22℃。

三、辐射消毒法

辐射消毒主要分为两类：一类是紫外线消毒；另一类是电离辐射消毒。

（一）紫外线辐射消毒

紫外线能量较低，不能引起被照射物体原子的电离，仅产生激发作用。紫外线照射使微生物诱变和致死的主要原理是引起核酸中胸腺嘧啶（T）发生化学转化作用。在紫外线作用下 DNA 链上的胸腺嘧啶与相邻一条 DNA 链上的胸腺嘧啶相结合形成二聚体，这种二聚体成为一种特殊的连接，从而使微生物 DNA 失去应有的（转录、翻译）功能，导致微生物的死亡。关于紫外线对微生物 RNA 的作用，可能是对 RNA 产生水化作用和生成尿嘧啶（U）的二聚体，使 RNA 灭活。值得注意的是，经紫外线照射后，引起微生物 DNA 和 RNA 变性，可在可见光线（波长 3300～4800 埃）照射下，修复或复性而恢复正常结构。因此，紫外线消毒具有可逆性。另外，不同类别的微生物对紫外线的抗力不同，其中细菌芽孢对紫外线抗力最强，支原体、革兰氏阴性菌对紫外线抗力最弱，基本次序为：芽孢>革兰氏阳性菌>革兰氏阴性菌。其主要应用于对空气、水及污染表面的消毒。

（二）电离辐射灭菌

利用 γ 射线、伦琴射线或电子辐射能穿透物品，杀死其中微生物的特性而研发的一种低温灭菌方法称为电离辐射灭菌。目前，在养猪业中主要用于饲料的消毒。

四、热力消毒法

（一）热力消毒的机理

热杀灭微生物的基本机制是通过破坏微生物蛋白质、核酸的活性导致微生物死亡。蛋白质是各种微生物的重要组成成分，构成微生物的结构蛋白和功能蛋白。结构蛋白主要构成微生物细胞壁、细胞膜和细胞质内含物等；功能蛋白构成细菌的酶类。干热和湿热对细菌蛋白质的破坏机制是不同的。湿热是通过使蛋白质分子运动加速，互相撞击，致使肽链连接的副键断裂，使其分子由有规律的紧密结构变为无秩序的散漫结构，大量的疏水基暴露于分子表面，并互相结合成为较大的聚合体而凝固、沉淀。干热灭菌主要通过热对细菌细胞蛋白质产生氧化作用，并不是蛋白质的凝固，因为干燥的蛋白质加热到100℃也不会凝固。细菌在高温下死亡加速是由于氧化速率增加的缘故。干热和湿热对细菌和病毒的核酸均有破坏作用。加热能使RNA单链的磷酸二酯键断裂；而单股DNA的灭活是通过脱嘌呤作用。实验证明，单股RNA对热的敏感性高于单股DNA，但都随温度的升高而升高。

（二）热力消毒的分类

热力消毒的方法主要分为两类：干热和湿热消毒。由于微生物的种类、含水量及环境水分的不同，所以两种消毒方法所需要的温度和时间也不尽相同。

1. 干热消毒

主要包括焚烧、烧灼、红外线照射及干烤四种方法。

（1）焚烧　主要是对病猪尸体、垃圾、污染的杂草、地面和不可利用的物品采用的消毒方法。

（2）烧灼　是指直接用火焰灭菌，主要适用于猪栏、地面、墙壁及一些兽医用品的消毒。

（3）红外线照射　是通过红外线的热效应来起到消毒的效果，但现在应用有一定的局限。

（4）干烤　本方法是在特定的干烤箱内进行的，适用于在高温条件下不损坏、不变质、不蒸发的物品的消毒，如玻璃制品、金属制品、陶瓷制品等。不适用对纤维织物、塑料制品的灭菌。

2. 湿热消毒

（1）煮沸消毒　是使用最早的消毒方法之一，方法简单、方便、安全、经济、实用、效果比较可靠，适用于养猪场检验室器材及兽医室医疗用品的消毒。

（2）流通蒸汽消毒　又称为常压蒸汽消毒，是在101.325千帕（1个大气压）下，用100℃的水蒸气进行消毒，常用于一些不耐高温的物品消毒。通过间歇灭菌法可以杀灭芽孢。

（3）巴氏消毒法　在猪场应用较少，主要用于血清、疫苗的消毒。

（4）低温蒸汽消毒法　主要用于一些怕高温的物品及房屋的消毒。

（5）高压蒸汽灭菌　具有灭菌速度快、效果可靠、温度高、穿透力强等特点，是目前猪场兽医室最常用的一种消毒灭菌方法。

五、生物消毒法

利用某种生物来杀灭或清除病原微生物的方法称为生物消毒法。在养猪业中常用的有地面泥封发酵消毒法和坑式堆肥发酵法等。

（一）地面泥封发酵消毒法

堆肥地点应选择在距离畜舍、水池、水井较远处。挖一宽3米，两侧深25厘米向中央稍倾斜的浅坑，坑的长度据粪便的多少而定。坑底用黏土夯实。用小树枝条或小圆棍横架于中央沟上，以利于空气流通。沟的两端冬天关闭，夏天打开。在坑底铺一层30～40厘米的干草或非患传染病的畜禽粪便，然后将要发酵消毒的粪便堆积于上。粪便堆放时要疏松，掺10%马粪或稻草。干粪需加水浸湿，冬天应加热水。粪堆高1.2米。粪堆好后，在粪堆的表面覆盖一层厚10厘米的稻草或杂草，然后再在草外面封盖一层10厘米厚的泥土。这样堆放1～3个月后即达消毒目的。

（二）坑式堆肥发酵法

在适当的场所设粪便堆放坑池若干个，坑池的数量和大小视粪便的多少而定。坑池的内壁最好用水泥或坚实的黏土筑成。堆粪之前，在坑底垫一层稻草或其他秸秆，然后堆放待消毒的粪便，上方再堆一层稻草等或健畜粪便，堆好后表面加盖或加约10厘米厚的土或草泥。粪便堆放发酵1～3个月即达目的。堆粪时，若粪便过于干燥，应加水浇湿，以便其迅速发酵。另外，在生产沼气的地方，可把堆放发酵与生产沼气结合在一起。值得注意的是，生物发酵消毒法不能杀灭芽孢。因此，若粪便中含有炭疽、气肿疽等芽孢杆菌时，则应焚毁或加有效化学药品处理。坑式堆肥发酵法注意事项为：堆肥坑内不能只放粪便，还应放垫草、稻草等，以保证堆肥中有足够的有机质作为微生物活动的物质基础；堆肥应疏松，切忌夯压，以保证堆内有足够的空气；堆肥的干湿度要适当，含水量应在50%～70%；堆肥时间要足够，须等腐熟后方可施用，在夏季需1个月左右，冬季需2～3个月方可腐熟。

六、化学消毒法

使用化学药品（或消毒剂）进行的消毒称为化学消毒法。化学消毒法主要应用于养猪场内外环境中，栏舍、器皿等各种物品表面及饮水消毒。

第五节 规模猪场不同消毒对象的消毒

一、空舍消毒

（一）消毒程序

（1）首先要将猪舍内的地面、墙壁、门窗、天棚、通道、下水道、排粪污沟、猪圈、猪栏、饮水器、水箱、水管、用具等彻底清理打扫干净，再用水浸润，然后用高压水枪反复冲洗。

（2）干燥后用消毒药液洗刷消毒1次。

（3）第2天再用高压水枪冲洗1次。

（4）干燥后再用消毒药液喷雾消毒1次。

（5）最后用福尔马林熏蒸消毒1次，空舍3天后可进猪。熏蒸消毒每立方米空间用福尔马林溶液25毫升、高锰酸钾25克、水12.5毫升，计算好用量后先将水和福尔马林混合于容器中（分点放药），然后加入高锰酸钾，并用木棍搅拌一下，几秒钟后即可见浅蓝色刺激眼鼻的气体蒸发出来。室内温度应保持在22～27℃，关闭门窗24小时，然后打开门窗通风。

不能实施全进全出的猪舍，可在打扫、清理干净后用水冲洗，再进行带猪消毒，每周进行1次，发生疫情时每天2次。

（6）转群后舍内消毒。产房、保育舍、育肥舍等每批猪调出后，要求猪舍内的猪只必须全部出清，一头不留，对猪舍进行彻底的消毒。可选用过氧乙酸（1%）、氢氧化钠（2%）、次氯酸钠（5%）等。消毒后需空栏5～7天才能进猪。消毒程序为：彻底清扫猪舍内外的粪便、污物，疏通沟渠，取出舍内可移动的部件（饲槽、垫板、电热板、保温箱、料车、粪车等），洗净、晾干或置阳光下暴晒；舍内的地面、走道、墙壁等处用自来水或高压泵冲洗，栏栅、笼具进行洗刷和抹擦，闲置1天，自然干燥后才能喷雾消毒（用高压喷雾器），消毒剂的用量为1升/米^2，要求喷雾均匀，不留死角；最后用清水清洗消毒机器，以防腐蚀机器。

（7）猪舍周围洼地要填平，铲除杂草和垃圾，消灭鼠类、杀灭蚊蝇、驱赶鸟类等，每半个月清扫1次，每月用5%来苏儿溶液喷雾消毒1次。

（8）工作服、鞋、帽、工具、用具要定期消毒；医疗器械、注射器等煮沸消毒，每用1次消毒1次。

（二）消毒注意要点

（1）要仔细阅读药物使用说明书，正确使用消毒剂。按照消毒药物使用说明书的规定与要求配制消毒溶液，配比要准确，不可任意加大或降低药物浓度，根据每种消毒剂的性能决定其使用对象和使用方法，如在酸性环境和碱性环境下应分别使用氯化物类和醛类消毒剂，才可达到良好的消毒效果。当发生病毒及芽孢性疫病时，最好使用碘类或氯化物类消毒剂，而不用季铵盐类消毒剂。

（2）不要随意将两种不同的消毒剂混合使用或同时消毒同一物品。因为两种不同的消毒剂合用时常因物理或化学的配合禁忌导致药物失效。

（3）严格按照消毒操作规程进行，事后要认真检查，确保消毒效果。

（4）消毒剂要定期更换，不要长时间使用一种消毒剂消毒一种对象，以免病原体产生耐药性，影响消毒效果。

（5）消毒药液应现用现配，尽可能在规定的时间内用完，配制好的消毒药液放置时间过长，会使药液有效浓度降低或完全失效。

（6）消毒操作人员要做好自身保护，如穿戴胶靴、手套等防护用品，以免消毒药液刺激手、皮肤、黏膜和眼等。同时也要注意消毒药液对猪群的伤害及对金属物品等的腐蚀作用。

二、带猪消毒

（一）消毒前应彻底清除圈舍内猪只的分泌物及排泄物

1. 分泌物及排泄物中含有大量的病原微生物

临床患病猪只的分泌物及排泄物中含有大量的病原微生物（细菌、病毒、寄生虫虫卵等），即使临床健康的猪只的分泌物及排泄物中也存在大量的条件致病菌（如大肠杆菌等）。消毒前经过彻底清扫，可以大量减少猪舍环境中病原微生物的数量。

2. 粪便中有机物的存在可影响消毒的效果

一方面，粪便中的有机物可掩盖细菌，对病原起着保护作用；另一方面，粪便中的蛋白质与消毒药结合发生反应，消耗了药量，使消毒效力降低。

（二）选择合适的消毒剂

选择消毒药时，不但要符合广谱、高效、稳定性好的特点，而且必须选择对猪只无刺激性或刺激性小、毒性低的药物。强酸、强碱及甲醛等刺激性腐蚀性强的药物，虽然对病原菌作用强烈、消毒效果好，但对猪只有害，不适宜作为带猪消毒的消毒剂。建议选用1%新洁尔灭、1%过氧乙酸、二氯异氰尿酸钠等药物，效果比较理想。

（三）配制适宜的药物浓度和足够的溶液量

1. 适宜的浓度

消毒液的浓度过低达不到消毒的效果，徒劳无功；浓度过大不但造成药物的浪费，而且对猪只刺激性、毒性增强，引起猪只的不适。必须根据使用说明书的要求，配制适宜浓度的药液。

2. 足够的溶液量

带猪消毒应使猪舍内物品及猪只等消毒对象达到完全湿润，否则消毒药粒子就不能与细菌或病毒等病原微生物直接接触而发挥作用。

（四）消毒的时间和频率

1. 消毒的时间

带猪消毒的时间应选择在每天中午气温较高时进行较好。冬春季节，由于气温较低，为了减少消毒所致舍温下降对猪只的冷应激，要选择在中午或中午前后进行消毒。夏秋季节，中午气温较高，舍内带猪消毒在防疫的同时兼有降温的作用，选择中午或中午前后进行消毒也是科学的。况且，温度与消毒的效果呈正相关，应选择在一天中温度较高的时间段进行消毒工作。

2. 消毒的频率

一般情况下，舍内带猪消毒以一周一次为宜。在疫病流行期间或养猪场存在疫病流行的威胁时，应增加消毒次数，达到每周2～3次或隔日一次。

（五）雾化要好

喷药物，要保证雾滴小到气雾剂的水平，使雾滴在舍内空气中悬浮时间较长，既节省了药物，又净化了舍内的空气，增强灭菌效果。

带猪消毒不但杀灭或减少猪只生存环境中的病原微生物，而且净化了猪舍内的空气，夏季兼有降温作用，是控制疫病发生流行的最重要手段。

（六）冬季带猪消毒

在寒冷季节，门窗紧闭，猪群密集，舍内空气严重污染的情况下进行的消毒，要求消毒剂不仅能杀菌，还有除臭、降尘、净化空气的作用。采用喷雾消毒，消毒剂用量0.5升/米^3，可选用1%过氧乙酸、1%新洁尔灭等。消毒程序为：准备好消毒喷雾器，测量所要消毒的猪舍体积并计算消毒液的用量；根据消毒桶/罐中加水的重量/体积、消毒液浓度、消毒剂的含量，计算消毒剂的用量，加入、混匀；细雾喷洒从猪舍顶端，自上而下喷洒均匀；最后用清水清洗消毒机器，以防腐蚀机器。

三、饮水消毒

当猪场处于农村或远郊而无统一的自来水供应时，需要对猪场的饮水进行必要的净化和消毒。若猪场所用的水源为地面水，一般都比较浑浊，细菌含量较多，必须采用普通净化法和消毒法来改善水质；若水源为地下水，则一般都较为清洁，只需进行必要的消毒处理。有时，水源水质较为特殊，还需采用特殊的处理方法（如除铁、除氟、除臭、软化等）进行处理。

（一）混凝沉淀

当水体静止或水流缓慢时，水中的悬浮物可借本身重力逐渐向水底下沉，从而使水澄清，此即自然沉淀。但水中较细小的悬浮物及胶质微粒因带有负电荷，彼此相斥，不易凝集沉降，因而必须加入明矾、硫酸铝和铁盐（如硫酸亚铁、三氯化铁等）等混凝剂，使水中极小的悬浮物及胶质微粒凝聚成絮状物而加快沉降，这就是混凝沉淀。采用混凝沉淀的方法，可以使水中的悬浮物减少70%～95%，除菌效果可达90%左右。在实际情况中，混凝沉淀的效果受水温、pH、浑浊度、混凝剂的用量以及混凝沉淀的时间等因素的影响。混凝剂的用量可通过混凝沉淀试验来进行确定，普通河水用明矾沉淀时，其用量约为40～60毫克/升。浑浊度低或水温较低时，往往不易混凝沉淀，此时可投加助凝剂（如硅酸钠等）以促进混凝。

（二）砂滤

砂滤是将浑浊的水通过砂层，使水中的悬浮物、微生物等阻留在砂层上部，从而使水得到净化。砂滤的基本原理是阻隔、沉淀和吸附作用。滤水的效果决定于滤池的构造、滤料粒径的适当组合、滤层的厚度、滤过的速度、水的浑浊程度和滤池的管理情况等。

集中式给水的过滤一般可分为慢砂滤池和快砂滤池两种。目前大部分自来水厂采用快砂滤池，而简易的自来水厂多采用慢砂滤池。分散式给水的过滤，可在河边或湖边挖渗水井，使水经过地层自然滤过，从而改善水质。如能在水源和渗水井之间挖一砂滤沟，或建筑水边砂滤井，则可更好地改善水质。此外，也可采用砂滤缸或砂滤桶来进行滤过。

（三）消毒

通过砂滤和混凝沉淀处理后的水，细菌含量已大大减少，但还可能存在少量的病原菌。为了确保饮水安全，必须再经过消毒处理。

疾病传播的重要途径之一是饮水，较多猪场的饮水中大肠杆菌、霉菌、病毒往往超标。也有较多猪场在饮水中加入了维生素、抗生素粉制剂，这些维生素和抗生素会造成管道水线堵塞和生物膜大量形成，影响饮水卫生。因此，消毒剂的选择很重要，有很多消毒药说明书上宣称能用于饮水消毒，但不能盲目使用，应选择对猪胃肠道有益且能杀灭生物膜内所有病原的消毒药作为饮水消毒药。

饮水消毒的方法很多，如氯化法、煮沸法、紫外线照射法、臭氧法、超声波法、高锰酸钾法等。目前最常用的方法是氯化消毒法，该法杀菌力强、设备简单、费用低、使用方便。加氯消毒的效果与水的pH、浑浊度、水温、加氯剂量及接触时间、余氯的性质及量等有关。当水温为20℃，pH为7左右时，氯与水接触30分钟，水中剩余的游离氯（次氯酸或次氯酸根）大于0.3毫克/升，才能完全杀灭水中的病菌。当水温较低、pH较高、氯与水的接触时间较短时，则需要使水中保留更高的余氯才能保证消毒效果，因而应加入更多的氯。也就是说，消毒剂的用量，除满足在接触时间内与水中各种物质作用所需要的有效氯量外，还应使水在消毒后有适量的剩余氯，以保证其持续的杀菌能力。

氯化消毒用的药剂有液态氯和漂白粉两种。集中式给水的加氯消毒主要用液态氯，小型水厂和一般分散式给水则多用漂白粉消毒。其中，漂白粉的杀菌能力取决于其所含的有效氯量。新制漂白粉一般含有效氯25%～35%，但漂白粉易受空气中二氧化碳、水分、光线和高温等的影响而发生分解，使有效氯的含量不断减少。因此，须将漂白粉装在密闭的棕色瓶内，放在低温、干燥、阴暗处，并在使用前检查其中有效氯的含量。如果有效氯含量低于15%，则不适于作饮水消毒用。此外，还有漂白粉精片，其有效氯含量高且稳定，使用较为方便。

需要注意的是，饮水消毒，慎防中毒。饮水消毒是把饮水中的微生物杀灭，猪喝的是经过消毒的水，而不是消毒药水。任意加大饮水消毒药物浓度可引起急性中毒，杀死或抑制肠道内的正常菌群，对猪的健康造成危害。在临床上常见的饮水消毒剂多为氯制剂、季铵盐类和碘制剂，中毒原因往往是浓度过高或使用时间过长。

中毒后多见胃肠道炎症并积有黏液、腹泻，严重的可导致死亡。

四、猪舍内空气的消毒

空气中缺乏微生物所需的营养物质，特别是经过风吹、日晒、干燥等自然净化作用，不利于微生物的生存。因此，微生物在空气中不能进行生长繁殖，只能以悬浮状态存在。但是空气中确实有一定数量的微生物存在，主要来源于土壤中的微生物随着尘土的飞扬进入空气中；人、猪的排泄物、分泌物排出体外，干燥后其中的微生物也随之飞扬到空气中。特别是人、猪呼吸道、口腔的微生物随着呼吸、咳嗽、喷嚏形成的气溶胶悬浮于空气中，若不采取相应的消毒措施，极易引起某些传染病特别是经呼吸道传播的传染病的流行。因此，空气消毒的重点是猪舍。

一般猪舍内被污染的空气中微生物数量每立方米可达10个以上，特别是在添加粗饲料、更换垫料、出栏、打扫卫生时，空气中微生物会大量增加。因此，必须对猪舍内空气进行消毒。空气消毒最简便的方法是通风，这是减少空气中细菌数量极为有效的方法；其次是利用紫外线杀菌或甲醛气体熏蒸等化学药物进行消毒。

五、车辆消毒

在猪场大门口应该设置消毒池和消毒通道，消毒池的长度为进出车辆车轮2个周长以上，消毒池上方最好建顶棚，防止日晒雨淋和污泥浊水入内，并设置喷雾消毒装置（图2-6）。消毒池内的消毒液2～3天彻底更换一次，所用的消毒剂要求作用较持久、稳定，可选用2%～3%氢氧化钠、1%过氧乙酸、5%来苏儿等。消毒程序为：消毒池加入20厘米深的清洁水，测量水的重量/体积，计算（根据水的重

图2-6 消毒通道

量/体积、消毒液的浓度、消毒剂的含量，计算出所需消毒剂的用量)，添加，混匀。

所有进入养殖场（非生产区或生产区）需消毒的车辆（包括客车、饲料运输车、装猪车等）可分为危险车辆和一般车辆。危险车辆为搬运猪和饲料的车辆、经常出入养猪场的车辆等（如来自其他养猪场的、饲料兽药销售服务车）。一般车辆为与猪无接触机会的访客车辆。原则上车辆尽可能停放在生物安全区之外，严格控制车辆特别是危险车辆进入猪场，只有必要的车辆才能进入猪场。

（一）危险车辆的消毒

对危险车辆需进行车轮喷洒消毒、车辆整体消毒、停车处的消毒。

1. 干洗，除去有机物

除去车辆内部及外部有机物的步骤是很必要的，因为有机物中含有大量的病原菌，且为传播疾病的主要来源。使用刷子、铲子、耙或机械式刮刀，除去车身上的有机物，特别注意要清除沉积于车辆底部的有机物质。使用坚硬的刷子（必要时，使用压力冲洗器）清扫，确定车轮、轮箍、轮框、挡泥板及无遮蔽的车身无任何淤泥及稻草等污物残留。

2. 清洁

虽然除去了污染的垫料及垃圾，但是仍然有大量感染源残留。使用清洁剂进行喷洒，确保油污不会残留于表面。

3. 消毒

虽然经过了清洁的步骤，但是致病微生物（尤其是病毒）的数量仍然很多，足以引起疾病。因此，需使用光谱消毒剂来有效对抗细菌、酵母菌、霉菌及其他病原菌。

车辆外部，由车顶开始，然后依次往车厢四边消毒。需特别注意车辆的轮框、轮箍、挡泥板及底部的消毒。

车辆内部，由车厢顶开始往下消毒，需彻底消毒车厢顶部、内壁、分隔板及地面。需特别注意上下货斜坡、货物升降架及栅栏门的消毒。

确定车辆腹侧置物箱中所有已清洗的设备，例如铲子、刷子等皆已喷洒过易净或金福溶液或浸泡于易净或金福溶液中。

归还消毒设备前，要先消毒腹侧置物箱内部的所有表面。

（二）一般车辆的消毒

进出猪场的运输车辆，必须经过门口设置的消毒池或消毒通道。采用的消毒剂对猪无刺激性，无不良影响，可选用0.5%过氧化氢溶液、1%过氧乙酸、二氯异氰尿酸钠等。任何车辆不得进入生产区。消毒程序为：准备好消毒喷雾器，根据消毒桶/罐中加水的重量/体积、消毒液浓度、消毒剂的含量，计算消毒剂的用量，加入、混匀，从车头顶端、车窗、门、车厢内外、车轮自上而下均匀喷洒；用清水清洗消毒机器，以防腐蚀机器；3～5分钟后方可准许车辆进场。

六、生产区消毒

员工和访客进入生产区必须要更衣消毒沐浴，或更换一次性的工作服，换胶鞋后通过脚踏消毒池（消毒桶）才能进入生产区。

1. 更衣沐浴

喷雾消毒室，可用戊二醛1∶1200稀释，每天适量添加，每周更换一次，两种消毒剂1～2个月互换一次。

2. 脚踏消毒池（消毒桶）

工作人员应穿上生产区的胶鞋或其他专用鞋，通过脚踏消毒池（消毒桶）进入生产区。可用百毒杀1∶300稀释，每天适量添加，每周更换一次，两种消毒剂1～2个月互换一次。

七、进出人员消毒

（一）人员消毒

严格控制参观者，对进入猪场参观人员必须进行严格监控。

（1）进入猪场生产区的人员必须换本场消毒过的专用衣服和鞋，衣物用紫外线照射18小时以上。

猪场进出口除了设有消毒池消毒鞋靴外，还需有洗手消毒设施。既要注重外来人员的消毒，更要注重本场人员的消毒。采用的消毒剂对人的皮肤无刺激性、无异味，可选用0.5%过氧乙酸溶液、0.5%新洁尔灭（季铵盐类消毒剂）。消毒程序为：设立两个洗手盆A、B，加入清洁水；在盆A中根据水的重量、体积计算需加消毒剂的用量；进场人员双手先在A盆浸泡3～5分钟，再在盛有清水的B盆洗净，用毛巾擦干即可。

（2）进入饲养场的所有人员必须进行喷雾消毒，消毒剂为0.5%过氧乙酸溶液，喷雾时间不得少于60秒，消毒剂雾滴直径不得大于15微米。所有人员必须用0.5%过氧乙酸或0.5%新洁尔灭溶液进行洗手消毒；洗手后不需要使用清水洗手部，只需要让其自然干燥即可。

(3) 进入猪场生产区的人员必须过消毒池。

(4) 进入猪舍的人员必须经过消毒池。足履消毒池：在养殖场的出入口及养殖场内每座建筑和房间的出入口处都设置足履消毒池。要保证每周更新消毒液，如果水靴被泥土或粪便严重污染，请在进入足履消毒池前使用刷子清洁水靴。

（二）人员消毒管理

(1) 饲养管理人员应经常保持自身卫生、身体健康，定期进行常见的人畜共患病检查，同时应根据需要进行免疫接种，如卡介苗、狂犬病疫苗等。如发现患有危害畜禽及人的传染病者，应及时调离，以防传染。

(2) 饲养人员除工作需要外，一律不准在不同区域或栋之间相互走动，工具不得互相借用。

(3) 任何人不准带饭，更不能将生肉及含肉制品的食物带入场内。场内职工和食堂均不得从市场购肉，吃的肉由本场宰杀健康猪供给。

(4) 所有进入生产区的人员，必须坚持“三踩一更”的消毒制度。即：场区门前踩3%的火碱池，生产区门前及猪舍门前踩消毒池或消毒脚垫，更衣室更衣。

(5) 场区禁止参观，严格控制非生产人员进入生产区。若生产或业务上需要，经过兽医同意后更换工作衣、鞋帽后，经过消毒方可进入。严禁外来车辆进入场区，若必须进入时，车辆必须经过严格消毒方可。在生产区内使用的车辆、用具一律不得带出生产区外。

(6) 生产区不准养猫、养狗，职工不得将宠物带入场内，不准在兽医诊疗室以外的地方解剖尸体。

(7) 建立严格的兽医卫生防疫制度，猪场生产区和生活区分开，入口处设消毒池，设置专门的隔离室和兽医室，做好发病时病猪的隔离、检疫和治疗工作，控制疫病范围，做好病后的消毒净群等工作。

(8) 当某种疾病在本地区或本场流行时，要及时采取相应的防制措施，并要按规定上报主管部门，采取隔离、封锁措施。

(9) 坚持自繁自养的原则。若确实需要引种，种猪必须隔离45天，确认无病，并接种疫苗后方可调入生产区。

(10) 长年定期灭鼠，及时消灭蚊蝇，以防疾病传播。

(11) 对于死亡猪的检查，包括剖检等工作，必须在兽医诊疗室内进行，或在距离水源较远的地方检查。剖检后的尸体应深埋或焚烧。

（12）本场外出的人员和车辆，必须经过全面消毒后方可回场。

（13）运送饲料的包装袋，回收后必须经过消毒方可再利用，以防止污染饲料。

第六节　消毒效果的检测

消毒的目的是为了消灭被各种带菌动物排泄于外界环境中的病原体，切断疾病传播链，尽可能减少发病率。消毒效果受到多种因素的影响，包括消毒剂的种类和使用浓度、消毒时的环境条件、消毒设备的性能等。因此，为了掌握消毒的效果，以保证最大限度地杀灭环境中的病原微生物，防止传染病的发生和传播，必须对消毒对象进行消毒效果的检测。

一、消毒效果检测的原理

在喷洒消毒液或经其他方法消毒处理前后，分别用灭菌棉棒在待检区域取样，并置于一定量的生理盐水中，再以 10 倍稀释法稀释成不同倍数，然后分别取定量的稀释液，置于加有固体培养基的培养皿中，培养一段时间后取出，进行细菌菌落计数。比较消毒前后细菌菌落数，即可得出细菌的消除率，根据结果判定消毒效果的好坏。

$$消除率=\frac{消毒前菌落数-消毒后菌落数}{消毒前菌落数}\times 100\%$$

二、消毒效果检测的方法

（一）地面、墙壁和顶棚消毒效果的检测

1. 棉拭子法

用灭菌棉拭子蘸取灭菌生理盐水分别对禽舍地面、墙壁、顶棚进行未经任何处理前和消毒剂消毒后 2 次采样，采样点为至少 5 块相等面积（3 厘米×3 厘米）。用高压灭菌过的棉棒蘸取含有中和剂（使消毒药停止作用）的 0.03 摩尔/升缓冲液中，在试验区事先划出的 3 厘米×3 厘米的面积内轻轻滚动涂抹，然后将棉棒放在生理盐水管中（若用含氯制剂消毒时，应将棉棒放在 15％的硫代硫酸钠溶液中，以中和剩余的氯），然后投入灭菌生理盐水中。振荡后将洗液样品接种在普通琼脂培养基上，置 37℃恒温箱培养 18～24 小时后进行菌落计数。

2. 影印法

将50毫升注射器去头并灭菌，无菌分装普通琼脂制成琼脂柱。分别对猪舍地面、墙壁、顶棚各采样点进行未经任何处理前和消毒剂消毒后2次影印采样，并用灭菌刀切成高度约1厘米厚的琼脂柱，置于灭菌平皿中，于37℃恒温箱培养18～24小时后进行菌落计数。

（二）对空气消毒效果的检查

1. 平皿暴露法

将待检房间的门窗关闭好，取普通琼脂平板4～5个，打开盖子后，分别放在房间的四角和中央暴露5～30分钟，根据空气污染程度而定。取出后放入37℃恒温箱培养18～24小时，计算生长菌落。消毒后，再按上述方法在同样地点取样培养，根据消毒前后的细菌数的多少，即可按公式计算出空气的细菌消除率。但该方法只能捕获直径大于10微米的病原颗粒，对体积更小、流行病学意义更大的传染性病原颗粒很难捕获，故准确性差。

2. 液体吸收法

先在空气采样瓶内放10毫升灭菌生理盐水或普通肉汤，抽气口上安装抽气唧筒，进气口对准欲采样的空气，连续抽气100升，抽气完毕后分别吸取其中液体0.5毫升、1毫升、1.5毫升，分别接种在培养基上培养。按此法在消毒前后各采样1次，即可测出空气的细菌消除率。

3. 冲击采样法

用空气采样器先抽取一定体积的空气，然后强迫空气通过狭缝直接高速冲击到缓慢转动的琼脂培养基表面，经过培养，比较消毒前后的细菌数。该方法是目前公认的标准空气采样法。

（三）消毒效果检测结果的判定

如果细菌减少了80%以上为良好，减少了70%～80%为较好，减少了60%～70%为一般，减少了60%以下则为消毒不合格，需要重新消毒。

三、强化消毒效果的措施

（一）制订合理的消毒程序并认真实施

在消毒操作过程中，影响消毒效果的因素很多，如果没有一个详细、全面的消毒计划并严格落实实施，消毒的随意性大，就不可能收到良好的消毒效果。

1. 消毒计划（程序）

消毒计划（程序）的内容应该包括：消毒的场所或对象，消毒的方法，消毒的时间和次数，消毒药的选择、配比稀释、交替更换，消毒对象的清洁卫生，以及清洁剂或消毒剂的使用等。

2. 执行控制

消毒计划落实到每一个饲养管理人员，严格按照计划执行并要监督检查，避免随意性和盲目性；要定期进行消毒效果检测，通过肉眼观察和微生物学的监测，以确保消毒的效果，有效减少或排除病原体。

（二）选择适宜的消毒剂和适当的消毒方法

见本章第三节、第四节有关内容。

第三章 规模猪场的卫生防疫

第一节 规模猪场的卫生管理

一、完善养猪场隔离卫生设施

(1) 猪场四周建有围墙或防疫沟，并有绿化隔离带，猪场大门入口处设消毒池。

(2) 生产区入口处设人员更衣淋浴消毒室，在猪舍入口处设地面消毒池。

(3) 种猪展示厅和装猪台设置在生产区靠近围墙处，出售的种猪只允许经展示厅后从装猪台装车外运，不可返回。

(4) 开放式猪舍应设置防护网。

(5) 饲料库房应设在生产区与管理区的连接处，场外饲料车不允许进入生产区。

(6) 病猪尸体处理按 GB 16548—1996 的规定执行。

二、加强猪场卫生管理

猪群疫病主要是病原微生物传播造成的，而病原微生物理想的栖息场所是猪舍；也就是说，病原微生物生存于养猪生产区域的各个角落，如空地、舍内、空气等。给猪群提供一个良好的环境和有效的消毒措施，是降低猪只生长环境中的病原微生物数量、控制疫病发生、传播的重要措施。

猪场的卫生管理，除了要加强有效消毒外，必须搞好猪群的卫生。

（1）每天及时打扫圈舍卫生，清理生产垃圾，保持舍内外卫生，所用物品摆放有序。

（2）保持舍内干燥清洁，每天必须进圈内打扫清理猪的粪便，尽量做到猪、粪分离。若是干清粪的猪舍，每天上、下午及时将猪粪清理出来堆积到指定地方；若是水冲粪的猪舍，每天上、下午及时将猪粪打扫到地沟里以清水冲走，保持猪体、圈舍干净。

（3）每周转运一批猪，空圈后要清洗、消毒，种猪上床或调圈，要把空圈先冲洗后用广谱消毒药消毒。产房每断奶一批、育成舍每育肥一批、育肥舍每出栏一批，先清扫冲洗，再用消毒药消毒。

（4）注意通风换气。冬季做到保温，舍内空气良好，每天可用风机通风5～10分钟（各段根据具体情况通风）。夏季通风防暑降温，排出有害气体。

（5）生产垃圾，即使用过的药盒、疫苗瓶、消毒瓶、一次性输精瓶用后立即焚烧或妥善放在一处，适时统一销毁处理。饲料袋能利用的返回饲料厂，不能利用的焚烧掉。

（6）舍内的整体环境卫生包括顶棚、门窗、走廊等平时不易打扫的地方，每次空舍后彻底打扫一次，不能空舍的每一个月或每季度彻底打扫一次。舍外环境卫生每一个月清理一次。

（7）四季灭鼠，夏季灭蚊蝇。

三、发生传染病时的紧急处置

1. 隔离诊断

当发生疫病或出现死猪时，要查明原因，做出初步判断。如确认是传染病或疑似传染病时，应严格封锁，将病猪隔离，专人饲养。将疫情报告当地兽医主管部门，通知邻近养猪户和猪场，以便采取相应措施。

2. 隔离观察和治疗

对病猪和可疑猪只，分别隔离观察和治疗。对同群猪尚未见发病的，应注意观察，根据疾病种类用相应的疫（菌）苗进行紧急预防注射，控制传染病的发生。

3. 封锁疫区，搞好消毒

当确定为传染病时，根据情况，划定疫区进行封锁。封锁的目的是为了控制疫病的继续扩大蔓延，以便迅速消灭疫病。疫区禁止车马、人来往出入。做好消毒工作。为了消灭传染源，对不能治的病猪全部淘汰，可在兽医监督下，加工处理。病死猪尸体、粪便和污染的垫草等，在指定地点烧毁或深埋。

4. 解除封锁

病猪全部治愈或最后一头病猪死亡以后，经一定的时间不再发现病猪，再做一次彻底消毒后方可解除封锁。

第二节　规模猪场驱虫、杀虫与灭鼠

一、养猪场的驱虫

（一）当前规模化猪场寄生虫病发生的特点

1. 猪群感染寄生虫的分类

猪群感染寄生虫一般分为两类。一类是需要中间宿主的“生物源性”寄生虫，比如猪的肺丝虫、猪囊虫、姜片吸虫及棘头虫等；另一类是不需要中间宿主的“土源性”寄生虫，比如猪蛔虫、猪鞭虫、弓形虫、球虫、毛首线虫及疥螨等。由于规模化猪场猪都隔离集中饲养在圈舍中，不易接触外界的中间宿主，因此，需要中间宿主才能传播的寄生虫病发生很少，而不需要中间宿主的寄生虫病发生较多。

2. 季节性

当前寄生虫病的发生没有明显的季节性。猪场一年四季可见寄生虫病。

3. 临床上常见寄生虫病交叉感染、重复感染与继发感染

当猪群受到各种不良因素影响时处于免疫抑制状态，免疫力低下时，易导致寄生虫病交叉感染或重复感染，以及继发感染。比如猪场经常出现猪球虫病、大肠杆菌病及轮状病毒病等混合感染；发生附红细胞体病时经常继发猪瘟、弓形体病和蓝耳病；弓形体病常与猪瘟、伪狂犬病、猪肺疫、气喘病、链球菌病混合感染；猪蛔虫病与猪瘟，以及猪肺丝虫病与猪肺疫混合感染等。这样会导致病情复杂化，发病率与死亡率增高，造成更大的损失。

（二）寄生虫病的防制技术

1. 选择驱虫药的原则

选择正规厂家生产的驱虫药，要求广谱、高效、低毒、安全、适口性好、使用剂量小、使用方便、便于保存、猪体内残留量低、价格低廉。

2. 养猪场寄生虫病控制程序

种公猪每年春、秋季各驱虫 1 次；后备母猪配种前 15 天驱虫 1 次；妊娠母猪产仔后断奶时驱虫1次；哺乳仔猪断奶后驱虫1次；保育仔猪转群进入育肥舍时驱虫1次；育肥中期（出栏前2个月）驱虫1次；引进猪只在隔离检疫30天期限内驱虫1次；所有的母猪与种公猪在配种前2周要进行一次体外驱虫。

（三）驱虫注意事项

（1）养猪场要根据猪群寄生虫病发生的情况及当地动物寄生虫病的流行状况，有针对性地制定周密可行的驱虫计划，有步骤地进行驱虫。

（2）实施驱虫之前要认真对猪群进行虫卵检查，弄清本猪场猪体内外寄生虫种类与严重程度，以便有效选择最佳的驱虫药物，安排适宜的驱虫时间实施驱虫，以达到最佳的驱虫效果。

（3）驱虫用药时，要严格按照驱虫药的使用说明书所规定的剂量、给药方法及注意事项等进行，不得随意改变药物的用量和使用方法，否则易引起意外事故的发生。

（4）驱虫后要注意观察猪群状态，对出现严重反应的猪只要立即查明原因，并及时进行解救。

（5）猪场使用驱虫药要轮换使用不同的品种，不要长期只使用1～2种驱虫药，防止产生耐药虫株。目前在一些猪场已出现了耐药性虫株，甚至存在交叉耐药现象。这都与猪场长期和反复使用1～2种驱虫药、使用剂量小或浓度低有关。

（6）驱虫后猪只排出的粪便与虫体要集中妥善处理，防止扩散病原。因为粪便中带有寄生虫虫卵和幼虫，在外界适宜的条件下可发育成感染性幼虫，通过污染饲料、饮水与环境，易造成猪群重复感染。因此，粪便及污物要进行厌氧消化和堆积发酵，利用生物热，杀灭虫卵和幼虫。同时要加强对猪舍内外环境的消毒与杀虫，消灭中间宿主，改变寄生虫中间宿主隐匿和滋生的条件，使没有进入中间宿主的幼虫无法完成其发育，从而达到消灭寄生虫的目的。

（7）抗寄生虫药物对人体有一定的危害性，因此，使用驱虫药时，要避免药物与人体直接接触，采取防护措施，以免对人体刺激、过敏及中毒等事故的发生。有些驱虫药还会污染环境，因此，接触药物的容器及用具一定要妥善处理，避免造成环境污染，后患无穷。

（8）猪只上市屠宰前30天停止使用驱虫药，以免猪体产生药物残留，严重影响公共卫生安全和人类的健康。

二、养猪场的杀虫

（一）有害昆虫等的危害性

许多吸血节肢动物（如蚊、蝇、蜱、虻、蠓、螨、虱、蚤等，其中昆虫占大部分）都是动物疫病及人畜共患病的传播媒介，可携带细菌100多种、病毒20多种、寄生虫30多种，能传播传染病和寄生虫病20几种。常见的有：伪狂犬病、猪瘟、蓝耳病、口蹄疫、猪痘、传染性胃肠炎、流行性腹泻、猪丹毒、猪肺疫、链球菌病、结核病、布鲁氏菌病、大肠杆菌病、沙门氏菌病、魏氏梭菌病、猪痢疾、钩端螺旋体病、附红细胞体病、猪蛔虫病、囊虫病、猪球虫病及疥螨等疫病。这不仅会严重危害动物与人类的健康，而且影响猪只生长与增重，降低其非特异性免疫力与抗病力。因此，选用高效、安全、使用方便、经济和环境污染小的杀虫药杀灭吸血节肢动物，对养猪生产及保障公共环境卫生的安全均具有重要的意义。

（二）养猪场的杀虫技术措施

1. 加强对环境的消毒

养猪场要加强对猪场内外环境的消毒，以彻底杀灭各种吸血节肢动物。猪群实行分群隔离饲养，遵守“全进全出”的制度；正常生产时每周消毒1次，发生疫情时每天消毒1次，直至解除封锁；猪舍外环境每月消毒1次，发生疫情时每周消毒1次，直至解除封锁；猪舍外环境每月清扫大消毒1次；人员、通道、进出门随时消毒。

消毒剂可选用1%安酚（复合酚）、8%醛威（戊二醛溶液）、1∶133溴氯海因粉、杀毒灵（每1升水加0.2克）等实施喷洒消毒。上述消毒剂杀菌广谱、药效持久、安全、使用方便，价格适中。

2. 控制好昆虫滋生的场所

猪舍每天要彻底清扫干净，及时除去粪尿、垃圾、饲料残屑及污物等，保持猪舍清洁卫生、地面干燥、通风良好，冬暖夏凉。猪舍外环境要彻底铲除杂草，填平积水坑洼，保持排水与排污系统的畅通。严格管理好粪污，进行无害化处理。使有害昆虫失去繁衍滋生的场所，以达到消灭吸血昆虫的目的。

3. 使用药物杀灭昆虫

（1）加强蝇必净　250克药物加水2.5升混均匀后用于喷洒猪舍、地面、墙壁、门窗、栏圈及排粪污沟等，每周1次，对人体和猪只无毒副作用。可杀灭蚊、蝇、蜱、蠓、虱子、蚤等。

（2）蚊蝇净　10克（1瓶）药物溶于500毫升水中喷洒猪舍、地面、墙壁、门窗、栏圈及排粪污沟等，对人体和猪只无毒副作用。可杀灭蚊、蝇、蜱、蠓、虱、蚤等。

（3）蝇毒磷　白色晶状粉末，含量为20%，常用浓度为0.05%，用于喷洒，对蚊、蝇、蜱、螨、虱、蚤等有良好的杀灭作用。休药期为28天。毒性小，安全性高。

（4）力高峰（拜耳）　用0.15%浓度溶液喷洒（猪体也可以），可杀灭吸血昆虫与体外寄生虫等。安全、广谱，效果好，使用方便。

（5）拜虫杀（拜耳）　原药液兑水50倍用于喷洒，可杀灭吸血昆虫与体外寄生虫等。安全、广谱，效果好，使用方便。

4. 物理方法灭虫

猪场也可使用电子灭蚊灯、捕捉拍打及胶粘等方法杀灭吸血昆虫，既经济又实用。

三、养猪场的灭鼠

（一）鼠类的危害性

1. 鼠类传播疫病，对人体和动物的健康造成严重的威胁

据有关研究报告，鼠类携带各种病原体，能传播伪狂犬病、口蹄疫、猪瘟、流行性腹泻、炭疽、猪肺疫、猪丹毒、结核病、布鲁氏菌病、李氏杆菌病、土拉杆菌病、沙门氏菌病、钩端螺旋体病及立克次氏体病等多种动物疫病及人畜共患病，对动物和人类的健康造成严重的威胁。

2. 鼠类常年吃掉大量的粮食

我国鼠的数量超过30亿只，每年吃掉的粮食为250万吨，超过我国每年进口粮食的总量，经济损失达100多亿元。猪舍和围墙的墙基、地面、门窗等方面都应力求坚固，发现有洞要及时堵塞。猪舍及周围地区要整洁，挖毁室外的巢穴，填埋、堵塞鼠洞，使老鼠失去栖身之处，破坏其生存环境，可达到驱杀目的。

（二）灭鼠方法

1. 利用各种工具以不同的方式扑杀鼠类

如关、夹、压、扣、套、翻（草堆）、堵（洞）、挖（洞）、灌（洞）等。

2. 药物灭鼠

（1）卫公灭鼠剂　每支10毫升，将药物溶于100毫升热水（40℃）中，充分混匀，再加入500克新鲜玉米粉反复搅拌，至药液吸干后即可使用。放置于鼠类出入处、洞口附近及墙角处，让鼠采食。

（2）敌鼠钠盐　取敌鼠钠盐5克，加沸水2升搅匀，再加10千克杂粮粉，浸泡至毒水全部吸收后，加适量的植物油拌匀，晾干后备用。

（3）杀鼠灵　取2.5%药物母粉1份、植物油2份、面粉97份，加适量水制成每粒1克的面丸，投放毒饵灭鼠。

（4）立克命（拜耳）　直接撒施，灭鼠彻底。

（5）0.005%鼠克命膏剂　每30厘米距离投放1包，不发霉，可长期使用。

（三）养猪场灭鼠注意事项

（1）选择高效敏感、对人和猪无毒副作用、对环境无污染、廉价、使用方便的灭鼠药物用于灭鼠。使用药物之前要熟悉药物的性质和作用特点，以及对人和动物的毒性和中毒的解救措施，以便发生事故时紧急处理。

（2）掌握好药物的安全有效的使用剂量和浓度，以及最佳的使用方法，以便充分发挥灭鼠药物的作用，避免造成人和动物发生中毒。

（3）药物灭鼠后要及时收集鼠尸，集中统一处理，防止猪只误食后发生二次中毒。

（4）用于灭鼠的药物要定期轮换使用，长期使用单一的灭鼠药物易使鼠产生耐药性，结果造成灭鼠失败。

（5）灭鼠药要从国家指定药店购买，不要从个人手中购药，以免购进伪、劣、假药，耽误灭鼠工作的开展。

第三节　规模猪场粪污的无害化处理

由于规模养殖带来的环境污染问题日益突出，已成为世界性公害，不少国家已采取立法措施，限制畜牧生产对环境的污染。为了从根本上治理畜牧业的污染问题，保证畜牧业的可持续发展，许多国家和地区在这方面已进行了大量的基础研究，取得了阶段性成果。

一、规模猪场粪尿对生态环境的污染

（一）猪场的排污量

一般情况下，1头育肥猪从出生到出栏，排粪量850～1050千克，排尿量1200～1300千克。一个万头猪场每年排放纯粪尿3万吨，再加上集约化生产的冲洗水，每年可排放粪尿及污水6万～7万吨。目前全国约有5000头以上的养猪场1500多家，根据这些规模化养殖场的年出栏量计算，其全年粪尿及污水总量超过1亿吨。全国仅有少数猪养殖场建造了能源环境工程，对粪污进行处理和综合利用。以对猪场粪水污染处理力度较大的北京、上海和深圳为例，采用工程措施处理的粪水只占各自排放量的5%左右。由于粪水污染问题没有得到有效解决，大部分的规模化养猪场周围臭气冲天、蚊蝇成群，地下水硝酸盐含量严重超标，少数地区猪传染病与寄生虫病流行，严重影响了养猪业的可持续发展。

（二）猪场排放物中的主要成分

猪粪污中含有大量的氮、磷、微生物和药物以及饲料添加剂的残留物，它们是污染土壤、水源的主要有害成分。1头育肥猪平均每天产生的废物为5.46升，1年排泄的总氮量达9.534千克，磷达6.5千克。一个万头猪场年可排放100～161吨的氮和20～33吨的磷，并且每克猪粪污中还含有83万个大肠杆菌、69万个肠球菌以及一定量的寄生虫卵等。大量有机物的排放使猪场污物中的BOD（生化需氧量）和COD（化学需氧量）值急剧上升。据报道，某些地区猪场的BOD高达1000～3000毫克/升，COD高达2000～3000毫克/升，严重超出国家规定的污水排放标准（BOD6～80毫克/升，COD150～200毫克/升）。此外，在生产中用于治疗和预防疾病的药物残留、为提高猪生长速度而使用的微量元素添加剂的超量部分也随猪粪尿排出体外；规模化猪场用于清洗消毒的化学消毒剂则直接进入污水。上述各种有害物质如果得不到有效处理，便会对土壤和水源构成严重的污染。

猪场所产生的有害气体主要有氨气、硫化氢、二氧化碳、酚、吲哚、粪臭素。甲烷和硫酸类等，也是对猪场自身环境和周围空气造成污染的主要成分。

（三）猪场排放物的主要危害

1. 土壤的营养富集

猪饲料中通常含有较高剂量的微量元素，经猪消化吸收后多余的随排泄物排出体外。猪粪便作为有机肥料抛撒到农田中去，长期下去，将导致磷、铜、锌及其他微量元素在环境中的富集，从而对农作物产生毒害作用，严重影响作物的生长发育，使作物减产。如以前流行在猪日粮中添加高剂量的铜和锌，可以提高猪的饲料利用率和促进猪的生长发育，此方法曾风靡一时，引起养殖户和饲料生产者的极大兴趣。然而，高剂量的铜和锌的添加会使猪的肌肉和肝脏中铜的积蓄量明显上升，更为严重的是还会显著增加排泄物中铜、锌含量，引起土壤的营养累积，造成环境污染。

2. 水体污染

在谷物饲料、谷物副产品和油饼中约有60%～75%的磷以植酸磷形式存在。由于猪体内缺乏有效利用磷的植酸酶以及对饲料中的蛋白质的利用率有限，导致饲料中大部分的氮和磷由粪尿排出体外。试验表明，猪饲料中氮的消化率为75%～80%，沉积率为20%～50%；对磷的消化率为20%～70%，沉积率为20%～60%。未经处理的粪尿，一部分氮挥发到大气中增加了大气中的氮含量，严重时构成酸雨，危害农作物；其余的大部分则被氧化成硝酸盐渗入地下或随地表水流入江河，造成更为广泛的污染，致使公共水系中的硝酸盐含量严重超标，河流严重污染。磷渗入地下或排入江河，可严重污染水质，造成江河池塘的藻类和浮游生物大量繁殖，产生多种有害物质，进一步危害环境。

3. 空气污染

由于集约化养猪高密度饲养，猪舍内潮湿，粪尿及呼出的二氧化碳等散发出恶臭，其臭味成分多达168种。这些有害气体不但对猪的生长发育造成危害，而且排放到大气中会危害人类的健康，加剧空气污染，甚至与地球温室效应都有密切关系。

二、解决猪场污染的主要途径

为了解决猪排泄物对环境的污染及恶臭问题，长期以来，世界各国科学家曾研究了许多处理技术和方法，如：粪便的干处理、堆肥处理、固液分离处理、饲料化处理、沸石吸附恶臭气等处理技术以及干燥法、热喷法和沼气法处理等，这些技术在治理猪粪尿污染方面虽然都有一定效果，但一般尚需要较高的投入。到目前为止，还没有一种单一处理方法就能达到人们所要求的理想效果。因此，必须通过多种措施，实行多层次、多环节的综合治理，按照标本兼治的原则，才能有效地控制和改善养猪生产的环境污染问题。

（一）按照可持续发展战略确定养殖规模与布局

1. 合理规划，科学选址

集约化规模化养猪场对环境污染的核心问题有两个：一个是猪粪尿的污染，另一个是空气的污染。合理规划，科学选址，是保证猪场安全生产和控制污染的重要条件。在规划上，猪场应当建在远离城市、工业区、游览区和人口密集区的远郊农业生产腹地。在选址上，猪场要远离村庄并与主要交通干道保持一定距离。有些国家明确规定，猪场应距居民区 2 千米以上；避开地下生活水源及主要河道；场址要保持一定的坡度，排水良好；距离农田、果园、菜地、林地或鱼池较近，便于粪污及时利用。

2. 根据周围农田对污水的消纳能力，确定养殖规模

发展畜牧业生产一定要符合客观实际，在考虑近期经济利益的同时，还要着眼于长远利益。要根据当地环境容量和载畜量，按可持续发展战略确定适宜的生产规模，切忌盲目追求规模，贪大求洋，造成先污染再治理的劳民伤财的被动局面。目前，猪场粪污直接用于农田，实现农业良性循环是一种符合我国国情的最为经济有效的途径。这就要求猪场的建设规模要与周围农田的粪污消纳能力相适应，按一般施肥量（每亩每茬 10 千克氮和磷）计算，一个万头猪场年排出的氮和磷，需至少 5000 亩、年种两茬作物的农田进行消纳，如果是种植牧草和蔬菜，多次刈割，消纳的粪污量可成倍增加。因此，牧场之间的距离，要按照消纳粪污的土地面积和种植的品种来确定和布局。此外，猪场粪水与养鱼生产结合，综合利用，也可收到良好效果。通过农牧结合、种养结合和牧渔结合，可以实现良性循环。

3. 增强环保意识，科学设计，减少污水的排放

在现代化猪场建设中，一定要把环保工作放在重要的位置，既要考虑先进的生产工艺，又要按照环保要求，建立粪污处理设施。国内外对于大中型猪场粪污处理的方法，基本上有两种：一是综合利用；二是污水达标排放。对于有种植业和养殖业的农场、村庄和广阔土地的单位，采用“综合利用”的方法是可行的，也是生物质能多层次利用、建设生态农业和保证农业可持续发展的好途径；否则，只有采用“污水达标排放”的方法、才能确保养猪业长期稳定的生存与发展。

规模化猪场一定要把污水处理系统纳入设计规划，在建场时一并实施，保证一定量的粪污存放能力，并且有防渗设施。在生产工艺上，既要采用世界上先进的饲养管理技术，又要根据国情，因地制宜，比如在我国，劳动力资源比较丰富，而水资源相对匮乏，在规模猪场建设上可按照粪水分离工艺进行设计，将猪粪便单独收集，不采用水冲式生产工艺，尽量减少冲洗用水，继而减少污水的排放总量。

规模化猪场的粪、尿、污水处理有多种不同的技术方案。

(1) 水冲粪法　即学习国外的方法，采用高压水枪、漏缝地板，在猪舍内将粪尿混合，排入污沟，进入集污池，然后，用固液分离机将猪粪残渣与液体污水分开，残渣运至专门的加工厂加工成肥料，污水通过厌氧发酵、好氧发酵处理。在猪舍设计上的特点是地面采用漏缝地板、深排水沟，外建有大容量的污水处理设备。这种方案在我国80年代、90年代特别是南方广州、深圳较为普遍，是我国学习国外集约化养猪经验的第一阶段；这种方案虽然可以节省人工劳力，但用水量大，排出的污水COD、BOD值较高，处理污水设备的日常维护费用大，污水处理池面积大，投资费用也相对较大。显然，此技术路线不适合目前的节水、节能的要求，特别对我国中部和北方地区养猪很不适合。

(2) 干清粪法　即采用人工清粪，在猪舍内先把粪和尿分开，用手推车把粪集中运至堆粪场，加工处理，猪舍地面不用漏缝地板，改用室内浅排污沟，减少冲洗地面用水。这种方案虽然增加了人工费用，但它克服了“水冲粪法”的缺点，猪场每天用水量可大大减少，一般可比“水冲粪法”减少2/3；排出污水的COD值只有前法的75%左右，BOD值只有前法的40%～50%，悬浮物只有前法的50%～70%，污水更容易处理。用本法生产的有机肥质量更高，有机肥的收入可以与支付清粪工人的工资相当；污水池的投资少，占地面积小，日常维持费用低。在猪舍设计上另一个重要之处是将污水道与雨水道分开，这样可大大减少污水量。雨水可直接排入河中。

对一个有600头母猪年产10000头肉猪的养猪场来说，干清粪法比水冲粪法平均每天可减少排污水量100吨左右，年减少污水36500吨，每吨水价以2.3元计，一年可节省8.4万元，每吨污水的处理成本约3元（污水设备投资100万元，15年折旧，每年运行费10万元，年污水量以547500吨计），可节省污水处理成本10.95万元。两项合计约20万元，是一项不少的收入。

(3) 采用“猪粪发酵处理”技术　近年来，一种模仿我国古代“填圈养猪”的“发酵养猪”技术正由日本的一些学者与商家传入我国南方一些地区试验。该法将切短的稻草、麦秆、木屑等和猪粪、特定的多种发酵菌混合搅拌，铺于地面，断奶仔猪或肉猪大群（40～80头/群）散养于上，同时在猪的饲料中加入0.1%的特定菌种。猪的粪尿在该填料上经发酵菌自然分解，无臭味，填料发酵，产生热量，地面温软，保护猪蹄。以后不断加填料，1～2年清理一次。所产生的填料是很好的肥料。只是在夏天，由于地面温度较高，猪不喜欢睡卧填料处，需另择他处睡卧，同时要喷水。这是一种正在研究的方法，如成功，可大大节省人工、投资和设备。

（二）减少猪场排污量的营养措施

畜牧业的污染主要来自于猪的粪、尿和臭气以及动物机体内有害物质的残留，究其根源来自于饲料。因此，近年来，国内外在生态饲料方面做了大量研究工作，以期最大限度地发挥猪的生产性能，并同时将畜牧业的污染减小到最低限度，实现畜牧业的可持续发展。令人欣慰的是，在这方面我国已取得了阶段性的成果。

1. 添加合成氨基酸，减少氮的排泄量

有试验证明，按“理想蛋白质”模式，以可消化氨基酸为基础，采用合成赖基酸、蛋氨酸、色氨酸和苏氨酸来保证氨基酸营养上的平衡，代替一定量的天然蛋白质，可使猪粪尿中氮的排出减少50%左右，猪饲料的利用率提高0.1%，养分的排泄量可下降3.3%。选择消化率高的日粮可减少营养物质排泄5%。猪日粮中的粗蛋白质含量每减少1%，氮和氨气的排泄量分别减少9%和8.6%，如果将日粮粗蛋白质含量由18%减少到15%，即可将氮的排泄量减少25%。欧洲饲料添加剂基金会指出，减少饲料中粗蛋白质含量而添加合成氨基酸可使氮的排出量减少20%～25%。除此之外，也可添加一定量的益生素，通过调节胃肠道内的微生物群落，促进有益菌的生长繁殖，对提高饲料的利用率作用明显，可减少氮的排泄量20%～25%。

2. 添加植酸酶，减少磷的排泄量

猪排出大量的磷主要因为植物来源的饲料中2/3的磷是以植酸磷和磷酸盐的形式存在的，由于猪体内缺乏能有效利用植酸磷的各种酶，因此，植酸磷在猪体内几乎完全不被吸收，所以必须添加大量的无机磷，以满足猪生长所需，未被消化利用的磷则通过粪尿排出体外，严重污染了环境。当饲料中添加植酸酶时，植酸磷可被水解为游离的正磷酸和肌醇，从而被吸收。

以有效磷为基础配制日粮或者选择有效磷含量高的原料，可以减少磷的排出，猪日粮中每减少0.05%的植酸磷，磷的排泄量可减少8%；通过添加植酸酶等酶制剂提高谷物和油料作物饼粕中植酸磷的利用效率，也可减少磷的排泄量。有试验表明，在猪日粮中使用200～1000单位的植酸酶可以减少磷的排出量25%～50%，这被看作是减少磷排泄量的最有效的方法。

3. 合理有效地使用饲料添加剂，减少微量元素污染

在猪的饲养标准中规定，每1千克饲粮中铜含量为4～6毫克，而在实际应用中为追求高增重，铜的含量高达150～200毫克，有的养猪场（户）以猪粪便颜色是否发黑来判定饲料好坏，而一些饲料生产厂家为迎合这种心态，也在饲料中添加高铜。试验表明，在每千克饲粮中添加150～200毫克铜对仔猪促进生长效果显著，对中猪仍有较好效果，而对大猪则没有明显效果。铜对猪生长前期的促生长作用是肯定的。但如果超量使用，却会对环境造成污染和给人畜安全带来严重后果，超剂量的铜很容易在猪肝、肾中富集，给人畜健康带来直接危害。仔猪和生长猪对铜的消化率分别只有18%～25%和10%～20%，可见，大量的铜会随粪便排出体外。因此，在猪饲粮中，除在生长前期适当增加铜的含量外，在生长后期按饲养标准添加铜即可保证猪的正常生长，以减少对环境的污染。

砷的污染也不容忽视，据张子仪研究员按照美国FAD允许使用的砷制剂用量测算，年产一个万头规模猪场连续使用含砷制剂的药物添加剂，如果不采取相应措施处理粪便，5～8年后可向猪场周围排放出近1000千克的砷。

4. 使用除臭剂，减少臭气和有害气的污染

排泄物的臭味与氮是密切相关联的，因为臭味化合物主要来自饲料中的粗蛋白质，所以解决臭味问题应从根本上控制其源头（即减少氮的排泄），这是解决臭气问题的重要手段之一。除臭剂的使用可以大大改善畜禽排泄物中的恶臭。目前所用除臭剂可分为三大类，即物理、化学和生物除臭剂。物理除臭剂主要指一些掩蔽剂、吸附剂和酸化剂。掩蔽剂常用较浓的芳香气味掩盖臭味。吸附剂可吸收臭味气体，常用的有活性炭、麸皮、米糠、沸石、稻壳等。酸化剂是通过改变粪便的pH达到抑制微生物的活动或中和一些臭气物质达到除臭的目的，常用的有甲酸、丙酸等。化学除臭剂可分为氧化剂和灭菌剂，常用氧化剂有氧化氢、高锰酸钾等。另外，臭氧也用于控制臭味。甲醛和多聚甲醛是灭菌剂。生物除臭剂主要指酶和活性制剂，其作用是通过生化过程除臭，如猪场使用EM制剂，可使其恶臭降低97.7%。

中美洲沙漠生长的丝兰属植物提取物可以有效地减少猪舍的氨气释放量，从而提高猪场周围环境空气质量。它的提取物中的两种活性成分，一种可与氨气结合，另一种可与硫化氢气体结合，因而能有效地控制臭味，同时也减轻了有害气体的污染。另据报道，在日粮中加活性炭、沙皂素等除臭剂，可明显减少粪中硫化氢等到臭气的产生，减少粪中氨气量40%～50%。因此，除臭剂是配制生态饲料必需的添加剂之一。

5. 加强饲养管理

全进全出的饲养方式、仔猪的早期隔离断奶、公母猪分群饲养、母猪分阶段饲养（阶段性饲养的概念即根据猪的生长阶段提供适宜营养组成的日粮）等新的饲养管理方法的应用，将缩短营养供应不足或供过于求的时间，对减少养猪业对环境污染具有重要意义。

6. 建立健全法律法规

养猪业对环境的负面影响已经日益为公众所关注。我国环保局于2001年颁布了《畜禽养殖业污染物排放标准》（GB 18596—2001）。同时，有关防制畜牧业污染的法规及标准也已出台。衡量水体有机物污染的指标一般为溶解氧（DO）、化学耗氧量（COD）、生物耗氧量（BOD）。我国规定，地面水化学耗氧量（COD_{Cr}）应不高于2～3毫克/升，五日生物耗氧量（BOD_5）不大于3～4毫克/升。加强对规模化畜禽养殖场的选址、污水排放、粪便处理的管理：新建规模化猪场需有建场许可证及粪便废弃物处置的申报等。最重要的是要加强已有法律、法规的执法力度及监督力度，保障其顺利实施。要从根本上减少养猪业生产对环境污染，除了制定和完善有关法规外，技术的进步应是解决问题的核心，应从源头上控制养猪业污染，同时为消费者提供既营养又安全的畜产品，而不是先污染后治理。

第四节 病死猪的无害化处理

根据规定，病死猪应该进行无害化处理。当前，绝大部分死猪都进行了无害化处理，但是，由于一些养殖场（户）法制意识不强、陋习难改，加之监管和无害化处理能力不足，导致向河道等地随意抛弃死猪情况仍有发生。

一、国内病死猪处理现状

目前对病死猪的处置，屠宰场一般设有焚尸炉、焚尸灶、蒸汽煮沸池及高压锅等设施，养殖场正常是采取深埋、焚烧等方法，同时也存在违法处置的现象：将病死猪用作动物饲料，饲喂水产动物、犬等，或是将病死猪随意抛于河道、田间，更有甚者进行违法买卖，不但危及人们的生命安全，也给猪病传播带来了极大的隐患。

（一）购销病死猪已成一条黑色利益链

私宰病死猪虽然存在一定的风险，但也存在高额的非法利润。一头成年病死猪的收购成本一般仅为300～500元，但经过屠宰，再用其他化学方法处理后，甚至能以略低于市场价的价格卖给终端的消费者，利润至少在3倍以上。对病死猪的处理一直存在着一条地下的黑色利益链条，这也是病死猪流入市场屡禁不止的原因。

（二）不少病死猪肉进入私宰场

国家实施生猪定点屠宰制度在某种程度上减少了病死猪肉的上市，但实际上，仍有不少地方存在着违法的小型私宰场。大部分的病死猪借助一些专门从事收购病死猪的猪中介流向了这些地方。

一些养殖户也对这些猪中介存在一定程度的“依赖性”。目前相关机构还没有建立一套有效的补偿方案，养殖户如果对养殖过程中出现的病死猪直接进行无公害处理，既要花费较大的精力，同时也得不到任何的经济补偿。

（三）加工厂：更高的暴利

除去这些猖獗的私宰场外，一些加工厂也是不少死猪肉的主要流动区域。以腊味、灌肠、火腿等为代表的传统美食，近几年也让不少消费者望而却步。仅在近几年，南方就有不少地区查处了以病死猪肉为原料制作腊肠的大型不法加工厂。

二、几种病死猪处理措施比较

（一）焚烧

焚烧是通过氧化燃烧，杀灭病原微生物，把动物尸体化为灰烬的过程。焚烧可采用的方法有：柴堆火化、焚烧炉和焚烧窖/坑等。

（1）优点　高温焚烧可消灭所有有害病原微生物。

（2）缺点

① 需消耗大量能源。据了解，采用焚烧炉处理 200 千克的病死动物，至少需要燃烧 8 升/小时的柴油。

② 占用场地大，选择地点较局限。应远离居民区、建筑物、易燃物品，上面不能有电线、电话线，地下不能有自来水、燃气管道，周围有足够的防火带，位于主导风向的下方，避开公共视野。

③ 焚烧产生大气污染，包括灰尘、一氧化碳、氮氧化物、酸性气体等，需要进行二次处理，增加处理成本。

（二）深埋

深埋是指将病死畜禽埋于挖好的坑内，利用土壤微生物将尸体腐化、降解。

（1）优点　成本投入少，仅需购置或租用挖掘机。

（2）缺点

① 占用场地大，选择地点较局限，应选远离居民区、建筑物等的偏远地段。

② 处理程序较繁杂，需耗费较多的人力进行挖坑、掩埋、场地检查。

③ 使用漂白粉、生石灰等进行消毒，灭菌效果不理想，存在暴发疫情的安全隐患。

④ 造成地表环境、地下水资源的污染问题。

（三）化尸池降解

将病死畜禽从池顶的投料口投入，投料后盖上盖子，病死畜禽在全封闭的腔内自然腐化、降解。

（1）优点　化尸池建造施工方便，建造成本低廉。

（2）缺点

① 占用场地大，化尸池填满病死畜禽后需要重新建造。

② 选择地点较局限，需耗费较大的人力进行搬运。

③ 灭菌效果不理想。

④ 造成地表环境、地下水资源的污染。

（四）化制

病死畜禽经过高温高压灭菌处理，实现油水分离，化制后可用于制作肥料、工业用油等。

（1）优点

① 处理后成品可再次利用，实现资源循环。

② 高温高压，可使油脂熔化和蛋白质凝固，杀灭病原体。

（2）缺点

① 设备投资成本高。

② 占用场地大，需单独设立车间或建场。

③ 化制产生废液污水，需进行二次处理。

（五）高温生物降解（现行最佳方法）

高温生物降解是利用微生物可降解有机质的能力，结合特定微生物耐高温的特点，将病死畜禽尸体及废弃物进行高温灭菌、生物降解成有机肥的技术。

（1）优点

① 处理后成品为富含氨基酸、微量元素等的高档有机肥，可用于农作物种植，实现资源循环。

② 设备占用场地小，选址灵活，可设于养殖场内。

③ 工艺简单，病死畜禽无需人工切割、分离，可整只投入设备中，加入适量微生物、辅料，启动运行即可。处理物、产物均在设备中完成，实现全自动化操作，仅需 24 小时，病死畜禽变成高档有机肥。

④ 处理过程无烟、无臭、无污水排放，符合绿色环保要求。

⑤ 95℃高温处理，可完全杀灭所有有害病原体。

（2）缺点　设备投资成本稍高，约 50 万元/台，散养户可能无法购置使用。建议以乡、镇为单位购置该设备，建立无害化集中处理场。

第四章　规模猪场的免疫

第一节　免疫程序的制定与实施

一、猪场制定免疫程序的原则

免疫是防疫的重要一环，免疫程序是否合理关系到免疫成败，从而影响生产成绩。猪场要制定科学的免疫程序，要遵循以下十大基本原则：

（一）目标原则

在制定免疫程序时，首先要明确接种疫苗要达到的目标。

1. 通过免疫母猪保护胎儿

如母猪接种细小病毒病和乙型脑炎疫苗是为了全程保护怀孕期胎儿，在母猪配种前4周接种为宜，后备猪到7.5～8月龄配种，在6月龄接种为宜。考虑到后备猪是首次免疫这两种疫苗，所以4周后需要再加强接种1次。如果接种过早，个别后备母猪9～10月龄才发情配种，由于抗体水平下降，导致怀孕中后期得不到抗体保护而发病，所以到了9月龄后才发情配种的后备母猪需加强接种1次。

2. 通过母源抗体保护仔猪

给母猪接种病毒性腹泻疫苗主要是为了通过母猪的母源抗体保护哺乳仔猪，所以流行性腹泻-传染性胃肠炎疫苗在产前跟胎免疫为好，同时为了获得高水平的母源抗体，一般间隔4周后再加强接种1次。有的猪场哺乳仔猪链球菌感染率较高，也可在母猪产前3～5周接种链球菌疫苗。

3. 同时保护母仔

伪狂犬病、猪瘟、蓝耳病、圆环病毒、口蹄疫等疫病，可以考虑种猪实行普免，普免的免疫密度比跟胎免疫要大，才能使母猪群各个阶段都有较高的抗体保护，如每年普免3～4次。如果某种疫病在哺乳仔猪发病率高，可以改为产前免疫；如果应用的疫苗安全性差、应激大，最好安排在产后空胎时接种或者考虑换安全性好的疫苗。用于普免的疫苗要求具有毒株毒力小、应激小、对怀孕胎儿安全的特性，毒株毒力较强的疫苗（如高致病性蓝耳病疫苗）进行普免就要十分谨慎。

4. 保护仔猪直到育肥猪上市

一般在仔猪的母源抗体合格率降到65%～70%时进行首免，如果1次免疫不能保护至育肥猪上市，一般间隔4周后加强免疫1次，如给仔猪首免猪瘟、伪狂犬病、蓝耳病、圆环病毒等疫苗，4周后需要加强免疫。

5. 保护未发病的同群猪

在猪群发病初期加大剂量紧急接种疫苗，通过快速产生免疫保护达到控制疫病目的。用于紧急接种的疫苗应具有毒株毒力小、产生免疫保护快、毒株同源性高的特性，如猪场发生猪瘟或伪狂犬病时通常采取疫苗紧急接种的办法，能使疫病得到很好的控制，但蓝耳病疫苗因其产生免疫保护迟缓、毒株毒力较高，一般不适宜用于紧急接种。

（二）地域性与个性相结合原则（毒株同源性原则）

根据猪场的实际情况，因地制宜，制定适合本场的免疫程序，不要照搬其他猪场免疫程序；需要通过病原和流行病学调查，确定本地区和本场流行的疾病类型，选择同源性高的毒株或交叉保护好的毒株疫苗进行免疫，如发生地方性猪丹毒可接种猪丹毒疫苗，有的地方发生A型口蹄疫，可选择A型口蹄疫疫苗。

（三）强制性原则

国家强制要求的口蹄疫、猪瘟、高致病性蓝耳病3种烈性传染病的疫苗必须进行免疫。因为这些疫病一旦暴发，不仅会对本场造成重大的损失，还会对邻近的其他养殖场和公共卫生造成极大影响。

（四）病毒性疫苗优先的原则

目前猪病比较复杂，需要防控的疫病种类很多，在制定免疫程序时，要考虑病毒疫苗优先免疫。我们可以根据引发疫病的微生物种类、原发病、危害严重性，对疫苗进行分类，依次接种。

1. 基础免疫

猪瘟、伪狂犬病、口蹄疫，这3个疫病关系到猪场生死存亡，所以放在最优先接种。

2. 关键免疫

蓝耳病和圆环病毒病会引起免疫抑制，从而导致继发或混合感染，甚至会影响其他疫苗的免疫效果，因此这两种疫苗的免疫很关键。

3. 重点免疫

为了保护胎儿，母猪配种前重点接种乙型脑炎和细小病毒病疫苗；为了保护初生仔猪，母猪产前重点接种病毒性腹泻疫苗；为了保护育肥猪，仔猪重点接种支原体疫苗。

4. 选择性免疫

如传染性萎缩性鼻炎、链球菌病、副猪嗜血杆菌病、猪丹毒、猪肺疫及大肠杆菌病等细菌病，这些疾病如果危害较小，可通过适当抗生素预防和环境控制解决，如果对猪场危害大，可考虑接种疫苗；如产床粗糙，常引起哺乳仔猪关节损伤导致链球菌病发生，母猪产前可免疫链球菌苗；如产房排污困难、湿度大，常发生黄白痢，母猪产前可免疫大肠杆菌苗。

（五）经济性原则

一些慢性消耗性疾病，如圆环病毒病、支原体肺炎和萎缩性鼻炎等疫病会导致生长慢，饲料转化率低，增加饲养成本，降低猪场收益。众多的试验表明，圆环病毒感染的猪场接种疫苗组与空白对照组相比，疫苗组能提高日增重46～128克，提早出栏7～22天，降低料重比0.13～0.34，降低死淘率3%～11%。在选择疫苗品牌时，主要依据疫苗接种试验的经济指标（如母猪年生产力、料重比、性价比）评估疫苗优劣。

（六）季节原则

蚊虫大量繁殖的夏季易发乙型脑炎，寒冷的冬春易发口蹄疫和病毒性腹泻。可在这些疫病多发月份来临前4周接种相应的疫苗，如北方3～4月份接种乙型脑炎；9～10月份接种口蹄疫和病毒性腹泻疫苗。同时因南方每年2～4月份雨水多、空气湿冷，是饲料易霉变的季节，所以每年1～2月份需要加强接种口蹄疫和病毒性腹泻疫苗。

（七）阶段性原则

根据本场猪的临床症状、病理变化、抗体转阳时间和抗原检测来分析本场的发病规律，在本病易感染阶段提前4周接种相关疫苗，或在野毒抗体转阳前4周接种相关疫苗。怀孕母猪易感染乙型脑炎和细小病毒病，导致流产或产死胎、木乃伊胎，母猪配种前接种这两种疫苗；蓝耳病常引起怀孕后期（90天后）出现流产、死胎，在怀孕60天接种比较适宜；初生仔猪易发生病毒性腹泻，造成大量死亡，母猪产前重点接种病毒性腹泻疫苗；断奶后7～8周龄的保育仔猪易发生圆环病毒病，哺乳仔猪3周龄接种圆环病毒病疫苗；育肥猪易发生支原体肺炎，仔猪重点接种支原体疫苗。

（八）避免干扰原则

1. 避免母源抗体干扰

在制定免疫程序时，过早注射疫苗，疫苗抗原会被母源抗体中和而导致免疫失败，过迟免疫又会出现免疫空当，因此需要对母源抗体进行检测，建议母源抗体合格率下降到65%～70%时进行首免。目前很多猪场母猪普免猪瘟疫苗3次/年，仔猪到3～4周龄时猪瘟母源抗体水平保护率达85%以上，如果这时接种猪瘟疫苗，就会因母源抗体干扰而导致保育猪6～8周龄抗体水平差而发病。目前很多猪场普免伪狂犬病疫苗3～4次/年，仔猪7～8周龄伪狂犬病母源抗体水平保护率高达85%以上，但很多猪场在仔猪7～8周龄接种伪狂犬病疫苗而导致免疫失败，这是伪狂犬病发病比较严重的一个主要原因。

2. 避免疫苗之间干扰

接种两种疫苗要间隔1周以上，除已批准的二联苗外（如蓝耳-猪瘟的二联苗），在接种蓝耳病弱毒疫苗后建议间隔2周以上才能接种其他疫苗。在安排季节性普免疫苗时，为避免蓝耳病疫苗对其他疫苗的干扰，可按照猪瘟—伪狂犬病—口蹄疫—乙型脑炎—圆环病毒—蓝耳病的顺序安排接种。

3. 避免疾病对疫苗的干扰

如果猪群或猪只处于发病阶段或亚健康状态，如猪群群体出现发热、腹泻等现象，需要先进行药物治疗，然后再免疫。特别强调的是在蓝耳病高毒血症期间或发病期间，尽可能避免接种其他疫苗，可以稍提前或推迟其他疫苗接种。

4. 避免药物干扰

接种活菌疫苗前后1周，禁止使用抗生素；接种活疫苗（病毒苗）前后1周，禁止使用抗病毒的药物，例如金刚烷胺、干扰素、抗血清、抗病毒的中草药等；接种疫苗前后1周，尽量避免使用免疫抑制类药物，例如氟苯尼考、磺胺类、氨基糖苷类、四环素、地塞米松等糖皮质激素。

5. 避免应激干扰

避免在去势、断奶、长途运输后、转群、换料、气候突变等应激状态下进行疫苗的接种，如不能在断奶时接种猪瘟疫苗。

（九）安全性原则

接种疫苗后，有的猪会出现减食、精神沉郁或体温升高（在1.0℃以内）现象，这些反应是正常的，多在1～3天消失。但是若遇到接种某些疫苗时会出现绝食、体温升高1.0℃以上、口吐白沫、倒地痉挛、过敏性休克甚至死亡或母猪流产等严重副反应，更严重的是注射后出现猪群暴发疫病，这就需要采取降低免疫副反应的措施：①初次使用某种疫苗时先小群试用；②选择适宜的免疫阶段，尽量避开母猪重胎期和怀孕初期接种，猪群发烧、腹泻时避免接种；③选择毒株毒力小的疫苗；④选择佐剂优良、应激小的疫苗；⑤有细菌混合感染发病不稳定的猪群先加抗生素稳定后再接种；⑥接种应激大的疫苗，如口蹄疫灭活苗和蓝耳病疫苗时，接种前后3天在饲料或饮水中添加电解多维抗应激；⑦尽可能避免紧急接种；⑧检查疫苗是否合格，不用过期变质、包装破损的疫苗；⑨辅导员工熟练接种操作，不能盲目过量注射。

（十）免疫监测原则

免疫是动态的过程，随着猪群健康的变化而变化，所以需要每季度或每批疫苗免疫后进行监测，定期调整免疫程序。免疫监测的目的：一是根据检测结果调整免疫程序；二是评估免疫效果。免疫监测的方法：①观察临床表现；②屠检检测；③生产成绩评估；④实验室检测（重点是实验室检测）。首先是免疫后4周左右抽血检测抗体水平，如果抗体水平不符合要求，要检查免疫失败原因，同时尽快补接疫苗；其次，免疫后16周、20周、24周抽血检测，评估免疫持续保护时间，从而决定免疫时间、免疫次数和免疫剂量。需特别强调的是，猪场应重视育肥猪中大猪阶段的检测，评估育肥猪免疫成败的重要指标是看免疫是否能保护猪群直至出栏。具体检测时间可采用双周检测。

根据制定免疫程序的十大原则，对照检查猪场免疫程序是否合理，科学制定免疫程序。免疫是一项系统工程，要使免疫发挥最佳还需要选择好优质的疫苗，确保疫苗运输与保管的冷链安全，并培训熟练的免疫操作人员等。同时，务必牢记饲养管理、环境控制、生物安全管理等一系防控措施是免疫的基础，只有综合管理才能较好地预防疫病，保护猪群健康，使效益最大化。

二、养猪场常用参考免疫程序

近几年来，一些地区猪病流行严重，常常造成猪只大量死亡，给养殖户造成很大损失，即使管理比较规范的规模猪场，同样也难逃厄运，因此，及时注射疫苗，成为保护猪群的关键措施。根据猪病流行规律，规模猪场可根据猪群来源特点，分别采用不同的免疫程序。

（一）从市场购进的仔猪群：8针全覆盖

很多猪场都是外购仔猪。外购仔猪需要充分了解有无疫情威胁，在保证外购仔猪安全的情况下，还要及时注射疫苗。近几年，很多猪场蓝耳病不断，气喘病（霉形体肺炎）、口蹄疫复发，因此，应重点预防气喘病、蓝耳病、口蹄疫等疫病。

购进第1天，注射百病康（免疫球蛋白）；购进第2天，注射疫毒清（转移因子）；购进第7天，注射猪气喘病疫苗；购进第14天，注射猪蓝耳病疫苗；购进第21天，注射猪伪狂犬病疫苗；购进第30天，注射猪口蹄疫疫苗；购进第42天，注射猪瘟-猪丹毒-猪肺疫三联苗；购进第58天，注射猪口蹄疫疫苗。

（二）自繁自养的仔猪群：10针加补铁

自繁自养并不一定保证猪群绝对安全，免疫保护需要从仔猪出生那天就开始做起。10针免疫程序不一定适合所有猪场，可根据猪场周边的流行病学特点，灵活使用，适当变通。

1日龄，注射百病康（免疫球蛋白）；3日龄，补铁配合补硒（缺硒地区）；5～7日龄，注射猪气喘病疫苗；15日龄，注射仔猪大肠埃希氏菌（大肠杆菌）三价灭活疫苗；20日龄，注射猪链球菌疫苗或猪伪狂犬病疫苗；25日龄，注射猪蓝耳病疫苗；30日龄，注射猪传染性胃肠炎-流行性腹泻二联疫苗；35日龄，注射猪瘟细胞苗＋疫毒清（转移因子）；42日龄，注射猪口蹄疫疫苗；60日龄，注射猪瘟-猪丹毒-猪肺疫三联苗；70日龄，注射猪口蹄疫疫苗。

（三）自繁自养的初产母猪：配前产前各4针

在自繁仔猪免疫程序的基础上，对自繁自养的初产母猪，可施行配前4针、产前4针的免疫程序。

配种前40天，注射蓝耳病疫苗；配种前30天，注射猪伪狂犬病疫苗；配种前20天，注射细小病毒病疫苗；配种前10天，注射猪瘟-猪丹毒-猪肺疫三联苗；产前40天，注射仔猪大肠杆菌三价灭活苗（K88-K99）；产前30天，注射猪传染性胃肠炎-流行性腹泻二联苗；产前20天，注射仔猪大肠杆菌三价灭活苗（K88-K99）。

（四）经产母猪：配前产前共7针

经产母猪，同样需要免疫接种，防疫重点同样是蓝耳病、伪狂犬病、猪瘟、大肠杆菌病等疫病。

配种前40天，注射流行性乙型脑炎疫苗；配种前30天，注射猪蓝耳病疫苗；配种前20天，注射猪伪狂犬病疫苗；配种前10天，注射猪瘟-猪丹毒-猪肺疫三联苗；产前40天，注射仔猪大肠杆菌三价灭活苗（K88-K99）；产前30天，注射猪传染性胃肠炎-流行性腹泻二联苗；产前20天，注射仔猪大肠杆菌三价灭活苗（K88-K99）。

（五）种公猪：重点对付6种病

种公猪的免疫也很重要，一般每年应免疫2次猪瘟、蓝耳病、圆环病毒病2型、口蹄疫、伪狂犬病，乙型脑炎也需要引起重视，一般在每年的4～6月份进行免疫。

（六）注意事项

（1）普通猪瘟细胞活疫苗预防量，小猪4头份，大猪10头份；高效猪瘟细胞活疫苗预防量，小猪1头份，大猪2头份。

（2）极少数猪接种疫苗后20～60分钟，可能出现急性过敏反应，如焦躁不安、呼吸加快、肌肉震颤、可视黏膜充血、呕吐等。建议及时使用肾上腺素或地塞米松等药物进行治疗；体温升高者，可使用青霉素、复方氨基比林配合维生素进行治疗。

（3）在免疫前后2天内，禁止饲喂抗病毒药物；在免疫前后1天内，禁止饲喂磺胺类药物、利福平、氟苯尼考等药物；在免疫前后12小时内，禁止饲喂抗生素药物。

（4）接种疫苗前，一定要检查本场猪群健康状况，如本场猪群处于亚健康状态或有发烧、呼吸道症状，一定要慎重接种。在接种疫苗前3天，使用黄芪多糖、电解多维饮水或拌料，可以达到抵抗应激反应和提高机体免疫力的作用。

(5) 仔猪断奶或阉割前后3天，尽量不接种疫苗，各阶段换料要逐渐过渡。

(6) 实践证明，仔猪在断奶前2天，肌注水剂百病康（猪免疫球蛋白），可明显降低由于断奶应激而诱发的顽固性腹泻、水样腹泻、圆环病毒病2型、蓝耳病、猪伪狂犬病、非典型猪瘟、猪流感、传染性胃肠炎等疾病的发生。

(7) 冬天注射疫苗时，注意采用水浴的方法给疫苗预热，使其温度达到与动物体温接近。

三、猪瘟的免疫防控

在所有的猪病中，猪瘟一直是世界范围内感染率和发病率最高的一种疾病。猪瘟是由病毒引起的急性热传染病，各种年龄猪均易发生，一年四季流行，传染性极强，具有很高的发病率和死亡率，严重威胁着养猪业发展。当前我国猪瘟发病状况具有多样性，猪瘟流行呈现典型猪瘟和非典型猪瘟共存、持续感染与隐性感染共存、免疫耐受与带毒综合征共存的特点，且发病日龄的范围明显拓宽。

猪瘟防疫方式也多种多样，按程序进行猪瘟弱毒活疫苗预防接种，加强养猪场生物安全防护措施等，最有效的控制方法是疫苗免疫。该疫苗从最初强毒结晶紫灭活疫苗到现在的猪瘟兔化弱毒冻干疫苗的防疫效果都非常理想，许多国家都已经依靠兔化弱毒疫苗消灭了该病，但是在我国防制效果还很难令人满意。

（一）常见猪瘟弱毒疫苗的品种

目前我国猪瘟疫苗主要有组织冻干疫苗和细胞冻干疫苗两大类，因为猪瘟只有一个血清型，只存在毒力的差别，所以选择猪瘟疫苗时应该注意的是该疫苗的抗原含量和是否有过敏反应，如果能保证以上这两点就可以放心使用。

1. 猪瘟组织冻干苗

(1) 脾淋组织冻干活疫苗　将猪瘟病毒兔化弱毒株耳静脉接种体重1.5～3千克健康家兔，选择出现定型热反应的免疫家兔，在无菌条件下采集兔淋巴组织和脾脏，匀浆后加入适宜稳定剂，经冷冻真空干燥制成冻干活疫苗。脾淋组织冻干活疫苗相对来说生产成本较高，但疫苗中含有大量未知免疫增强因子，免疫剂量小，抗原免疫原性好，免疫效果好，免疫过敏反应小，免疫后抗体产生快，持续时间长。

(2) 乳兔组织冻干活疫苗　将猪瘟病毒兔化弱毒株接种3～5日龄乳兔，采集乳兔肝脏、脾脏及肌肉组织，制成乳兔组织冻干活疫苗。相对于脾淋组织疫苗来说，乳兔组织疫苗产量较高、成本较低。该苗的特点是免疫原性较强，免疫效果较好，免疫后抗体产生较快，抗体滴度持续时间较长。

2. 猪瘟细胞冻干苗

（1）犊牛睾丸细胞冻干活疫苗将猪瘟病毒兔化弱毒株接种于犊牛睾丸细胞培养液，收获含毒细胞液，制成冻干活疫苗。牛病毒性腹泻（黏膜病）病毒（Bovine Viral Diarrhea Virus，BVDV）或口蹄疫病毒对该疫苗的生产有严重干扰反应。其优点是可大批量生产，生产过程容易监控，价格低廉，缺点是效价不稳定。

（2）猪瘟传代细胞苗　采用国际认证的同源传代 ST 细胞进行培养，具有批间差异极小、稳定性好、病毒培养液中病毒含量高、可大批量生产的特点，且生产过程容易监控，可有效避免 BVDV 病毒污染的威胁。

（二）猪瘟疫苗选择

猪瘟疫苗的生产厂家很多，疫苗生产渠道十分复杂，所以应选择生产设备、技术力量、生产工艺等相对较优的厂家。

RID（疫苗反应量）是衡量猪瘟疫苗病毒含量高低的一个重要指标。随着疫病防控难度的加大，每头份猪瘟细胞苗抗原含量国家标准已经升为 750RID，脾淋苗抗原含量国家标准为 150RID。实际生产中，大部分疫苗企业的内控标准均高于国家标准（大多数企业宣传其猪瘟疫苗抗原含量≥7500RID，部分高效苗抗原含量则高达 12000RID）。但 RID 并非越高越好，应根据临床情况选择适当疫苗进行免疫接种。

疫苗接种后应及时进行抗体检测，一定的抗体水平是保证防控猪瘟的基础，但过高的抗体水平可能与猪瘟野毒感染有关。抗体水平不佳时需考虑猪群日龄、免疫时机、检测时间、非猪瘟苗免疫干扰和临床表现等多种因素。

（三）猪瘟疫苗的使用方法

1. 乳兔组织冻干活疫苗的用法

该疫苗为肌内或皮下注射。使用时按瓶签注明头份，用无菌生理盐水按每头份 1 毫升稀释，大小猪均为 1 毫升。该疫苗禁止与菌苗同时注射。注射本苗后可能有少数猪在 1～2 天内发生反应，但 3 日后即可恢复正常。注苗后如出现过敏反应，应及时注射抗过敏药物，如肾上腺素等。该疫苗要在－15℃以下避光保存，有效期为 12 个月。该疫苗稀释后，应放在冷藏容器内，严禁结冰，如气温在 15℃以下，6 小时内要用完；如气温在 15～27℃，应在 3 小时内用完。注射的时间最好是进食后 2 小时或进食前。

2. 犊牛睾丸细胞冻干活疫苗的用法

该疫苗大小猪都可使用。按标签注明头份，每头份加入无菌生理盐水 1 毫升稀释后，大小猪均皮下或肌内注射 1 毫升。注射 4 天后即可产生免疫力，注射后免疫期可达 12 个月。该疫苗宜在－15℃以下保存，有效期为 18 个月。注射前应了解当地确无疫病流行。随用随稀释，稀释后的疫苗应放冷暗处，并限 2 小时内用完。断奶前仔猪可接种 4 头份疫苗，以防母源抗体干扰。

3. 淋脾组织冻干活疫苗的用法

该疫苗为肌内或皮下注射。使用时按瓶签注明头份，用无菌生理盐水按每头份 1 毫升稀释，大小猪均 1 毫升。该疫苗应在－15℃以下避光保存，有效期为 12 个月。疫苗稀释后，应放在冷藏容器内，严禁结冰。如气温在 15℃以下，6 小时内用完。如气温在 15～27℃，则应在 3 小时内用完。注射的时间最好是进食后 2 小时或进食前。

（四）猪瘟疫苗使用说明

（1）以上疫苗在没有猪瘟流行的地区，断奶后无母源抗体的仔猪，注射 1 次即可。

（2）在有疫情威胁时，仔猪可在 21～30 日龄和 65 日龄左右各注射 1 次。

（3）被注射疫苗的猪必须健康无病，如猪体质瘦弱，有病，体温升高或食欲不振等均不应注射。

（4）注射免疫用各种工具，须在用前消毒。每注射 1 头猪，必须更换一次煮沸消毒过的针头，严禁打“飞针”。

（5）注射部位应先剪毛，然后用碘酒消毒，再进行注射。

（6）以上疫苗如果在有猪瘟发生的地区使用，必须由兽医严格指导，注射后防疫人员应在 1 周内逐日观察。

第二节　猪的免疫接种操作

一、猪免疫接种的方法

（一）肌内注射法

1. 选择合适的针头

选择合适针头，严禁使用粗短针头（表 4-1）。

表 4-1　注射针头的选择

猪只体重/千克	针头型号	针头长度/厘米
≤10	6～9	1.2～2.0
10～25	9	2.5
25～50	12	3.0
50～100	12～16	3.5～3.8
≥100	16	3.8～4.5

油佐剂疫苗比较黏稠，选择的针头型号可大些；水佐剂疫苗选择的针头型号可小些；切忌用过粗的针头。小猪一针筒药液换一个针头；种猪一头猪换一个针头。

可选择针尖呈菱形针头，菱形针头锐利，阻力少，针尖斜面针头圆钝，阻力大。

2. 用固定针头抽取药液

使用非连续注射器抽取疫苗时，在疫苗瓶上固定一枚针头抽取药液，绝不能用已给猪注射过的针头抽取，以防污染整瓶疫苗。注射器内的疫苗不能回注疫苗瓶，避免整瓶疫苗污染；注射前要排空注射器内的空气。

3. 必要时要进行保定猪只

具体内容见本书第五章第六节。

4. 进针的部位、角度

一般选择颈部肌内注射（臂头肌）。进针的部位为双耳后贴覆盖的区域：成年猪在耳后 5～8 厘米，前肩 3 厘米双耳后贴覆盖的区域，这个区域脂肪层较薄，容易进针到肌肉内，药液容易吸收。垂直于体表皮肤进针直达肌肉。

进针部位和角度不当，常将药液注入脂肪层。如斜角向下进针，容易注射进脂肪层；注射点太高，药液被注射入脂肪层；注射部位太低，药液会进入脂肪或腮腺。药液注入脂肪层，容易造成局部肿胀、疼痛，甚至形成脓包。如打了“飞针”或注射部位流血，一定要在猪只另一侧补一针疫苗。

5. 按规定剂量进行接种

剂量太小则免疫效果差；剂量太大则成本过高，同时可能会产生副反应，尤其毒株毒力大的疫苗。注射过程中要定期检查和校准注射器刻度，以防调节螺旋滑动造成剂量不准确。注射过程中要观察连续注射器针筒内是否有气泡，发现针管内有气泡要及时排空，否则剂量不足。

一般两种疫苗不能混合注射使用，同时注射两种疫苗时，要分开在颈部两侧注射。

（二）皮下注射

猪布氏杆菌病活疫苗要皮下注射。皮下注射方法：在耳根后方，先将皮肤捏起，将再药液注射入皮下，即将药液注射到皮肤与肌肉之间的疏松组织中。

（三）交巢穴注射

病毒腹泻苗采用交巢穴（又称“后海穴”）注射较好，其部位在肛门上、尾根下的凹陷中，注射时将尾提起，针与直肠呈平行方向刺入，当针体进入到一定深度后，便可推注药物。3 日龄仔猪进针深度为 0.5 厘米，成年猪为 4 厘米。

（四）肺内注射接种

猪气喘病活疫苗采用肺内注射接种，将仔猪抱于胸前，在右侧肩胛骨后缘沿中轴线向后 2～3 肋间或倒数第 4～5 肋间，先消毒注射局部，取长度适宜的针头，垂直刺入胸腔，当感觉进针突然轻松时，说明针已入肺脏，即可进行注射。肺内注射必须一只小猪换一个针头。

（五）气雾喷鼻接种

常用于初生仔猪伪狂犬活疫苗接种，也用于支原体活疫苗接种。

1 头份伪狂犬疫苗稀释成 0.5 毫升，使用连续注射器，每个鼻孔喷雾 0.25 毫升，使用专用的喷鼻器，用一定力量推压注射器活塞，让疫苗喷射出呈雾状，气雾接触到较大面积的鼻黏膜，充分感染嗅球。

过去采用滴鼻方法，不仅疫苗接触到鼻黏膜面积有限，且仔猪常将疫苗喷出鼻腔，造成免疫失败。使用干粉消毒剂给初生仔猪进行消毒和干燥的猪场，用疫苗喷鼻后不能让消毒干粉吸入鼻孔内，否则易造成免疫失败。

二、免疫接种的准备工作

（一）制定科学的免疫程序

免疫接种前必须制定科学的免疫程序，从猪场实际生产出发，考虑本场常见疫病种类、发病特点、既往病史、当地疫病流行情况、受威胁程度，结合猪群种类、用途、年龄、各种疫病的抗体消长规律及疫苗性质等因素，制定适合本场实际需要的免疫程序。

免疫程序包括：接种猪类别，疫苗名称，免疫时间，接种剂量，免疫途径（皮下、肌内、口服、滴鼻、胸腔、穴位等），每种疫苗年接种次数，疫苗接种顺序，间隔时间等。免疫程序一经制定应严格按要求执行，并按照随抗体检测结果、疫病发展变化，不断进行调整。免疫程序切忌照搬照抄、一成不变和盲目频频改动。

（二）疫苗选择

一是选用疫苗应有针对性。不能见病就用疫苗，既浪费人力、物力，又增加猪只免疫系统负担，造成免疫麻痹。一般来讲，免疫效果不佳或可通过药物保健进行防控的普通细菌性疾病，皆可不用疫苗。免疫接种应将防控重点放在传播快、危害大、难控制的重大动物传染病上，如猪瘟、蓝耳病、伪狂犬病、口蹄疫、圆环病毒病、支原体肺炎等。

二是灭活苗、弱毒苗的选择。灭活苗与弱毒苗各有优缺点。如果本场尚无发生该病，只受周边疫情威胁，一般应选择安全性好、不会散毒的灭活疫苗；否则应选择免疫力强、保护持久的弱毒疫苗。弱毒疫苗有强毒、弱毒之分，原则上应先用弱毒，后用强毒。

三是毒（菌）株的血清型选择。有些传染性疾病的病原有多个血清型，如口蹄疫病毒（有7个不同血清型和60多个亚型）、猪链球菌（1～9型为致病性血清型）、副猪嗜血杆菌（有15个不同血清型）。各血清型之间的交叉免疫保护很低，如果使用疫苗毒（菌）株的血清型与引起疾病病原的血清型不同，则免疫效果不佳，可引起免疫失败。选择疫苗时，应选择当地流行的血清型，在无法确定流行病原血清型的情况时，应选用多价苗。

（三）疫苗的采购、运输和保存

疫苗应在当地动物防疫部门指定的具有“兽药经营许可证”的兽药店购买，所购疫苗必须具备农业部核发的生物制品批准文号或“进口兽药注册证书”的兽药产品批准文号。选择性能稳定、价格适中、易操作、有一定知名度的厂家生产，不要一味追求新、贵、包装精美的及进口的疫苗。疫苗在整个流通环节中要完善冷链系统建设，冻干苗应在－15℃条件下运输、保存，禁止反复冻融；灭活苗应在2～8℃条件下运输、保存，防止冻结。同时，避免光照和剧烈震动，减少人为因素造成的疫苗失效和效价降低。

（四）针头、注射器具的准备

针头的选择可参考表4-1，按体重进行选择。也可以按下列方法选择：哺乳仔猪（0～25日龄）使用9×12（外径为0.9毫米、长度为12毫米）规格针头，保育猪（25～70日龄）使用12×25针头，育肥猪（71日龄至出栏）使用12×38针头，种猪免疫使用16×38针头。要求针孔无堵塞，针尖锋利无倒钩。注射器宜用10～20毫升规格，刻度要清晰，不滑杆，不漏液。洗净后高压煮沸消毒20分钟，晾干备用。

（五）猪群健康状况检查

疫苗注入猪体后需经一系列的复杂反应，方能产生免疫应答。因此，接种前猪群的健康状态尤为重要，接种猪只必须健康，无疫病潜伏，对患病、体弱和营养不良猪只只能日后补免。猪群在断奶、去势、运输、捕捉、采血、换料或天气突变等应激诱因下，不利于抗体产生，不宜实施免疫注射。接种疫苗前10天，饲料中不能添加任何抗菌药或抗病毒药物，可添加营养保健剂、黄芪多糖和电解多维，以增强猪只体质，减少应激，提高猪群的免疫应答能力。

（六）小范围试用

中途更换不同厂家的疫苗及新增设的疫苗，应选择一定数量的猪只先小范围试用，观察3～5天，确定无严重不良反应后，方可进行大面积推广免疫接种。

三、免疫接种操作

（一）疫苗准备

统计接种猪只数量，取出对应疫苗量。详细阅读疫苗使用说明书，仔细检查疫苗名称、包装、批号、生产日期、有效期。严禁使用破损、瓶塞松动、油乳剂破乳、失真空、变质疫苗。

（二）等温操作

为防止温差引起的疫苗效价降低和猪只不适，冷藏疫苗应在室温环境下放置一段时间，待恢复至常温后才能稀释（活疫苗）或直接注射（灭活疫苗）。当环境温度超过20℃时，应将疫苗放入保温箱内，并放入冰块，保证免疫操作期间的全程温度控制。

（三）疫苗稀释

活疫苗应现用现稀释，一定要用厂家提供的专用稀释液等量稀释，在配制后 1 小时内为最佳注射时间，最长不能超过 3 小时；灭活苗开封后限当日使用，未用完疫苗应废弃。

第三节　免疫监测与免疫失败

一、免疫接种后的观察

（一）过敏反应

疫苗对猪只机体来说属于一种异物，个别猪只会出现不良反应。因此，免疫接种后应仔细观察猪只精神、食欲、饮水、体温、大小便等。发现异常，及时处理。

对接种疫苗 4～8 小时后出现不安、流鼻水和口水、呼吸加快、低烧、食欲减退等轻度过敏反应的猪，不必使用抗过敏药，一般经 1～2 天即可自行恢复；症状比较明显的猪，可使用地塞米松或樟脑注射液注射。

对接种疫苗后 5 分钟到 1 小时出现发抖、发绀、口吐泡沫、呕吐、呼吸困难、倒地痉挛、休克等严重过敏反应者，应立即肌内或静脉注射肾上腺素注射液进行紧急抢救，每 50 千克体重注射 1 毫升，20～30 分钟后再次注射。

接种后，因副反应而使用抗生素或抗病毒药治疗的猪只，应隔离或作好记号，待康复后 2 周重新注射一次。

（二）防止散毒

免疫接种工作结束后，一切器械与用具都要严格消毒，剩余活苗、疫苗瓶等应集中进行无公害消毒处理，可以用有效消毒水浸泡、高温蒸煮、焚烧或深埋，用过的器具、针头要及时消毒，以免散毒污染猪场与环境，造成隐患。

（三）免疫接种登记

每次免疫接种后，应认真填写免疫记录，完善的免疫记录包括：疫苗名称、性质、免疫日期、舍别、栏别、猪只年龄、免疫头数、剂量、疫苗生产厂家、有效期、批号、接种人员等。完整详尽的规范性记录，可防止猪群免疫接种中可能出现的漏免和重复免疫，有利于猪群免疫接种后的抗体检测和生产管理软件的数据录入工作。

（四）加强饲养管理，禁用免疫抑制性药物

免疫接种后应加强猪群的饲养管理，饲喂营养均衡、无毒、无霉变的优质饲料，减少各种应激，增强猪只体质，提高猪群抗病力和免疫应答能力，以利抗体的产生。免疫接种后10天内要避免使用影响免疫应答的药物和免疫抑制剂，如氟苯尼考、喹乙醇、磺胺类药、氨基糖苷类、四环素类及地塞米松等糖皮质激素。如果免疫期间猪只发病，应尽量避免采用上述药物治疗，如必须使用则待病猪康复后10天补免。

二、免疫监测

根据免疫档案记录，21天后应对被免猪只按照一定比例采样抽血，进行血清学抗体检测，根据群体免疫合格率和抗体整齐度，评估疫苗接种效果。对免疫抗体不达标者要及时补免，补免后仍不合格者应及时淘汰，以消除疫病隐患。同时抗体检测也可作为评价疫苗质量好坏和修正、完善免疫程序的重要依据。

三、猪群免疫失败的原因

（一）猪体自身因素

1. 营养状况

动物的营养状况是影响免疫应答的重要因素，当猪的体质虚弱、营养不良、缺乏维生素及氨基酸时，机体的免疫功能就会下降，影响抗体的产生，例如维生素A的缺乏会导致动物淋巴器官萎缩，影响淋巴细胞的增殖与分化、受体表达与活化，导致体内的T淋巴细胞、NK细胞（自然杀伤细胞）数量减少，吞噬细胞的吞噬能力和B淋巴细胞产生抗体的能力降低，因而营养状况是不可忽视的。

2. 母源抗体

母源抗体虽然能使仔猪具有抵抗某些疾病的能力，但严重干扰疫苗接种后机体免疫应答的产生。如果免疫时母源抗体水平过高，就会中和疫苗抗原，使机体不能产生足量的主动免疫抗体，造成免疫失败。另外，由于来自不同母体的个体之间或

同一母体不同个体之间的母源抗体水平存在差异，免疫后抗体水平参差不齐，影响免疫保护效果。

3. 野毒早期感染或强毒株感染

猪体接种疫苗后需要一定时间才能产生免疫力，而这段时间恰恰是一个潜在的危险期，一旦有野毒入侵或感染强毒，就导致发病，造成免疫失败。

（二）应激因素

动物机体的免疫功能在一定程度上受到神经、体液和内分泌的调节，在环境过冷过热、湿度过大、通风不良、拥挤、饲料突变、长途运输、转群、疾病等应激因素影响下，机体肾上腺皮质激素分泌增加，严重损伤T淋巴细胞，对巨噬细胞也有抑制作用，使机体免疫细胞大量减少，导致机体免疫功能降低，不能正常产生相应的免疫反应。因此，在猪应激敏感期接种疫苗，容易导致免疫失败。

（三）免疫抑制性因素

1. 免疫抑制性疾病

猪的免疫抑制性疾病（如圆环病毒感染、蓝耳病等）可以破坏机体的免疫细胞，引起免疫细胞的大量减少，使疫苗免疫后机体不能产生足量的抗体和细胞因子。有试验发现，圆环病毒感染可以在一定程度上抑制机体对猪瘟、伪狂犬病、高致病性猪蓝耳病和口蹄疫等疫苗的体液免疫应答，造成这些疫苗的免疫失败。有研究发现，猪蓝耳病感染产生的免疫抑制，可以恶化慢性传染性疾病，并使猪对其他疾病如猪瘟等疫苗的免疫应答降低，造成免疫失败。

2. 免疫抑制性药物

庆大霉素、四环素、强力霉素抑制淋巴细胞的趋化性，磺胺甲基异噁唑、强力霉素、头孢菌素抑制淋巴细胞转化，利福平抑制抗体产生等，这些药物均会影响免疫效果。另外，糖皮质激素类药物如地塞米松、泼尼松、可的松等具有抑制免疫的作用，性激素如睾丸激素、雄激素等对免疫应答有抑制作用，抗病毒药物如干扰素等能够干扰和抑制疫苗病毒的复制，如果在免疫期间使用这些药物会显著降低疫苗的免疫效果。

3. 霉菌毒素

目前，霉菌毒素在饲料中普遍存在，不仅导致畜禽生长受阻、繁殖机能下降、组织坏死，致癌以及基因突变，还引起动物机体严重的免疫抑制。在所有霉菌毒素中，黄曲霉毒素（AF）高强度抑制动物免疫系统，Keblys 等指出，即使是低剂量的 AF 也可以抑制猪的生长，改变猪的体液和细胞免疫。Vlata 等通过玉米赤霉烯酮（ZEA）对外周血液单核细胞影响的研究发现，高浓度的 ZEA（30 微克/毫升）能够抑制 T 淋巴细胞、B 淋巴细胞的增殖。

（四）疫苗因素

1. 抗原含量不足

抗原含量是影响疫苗免疫效果的首要因素，抗原含量越高，刺激机体产生的抗体数量越多，抗体产生越快，免疫效果越好，免疫保护时间越长，同时，受母源抗体的干扰越小。有的厂家为节省生产成本，或生产工艺落后，生产的疫苗抗原含量不足，接种后就不能刺激机体产生足够的抗体，使免疫保护不确实，造成免疫失败。

2. 外源病毒的污染

近年来，猪瘟疫苗受牛病毒性腹泻病毒（BVDV）污染的现象日益严重。猪感染 BVDV 不表现牛病毒性腹泻的临床症状而呈亚临床感染，其症状和病理变化类似温和型猪瘟，并可产生猪瘟病毒的交叉中和抗体，这给常规的血清学诊断带来一定困难。同时猪感染 BVDV 产生的抗 BVDV 抗体对猪瘟病毒有一定的抑制作用，因此猪瘟疫苗污染 BVDV 后对猪瘟疫苗的免疫有干扰作用，会降低猪瘟疫苗的免疫效果。

3. 疫苗毒株与当地流行毒株血清型不完全相同

许多病原有多个血清型或亚型，如口蹄疫病毒、链球菌和副猪嗜血杆菌等，有的各型之间没有明显的交叉保护力，因此，免疫疫苗的血清型必须与当地流行的血清型一致。如 O 型口蹄疫疫苗必须免疫流行 O 型口蹄疫的猪群，如果免疫流行亚洲 I 型口蹄疫的猪群就不会起到明显的免疫保护作用。

4. 不同疫苗之间的相互干扰

将两种或两种以上有干扰作用的活疫苗同时接种，会降低机体对某种疫苗的免疫应答反应，如猪繁殖与呼吸综合征疫苗与猪瘟疫苗同时接种，产生的抗体水平会低于两种疫苗单独注射。干扰的原因可能有两方面：一是两种病毒疫苗感染的受体相似或相同，产生竞争作用；二是一种病毒疫苗感染细胞后产生干扰素，影响另一种病毒疫苗的复制。

5. 疫苗的保存运输不当

疫苗的保存运输不当，会造成疫苗失效和效价降低。

（五）免疫程序和操作因素

1. 免疫程序不合理

免疫程序需要根据当地疫病流行情况和本场实际合理制定，不能一味照搬别的猪场的免疫程序。抗体的产生具有一定的规律性，免疫时间过早，容易受到母源抗体的干扰，过晚则出现免疫空白期。免疫次数过少，不能刺激机体产生足量和持久的抗体；免疫次数过多，间隔时间过短，会造成抗体被疫苗抗原中和，降低抗体水平，严重者会造成免疫麻痹，不能产生抗体。另外，免疫病种过多，会加重动物机体免疫系统的负担，降低疫苗的免疫效果。

2. 接种剂量不准确

在免疫接种时，有的操作人员担心疫苗抗原含量不足，随意加大接种剂量（常见于接种猪瘟疫苗），造成免疫麻痹，导致机体免疫应答能力降低，抗体水平反而上不去；有的为节约成本（常见于接种进口疫苗），减少疫苗的接种剂量，造成抗原接种量不足，抗体水平达不到免疫保护的要求。

3. 接种方法不当

每种疫苗都有其最佳的接种途径，以达到最好的免疫效果。滴鼻免疫时疫苗未进入鼻腔就被仔猪甩出；肌内注射免疫时，部位不正确，出现打“飞针”现象，疫苗没有注射到肌肉层而注射到皮下脂肪层；需要后海穴注射的疫苗，为省事进行肌内注射；注射器针头过粗，注入的疫苗从注射孔流出；不按说明书要求用规定的稀释液稀释疫苗或疫苗稀释后存放时间过长等，均会造成免疫失败，影响免疫效果。

四、避免免疫失败的措施

（一）加强饲养管理，提高猪群健康水平

健康的猪群免疫后能产生坚强的免疫力，而体质虚弱、营养不良、患有慢性疾病或处于应激状态的猪群产生免疫应答的能力都较差。因此，应加强猪群的饲养管理，保持合理的饲养密度，做好防寒保暖，加强通风透光，控制圈舍湿度，加强消毒并保持圈舍清洁卫生，为猪群创造一个良好的舒适环境。猪只体质虚弱、处于发病状态时暂时不接种疫苗，及时供给营养全面、易于消化吸收的饲料，夏季可在饲料或饮水中添加电解质多维。

（二）减少应激，合理选用免疫增强剂

天气闷热、阴雨、异常寒冷时不给猪接种疫苗，夏季免疫可安排在早上或傍晚

天气凉爽时进行；猪群处于长途运输、更换饲料、转群期间暂不接种疫苗，待适应一段时间后再进行免疫接种；遇到不可避免的应激时，可于接种前后1周内在饮水中添加电解质多维、维生素C等抗应激药物和黄芪多糖等免疫增强剂，以减少猪应激反应的发生，增强疫苗的免疫效果。

（三）消除免疫抑制性因素的影响

做好圆环病毒病等免疫抑制性疾病的免疫接种工作。对于圆环病毒病的预防可在仔猪10～14日龄1次接种圆健2毫升/头，圆环病毒感染严重的猪场也可在仔猪10日龄接种圆健0.5～1毫升/头，间隔半个月后再接种1毫升/头。免疫前后1周内严禁在饲料、饮水中添加磺胺类、氟苯尼考、卡那霉素及注射地塞米松和激素类等免疫抑制性药物，严禁使用干扰素、刀豆素等影响疫苗病毒复制的药物。加强饲料品质的监测工作，严禁饲喂发霉变质的饲料。

（四）及时做好抗体检测，制定合理的免疫程序

监测仔猪群的母源抗体水平可以科学确定首免日龄，监测免疫抗体水平可以把握其消长规律，合理确定加免时间。根据本场疾病流行情况，合理选择疫苗种类，对于非必须免疫的细菌性疫苗可通过加强饲养管理、定期投用保健药物进行预防，以减轻机体的免疫负担。病毒性活疫苗尽量不同时注射，避免活疫苗之间的相互干扰影响免疫效果，一般可间隔5～7天免疫。

（五）选择品质优良的疫苗

抗原含量高低和是否有外源物质污染是影响疫苗品质的重要因素。抗原含量高，就能够刺激机体产生足够的抗体，缩短疫苗病毒在体内的复制时间，抗体产生快，免疫保护及时，同时还可以减少母源抗体的干扰和因保存运输过程中抗原损失造成的免疫失败。纯净、无外源物质污染的疫苗可以有效避免外源病毒对疫苗病毒的干扰作用，降低疫苗的免疫副反应。因此，在选择疫苗时一定要选择正规厂家生产的抗原含量高、无外源物质污染的高效价疫苗。

（六）完善疫苗保存、运输条件

目前，国内大多数厂家生产的冻干活疫苗要在－15～－20℃冷冻条件下保存，少数厂家生产的冻干活疫苗和进口冻干活疫苗可在2～8℃冷藏条件下保存；灭活疫苗要在2～8℃冷藏条件下保存，严禁贴壁，严禁冷冻保存，对于冻结、分层、

破乳的灭活苗要禁止使用。疫苗长途运输要使用冷藏运输车运输，短途运输可使用专用疫苗保温箱或泡沫箱加冰块冷藏运输，运输时间不可过长，严防因运输过程中冰块融化降低疫苗的使用效果。疫苗稀释后尽快用完，避免在室温下长时间放置造成疫苗失效。夏季一般在2小时内用完，冬季一般在6小时内用完。

（七）免疫操作规范

严格按照免疫规范操作，免疫注射时认真细致，尽量减少“飞针”和“空漏”情况，疫苗注射到所要求的皮下或肌肉等相应部位，发现漏免猪只及时进行补免。疫苗接种工作结束后，应立即用含有消毒液的水洗手消毒，剩余药液与疫苗瓶焚烧处理，接触过活疫苗的器具进行煮沸消毒处理，不可随处扔放，以防散毒。

第五章 猪病的诊断方法与治疗技术

第一节 猪病的临床诊断方法

基本临床检查方法包括下述六种：问诊或流行病学调查、视诊、触诊、叩诊、听诊及嗅诊。后五种又称物理学检查法。

一、视诊

医生直接或间接（借助光学器械）观察患病畜禽（群）的状况与病变，即为视诊。视诊方法简便，应用广泛，获得的材料又比较客观，是临床检查的主要方法，也是临床诊断的第一步。主要内容有：

（1）观察患病畜禽的体格、发育、营养、精神状态、体位、姿势、运动及行为等。

（2）观察体表、被毛、黏膜、眼结膜（图 5-1）等，看有无创伤、溃疡、疱疹、肿物以及它们的部位、大小、特点等。

（3）观察与外界直通的体腔，如口腔、鼻、阴道、肛门等，注意分泌物、排泄物的量与性质。

（4）注意某些生理活动的改变，如采食、咀嚼、吞咽、排尿、排便动作变化等。

除了门诊对患病动物的视诊外，从目前集约化养殖的生产实践出发，从预防为主出发，兽医人员应定期深入到畜禽厩舍进行整体观察，对整批动物上述指标进行客观了解，以及时发现异常现象，及时做出判断，进而采取行之有效的措施，保证

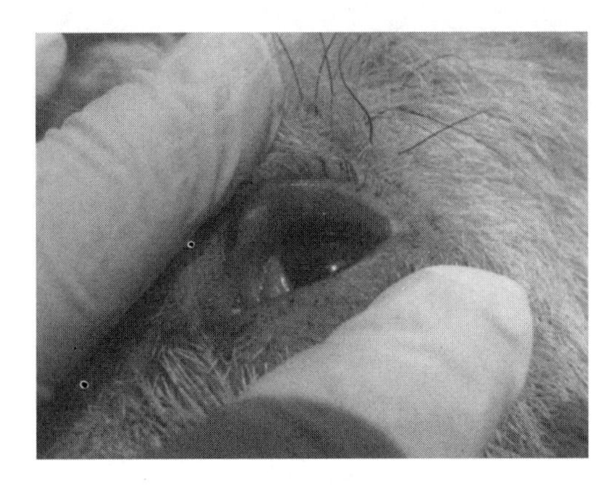

图 5-1　眼结膜检查

畜禽群体的健康，减少损失。

二、问诊

问诊就是听取畜主或饲养人员对患病畜禽（群）的发病情况及经过的介绍。问诊的内容包括以下三个方面：

（一）现病历

即本次发病的基本情况，包括发病时间、地点、发病后的临床表现、疾病的变化过程、可能的致病因素等。如怀疑是传染病时，要了解动物来源、免疫接种效果等。

（二）既往史

即患病畜禽（群）过去的发病情况。是否过去患过病，如果患过，与本次的情况是否一致或相似，是否进行过有关传染病的检疫或监测。对既往史的了解对传染性疾病、地方性疾病有重要意义。

（三）饲养管理情况

了解畜禽饲养管理、生产性能，对营养代谢性疾病、中毒性疾病以及一些季节性疾病的诊断有重要价值。如对于集约化养殖来说，饲料是否全价，营养是否平衡，直接影响其生产性能的发挥，及是否易发生营养代谢病。饲料品质不良，贮存条件不好，又可导致饲料霉变，引起中毒。卫生环境条件不好，夏天通风不良，室内温度过高、易引起中暑；冬季保温条件差，轻则耗费饲料，生产能力不能充分发挥，重则易引起关节疾病、运动障碍。

在问诊（流行病学调查）的基础上，结合对发病猪主要症状的分析判断，作出初步诊断。

1. 发病动物

临床上引起猪关节肿胀和跛行的传染病在各种年龄都发生，并且多为细菌病。如链球菌病、布鲁氏菌病、猪肺疫、猪丹毒、衣原体病、副猪嗜血杆菌病等。

2. 年龄特征

猪腹泻时粪便的颜色有黄、白、红、黑等，但根据猪年龄的不同，可以得出初步诊断。如仔猪黄痢多发生于7日龄内，特别是1～3日龄内，3日龄内排红色粪便则为仔猪红痢；乳猪腹泻为仔猪白痢；断乳后腹泻并伴有热症等多为仔猪副伤寒；猪痢疾多发于7～12周龄猪，而乳猪一般不发病。

3. 季节特征

夏季会通过影响传播媒介和病原体的活力从而使某些疾病表现明显的季节性，如夏秋季节蚊虫多，蚊虫是传播乙型脑炎病毒的媒介，所以夏秋季是乙型脑炎多发季节；冬季和初春气温低，冠状病毒在低温下生存能力强，因此冬季易发生流行。

4. 胎次特征

发生繁殖障碍的母猪，发病的胎次对疾病诊断也有一定的参考价值，如猪细小病毒感染发生于初产母猪，而经产母猪不发病；饲料霉菌毒素引起的繁殖障碍以经产母猪发生更严重。

5. 流行过程

许多猪病的流行过程有其特征性。如猪传染性胃肠炎、猪流行性腹泻通常发病后1周左右即可康复。典型的猪流感传播很快，但恢复也快，常在5～7天内康复。

三、触诊

用检者的手或工具（包括手指、手背、拳头及胃管）进行检查的一种方法，主要用于：

（一）检查体表状态

如皮肤的温度、湿度（不同部位的比较）、皮肤及皮下组织（脂肪、肌肉）的弹性以及浅在淋巴结的位置、大小、敏感性等。体表局部病变（如气肿、水肿、肿物、疝等）的大小、位置、性质等。

给猪测体温（图5-2）是兽医临床上最常用的基本操作方法之一。通常测量猪的肛门直肠内温度，具体操作方法是在兽用体温计的远端系一条长约10～15厘米的细绳，在细绳的另一端系一个小铁夹以便固定。测体温时，先将体温计的水银柱稍用力甩至35℃刻度线以下，在体温计上涂少许润滑油，然后一手抓住猪尾，另一手持体温计稍微偏向背侧方向插入肛门内，用小铁夹夹住尾根上方的毛固定。2～3分钟后取出体温计，用酒精棉球将其擦净，右手持体温计的远端呈水平方向与眼睛齐平，使有刻度的一侧正对眼睛，稍微转动体温计，读出体温计的水银柱所达到的刻度即为所测得的体温。

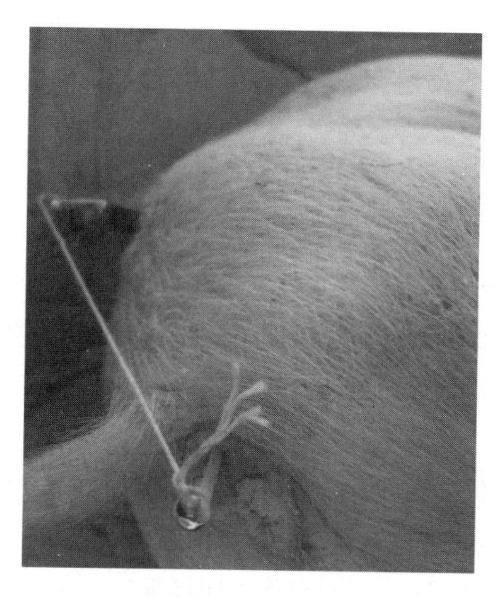

图5-2 猪的体温测量

（二）通过体表检查内脏器官

胸部可触诊胸腔的状态，如有无胸腔积液、胸膜炎。心区可触心搏动变化。腹部触诊包括：小动物可在两侧腹部用两手感觉腹腔内容物，胃肠等的性状；反刍动物可触瘤胃内容物的状态（如鼓气、积液、积食等），也可触网胃的敏感性（网胃炎）等，以及腹腔内是否有腹水、腹膜是否有炎症等。

（三）直肠触诊

通过直肠触诊可更为直接地了解腹腔有关内脏器官的性质。除胃肠以外，还可了解脾、肝、肾、膀胱、卵巢、子宫等的状态。不但有重要的诊断价值，而且同时有重要的治疗意义。

触诊作为一种刺激，可刺激判断被触部位及深层的敏感性，也可作为神经系统的感觉、反射功能的检查方法。触诊方法的选择，以检查目的而定。检查体温、湿度时，以手背检查为佳，并应在不同部位比较。检查体表、皮下肿物，则应以手指进行，感知其是否有波动（提示液体存在，如脓肿、血肿、液体外渗等）、弹性及捻发感（提示有气体）或面团感，有无指压痕（提示有水肿）。检查大动物腹腔，如牛的瘤胃，则可用拳头冲击（如有振水音，提示腹腔、内脏有大量积液）。

四、叩诊

叩诊是用手指或叩诊锤对体表某一部位进行叩击，借以产生振动并发出音响，然后根据音响特征判断被检器官、组织物理状态的一种方法。

（一）叩诊方法

叩诊方法有两种：一种为直接叩诊法，即用手指或叩诊锤直接叩击体表某一部位；另一种为间接叩诊法，即在被叩体表部位上，先放一振动能力强的附加物（叩诊板），然后再对叩诊板进行叩诊。间接叩诊的目的在于利用叩诊板的作用，使叩击产生的声音响亮、清晰、易于听取，同时使振动向深部传导，这样有利于深部组织状态的判断。

间接叩诊临床上常用的有两种方法：其一是指叩诊法，即以一手的中指（或食指）代替叩诊板放在被叩部位（其他手指不能与体表接触），以另一手的中指（或食指）在第一关节处呈90°屈曲，对着作为叩诊板的指头的第二指节，垂直轻轻叩击。这种方法因振动幅度小，距离近，适合中小动物如犬、猫、猪、羊等；其二是锤板叩击法，即叩诊锤为一金属制品，在锤的顶端嵌一硬度适中弹性适合的橡胶头，叩诊板为金属、骨质、角质或塑料制片，叩击时将叩诊板紧密放在被检部位，用手固定，另一手持叩诊锤，用腕关节作轴而上下摆动，垂直叩击，一般每一部位连叩2～3次，以分辨声音。

（二）叩诊音

根据被扣组织的弹性与含气量以及距体表的距离，叩诊音有以下几种。清音：叩诊健康动物肺中部产生的音响。浊音：音调低、短浊，如叩击臂部肌肉时的音响，胸部出现胸腔积液、肺实变时，可出现浊音。鼓音：腔体器官大量充气时，叩击产生的音响，如瘤胃臌气、马属动物盲肠臌气以及肺气肿时。在两种音响之间，可出现过渡性音响，如清音与浊音之间有半浊音，清音与鼓音之间有过清音等。

（三）叩诊适应范围

主要用于检查浅在体腔（如头窦、胸、腹腔），含气器官（如肺、胃肠）的物理状态，同时也可检查含气组织与实体组织的关系，判断有气器官的位置变化。

五、听诊

听诊是利用听觉直接或间接（听诊器）听取机体器官在生理或病理过程中产生的音响。

（一）听诊方法

临床上可分为直接听诊与间接听诊。直接听诊主要用于听取患病畜禽的呻吟、喘息、咳嗽、嗳气、咀嚼以及特殊情况下的肠鸣音等，直接将耳朵贴于动物体表某一部位进行听诊，目前已被间接听诊取代。间接听诊主要是借助听诊器对器官活动产生的音响进行听诊的一种方法。间接听诊主要用于心音、呼吸道的呼吸音、消化道的胃肠蠕动音的听诊。

（二）听诊时的注意事项

（1）要在安静环境下进行，如室外杂音太大时，应在室内进行。

（2）被毛摩擦是常见的干扰因素，故听头要与体表贴紧，此外也要避免听诊器的胶管与手臂、衣服、被毛的摩擦。

（3）听诊要反复实践，只有对有关器官的正常声音掌握好后，才能辨别病理声音。

六、嗅诊

用鼻嗅闻患病畜禽的呼出气体、口腔气味、分泌物及排泄物的特殊气味。如呼出气体恶臭，提示肺坏疽。

第二节 猪病诊断中常见的症状

一、发热

正常情况下，猪体温恒定在一定的生理变动范围内（38.0～39.50℃）。早晨低、午后高。影响体温变动的有年龄、生理状态、外界温度、运动等。每一种动物幼龄时，体温均要高出1℃左右，如断奶前后的仔猪，体温可达到39.3～40.8℃，母畜妊娠后期体温也适当升高，外界温度变化也较为明显影响体温的变化。此外，还应注意个体差异，有的生理体温在一天中变化较大，有的则变化较小，如有的个体在正常时体温在生理参考值的下限小幅度波动，当温度达到生理参考值的上限时，实际已在发热，这时如机械地按上述参考值判断，就会出现误诊。

在病理情况下，主要是体温升高，少数情况可出现体温降低。体温升高可根据其程度分为微热（体温升高1℃，可见于局部炎症，轻病）、中热（体温升高2℃，主要见于消化道、呼吸道的一般性炎症以及亚急性传染病等）、高热（体温升高3℃，主要见于大面积炎症、急性传染病等）以及超高热（体温升高3℃以上，主要见于重度急性传染病，如急性猪丹毒、传染性胸膜肺炎、脓毒败血症，以及日射病等）。应该指出，不同的个体，在发病时，体温的升高可能表现出明显的特殊性。因此不应该机械理解，应综合其他症状进行分析。

临床上具有诊断意义的热型主要有：

① 稽留型　体温日差在1℃以内且发烧持续时间在3天以上者。

② 间歇型　有热期与无热期交替出现者。

③ 弛张型　体温日差超过1℃且不降到常温者。

这些都对诊断有一定的帮助。但有时由于治疗的干预，可使热型不典型，在判断时应全面考虑。

病理情况下的体温低下，主要见于重度营养不良、贫血、某些脑病等。如体温低的同时伴有发绀、四肢末梢厥冷、心跳快弱乃至出现昏迷，则预后不良。

二、腹泻与呕吐

（一）腹泻

排便次数增加、粪便含水量增加称为腹泻。腹泻是多种动物常见的一种症状，其实质是大肠吸收减少的结果。引起腹泻的原因与机理主要有以下几种：

1. 渗透性腹泻

进入消化道的难溶性物质（如硫酸镁）可引起容积性腹泻，幼猪乳糖吸收不良亦可引起腹泻。

2. 运动性腹泻

消化道受到寒冷、药物的刺激可使肠蠕动加快，吸收减少，导致腹泻。

3. 分泌性腹泻

肠黏膜受刺激，引起大肠分泌，超过吸收能力时，可出现腹泻，见于各种肠炎，这一类腹泻除分泌增加外，还有肠蠕动加快的因素。

4. 吸收性腹泻

当肠炎发生肠黏膜萎缩或肥厚时，吸收面积减少。这类属于长期慢性腹泻。

临床上可将腹泻分为两种：一种是急性腹泻；另一种是慢性腹泻。诊断时应注意病史、泻出物性状、伴随症状等，如有无食变质饲料、服药史；腹泻是水粪齐下，还是混有黏液、呈粥状或含有血样成分；伴随症状注意有无里急后重（屡取排粪动作，每次仅有少量粪便排出，是直肠发炎的特征）、排粪失禁（不取排粪姿势，粪便自动流出，表示肛门括约肌松弛）。

腹泻是一种保护性反应，特别是炎性腹泻、进入有害物质引起的腹泻，在这些情况下，不但不能止泻，而且应清肠以促进有害物质尽快排出。当然对于腹泻过程中造成的水、电解质以及酸碱平衡方面问题，应及时纠正。对于慢性长期腹泻，则要治疗原发病，否则易导致动物消瘦。

有腹泻症状的猪病鉴别诊断情况见表5-1。

表5-1　有腹泻症状的猪病鉴别诊断

病名	病原	流行特点	主要临床症状	特征病理变化	实验室诊断	防制
猪瘟	猪瘟病毒	不分品种、年龄、性别，无季节性，病死率高，流行广、流行期长，易继发或混合感染	体温40～41℃，先便秘，粪便呈算盘珠样，带血和黏液，后腹泻，后腿交叉步，后躯摇摆，颈部、腹下、四肢内侧发绀，皮肤出血，公猪包皮积尿，眼部有黏脓性眼眵，个别有神经症状	皮肤、黏膜、浆膜广泛出血，雀斑肾，脾梗死，回、盲肠扣状肿，淋巴结周边出血，黑紫，切面大理石状；孕猪流产，产死胎、木乃伊胎等	分离病毒，测定抗体，接种家兔	无法治疗，主要依靠疫苗预防和紧急接种
传染性胃肠炎（TGE）	冠状病毒	各种年龄猪均可发病，10日龄内仔猪发病死亡率高，大猪很少死亡。常见于寒冷季节。传播迅速，发病率高	突发，先吐后泻，稀粪黄浊、污绿或灰白色，带有凝乳块，脱水，消瘦，大猪多于1周左右康复	脱水消瘦，肠绒毛萎缩，肠壁菲薄，肠腔扩张，有积液	分离病毒，接种易感猪	对症治疗，疫苗免疫
流行性腹泻	冠状病毒	与TEG相似，但病死率低，传播速度较慢	与TEG相似，亦有呕吐、腹泻、脱水症状，主要是水泻	与TEG相似	分离病毒，检测抗原	对症治疗，疫苗免疫
轮状病毒病	轮状病毒	仔猪多发，寒冷季节，发病率高，死亡率低	与TEG相似，但较轻缓。多为黄白色或暗灰色水样稀粪	与传染性胃肠炎相似，但较轻	分离病毒，检测抗原	对症治疗，疫苗免疫

续表

病名	病原	流行特点	主要临床症状	特征病理变化	实验室诊断	防制
仔猪白痢	大肠杆菌	10～30日龄多见地方流行，病死率低，与环境特别是温度有关	排白色糊状稀粪，腥臭，可反复发作，发育迟滞，易继发其他病	小肠卡他性炎症，结肠充满糊状内容物	分离细菌	抗菌药预防、治疗，母猪免疫
仔猪黄痢	大肠杆菌	3日龄以内仔猪常发，发病率和病死率均较高	发病突然，拉黄色或黄白色水样粪便，带乳片、气泡，腥臭，不食，脱水，消瘦，昏迷而死	脱水，皮下及黏浆膜水肿；小肠有黄色液体、气体，淋巴结有出血点，肠壁变薄，胃底出血溃疡	分离细菌	抗菌药预防、治疗，母猪免疫
仔猪红痢	魏氏梭菌	3日龄内多见，由母猪乳头感染，消化道传播，病死率高	血痢，带有米黄色或灰白色坏死组织碎片，消瘦、脱水，药物治疗无效，约1周死亡	小肠严重出血坏死，内容物红色，有气泡	分离细菌，接种动物	治疗无效，疫苗免疫
副伤寒	沙门氏菌	2～4月龄多发，地方流行性，与饲养、环境、气候等有关，流行期长，发病率高	体温41℃以上，腹痛腹泻，耳根、胸前、腹下发绀，慢性者皮肤有痂状湿疹	败血症，肝坏死性结节，脾肿大；大肠糠麸样坏死	分离细菌，涂片镜检	抗菌药防治，疫苗免疫
猪痢疾	螺旋体	2～4月龄多发，传播慢，流行期长，发病率高，病死率低	体温正常，病初可略高，粪便混有多量黏液及血液，常呈胶冻状	大肠出血性、纤维素性、坏死性肠炎	镜检细菌，测定抗体	痢菌净和磺胺有效
增生性肠病	胞内劳森菌	5周龄至6月龄多发	急性型水样出血性腹泻（葡萄酒色），体弱，共济失调。慢性型腹泻粪便从糊状至稀薄	回肠炎和/或结肠炎，黏膜增厚，有时发生坏死或溃烂。急性型病例，回肠和/或结肠形成血栓，屠体苍白	粪便或肠道黏膜PCR菌检，组织病理学检查	支原净、痢菌净、泰乐菌素等有效，疫苗免疫

（二）呕吐

胃内容物不自主地经口或鼻反排出来，称呕吐。各种动物的呕吐中枢敏感性不同，故呕吐程度不同：肉食兽易呕吐，杂食动物次之（如猪），草食动物不易呕吐。

引起呕吐的原因按作用机理分为两类：其一是中枢性呕吐，主要是有害物质通过血液直接作用于延脑呕吐中枢，如脑膜炎、某些传染病、内中毒及某些药物中毒；另一类是末梢性（反射性）呕吐，能引起反射性呕吐的情况很多，如软腭、舌根、咽受到刺激，过食、炎症及寄生虫等，肠梗阻、腹膜炎、子宫的炎症也可引起呕吐。

猪呕吐时，伸颈低头，借膈肌与腹肌收缩，将胃内容物呕吐出。猪食后一次大量呕吐，以后不再出现，多是过食表现；食后频频呕吐，多是胃炎导致；如呕吐物混有胆汁，多是十二指肠阻塞导致。

呕吐与腹泻一样，本身是一种病理性保护反应，目的在于排出对胃肠有害或多余的成分。虽然不可避免地要损失体液电解质，但总体上对机体是有益的。若反复呕吐，就应查明原因加以纠正。

三、呼吸困难

对于未断奶仔猪，其呼吸困难一般是由于贫血或者肺炎引起，特别是与繁殖和呼吸综合征有关。伪狂犬病和弓形虫病也能引起呼吸困难的症状。猪繁殖和呼吸综合征可引起初生仔猪和哺乳仔猪呼吸困难、不规则腹式呼吸、张口呼吸、不愿活动和仔猪衰竭综合征。仔猪的呼吸症状比较常见于猪群最初感染繁殖和呼吸综合征时，但也可见于一些慢性感染的猪群中的疾病复发。贫血能引起未断奶仔猪用力呼吸。缺铁性贫血是个逐渐发展的过程，仔猪在 1.5～2 周龄时症状比较明显，随后症状加重。

细菌性肺炎较少见于仔猪，一旦感染，早在 3 日龄便可出现症状。咳嗽是肺炎的一个突出症状，但是贫血时则不咳嗽。贫血的猪比患肺炎的猪显得苍白。剖检时，贫血猪的心脏扩张，有大量心包液，脾脏肿大，肺水肿，但是没有其他的肺部病理变化。仔猪细菌性肺炎可由放线杆菌、巴氏杆菌、波氏杆菌或链球菌感染引起。在这些病原的鉴别上，小猪与大猪的方法相同。支气管败血性波氏杆菌引起的小猪的支气管肺炎，主要是在肺脏的尖叶和心叶有斑状病灶，有时也见于肺脏的背面。

由伪狂犬病、弓形虫病、猪瘟和非洲猪瘟引起的呼吸症状通常是继发于全身性或神经症状的。

大部分断奶猪和架子猪的呼吸道疾病是由寄生虫、细菌或者病毒侵害肺部引起的。母猪的呼吸道问题常常是由于贫血或者导致体温大幅度升高的原因等引起的。如果涉及传染性病原，则大多是病毒引起的，有些情况除外，如在有细菌感染（尤其是胸膜肺炎放线杆菌）的猪场，引进未接触过这些细菌的猪时也会发生呼吸道症状。

常见猪呼吸系统疾病的鉴别诊断要点见表 5-2。

表 5-2　常见猪呼吸系统疾病的鉴别诊断要点

病原类型	病名	流行特点	临床症状及病理变化
细菌及支原体	猪传染性胸膜肺炎	6 周龄至 6 月龄猪多发，以 3 月龄最易感；发病率和死亡率在 50%左右；具有季节性，多发生于 4～5 月和 9～10 月	呼吸困难，张口呼吸，皮肤和黏膜出现青紫色，口鼻排出血色泡沫；病变局限于呼吸系统；肺炎多为两侧性，肺呈现紫红色，切面似肝，间质内充满胶冻样液体，肺表面附有纤维素凝块；有的肺与胸膜粘连
	猪支原体肺炎	主要以慢性经过为主；哺乳仔猪和断奶仔猪易感性高	呼吸困难，呈腹式呼吸，常咳嗽，但体温与食欲无变化；肺部呈现胰样或“虾肉”样变，两侧病变对称
	副猪嗜血杆菌病	主要为 2～4 月龄的青年猪；病死率可达 50%	发热，咳嗽，呼吸困难，共济失调；关节肿胀，跛行；全身性浆膜炎，即浆液性纤维素胸膜炎、心包炎、腹膜炎、脑膜炎等
	猪传染性萎缩性鼻炎	常见于 2～5 月龄猪，传播速度较慢，多为散发性或地方流行性	呼吸困难，鼻部发炎；喷嚏频繁；面部变形；鼻甲骨萎缩
病毒	猪流感	突然发病，传播迅速，发病率几乎高达 100%，病死率低；冬季流行；发热，体温升高至 40～42℃	急性支气管炎；肌肉关节痛；呼吸急促，腹式呼吸，阵发性咳嗽；眼鼻流出黏性分泌物
	猪巨细胞病毒感染	1～3 周龄仔猪最易感，主要经鼻腔感染	发热，食欲不振，精神沉郁，打喷嚏和流眼泪
	蓝耳病（PRRS）	妊娠猪和 1 月龄内的仔猪最易感，经空气传播和病猪接触传播，病毒持续性感染是本病的一个特征	体温升高，部分猪出现喷嚏、咳嗽、呼吸困难，妊娠母猪感染后流产或产死胎；间质性肺炎或卡他性肺炎
	猪伪狂犬病	各年龄猪均易感，不同年龄猪感染发病情况有差异，多发生于寒冷季节，经消化道、呼吸道、损伤的皮肤等传播	发热，呼吸困难，腹式呼吸，有神经症状，怀孕母猪流产；鼻腔卡他性或出血性炎症，上呼吸道内有大量泡沫样液体，脑膜充血、出血
	猪圆环病毒（PCV-2）感染	6～12 周龄猪最易感，无明显季节性，主要经消化道、呼吸道感染	精神欠佳，食欲不振，体温略偏高，下痢，呼吸困难等；多灶性黏液脓性支气管炎，淋巴结肿大，肝硬变，肺脏衰竭或萎缩
寄生虫	肺线虫病	多发于 6～12 月龄猪，夏秋季节多发，主要经口感染	强有力阵咳，呼吸困难，特别是在运动、采食和冷空气刺激时更加剧烈；肺叶实变，充血，水肿
	蛔虫病	2～6 月龄仔猪易感，无季节性，主要经口感染	咳嗽，发育不良，生长受阻；肺泡出血水肿
	弓形体感染	各年龄猪均易感，5～10 月多发，感染方式多样	发热，咳嗽，流清涕，呼吸困难，皮肤发紫；各内脏器官水肿，网状内皮增生

四、神经症状

引起神经系统变化的原因很多，除神经系统本身外，内、外源性中毒、营养代谢性疾病、某些传染病、寄生虫病等均可导致神经系统机能改变。但兽医临床上对神经系统的直接检查是很困难的，只能通过神经系统的多种机能状态来判断其发病原因和发病部位。不过对于神经系统本身的原发病，即使诊断清楚，由于动物的经济价值因素，临床治疗意义也不大。对于其他疾病引起神经系统机能障碍时，准确的诊断有助于原发病的诊治。

神经系统机能障碍的症状可分为四类：

（1）刺激症状　即神经组织受到刺激引起的兴奋过度。

（2）释放性症状　即高级神经组织受损后，正常时受其制约的低级中枢出现机能亢进。

（3）缺失性症状　即病变组织功能减退或丧失。

（4）断联休克症状　即中枢神经系统局部发生急性严重损害时，密切联系的远隔部位神经功能短暂丧失。

神经系统症状除意识丧失外，还表现为：

（1）运动机能　如强迫运动、共济失调、痉挛和瘫痪。

（2）感觉机能　分为浅感觉（皮肤痛觉、温觉等）和深感觉（肌、腱、关节等）两种。

（3）反射机能　一般反射减弱见于脑水肿、濒死期；反射亢进见于中毒性疾病，一些代谢疾病及脑脊髓炎等。

有神经症状猪病的鉴别诊断情况见表5-3。

表5-3　有神经症状猪病的鉴别诊断

病因	发病年龄	发病率	死亡率	临床症状	剖检	诊断
猪伪狂犬病	所有年龄，小猪严重	整群感染	高	肌痉挛，共济失调，昏迷，咳嗽，便秘，呕吐，流涎，母猪流产	少见肉眼病变，肺水肿，肝白色小坏死灶	病毒分离、检测抗体
猪水肿病	20～30千克重的猪	15%左右	高	突然死亡，不平衡，步态摇摆，共济失调，麻痹，划动，震颤	腹部皮肤红，皮下和胃水肿	症状、流行病学、细菌分离
捷申病	任何年龄	整群感染	高	发热，厌食，共济失调，抽搐，麻痹，角弓反张和昏迷	无肉眼可见病变	病毒分离、荧光抗体
猪脑心肌炎	20周龄以内仔猪发病率高	整群发生	仔猪高	震颤，蹒跚，麻痹，呕吐，呼吸困难，沉郁	心肌灰白色坏死区，肝肿大，腹水	病理检查、病毒分离
先天性震颤	初生仔猪	整群发生，头胎发生	高	不同程度的震颤，病初时严重	无肉眼变化	组织学检查

续表

病因	发病年龄	发病率	死亡率	临床症状	剖检	诊断
猪狂犬病	大于2月龄	散发	高	兴奋,鼻扭动,虚弱,空嚼,流涎,全身性阵发性痉挛	无肉眼变化	组织学检查、荧光抗体
猪血凝性脑脊髓炎	3周龄内	新引进猪群散发	高	发热,嗜眠,呕吐,便秘,中枢神经症状,犬坐姿势	血管周围有管套、细胞增生	组织学检查、病毒分离
链球菌病	哺乳猪多发	散发	高	体温高,前躯虚弱,步态僵直,伸展运动不平衡,划动,角弓反张	脑和脑膜充血,炎症变化	细菌分离
李氏杆菌病	任何年龄,年轻猪严重	散发	高	发热,震颤,不平衡,前腿僵直,后腿拖拉,应激性高	脑膜炎,局灶性肝坏死	细菌分离
副猪嗜血杆菌病	5～8日龄多见	10%～50%	中等	发热,肌肉震颤,后腿不稳,卧倒划动	纤维素性脑膜炎,心包炎,胸膜炎	细菌分离
低血糖症	未断奶仔猪,2～3日龄	散发	高	共济失调,侧卧,搐弱,前腿划动,喘,心率缓,体温下降	胃无内容物,无体脂,肌肉淡棕红色	血糖低
有机磷中毒	任何年龄	不等	仔猪高	共济失调,后躯不全麻痹,鹅步,失眠,麻痹	无肉眼变化,有时见肺水肿	有机磷使用史、化验含量
食盐中毒	任何年龄	整圈发生	高	失明,肌肉无力,迟钝,厌食,呕吐,腹泻,角弓反张等	胃炎,肠炎,便秘	脑组织学检查
破伤风	任何年龄	散发	高	步态僵硬,耳尾直立,侧卧,角弓反张,肌肉僵硬,强直性腿痉挛	无肉眼变化	有损伤病史、细菌分离
脑脊髓损伤	任何年龄	散发	低	局灶性神经功能缺乏	脑、脊髓局灶性损伤	剖检变化
维生素A缺乏	任何年龄	散发	不定	头歪斜,不平衡,步态僵硬,肌痉挛,夜盲,麻痹	全身性水肿,眼过小,畸形	病史、治疗效果
钙、磷缺乏	任何年龄	散发	不定	步态僵硬,感觉过敏,后肢麻痹	软骨肿大,骨质疏松	血液化验
中毒(无机砷、亚硝酸盐、汞、呋喃类毒物等)	任何年龄	散发	高	抽搐,肌震颤,昏迷,呕吐,腹泻,无力,衰弱	不定,胃肠病变明显	病史、毒素化验

五、母猪繁殖障碍

繁殖障碍以早产、流产、产死胎或木乃伊胎、久配不孕、受胎率低等为主要特点。猪流产的原因很难诊断，经常不能确诊。通常，引起死产或流产的病原在有临床表现时就已经不存在于体内了。但是，有些特征性的临床症状是有助于诊断的，至少可以帮助确定可能涉及的病原的大体类别。有两大类型的病因：一类是引起原发性生殖道感染，并可造成30%～40%的流产、木乃伊胎和死产；第二类造成其余的60%～70%的流产，包括毒素、母猪的环境性或营养性应激和全身性疾病等。

通常当死胎发生时，同窝中的胎儿年龄不同，最小的胎儿在发生流产前的某个时间就已经死亡。病毒感染是造成木乃伊胎的主要原因，但是其他病因也可以造成木乃伊胎。当一窝内仅有一头或几头死产，这很可能是由于产仔事故，如一窝中仔猪太多、生产次序靠后、生产时间延长或者缺氧。当一窝中既有死产又有木乃伊胎，这很可能是与传染性病原有关。

母猪繁殖障碍的鉴别诊断见表5-4。

表5-4　母猪繁殖障碍的鉴别诊断

病名	病原	流行情况	临床症状	尸检病变	特殊诊断
猪乙型脑炎	乙型脑炎病毒	能感染人及多种动物。蚊为传播媒介，故夏秋季发病。本病散发流行，多隐性感染。4～6月龄猪较易感染	妊娠母猪主要表现为流产、大小不等死胎、畸胎及木乃伊胎，亦可产出弱仔。流产后不影响下次配种。公猪单侧睾丸肿胀、发热及萎缩，性欲减退，有的幼猪可呈现全身症状	母猪子宫内膜炎，黏膜充血、出血、水肿及糜烂。胎儿脑皮下及腹腔水肿。肝、脾、肾坏死灶及脑非化脓性炎症	流产或早产胎儿血液及脑组织分离病毒
猪细小病毒病	猪细小病毒	不同品种、年龄、性别猪均能感染。常见于4～10月份流行，多初产母猪发病。病毒抵抗力强，容易长期连续传播	猪只感染后均无明显症状。主要表现为妊娠母猪的流产，死产，产木乃伊胎、弱仔及不孕等。个别母猪有体温升高、关节肿大及后躯运动不灵	母猪轻度子宫内膜炎、胎盘部分钙化。胎儿水肿、软化吸收或脱水呈木乃伊化。脑非化脓性炎症	70日龄以下胎儿组织悬液做血细胞凝集反应
伪狂犬病	伪狂犬病病毒	10～30日龄仔猪多发。各窝仔猪发病率，同窝仔猪发病先后均不一致。发病与环境及饲养管理因素有密切关系	排灰白、腥臭、浆状粪便。体温与食欲无明显改变。病程1周左右，多数能康复	贫血、消瘦。小肠扩张充气及黄白酸臭稀粪。实质器官无明显病变	根据流行情况及临床症状即可诊断
猪呼吸与繁殖障碍综合征	PRRS病毒	妊娠母猪及1月龄内仔猪最易感。育肥猪发病温和。本病经呼吸道及胎盘传播，传播迅速	母猪精神、食欲不振，体温短暂升高，咳嗽及不同程度呼吸困难。孕母猪早产，产死胎、弱胎及木乃伊胎。出生仔猪体温升高、呼吸困难死亡率25%～40%	育肥猪及种猪无明显病变。病死仔猪胸腔积水，皮下、肌肉及腹膜下水肿。肺前叶有肺炎实变灶	间隔3周以上的双份血清抗体检测

续表

病名	病原	流行情况	临床症状	尸检病变	特殊诊断
猪肠道病毒感染（SMEDI）	猪肠道病毒	不同年龄猪均易感，但不伴有症状，仅怀孕母猪感染后出现繁殖扰乱。未孕猪感染后可产生免疫力，以后可以正常生产	妊娠早期感染致胎儿死亡吸收或木乃伊胎；妊娠后期感染则产出畸形、水肿仔猪及弱猪。产出后多数日后死亡	死亡胎儿皮下及肠系膜水肿，体腔积水，脑膜及肾皮质出血	病变组织做细胞培养，然后进行中和试验
布鲁氏杆菌病	布鲁氏杆菌	能感染猪、牛、羊、鹿。各种年龄猪均易感，但以生殖期发病最多，一般仅流产一次，多为散发	母猪孕后4～12周流产或早产。流产前母猪精神食欲不振，短暂发热，一般8～10日自愈。公猪双侧睾丸及附睾炎症。有时见皮下脓肿	母猪子宫、输卵管，公猪睾丸、附睾小脓肿及关节腱鞘化脓性炎症。流产胎儿状态、大小不同，病变不特殊。无木乃伊胎	采血做虎红平板凝集试验
钩端螺旋体病	钩端螺旋体	猪、牛、鸭等多种畜禽及野生动物均易感，鼠类为主要传染源。常发于温暖地区的夏秋季，散发或地方流行，发病率30%～70%，死亡率低	仔猪及中猪体温升高，结膜及皮肤泛黄、潮红，尿茶色或血尿。孕母猪20%～70%流产或产死胎、木乃伊胎、弱仔，流产多见于后期	皮下及黏浆膜黄疸，体腔积黄色液；肝胆肿大；肾肿大，常有白斑。有时头、颈背及胃壁水肿	死后尽快取肝、肾组织混悬液暗视野镜检病原

通过以上临床观察，通过常见临床症状检查获得的信息，可初步作出临床诊断。见表5-5。

表5-5　病猪主要临床症状及可能涉及的疾病

主要症状	可能涉及的疾病
仔猪下痢	红痢，黄痢，白痢，传染性胃肠炎，流行性腹泻，轮状病毒感染，猪痢疾，副伤寒，蓝耳病，衣原体病，鞭虫病，球虫病
呼吸困难	气喘病，猪肺疫，猪流感，传染性接触性胸膜肺炎，传染性萎缩性鼻炎，蓝耳病，猪圆环病毒病
神经症状	水肿病，乙型脑炎，李氏杆菌病，伪狂犬病，神经型猪瘟，链球菌病，传染性脑脊髓炎，衣原体病，食物、药物或农药中毒
流产或死胎	猪细小病毒病，乙型脑炎，猪瘟，布鲁氏菌病，伪狂犬病，蓝耳病，弓形虫病，衣原体病，附红细胞体病，引起妊娠母猪体温升高的疾病及非传染病因素（包括高温、营养不良、中毒、机械损伤、应激、遗传等）

六、皮肤病

皮肤是身体最大的器官，约占猪体重的7%～12%，是由表皮层和真皮层所组成，具有四种功能：①维持体液、电解液以及大分子物质的平衡；②防御化学因素、物理因素及微生物等的损害或侵入；③感受触觉、压觉、痛觉、痒觉以及温度的变化，皮肤通过体表被毛，调节皮肤血液供应以及汗腺的功能来维持体温；④免疫调节，提高机体抵抗力。因此，猪体皮肤是否正常和健康，关系着猪只的生长发育和生产性能发挥。

猪皮肤病的诊断，首先从流行病学调查入手，了解发病时间、发病数量、病死情况以及发病过程，然后进行全面的临床检查（是全身疾病还是皮肤局部病变），皮肤检查时应着重确定皮肤的病变性质（是原发性还是继发性），以及皮肤异常类型（水疱或脓疱、水肿或红斑），最后进行鉴别诊断。

通常情况下，猪的皮肤病一般无体温、食欲及精神等明显的全身症状，只局限在皮肤上呈现大小不一的红点疹斑、水疱、脓疱、脓肿、溃疡，有的见脱毛和皮屑，有的则有痒感或痛感，有的被毛粗糙以及皮肤增厚等等。

猪皮肤病的鉴别诊断见表5-6。

表5-6　猪皮肤病的鉴别诊断

病名	病因学	发病年龄	病变	部位	发病率/死亡率	诊断	鉴别诊断
渗出性皮炎	葡萄球菌＋其他因子，皮肤擦伤	1～4周龄为急性；4～12周龄为局灶性	皮肤渗出、油脂皮、红斑	小猪广泛分布；大猪呈局限性	通常低，偶然流行达90%/低	临床症状细菌学组织学	疥癣，角化不全、面部坏死、脓疱性皮炎
脓疱皮炎	葡萄球菌、链球菌	哺乳仔猪	脓疱、红斑、瘀点、脓肿	耳、眼、背、尾部、大腿	通常低/低	细菌学	疥癣、痘、渗出性皮炎
坏死杆菌病	创伤＋坏死杆菌＋继发细菌	从出生至3周龄	浅表溃疡、褐色硬痂	面部、颊部、眼、齿龈	高达100%/低	齿伤，细菌学	渗出性皮炎
溃疡性肉芽肿	猪疏螺旋体＋坏死杆菌	小猪，也见于各年龄的猪	肉芽肿性病变，耳部有结痂	任何部位的感染伤口	低/低	细菌学，组织学	异食癖、癣脓肿、压迫性坏死、血肿
日光性皮炎	由密闭舍转开放舍而日照防护不够	白猪，小猪，也见于其他各年龄的猪	皮肤红斑，水肿，患处发热、疼痛，肌肉震颤、抽搐	背部、耳后	高/低	突然接受日光照射，症状	角化不全，渗出性皮炎
猪丹毒	丹毒杆菌	各种年龄，哺乳仔猪不常发	红斑，隆起长方形肿块、坏死，败血症	分布广：肩部、背部、腹部、后腿跗部	高达100%/低	特征性皮肤病变，细菌学	败血症、脓疱性皮炎、玫瑰糠疹
猪痘	正痘病毒、猪痘病毒	哺乳猪和断奶猪，也可达4月龄	水疱、丘疹，达6毫米的脓疱	分布广，主要在腹部	不一致/很低	临床症状，组织学，血清学	脓疱性皮炎

续表

病名	病因学	发病年龄	病变	部位	发病率/死亡率	诊断	鉴别诊断
疥癣	猪疥螨感染＋超敏反应	各种年龄特别是乳猪、架子猪	丘斑、黑斑、红斑、过度角化	耳、眼、颈、四肢、躯干	100%/低	皮肤刮取物，剧烈瘙痒	猪痘、过度角化、渗出性皮炎、脓疱性皮炎、角化不全
皮肤坏死	外伤	出生至3周龄	坏死、溃疡	膝、跗关节、尾部、乳头、阴门等处	高达100%/很低	临床症状	

第三节　猪病诊断中常见的病理变化

一、充血

在某些生理或病理因素的影响下，局部组织或器官的小动脉发生扩张，流入血量增多，而静脉回流仍保持正常。这种组织或器官内含血量增多的情况称为动脉性充血，又称主动性充血，简称充血。充血可分为生理性充血和病理性充血两种。前者如采食时胃肠道黏膜表现的充血和劳役时肌肉发生充血等现象。病理性充血则是在致病因素的作用下发生的，如炎症早期发生的动脉性充血。

组织发生充血时色泽鲜红，温度增高，机能增强，体积稍大。黏膜充血时常称为“潮红”。充血组织、器官的色泽鲜红是由于小动脉和毛细血管显著扩张，流入大量含有氧合血红蛋白的血液之故；温度升高是由于血流加速和细胞的代谢旺盛；由于充血部组织代谢旺盛，所以该组织或器官的机能增强。镜下可见小动脉和毛细血管扩张充满红细胞，有时可见炎性渗出等变化。

二、瘀血

在局部组织器官内，若动脉流入的血量保持正常，而静脉的血液回流受阻，在静脉内充盈大量血液，则称为静脉性充血，又称被动性充血，简称瘀血。在病理情况下，静脉性充血远比动脉性充血多见，具有重要的诊断价值和病理学意义。

瘀血是一种最常见的病理变化，不论引起瘀血的原因如何，其病变特点基本相似，主要表现为瘀血组织呈暗红色或蓝紫色，体积增大，机能减退，体表瘀血时皮温降低。

瘀血时由于静脉回流受阻，血流缓慢，使血氧过多地被消耗，因而血液中氧分压降低、氧合血红蛋白减少，还原血红蛋白含量显著增多，血管内充满紫黑色的血液，故使局部组织呈暗红色或蓝紫色。这种现象在可视黏膜称为发绀。又因瘀血时血流缓慢，热量散失增多，加上局部组织缺氧，代谢率降低，产热减少，所以体表部瘀血区表现皮温降低。瘀血时因局部血量增加，静脉压升高而导致体液外渗，结果使瘀血组织的体积增大。

此外，发生长时间持续性瘀血时，常能引起以下严重病变：

① 由于缺氧造成毛细血管通透性增加，故有大量液体漏入组织间隙，造成瘀血性水肿；若毛细血管损伤严重时，则红细胞也可漏到组织内形成出血，称为瘀血性出血。

② 随着缺氧程度的加重，局部组织常发生严重的代谢障碍，组织内中间代谢产物堆积，轻者引起瘀血器官实质细胞变性、萎缩，重者可发生坏死。

③ 瘀血组织的实质细胞发生坏死后，常伴有大量结缔组织增生，结果使瘀血器官变硬，称为瘀血性硬化。

三、出血

血液流出心脏或血管，称为出血。血液流至体外称为外出血，流入组织间隙或体腔，则称为内出血。根据出血的发生机制不同，可将其分为破裂性出血和渗出性出血两种。

（一）破裂性出血

其病变常因损伤的血管不同而异。小动脉发生破裂而出血时，由于血压高而出血量多，常使流出的血液压迫和排挤周围组织而形成血肿。同时，根据出血发生的部位不同，又有一些不同的名称，如：体腔内出血称为腔出血或腔积血（如胸腔积血和心包腔积血等），此时体腔内可见到血液或凝血块；脑出血又称为脑溢血；混有血液的尿液称为血尿；混有血液的粪便称为血便；鼻出血称衄血；肺出血称咯血；胃出血称吐血或呕血。

（二）渗出性出血

渗出性出血时，眼观甚至镜下也看不出血管壁有明显的形态学变化，红细胞可通过通透性增强的血管壁而漏出血管之外。渗出性出血发生于毛细血管和微静脉。出血常伴发组织或细胞的变性或坏死。兽医临诊上，常见的渗出性出血是由于血管壁在细菌毒素、病毒或组织崩解产物的作用下，发生不全麻痹和营养障碍，内皮细胞间的黏合质和血管壁嗜银性膜发生改变，使内皮细胞间孔隙增大而造成的。

渗出性出血常因发生的原因和部位不同而有所差别，其表现常见的有以下三种：

1. 点状出血

点状出血又称瘀点，出血量少，多呈粟粒大至高粱米粒大散在或弥漫分布，通常见于浆膜、黏膜和肝脏、肾脏等器官的表面。

2. 斑状出血

斑状出血又称瘀斑，其出血量较多，常形成绿豆大、黄豆大或更大的密集状血斑。

3. 出血性浸润

血液弥漫地浸润于组织间隙，使出血的局部呈大片暗红色，如猪瘟的出血性淋巴结炎等。

此外，当机体有全身性出血倾向时，则称为出血性素质。

四、贫血

贫血是指单位容积血液内红细胞数或（和）血红蛋白量低于正常值，并伴有红细胞形态变化和运氧障碍的病理过程。它不是一种独立的疾病，而是伴发于许多疾病过程中的常见症状（如雏鸡和马的传染性贫血）。但有时在某些疾病（如严重的创伤，肝脏、脾脏破裂等）过程中，贫血常为疾病发生、发展的主导环节，并决定着疾病的经过和转归。

根据贫血发生的原因和机制，可将其分为出血性贫血、溶血性贫血、营养缺乏性贫血和再生障碍性贫血四种。

（一）形态变化

1. 红细胞的变化

贫血时，除了红细胞数量与血红蛋白含量减少外，外周血液中的红细胞还会发生的变化主要有：

（1）红细胞体积改变　大于或小于正常红细胞，前者称为大红细胞，后者称为小红细胞。

（2）红细胞形状改变（异形红细胞）　红细胞呈椭圆形、梨形、哑铃形、半月形和桑葚形等。

（3）网织红细胞　对正常血液做活体染色时，可见其中含有少量（0.5%～

1%）嗜碱性小颗粒或纤维网样的幼稚型红细胞，称为网织红细胞。在贫血时，网织红细胞增多，这是红细胞再生过程增强的表现。

（4）有核红细胞　红细胞中出现浓染的胞核，其大小与正常红细胞相仿或稍大，此种红细胞称为晚幼红细胞（即未成熟的红细胞）。这些细胞在血液中出现，也是造血过程加强的标志。在一些重症贫血时，血液内出现胚胎期造血所特有的原巨红细胞，这种细胞体积异常巨大，含有大而淡染的核，表示造血过程返回到胚胎期的类型。

（5）Jolly小体和Cabot环　贫血时，红细胞胞浆内出现单个或成对的蓝色圆形小体，称为Jolly小体，它是红细胞核质的残迹。Cabot环呈环形，它可能是红细胞核膜的残迹。

（6）红细胞染色特性改变　包括染色不均和多染。前者表现为含血红蛋白多的红细胞着色深，而含血红蛋白少的红细胞染色变淡，且多呈环形。后者表现为细胞浆一部分或全部变为嗜碱性，呈淡蓝色着染。这是一种未成熟的红细胞，见于骨髓造血机能亢进时。

2. 骨髓的变化

主要变化是红骨髓增殖，有核红细胞生成增多。需要指出的是，骨髓中红细胞的含量和外周血液的红细胞量之间是不存在直接比例关系的。因此，在判断骨髓的红细胞生成机能时，不能只根据骨髓中有核红细胞的数量，而应当将骨髓象和外周血液的血液象与血红蛋白的材料进行对比研究，这样才能得出正确结论。

3. 其他组织器官的变化

死于贫血的动物，由于红细胞及血红蛋白减少，故其血液稀薄，皮肤和黏膜苍白，组织、器官呈现其固有的颜色。长期贫血时，组织、器官因缺氧而发生变性，而血管的变性还可导致浆膜和黏膜出血。

（二）代谢变化

1. 血液性缺氧

在血液中氧主要是以氧合血红蛋白的形式存在，贫血时血液中红细胞数及血红蛋白浓度降低，血液携氧能力降低，引起血液性缺氧。贫血时，需氧量较高的组织（如心脏、中枢神经系统和骨骼肌等）受到的影响较明显。

2. 胆红素代谢

出现溶血性贫血时，单核巨噬细胞系统非酯型胆红素产量增多，一旦超过肝脏形成酯型胆红素的代偿能力，可形成非酯型胆红素升高为主的溶血性黄疸。

（三）机能变化

贫血时所引起的各系统机能变化，视贫血的原因、程度、持续的时间以及机体的适应能力等因素而定。

1. 循环系统

贫血时由于红细胞和（或）血红蛋白减少，导致机体缺氧与物质代谢障碍。在早期可出现代偿性心跳加强加快，以增加每分钟内的心输出量。因血流加速，通过单位时间的供氧增多，就能代偿红细胞减少所造成的缺氧，但到后期由于心脏负荷加重，心肌缺氧而致心肌营养不良，则可诱发心脏肌原性扩张和相对性瓣膜闭锁不全，而导致血液循环障碍。

2. 呼吸系统

贫血时由于缺氧和氧化不全的酸性代谢产物蓄积，刺激呼吸中枢使呼吸加快，患畜轻度运动后，便发生呼吸急促；同时组织呼吸酶的活性增强，从而增加了组织对氧的摄取能力。

3. 消化系统

动物表现食欲减退，胃肠分泌与运动机能减弱，消化吸收发生障碍，故临诊上往往呈现消瘦、消化不良、便秘或腹泻等症状。这些变化反过来又可加重贫血的发展。

4. 神经系统

贫血时，中枢神经系统的兴奋性降低，以减少脑组织对能量的消耗，增高对缺氧的耐受力，因此具有保护性意义。严重贫血或贫血时间较长时，由于脑的能量供给减少，神经系统机能减弱，对各系统机能的调节能力降低，患病动物表现精神沉郁，生产性能下降，抵抗力减弱，重者昏迷。

5. 骨髓造血机能

贫血时，缺氧可促使肾脏产生促红细胞生成素，致使骨髓造血机能增强。但应注意，再生障碍性贫血除外。

五、水肿

过多的液体在组织间隙或体腔中积聚称为水肿。细胞内液增多也称为“细胞水肿”，但水肿通常是针对组织间液的过量而言。水肿不是一种单独的疾病，而是多种疾病的一种共同病理过程。液体积聚于体腔内，一般称为积水，如心包积水、胸膜腔积水（胸水）和腹腔积水（腹水）等。

根据水肿发生的部位可分全身水肿和局部水肿两种。前者分布于全身，如心性水肿、肾性水肿、肝性水肿和营养不良性水肿等；后者发生于局部，如皮下水肿、脑水肿、肺水肿、淋巴水肿、炎性水肿和血管神经性水肿等。

根据水肿的外观是否明显可分隐性水肿和显性水肿。隐性水肿的特点是外观无明显的临床表现，只是体重有所增加；显性水肿的特点是局部肿胀，皮肤紧张度增加，按之呈凹陷，稍后可复原（亦称“凹陷性水肿”）。

水肿液主要是指组织间隙中能自由移动的水，它不包括组织间隙中被高分子物质（如透明质酸、胶原及黏多糖等）吸附的水。

水肿液的成分除含有蛋白质外，其余与血浆相同。水肿液的蛋白质含量主要取决于毛细血管壁的通透性，此外还与淋巴的引流有关。血管壁通透性增高所致的水肿，蛋白质含量比其他原因引起的水肿液为高。水肿液的相对密度取决于蛋白质的含量。通常把相对密度低于1.012的水肿液称为“漏出液”，而高于1.012的水肿液称为“渗出液”，但因淋巴回流受阻所致的水肿液，其蛋白质含量也较高。

家畜的水肿多发生于组织疏松部位和体位较低的部位（重力的影响），如垂肉、下颌间隙、颈下、胸下、腹下和阴囊等部位。

（一）皮下水肿

皮下水肿是全身或躯体局部水肿的重要体征。皮下组织结构疏松，是水肿液容易聚集之处。当皮下组织有过多体液积聚时，皮肤肿胀、皱纹变浅、平滑而松软。如果手指按压后留下凹陷，表明有显性水肿。实际上，在显性水肿出现之前，组织液就已增多，但不易觉察，称为隐形水肿。这主要是因为分布在组织间隙中的胶体网状物对液体有强大的吸附能力和膨胀性。只有当液体的积聚超过胶体网状物的吸附能力时，才形成游离水肿液。当液体积聚到一定量时，用手指按压时游离的液体向周围散开，形成凹陷，数秒后凹陷自然平复。

（二）全身性水肿

由于发病原因和发病机制的不同，全身性水肿其水肿液分布的部位、出现的早晚、显露的程度也各有特点，如：肾性水肿首先出现在面部，尤其以眼睑最为明显；由心衰所致全身性水肿，则首先发生于四肢的下部；肝性水肿则以腹水最为显著。这些分布特点与下列因素有关：

1. 组织结构特点

组织结构的致密度和伸展性，影响水肿液的积聚和水肿出现的早晚。例如，眼睑皮下组织较为疏松，皮肤伸展性大，容易容纳水肿液，出现较早；而组织致密度大、伸展性小的手指和足趾掌侧不易容纳水肿液，故水肿也不易显露和被发现。

2. 重力效应

毛细血管流体静压受重力影响，距心脏水平面向下垂直距离越远的部位，外周静脉压和毛细血管流体静压越高。因此，右心衰竭时体静脉回流障碍，首先表现为下垂部位的静脉压升高与水肿。

3. 局部血液动力因素

当某一特定的原因造成某一局部或器官的毛细血管流体静压明显升高，超过了重力效应的作用，水肿液即可在该部位或器官积聚，水肿可比低垂部位出现更早且显著，如肝性腹水的形成就是这个原因。

六、萎缩

萎缩是指已经发育成熟的组织、器官，其体积缩小及功能减退的过程。萎缩发生的基础是组成该器官的实质细胞体积变小或数量减少。

萎缩有生理性萎缩和病理性萎缩之分。生理性萎缩是指动物随着年龄的增长，某些组织或器官的生理功能自然减退和代谢过程逐渐降低而发生的一种萎缩，也称为退化。例如，动物的胸腺、乳腺、卵巢、睾丸以及禽类的法氏囊等器官，当动物生长到一定年龄后，即开始发生萎缩，因与年龄增长有关，故又称为年龄性萎缩。病理性萎缩是指组织或器官在致病因素的作用下所发生的萎缩。它与机体的年龄、生理代谢无直接关系。临诊上，根据原因和萎缩波及的范围，病理性萎缩可分为全身性萎缩和局部性萎缩两种。

（一）全身性萎缩

全身性萎缩是在某些致病因子作用下，机体发生全身性物质代谢障碍所致。见于长期营养不良、维生素缺乏和某些慢性消化道疾病所致营养物质吸收障碍（营养不良性萎缩）、长期饲料不足（不全饥饿）和消化道梗阻（饥饿性萎缩）、严重的消耗性疾病（如恶性肿瘤、鼻疽、结核、伪结核、寄生虫病及造血器官疾病等）。

全身性萎缩时，不同的器官组织其萎缩发生的先后顺序及其程度是不同的。脂肪组织的萎缩发生最早、最明显，其次是肌肉、脾脏、肝脏和肾脏等器官，心肌和脑的萎缩发生最晚。由此可见，萎缩发生的顺序具有一定的代偿适应意义。

眼观，皮下、腹膜下、网膜和肠系膜等处的脂肪完全消失，心脏冠状沟和肾脏周围的脂肪组织变成灰白色或淡灰色透明胶冻样，因此又称为脂肪胶样萎缩。实质器官（如肝脏、脾脏、肾脏等）体积缩小，重量减轻，颜色变深，质地坚实，被膜增厚、皱缩。除压迫性萎缩形态发生改变外，萎缩的器官组织仍保持其固有形态，仅见体积成比例缩小。胃肠等管腔器官发生萎缩时向外扩张，内腔扩大，壁变薄甚至呈半透明状，易撕裂。

镜下，萎缩器官的实质细胞体积缩小、数量减少，胞浆致密浓染，胞核皱缩深染，间质常见结缔组织增生。在心肌纤维、肝细胞胞浆内常出现脂褐素，量多时器官呈褐色，称褐色萎缩。

（二）局部性萎缩

局部性萎缩是指在某些局部性因素影响下发生的局部组织和器官的萎缩，常见的有以下三种类型：

1. 失用性萎缩

失用性萎缩是由于器官发生功能障碍而长期停止活动所致，如某肢体因骨折或关节性疾病长期不能活动或限制活动，其结果引起相关肌肉和关节软骨发生萎缩。在器官功能减退的情况下，相应器官的神经感受器得不到应有的刺激，向心冲动减弱或中止，离心性营养性冲动也随之减弱。这样导致局部血液供应不足和物质代谢降低，尤其是合成代谢降低，引起营养障碍而发生萎缩。

2. 压迫性萎缩

压迫性萎缩是由于器官或组织受到缓慢的机械性压迫而引起的萎缩，比较常见。其发生机制一方面是由于外力压迫对组织的直接作用，另一方面受压迫的组织器官由于血液循环障碍，局部组织营养供应不足，导致组织的功能代谢障碍，也是引起局部组织萎缩的重要原因。压迫性萎缩常见于输尿管阻塞造成排尿困难时，肾盂和肾盏积水扩张进而压迫肾实质引起萎缩；肝淤血时，由于肝窦扩张压迫周围肝细胞索，可造成肝细胞萎缩；受肿瘤、寄生虫包囊（如囊尾蚴、棘球蚴等）等压迫的器官和组织也可发生萎缩。

3. 神经性萎缩

中枢或外周神经发炎或受损伤时，功能发生障碍，受其支配的器官或组织因神经营养调节丧失而发生的萎缩称为神经性萎缩。

局部性萎缩的病理变化与全身性萎缩时的相应器官或组织的病理变化相同（除压迫性萎缩外）。萎缩是可复性的过程，程度不严重时，病因消除后，萎缩的器官、组织或细胞仍可逐渐恢复原状。但若病因不能及时消除，病变继续进展，则萎缩的细胞最终可能消失。

萎缩对机体的影响随萎缩发生的部位、范围及严重程度不同而异。从萎缩的本质来看，它是机体对环境条件改变的一种适应性反应。当由于工作负担减轻、营养不足或缺乏正常刺激时，细胞的体积缩小或数量减少，物质代谢降低，这有利于在不良环境条件下维持其生命活动。这是萎缩积极的一面。另一方面，由于组织细胞萎缩变小，机能活动降低，可对机体产生不利的影响，全身性萎缩时各组织器官的机能均下降。严重时，免疫系统也同时萎缩，机体长期处于免疫抑制状态而对病原抵抗力下降甚至丧失，如果得不到及时纠正，将随着病程的发展而不断恶化，导致机体衰竭，最后常因并发其他疾病而死亡。

局部性萎缩，如果程度较轻微，一般可由周围健康组织的机能代偿，因而不会产生明显的影响。但若萎缩发生在生命重要器官或萎缩程度严重时，可引起严重的机能障碍。

七、坏死

坏死是指活体内局部组织、细胞的病理性死亡。坏死组织、细胞的物质代谢停止，功能丧失，出现一系列形态学改变，是一种不可逆的病理变化。坏死除少数是由强烈致病因子（如强酸、强碱）作用而造成组织的立即死亡之外，大多数坏死由轻度变性逐渐发展而来，是一个由量变到质变的渐进过程，故称为渐进性坏死。这就决定了变性与坏死的不可分割性，在病理组织检查时，往往发现两者同时存在。在渐进性坏死期间，只要坏死尚未发生而病因被消除，则组织、细胞的损伤仍可能恢复（可复性损伤）。一旦组织、细胞的损伤严重，代谢停止，出现坏死的形态学特征时，则损伤不可能恢复（不可复性损伤）。

根据坏死组织的病变特点和机制，坏死可分为以下三种类型：

（一）凝固性坏死

坏死组织由于水分减少和蛋白质凝固而变成灰白或黄白、干燥无光泽的凝固状，称为凝固性坏死。眼观，凝固性坏死组织肿胀，质地坚实干燥而无光泽，坏死区界限清晰，呈灰白或黄白色，周围常有暗红色的充血和出血。镜下，坏死组织仍保持原来的结构轮廓，但实质细胞的精细结构已消失，胞核完全崩解消失，或有部分核碎片残留，胞浆崩解融合为一片淡红色均质无结构的颗粒状物质。凝固性坏死常见有以下三种形式：

1. 贫血性梗死

常见于肾脏、心脏、脾脏等器官，坏死区灰白色、干燥、早期肿胀、稍突出于脏器的表面，切面坏死区呈楔形，周界清楚。

2. 干酪样坏死

见于结核杆菌和鼻疽杆菌等引起的感染性炎症。干酪样坏死灶局部除了凝固的蛋白质外，还含有大量的由结核杆菌产生的脂类物质，使坏死灶外观呈灰白色或黄白色，松软无结构，似干酪（奶酪）样或豆腐渣样，故称为干酪样坏死。镜下，坏死组织的固有结构完全被破坏而消失，融合成均质、红染的无定形结构，病程较长时，坏死灶内可见有蓝染的颗粒状的钙盐沉着。

3. 蜡样坏死

蜡样坏死指发生于肌肉组织的凝固性坏死。见于动物的白肌病等，眼观肌肉肿胀、浑浊、无光泽，干燥坚实，呈灰红或灰白色，如蜡样，故名蜡样坏死。

（二）液化性坏死

液化性坏死指坏死组织因蛋白水解酶的作用而分解变为液态，常见于富含水分和脂质的组织（如脑组织）或蛋白分解酶丰富的组织（如胰腺）。脑组织中蛋白含量较少，水分与磷脂类物质含量多，而磷脂对凝固酶有一定的抑制作用，所以脑组织坏死后会很快液化，呈半流体状，故称脑软化。在脑组织，严重的、大的液化性坏死灶肉眼可见呈空洞状，而轻度、小的液化性坏死灶只有在显微镜下才能看到。镜下，可见发生于脑灰质的液化性坏死灶局部神经细胞、胶质细胞和神经纤维消失，只见少量核碎屑，呈微细网孔或筛网状结构。发生于脑白质的液化性坏死灶可见神经纤维脱髓鞘。在化脓性炎灶或脓肿局部，由于大量中性粒细胞的渗出、崩解，释放出大量蛋白质水解酶，使坏死组织溶解液化。胰腺坏死则由于大量胰蛋白酶的释出，溶解坏死胰组织而形成液化性坏死。

（三）坏疽

坏疽指组织坏死后继发有腐败菌感染和外界因素的影响而发生的一类变化。由于血红蛋白分解产生的铁与组织蛋白分解产生的硫化氢结合成硫化铁，使坏死组织呈黑色。

1. 干性坏疽

常见于缺血性坏死、冻伤等，多继发于肢体、耳壳、尾尖等水分容易蒸发的体表部位。坏疽组织干燥、皱缩、质硬，呈灰黑色，腐败菌感染一般较轻，坏疽区与周围健康组织间有一条较为明显的炎性反应带，所以边界清楚。最后坏疽部分可完全从正常组织分离脱落。例如，慢性猪丹毒病猪颈部、背部直至尾根部常发生的皮肤坏死，牛慢性锥虫病患畜的耳、尾、四肢下部和球节的皮肤坏死，皮肤冻伤形成的坏死，都是典型的干性坏疽。

2. 湿性坏疽

多发生于与外界相通的内脏（肠、子宫、肺脏等），也可见于动脉受阻同时伴有淤血水肿的体表组织。由于坏死组织含水分较多，故腐败菌感染严重，使局部肿胀，呈黑色或暗绿色。由于病变发展较快，炎症比较弥漫，故坏死组织与健康组织间无明显的分界线。坏死组织经腐败分解可产生吲哚、粪臭素等，故有恶臭。同时组织坏死腐败所产生的毒性产物及细菌毒素被吸收后，可引起全身中毒症状（毒血症），威胁生命。

3. 气性坏疽

常发生于深在的开放性创伤（如阉割等）合并产气荚膜杆菌等厌氧菌感染时，细菌分解坏死组织时产生大量气体（H_2S、CO_2、N_2），使坏死组织内含气泡呈蜂窝样和污秽的棕黑色，用手按之有“捻发”音。由于气性坏疽病变可迅速向周围和深部组织发展，产生大量有毒分解产物，可致机体迅速自体中毒而死亡。

第四节　猪病的病理学检查技术

病理剖检是诊断猪病的一个重要环节，具有方便快速、直接客观等特点，有的猪病通过病理剖检便可确诊。

一、了解病史与尸体的外部检查

在进行实体检查前，先仔细了解死猪的生前情况，主要包括临床症状、流行病学、防治经过等。通过对这些情况的了解缩小对所患疾病的怀疑范围，以确定剖检的侧重点。

尸体外部检查的基本顺序是从头部开始，依次检查颈、胸、腹、四肢、背、尾、肛门和外生殖器等。尸体外部检查是病理解剖学诊断的重要组成部分，检查的主要内容与相关疾病见表 5-7。

表 5-7　病猪尸体外部病理变化可能涉及的疾病

器官	病理变化	可能涉及的疾病
眼	眼角有泪痕或眼屎 眼结膜充血、苍白、黄染 眼睑水肿	流感、猪瘟 热性传染病、贫血、黄疸 猪水肿病

续表

器官	病理变化	可能涉及的疾病
口鼻	鼻孔有炎性渗出物流出 鼻歪斜、颜面部变形 上唇吻突及鼻孔有水疱、糜烂 齿龈、口角有点状出血 唇、齿龈、颊部黏膜溃疡 齿龈水肿	流感、气喘病、萎缩性鼻炎 萎缩性鼻炎 口蹄疫、水疱病 猪瘟 猪瘟 猪水肿病
皮肤	胸、腹和四肢内侧皮肤有大小不一的出血斑点 皮肤出现方形、菱形红色疹块 耳尖、鼻端、四蹄呈紫色 腹下和四肢内侧有痘疹 蹄部皮肤出现水疱、溃疡 咽喉部明显肿大	猪瘟、湿疹 猪丹毒 沙门氏菌病 猪痘 口蹄疫、水疱病等 链球菌病、猪肺疫等
肛门	肛门周围和尾部有粪便污染	腹泻性疾病

二、猪尸体剖检技术

病猪尸体剖检作为经典的诊断技术在兽医临床中仍起着很重要的作用，且便于现场操作。经剖检对猪尸体病变的诊查、识别与判断，对猪病进行确定，为猪病防治提供有利依据。

（一）剖检前的准备工作

了解猪（死猪）的一般状况，包括猪群的发病、死亡、饲养管理、免疫注射，以及病死猪的症状、治疗概况等一切有利于诊断的情况。

1. 剖检场地

剖检最好在兽医室内进行。若因条件所限需在室外剖检时，应选择距猪舍、道路和水源较远、地势高的地方。剖检前后做好消毒和尸体无害化处理工作，防止病原扩散。

2. 剖检的器械及药品

常用的器械有剥皮刀、解剖刀、大小手术剪、镊子、骨锯、凿子、斧子等。常用的消毒药有3％来苏儿、0.1％新洁尔灭及含氯消毒剂等。固定液有10％福尔马林溶液、95％酒精。

（二）外部检查

检查病猪被毛是否光滑、有无脱落；颌下是否水肿；胸、腹和四肢内侧皮肤有无出血点、斑块等病变；耳部、背部皮肤有无坏死、脱落；腿部关节是否肿大；蹄叉、蹄冠、上唇吻突及鼻孔周围有无水疱、糜烂；鼻孔有无分泌物；咽部是否肿大；颜面部有无变形；眼角有无分泌物，颜色及数量如何；眼结膜有无黄染、充血、贫血；齿龈有无出血、溃疡；尾部和肛门周围有无粪污等异常。

（三）剖检方法

尸体保持背位，切断四肢内侧的所有肌肉和髋关节的圆韧带，平摊在手术台上，再从颈、胸、腹的腹侧切开皮肤。

剥开皮肤检查皮下有无瘀血、出血、水肿；体表淋巴结的大小、颜色，有无充血、出血、水肿、坏死、化脓等病变。对仔猪还要检查肋骨和肋软骨交界处，有无串珠样肿大。

剖检胸腹腔，从胸骨柄至耻骨前缘，沿腹中线切开腹壁。检查腹腔中有无渗出液，渗出液的颜色、数量和性状；腹膜及腹腔器官浆膜是否光滑，有无纤维素；肠壁有无粘连。再沿肋骨弓将腹壁两侧切开，则腹腔器官全部暴露。沿两侧肋骨与肋软骨交界处切断软骨，再切断胸骨与膈和心包的联系，去除胸骨，暴露腹腔。检查胸腔、心囊腔有无积液及其性状；胸膜是否光滑；有无粘连等。胸腹腔一同摘出，分开检查。

检查消化系统：舌有无出血点、溃疡、水肿；扁桃体有无坏死、化脓；食道黏膜性状；胃浆膜有无出血点；沿大弯剪开胃壁，检查胃壁是否变厚、水肿；检查胃底部黏膜有无炎症，有无寄生虫结节；贲门部、无腺区、幽门部有无炎症、溃疡。

检查肠道，边分离边检查肠浆膜有无出血；肠系膜有无出血、水肿，淋巴结有无肿胀、出血、坏死；剪开肠腔，检查内容物颜色、性状、有无寄生虫；黏膜有无充血、出血、炎症、溃疡，大肠溃疡的形状以及盲肠、结肠黏膜情况；检查回盲口有无病变；检查胆管开口处有无寄生虫。

检查肝脏的大小、颜色、质地，切面的血液量和颜色；肝小叶结构有无坏死、寄生虫；肝门淋巴结的大小、颜色、切面状况；胆囊的大小，壁的薄厚，胆汁的量，黏膜有无出血、坏死。

检查呼吸道：喉头黏膜、会厌软骨有无出血斑点，声门有无出血、水肿；从背侧剪开气管，检查黏膜黏液性状，有无泡沫。

检查肺脏的大小、颜色，有无气肿、水肿、脓肿、实变；肺黏膜是否光滑，有无出血和纤维附着；肺门淋巴结的大小、颜色、切面状况；沿一纵面切开肺，检查肺组织的颜色、质地、血液含量，有无带泡沫的液体；检查主支气管、小支气管中有无渗出液及其性质，黏膜有无出血。

检查心脏，心囊腔有无积液及性状，有无纤维素；心外膜有无出血；心脏大小、颜色，横纵轴的比例，心室扩张或收缩情况；沿左右纵沟剪开左右心室、心房，观察心肌有无变性、质脆、条纹；心内膜乳头肌有无出血；心瓣膜有无增厚或菜花样增生；剪开主动脉内膜观察是否光滑。

检查脾脏，从网膜上撕下，观察大小、颜色、质地；边缘有无梗死；切面脾髓是否容易刮脱，白髓是否清晰。

检查泌尿系统，剥离肾脏，观察大小、颜色、有无出血点、有无梗死区或储留囊；肾门处的肾上腺有无出血；剥除被膜，纵向切开，检查皮质和髓质的颜色、厚薄比例；皮质的放射状条纹是否清晰，有无出血点；肾乳头、肾盂有无出血。检查膀胱黏膜有无出血，内有无结石，尿液的颜色、黏稠度。

检查生殖系统：母猪检查子宫大小，从背部剪开子宫，检查有无死胎、胎衣滞留或蓄脓等情况；公猪检查睾丸的大小，纵向切开看有无化脓灶。

检查脑部，从环枕关节处，将头割下，剥开额顶部皮肤。在两眼眶之间横劈额骨，再将两侧颞骨及枕骨髁劈开，即可掀掉颅顶骨，暴露颅腔。检查脑膜有无充血、出血，脑组织是否软化、液化和坏死等。

三、组织病理学观察

有些疾病除了通过病理剖检眼观特征性病理变化外，还需做组织病理学检查以进一步对病性进行确定。组织病理学技术广泛应用于动物和人类疾病的研究与诊断。它是在眼观检查的基础之上，采取病变组织，制作石蜡切片或冰冻切片，之后通过不同方法染色，然后在光学显微镜下观察病变组织的微观变化，以此作出组织病理学诊断或从微观水平认识疾病的本质。最常用的染色方法是苏木素-伊红（HE）染色。有时也可以根据需要做特殊染色，来了解一些细胞、病理产物和化学成分等的情况。

（一）细胞损伤常见的超微结构变化

细胞损伤的超微结构变化主要包括：细胞膜、膜特化结构（细胞外衣、纤毛、微绒毛细胞间连接）、线粒体、内质网、高尔基复合体、溶酶体和细胞质包含物以及细胞核的形态和数目的变化。

（二）变性

变性是指细胞或间质内出现异常物质或正常物质的数量显著增多，并伴有不同程度的功能障碍。有时细胞内某种物质的增多属生理性适应的表现而非病理性改变，对这两种情况，应注意区别。变性可分为细胞变性和细胞间质的变性，常见的细胞变性有细胞肿胀、脂肪变性及玻璃样变性等；细胞间质的变性有黏液样变性、玻璃样变性、淀粉样变性等。一般而言，细胞内变性是可复性改变，当病因消除后，变性细胞的结构和功能仍可恢复，而细胞间质变性往往是不可复性变化，严重时发展为坏死。

（三）坏死

细胞坏死的主要标志是细胞核的变化，可表现为核浓缩、核碎裂、核溶解。

一般来说，细胞坏死时，胞浆首先发生变化，胞浆内的蛋白质发生凝固或崩解，呈颗粒状。最后，细胞膜破裂，整个细胞轮廓消失。细胞完全坏死后，胞浆、胞核全部崩解，组织结构完全消失，镜下形成一片模糊、颗粒状、无结构的红染物质。

（四）病理性物质沉着

病理性物质沉着包括糖原沉着、免疫复合物沉着、病理性钙化、尿酸盐沉着和病理性色素沉着。

在剖检过程中要仔细检查内脏器官的病理变化，猪主要病理变化与相关疾病见表 5-8。

表 5-8　猪各器官病理变化及可能发生的疾病

器官	病理变化	可能发生的疾病
淋巴结	颌下淋巴结肿大，出血性坏死	猪炭疽、链球菌病
	全身淋巴结有大理石样出血变化	猪瘟
	咽、颈及肠系膜淋巴结黄白色干酪样坏死灶	猪结核
	黄白色干酪样坏死灶，淋巴结充血、水肿、小点状出血	急性猪肺疫、猪丹毒、链球菌病
	支气管淋巴结、肠系膜淋巴结髓样肿胀	猪气喘病、猪肺疫、传染性胸膜肺炎、副伤寒
肝	坏死小灶	沙门氏菌病、弓形体病、李氏杆菌病、伪狂犬病
	胆囊出血	猪瘟、胆囊炎

续表

器官	病理变化	可能发生的疾病
脾	脾边缘有出血性梗死灶	猪瘟、链球菌病
	稍肿大，呈樱桃红色	猪丹毒
	瘀血肿大，灶状坏死	弓形体病
	脾边缘有小点状出血	仔猪红痢
胃	胃黏膜斑点状出血，溃疡	猪瘟、胃溃疡
	胃黏膜充血，卡他性炎症，呈大红布样	猪丹毒、食物中毒
	胃壁、肠系膜水肿	水肿病
小肠	黏膜小点状出血	猪瘟
	节段状出血性坏死，浆膜下有小气泡	仔猪红痢
	以十二指肠为主的出血性、卡他性炎症	仔猪黄痢、猪丹毒、食物中毒
大肠	盲肠、结肠黏膜灶状或弥漫性坏死	慢性副伤寒
	盲肠、结肠黏膜扣状溃疡	猪瘟
	卡他性、出血性炎症	猪痢疾、胃肠炎、食物中毒
	黏膜下高度水肿	水肿病
肺	出血斑点	猪瘟
	纤维素性肺炎	猪肺疫、传染性胸膜肺炎
	心叶、尖叶、中间叶肝样变	气喘病
	水肿，小点状坏死	弓形体病
	粟粒性、干酪样结节	结核病
心脏	心外膜斑点状出血	猪瘟、猪肺疫、链球菌病
	纤维素性心外膜炎	猪肺疫
	心瓣膜菜花样增生物	慢性猪丹毒
	心肌内有米粒大灰白色包囊泡	猪囊尾蚴病
肾	苍白，小点状出血	猪瘟
膀胱	黏膜层有出血斑点	猪瘟
浆膜及浆膜腔	浆膜出血	猪瘟、链球菌病
	纤维素性胸膜炎及粘连	传染性胸膜肺炎
	积液	链球菌病、副猪嗜血杆菌病
睾丸	1个或2个睾丸肿大、发炎、坏死或萎缩	乙型脑炎、布氏杆菌病
肌肉	臀肌、肩胛肌、咬肌等外有米粒大囊泡	猪囊尾蚴病
	肌肉组织出血、坏死，含气泡	恶性水肿
	腹斜肌、大腿肌、肋间肌等处见有与肌纤维平行的毛根状小体	住肉孢子虫病
血液	血液凝固不良	链球菌病、中毒性疾病

主要猪病的剖检诊断见表5-9。

表5-9 主要猪病的剖检诊断

病名	主要病变
猪瘟	急性:全身各器官、组织广泛性小点状出血,有的脾脏边缘有出血性梗死,淋巴结周边出血,呈大理石样花纹 慢性:结肠、盲肠、回盲瓣等处黏膜有轮层状坏死(扣状肿)
猪口蹄疫	口腔黏膜、鼻镜、蹄部有水疱或糜烂,严重时脱蹄。心肌松软,切面有灰白色或淡黄色斑点或条纹,称"虎斑心"
仔猪红痢	空肠、回肠有节段状坏死,呈暗红色,肠腔充满带血液体,肠系膜淋巴结呈深红色,病程长时肠黏膜坏死,形成灰黄色假膜
仔猪黄痢	机体消瘦、脱水,小肠黏膜充血、出血,以十二指肠明显,肠壁变薄,肠系膜淋巴结肿胀、充血、出血
轮状病毒性肠炎	胃有乳凝块,肠黏膜弥漫性出血,肠管变薄
传染性胃肠炎	胃底充血,胃内有凝乳块,小肠充血,肠壁变薄,半透明状,肠内充满黄绿色或白色泡沫液体,肠系膜淋巴结肿胀
流行性腹泻	病变主要在小肠,肠壁变薄,肠腔内充满黄色液体,肠系膜淋巴结水肿,胃内空虚
仔猪白痢	胃肠卡他性炎症,肠壁变薄,呈半透明状,含有稀薄的食糜气体,肠系膜淋巴结轻度水肿
猪痢疾	病变局限于大肠,大肠黏膜充血、出血、肿胀,病程长时肠黏膜表面有坏死灶或黄白色假膜,呈豆腐渣样
沙门氏菌病	急性:呈败血症变化,全身黏膜、浆膜呈不同程度的出血 慢性:盲肠、结肠、回肠等处黏膜有坏死区,上覆有糠麸状假膜,肝、脾瘀血并有黄白色小坏死灶,肠系膜淋巴结呈干酪样坏死
猪丹毒	体表有疹块,淋巴结肿大,切面多汁,胃底部、十二指肠黏膜充血、出血,脾脏肿大,肾肿大、出血。慢性经过时,心内膜有菜花状增生物,增生性关节炎
猪水肿病	胃壁、肠系膜和下颌淋巴结水肿,下眼睑、颜面及颈部皮下有水肿变化
气喘病	肺的心叶、尖叶、中间叶及部分膈叶的边缘出现肉变或胰变,肺门及纵隔淋巴结肿大
猪肺疫	最急性:败血症变化,咽喉部水肿,周围组织胶冻状浸润。 急性:纤维素性胸膜肺炎,肺有不同程度的肝变区,切面呈大理石样,全身黏膜、浆膜、实质器官、淋巴结有出血性病变 慢性:肺有坏死灶,胸腔、心包腔积液,肺与胸膜相连
猪传染性胸膜肺炎	肺充血、出血,病变区呈紫红色,质地坚实如肝,肺炎区表面有纤维素附着,常与心包、胸膜发生粘连
猪链球菌病	全身黏膜、浆膜充血、出血,脾脏肿大、瘀血,全身淋巴结肿大、出血、坏死或化脓,脑膜和脑实质充血、出血
猪布氏杆菌病	睾丸、附睾和子宫等处有化脓性病灶或坏死,子宫深层黏膜有灰色小结节
猪萎缩性鼻炎	鼻流清亮黏液或脓性渗出物或流鼻血,鼻部肿胀,鼻脸部变形,下颌伸长
猪弓形虫病	耳、腹下及四肢等处有瘀血斑,胃和大肠黏膜充血、出血,肺间质水肿,肝、脾、肾有出血点和坏死灶,淋巴结肿大、出血、坏死
猪伪狂犬病	无特征性病变,典型病例脑膜明显充血,脑脊髓液增多,肝、脾有坏死灶,肺充血、水肿,胃肠黏膜有卡他性炎症
猪细小病毒病	流产、死胎,胎儿可在子宫内被溶解、吸收或有充血、出血、水肿变化

续表

病名	主要病变
猪流行性乙型脑炎	流产或产死胎、弱胎，睾丸炎，子宫黏膜充血、出血，有大量黏稠的分泌物
猪繁殖与呼吸综合征	无特征性肉眼变化，病死仔猪仅见头部水肿，胸腔、腹腔积液，肺发生间质性炎
猪附红细胞体病	皮肤苍白，黏膜黄染，血液稀薄呈水样，皮下、腹腔的脂肪发黄，肝肿大、呈棕黄色，心外膜、心冠脂肪出血、黄染，淋巴结肿大、水肿。
猪流行性感冒	鼻、喉、气管和支气管黏膜充血，表面有大量泡沫黏液，有时混有血液，病变肺组织呈暗红色，与正常组织界线清楚，颈和纵隔淋巴结肿大
猪水疱病	蹄部、鼻端、口唇皮肤、口腔和舌面黏膜、乳房上出现水疱和烂斑，其他器官无特征性病变
钩端螺旋体	皮下脂肪及多处内脏器官有黄染并有出血变化

第五节　猪病的实验室诊断方法

一、病料的采集、保存和送检

病料送检方法应依传染病的种类和送检目的不同而有所区别。

（一）病料采取

合理取材是实验室检查能否成功的重要条件之一。怀疑某种传染病时，则采取该病常侵害的部位；找不出怀疑对象时，则采取全身各器官组织；败血性传染病，如猪瘟、猪丹毒等，应采取心、肝、脾、肺、肾、淋巴结及胃肠等组织；专嗜性传染病或以侵害某种器官为主的传染病，则采取该病侵害的主要器官组织，如狂犬病采取脑和脊髓、猪气喘病采取肺的病变部，导致流产的传染病则采取胎儿和胎衣；检查血清抗体时，则采取血液，待凝固析出血清后，分离血清，装入灭菌小瓶送检。

（二）病料保存

欲使实验室检查得出正确结果，除病料采取要适当外，还需使病料保持新鲜或接近新鲜的状态。如病料不能立即进行检验，或须寄送到外地检验时，应加入适量的保存剂。

1. 细菌检验材料的保存

将采取的组织块保存于饱和盐水或30％甘油缓冲液中，容器加塞封固。饱和盐水的配制：蒸馏水100毫升，加入氯化钠38～39克，充分搅拌溶解后，用数层纱布滤过，高压灭菌后备用。30%甘油缓冲溶液的配制：纯净甘油30毫升，氯化钠500毫克，碱性磷酸钠（磷酸氢二钠）1000毫克，蒸馏水加至100毫升，混合后高压灭菌备用。

2. 病毒检验材料的保存

将采取的组织块保存于50%甘油生理盐水或鸡蛋生理盐水中，容器加塞固定。

（1）50%甘油生理盐水的配制　氯化钠8.5克，蒸馏水500毫升，中性甘油500毫升，混合后分装，高压灭菌备用。

（2）鸡蛋生理盐水的配制　先将新鲜鸡蛋的表面用碘酊消毒，然后打开，将内容物倾入灭菌的容器内，按全蛋9份加入灭菌生理盐水1份，摇匀后用纱布滤过，然后加热56～58℃持续30分钟。第2日和第3日各按上法加热1次，冷却后即可使用。

3. 病理组织学检验材料的保存

将采取的组织块放入10%福尔马林溶液或95%酒精中固定，固定液的用量须为标本体积的5倍以上，如用10%福尔马林固定，应在24小时后换新鲜溶液1次。严寒季节为防组织块冻结，在送检时可将上述固定好的组织块取出，保存于甘油和10%福尔马林等量混合液中。

（三）病料送检

1. 病料的记录和送检单

病料应在容器上编号，并详细记录，附有送检单。

2. 病料包装

要安全稳妥。对于危险材料、怕热或怕冻的材料，应分别采取措施。一般说来，微生物学检验材料都怕受热，病理检验材料都怕冻。

3. 病料运送

病料装箱后，应尽快送到检验单位，短途可派专人送去，远途可以空运。

4. 注意事项

（1）采取病料要及时，应在病畜死后立即进行，最好不超过6小时。如拖延过久（特别是夏天），组织变性和腐败，不仅有碍于病原微生物的检出，也影响病理组织学检验的正确性。

（2）应选择症状和病变典型的病例，最好能同时选择几种不同病程的病料。

（3）取材动物应是未经抗菌或杀虫药物治疗的，否则会影响微生物和寄生虫的检出结果。

（4）剖检取材之前，应先对病畜病情、病史加以了解和记录，并详细进行剖检前的检查。

（5）除病理组织学检验材料及胃肠等以外，其他病料均应以无菌操作采取。为了减少污染机会，一般先采取微生物学检验材料，然后再结合病理剖检，采取病理检验材料。

二、细菌的分离、培养和鉴定

猪病细菌性病原体检查包括细菌的分离培养、染色镜检和生化试验。

（一）细菌的分离培养

1. 平皿划线分离培养法（图 5-3）

（1）左手持平皿培养基，以食指为支点，并用拇指和无名指将平皿盖推开一空隙（不要开得过大，以免空气进入而污染培养基）。

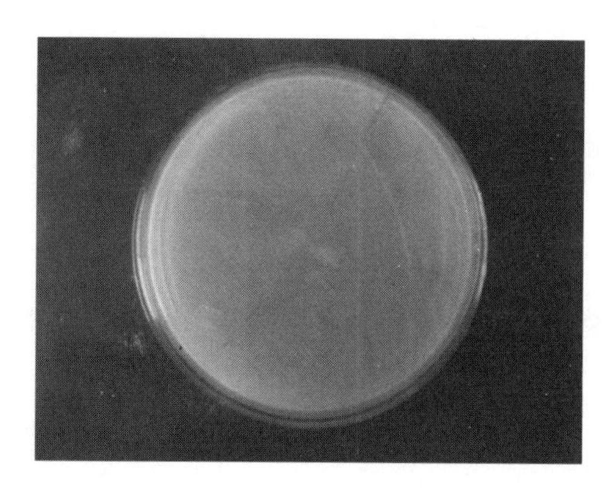

图 5-3　细菌培养

（2）右手以执笔式持接种环，经酒精灯火焰灭菌，待冷却后，取被检材料，迅速将取有材料的接种环伸入平皿中，在培养基边缘轻轻涂布一下，然后将接种环上的剩余材料在火焰上烧去，再伸入接种环，与培养基约呈 40°角，自涂布材料处开始，在培养基表面来回移动作曲线形划线接种。

（3）划线是以腕力使接种环在表面划动，尽量不要划破培养基。

（4）划线中不宜过多地重复旧线，以免形成菌苔。一般每次划线只能与上一次划线重叠，而且每次划线时可将接种环火焰灼烧灭菌后从上一次划线引出下一次划线，这样易获得单个菌落。

（5）划线完毕，接种环经火焰灭菌后放好；在平皿底用记号笔作记号和日期，将平皿倒置于37℃温箱培养，一般24小时后观察结果。

2. 琼脂斜面划线分离培养法

左手持斜面培养基试管，右手执接种环，在酒精灯火焰上灼烧灭菌，随即以右手无名指和小指拔去并夹持斜面试管棉塞或试管盖，将试管口在火焰上灭菌，以接种环蘸取被检材料，迅速伸进试管底部与冷凝水混合，并在培养基斜面上划曲线。划毕，塞好棉塞或盖好盖，接种环经火焰灭菌。将斜面培养基置37℃温箱中培养24小时观察结果。

3. 加热分离培养法

此法专用来分离有芽孢或较耐热的细菌，其方法是先将要分离的材料接种于一管液体培养基中，然后将该液体培养基置于水浴锅中，加热到80℃，维持20分钟，再进行培养，材料中若带有芽孢的细菌或其他耐热的细菌，仍可存活，而这种细菌的繁殖体则被杀灭，若材料中含有两种以上有芽孢或耐热的细菌时，只用此法得不到纯培养，仍须结合琼脂平板划线分离培养法。

4. 穿刺接种法

此法用于明胶、半固体、双糖等培养基。用接种针取菌落，由中央直刺培养基深处（稍离试管底部），然后将接种针拔出，在火焰上灭菌，培养基置37℃温箱中培养。

5. 厌氧培养法

培养厌氧菌，需将培养环境或培养基中的氧气除去，常用的方法有生物学、化学及物理学方法三类。

（1）生物学方法　利用生物组织或需氧菌的呼吸作用消耗掉培养环境中的氧气，以造成厌氧环境。常用的方法有：

① 在培养基中加入生物组织　培养基中含有动物组织（新鲜无菌的小片组织或加热杀菌的肌肉、心、脑等）或植物组织（如马铃薯、燕麦、发芽谷物等）由于新鲜组织的呼吸作用及加热处理过程中的可氧化物质的氧化，可消耗掉培养基中的氧气。

② 共生法　将培养材料置密闭的容器中，在培养厌氧菌的同时，接种一些需氧菌（枯草杆菌）或让植物种子（如燕麦）发芽，利用它们将氧气耗掉，造成厌氧环境。

（2）化学方法　利用化学反应将环境或培养基内的氧气吸收造成厌氧环境。常用的方法有：

① 焦性没食子酸平皿法　将被检材料接种在两只鲜血琼脂平板中，其中一只放在37℃普通环境下培养，作为对照。称取焦性没食子酸1克，放在翻转的平皿盖中央，覆一小块脱脂棉（压平，使扣上鲜血平板后，培养基不会接触棉花），迅速在脱脂棉上滴加10%氢氧化钠溶液1毫升，将已接种好的鲜血琼脂平板（去盖）覆盖在此翻转的盖上，周围用蜡封固。37℃温箱中培养2～4天观察。

② 焦性没食子酸试管法　取一大试管，在管底放一弹簧或适量玻璃珠，再加入焦性没食子酸1克，将已接种厌氧菌的小试管放入大试管中，沿大试管壁加入10%氢氧化钠液1～2毫升，迅速用橡胶皮塞塞住管口，周围用蜡密封，密置37℃培养2～4天。

③ 硫乙醇酸钠培养基　将待检菌接种于硫乙醇酸钠培养基。如为专性厌氧菌，经培养后，底部浑浊或有灰白色颗粒；如为专性需氧菌则上部浑浊；如为兼性菌则全部浑浊。

（3）物理学方法　利用加热、密封、抽气等物理学方法驱除或隔绝环境中或培养基中的氧气，以形成厌氧状态，有利于厌氧菌的生长。常用的方法有：

① 高层琼脂柱摇振培养法　加热融化高层琼脂，待冷却到45～50℃左右接种厌氧菌，迅速振荡混合均匀。凝固后置37℃培养，厌氧菌在近管底处生长。

② 真空干燥器培养法　将已接种厌氧菌的培养平皿或试管放真空干燥器内，密封，用抽气机抽掉空气。代之以氢气、氮气或一氧化碳气体，然后将干燥器放培养箱内培养。

6. 二氧化碳培养法

（1）烛缸法　取标本缸或玻璃干燥器一个，将已接种细菌的平皿或试管放在缸内。同时放入一小段点燃的蜡烛，缸上加盖封好，置37℃温箱培养即可。缸内蜡烛一般于1分钟左右熄灭。消耗缸内的氧气，使二氧化碳的量约为3%～5%。注意蜡烛火焰不要太靠近缸壁和缸盖，以免玻璃被烧裂。

（2）化学法　将已接种细菌的培养基放在一个玻璃缸内，同时放一个盛有稀硫酸的小烧杯，迅速于杯中投入碳酸氢钠（每1000毫升容积用1∶10稀硫酸10毫升及碳酸氢钠0.4克），发生反应后即产生一氧化碳（约10%）。加好试剂后立即密闭缸盖，置37℃环境培养。

为测定缸内二氧化碳浓度，可放入一支小试管，内盛0.15毫升碳酸钠溶液（每100毫升碳酸钠溶液中加有0.5%溴麝香草酚蓝2毫升）。在不同浓度二氧化碳环境下，指示剂呈不同颜色，呈色反应约需1个小时。零含量二氧化碳呈蓝色；5%二氧化碳呈蓝绿色；10%二氧化碳呈绿色；15%二氧化碳呈绿黄色；20%二氧化碳呈黄色。

（二）染色镜检和生化试验

分离培养出的细菌可以通过染色镜检和生化试验进一步鉴定。常用的染色方法是革兰氏染色法，通过初染、媒染、脱色、复染、干燥和镜检步骤确定细菌的形态结构。革兰氏阳性细菌呈蓝紫色，革兰氏阴性细菌呈红色。不同微生物在代谢类型上表现出很大的差异，如表现在对大分子糖类和蛋白质的分解能力以及分解代谢的最终产物的不同，反映出各菌属间具有不同的酶系和生理特性，这些特性可被用作为细菌鉴定和分类的依据。常用的生化试验包括：碳水化合物代谢试验，蛋白质、氨基酸和含氮化合物试验，碳源与氮源利用试验，以及酶类试验等（图 5-4、图 5-5）。

图 5-4　染色

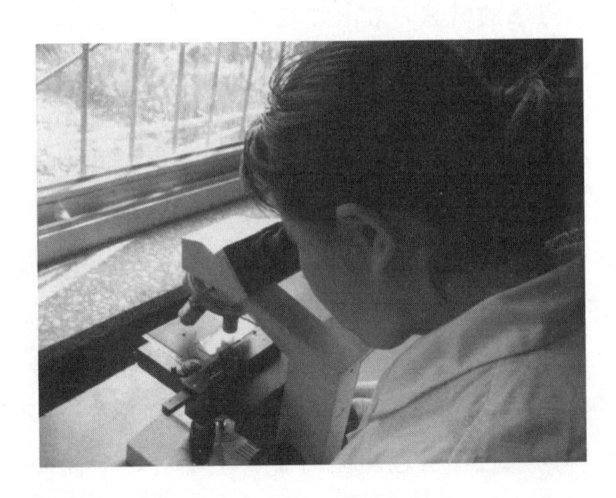

图 5-5　镜检

三、药物敏感试验

抗菌药物在猪病防制上已得到了广泛的使用，但是对某种抗菌药物长期或不合理的使用，可引起这些细菌产生耐药性。如果盲目地滥用抗菌药物，不仅造成药物的浪费，同时也贻误了治疗时机。药物敏感试验是一项药物体外抗菌作用的测定技术，通过本试验，可选用最敏感的药物进行临诊治疗，同时也可根据这一原理，测定抗菌药物的质量，以防伪劣假冒产品和过期失效药物进入猪场。常用的药敏试验方法有纸片法、试管法、琼脂扩散法 3 种。

（一）纸片法

各种抗菌药物的纸片，市场有售，是一种直径 6 毫米的圆形小纸片，要注意密封保存，藏于阴暗干燥处，切勿受潮。注意有效期，一般不超过 6 个月。

1. 试验材料

经分离和鉴定后的纯培养菌株（例如大肠杆菌、链球菌等）、营养肉汤、琼脂平皿、棉拭子、镊子、酒精灯、药敏纸片若干。

2. 试验步骤

（1）将测定菌株接种到营养肉汤中，置 37℃条件下培养 12 小时，取出备用。

（2）用无菌棉拭子蘸取上述菌液，均匀涂于琼脂平皿上。

（3）待培养基表面稍干后，用无菌小镊子分别取所需的药敏纸片均匀地贴在培养基的表面，轻轻压平，各纸片间应有一定的距离，并分别作上标记。

（4）将培养皿置 37℃温箱内培养 12～18 小时后，测量各种药敏纸片抑菌圈直径的大小（以毫米表示）（图 5-6）。

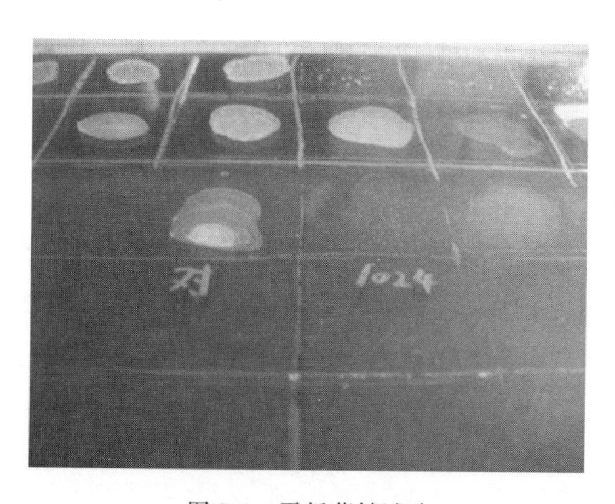

图 5-6 平板药敏试验

（二）试管法

本法较纸片法复杂，但结果较准确、可靠。此法不仅能用于各种抗菌药物对细菌的敏感性测定，也可用于定量检查。

1. 试验方法

取试管 10 支，排放在试管架上，于第 1 管中加入肉汤 1.9 毫升，其余各管均各加 1 毫升。吸取配好的抗菌药物 0.1 毫升，加入第 1 管，混合后吸取 1 毫升放入第 2 管，混合后再由第 2 管移 1 毫升到第 3 管，如此倍比稀释到第 9 管，从中吸取 1 毫升弃掉，第 10 管不加药物作为对照。然后，各管加入幼龄试验菌 0.05 毫升（培养 18 小时的菌液，1∶1000 稀释），置 37℃温箱内培养 18～24 小时观察结果。必要时也可从每管取 0.2 毫升分别接种于培养基上，经 12 小时培养后计数菌落。

2. 结果判定

培养 18 个小时后，凡无菌生长的药物最高稀释倍数，即为该菌对药物的敏感度。若药物本身浑浊而肉眼不易观察的，可将各稀释度的细菌涂片镜检，或计数培养皿上的菌落。

（三）琼脂扩散法

本法是利用药物可以在琼脂培养基中扩散的原理，进行抗菌试验，其目的是测定药物的质量，初步判断药物抗菌作用的强弱，用于定性，方法较简便。

1. 试验材料

被测定的抗菌药物（例如青霉素，选择不同厂家生产的几个品种，以作比较）、试验用的菌株（例如链球菌）、营养肉汤、营养琼脂平皿、棉拭子、微量吸管等。

2. 试验步骤

（1）将试验细菌接种到营养肉汤中，置 37℃温箱培养 12 小时，取出备用。

（2）用无菌棉拭子蘸取上述菌液均匀涂于营养琼脂平皿上。

（3）用各种方法将等量的被测药液（如同样的稀释度和数量）置于含菌的平板上，培养后，根据抑菌圈的大小，初步判定该药物抑菌作用的强弱。药物放置的方法有多种：第一，直接将药液滴在平板上；第二，用滤纸片蘸药液置于含菌的平板上；第三，在平板上打孔（用琼脂沉淀试验的打孔器），然后将药液滴入孔内；第四，先在无菌平板上划出一道沟，在沟内加入被检的药液，沟上方划线接种试验菌株。以上药物放置方法可根据具体条件选择使用。

四、用于抗原检测的聚合酶链反应

传统的动物疫病诊断方法有临床学诊断、生物学诊断、形态学诊断和免疫学诊断。随着分子生物学知识的不断积累，可能采用各种分子生物学技术直接探查病原体基因的存在和变异，从而对生物体的状态和疫病作出诊断，这就是基因诊断。在多种多样的基因诊断技术中，聚合酶链反应（PCR）技术因其巧妙的原理和与众不同的特点，已成为基因诊断的首选技术。

PCR 技术又称基因体外扩增技术。根据已知病原微生物特异性核酸序列（目前可以在因特网 GeneBank 中检索到很大一部分病原微生物特异性核酸序列），设计合成与其 5′端同源、3′端互补的 2 条引物，在反应管中加入待检的病原微生物核酸（称为模板 DNA）、引物 dNTP 和具有热稳定性的碱基 DNA 聚合酶。在适当条件（Mg^{2+}，pH 等）下，置于自动化热循环仪（PCR 仪）中，经过高温变性（94℃变性）、低温退火（55℃复性）、引物延伸（72℃延伸）三步反应，此为一个循环，每次扩增可进行 20～30 个循环。如果待检的病原微生物核酸与引物上的碱基匹配，合成的核酸产物就会以 $2n$（n 为循环次数）指数形式递增。产物经琼脂糖凝胶电泳，可见到预期大小的 DNA 条带，根据电泳结果可作出确切诊断。PCR 技术具有高度敏感性和特异性，只要知道病原微生物特异的核酸序列，就可用 PCR 方法检测。另外，PCR 技术为检测那些生长条件苛刻、培养困难的病原体，为潜伏感染或病原核酸整合到感染动物体细胞基因组的病原体检疫提供了极为有效的手段。PCR 技术与其他分子生物学诊断技术组合，形成了限制性片段长度多态性 PCR（PCR-RFLP）、反转录 PCR（RT-PCR）、单链构象多态性 PCR（PCR-SSCP）、随机扩增多态性 DNA（RAPD）等技术。

（一）限制性片段长度多态性

将 PCR 方法扩增的 DNA 片段，用限制性内切酶进行酶切后，经电泳比较酶切片段的方法。电泳后还可以利用 DNA 杂交技术进一步分析。

（二）反转录 PCR

利用反转录酶将 RNA 反转录成 cDNA 后，用常规的 PCR 方法扩增特异性片段。这种方法可扩增出 mRNA 或 RNA 病毒基因组中的特异性片段。

（三）单链构象多态性

双链 DNA 片段变性后成为单链时，单链 DNA 靠自身碱基序列形成立体结构。

这种 DNA 在非变性聚丙烯酰胺凝胶中边加热边电泳时，根据其立体结构的差异，即使是长度相同但立体结构不同的 DNA 片段，其电泳位置也不同。

数百个碱基序列的 DNA 片段中只有一个碱基差异的不同 DNA 片段，利用该方法可检出，故非常敏感。

（四）随机扩增多态性 DNA

这种方法是利用随机引物或病原体基因组中的重复序列或某生物种中常见基因的特异性引物进行 PCR，其结果扩增出不同长度的 DNA 片段，根据其片段长度鉴定病原体和血清型。

综上所述，传染病的每一种诊断方法都有其特定的作用和使用范围，单靠某一种方法不能把所有的传染病和带菌（毒）动物都检查出来，有些传染病应尽可能应用几种方法综合诊断。

随着 PCR 技术在动物疫病诊断上的快速发展，衍生出了诸如 RT-PCR 技术、半套式 PCR 技术、二温式多重 PCR 技术、三温式多重 PCR 技术、复合 PCR 技术等，并将之充分运用到动物疾病诊断、传染病流行病学调查、外来疫情监测和免疫后强毒株检测等方面，对控制动物疫病的发生和传播起到了重要的作用。

五、猪的血液常规检查法

畜禽发生疾病可以引起血液固有成分的改变。因此，血液检验是了解机体的健康状态、判定疾病的性质、治疗效果和预后等不可缺少的检验项目。血液的检验包括血液物理性状的检验、血细胞计数和形态学检验、血红蛋白的测定。

（一）血液物理性状的检验分为

1. 红细胞沉降率的测定

血液中加入抗凝剂后，一定时间内红细胞向下沉降的距离（毫米），叫做红细胞沉降速度，简称“血沉”或缩写为 ESR。红细胞沉降速度是一个比较复杂的物理化学和胶体化学的过程，其原理至今尚未完全阐明，一般认为与血中电荷的含量有关。正常时，红细胞表面带负电荷，血浆中的白蛋白也带负电荷；而血浆中的球蛋白、纤维蛋白原却带正电荷。畜禽体内发生异常变化时，血细胞的数量及血中的化学成分也会有所改变，直接影响正、负电荷相对的稳定性。假如正电荷增多，则负电荷相对减少，红细胞相互吸附，形成串钱状，而使红细胞沉降的速度加快；反之，红细胞相互排斥，其沉降速度变慢。

2. 红细胞压积容量的测定

红细胞压积容量的测定，是指压紧的红细胞在全血中所占的百分率，是鉴别各种贫血的一项不可缺少的指标，在兽医临床上广为使用，简称“比容”缩写为PCV，也称作“红细胞比积”“红细胞压积”。其原理为，血液中加入可以保持红细胞体积大小不变的抗凝剂，混合均匀，用特制吸管吸取抗凝全血随即注入温氏测定管中，电动离心，使红细胞压缩到最小体积，然后读取红细胞在单位体积内所占百分比。

3. 红细胞渗透脆性的测定

红细胞在等渗的氯化钠溶液中，它的形态保持不变。红细胞在不同浓度的低渗氯化钠溶液中，水分进入红细胞，红细胞逐渐胀大以至破裂溶血。开始溶血（即部分红细胞破裂）为最小抵抗力；完全溶血（即全部红细胞破裂）为最大抵抗力。抵抗力小，表示渗透脆性高；抵抗力大，表示渗透脆性低。通过这个试验测定红细胞对于低渗溶液的抵抗能力。

（二）血细胞计数

1. 红细胞计数

目前多采用试管法，即把全血在试管内用稀释液（此液不能破坏白细胞，但对红细胞计数影响不大，因为在一般情况下，白细胞数仅为红细胞数的 $1/10^4$）稀释200倍，在血细胞计数板的计数室内数一定容积的红细胞数，然后再推算出1毫米^3 血液内的红细胞数。

2. 白细胞计数

一定量的血液用冰醋酸溶液稀释后，可将红细胞破坏，然后在细胞计数板的计数室内计数一定容积的白细胞数，以此推算出1毫米^3 血液内的白细胞数。此项检验需与白细胞分类计数相配合，才能正确分析与判断疾病。

3. 血小板计数

尿素能溶解红细胞及白细胞而保存完整形态的血小板，经稀释后在细胞计数室内直接计数，以求得1毫米^3 血液内的血小板数。稀释液中的枸橼酸钠有抗凝作用，甲醛可固定血小板的形态。

4. 嗜酸性粒细胞计数

在血细胞计数板上，直接计数嗜酸性粒细胞的数目，换算成1毫米^3 中的个数，即绝对值，此为直接计数法。稀释液中含有尿素，它能破坏红细胞和嗜酸性粒细胞以外的其他白细胞（偶尔也可有少数淋巴细胞存在，但不被着色），经伊红染色，嗜酸性颗粒被染成粉红色。

（三）血细胞形态学的检验

观察血细胞形态需要制作血液涂片，经染色后进行显微观察。

猪的血细胞形态特征是：红细胞平均直径为6.2微米，圆形，可形成串钱状，有时呈现出中央淡染苍白。在3周龄的猪，一般能看到多染性红细胞及有核红细胞。

嗜中性粒细胞成熟型的核分为数叶，核丝不明显，核染色质呈鲜明的斑点状构造。杆状核细胞的核呈U形或S形，核膜平滑。在一日龄的健康仔猪血液中往往出现晚幼嗜中性粒细胞，其细胞浆呈淡蓝色乃至蓝色。

嗜酸性粒细胞颗粒呈圆形或卵圆形，染成橙红色，均匀分布于细胞浆中。核为肾形、杆状或分叶。

嗜碱性粒细胞细胞核明显，呈淡紫色。嗜碱性颗粒为蓝紫色。

淋巴细胞分大、中、小淋巴细胞，在胞浆与核之间有一透明带，胞浆的边缘有小而细长的嗜天青颗粒。

单核细胞核的边缘不整齐，核的染色质呈纽扣状。胞浆为灰蓝色，胞浆中的颗粒几乎看不到。

血小板呈小的卵圆形，有时也可见到细长的巨型血小板。

（四）血红蛋白的测定

1. 电子血细胞计数仪法

全血加入BE941型溶血剂，血红蛋白衍生物均能转化为稳定的棕红色氰化高铁血红蛋白，在电子血细胞计数仪上，可以通过血红蛋白通道直接测定。

2. 氰化高铁血红蛋白（HiCN）分光光度计法

全血加HiCN试剂，除HbS及HbC外其他血红蛋白衍生物均能转化成稳定的棕红色氰化高铁血红蛋白。在分光光度计540纳米处比色测定，根据标准读数和标本读数计算其浓度。在有条件的单位，可根据其毫摩尔消化系数计算含量。

3. 碱性羟高铁血红素（AHD-575）法

非离子化去垢剂碱性溶液（AHD试剂）能使血红素、血红蛋白及其衍生物全部转化为一种稳定碱性羟高铁血红素，在575纳米处有一特征性的吸收峰。

六、猪病常用的血清学诊断方法

血清学检查是检测猪病特异性抗体和抗原的常用方法，包括沉淀试验（含琼脂扩散试验）、凝集试验（含间接血凝试验等）、补体结合试验、中和试验、免疫荧光试验、放射免疫试验、酶联免疫吸附试验等。

七、猪的粪、尿常规检查法

（一）猪粪的常规检查

1. 动物粪便的显微镜检查

采集少许粪便，放在洁净的载玻片上，加少量生理盐水，用牙签混合并涂成薄层，无需加盖玻片，用低倍镜检视。遇到水样粪便时，因其含有大量的水分，检查前让其沉淀或低速离心片刻，然后用吸管吸取沉渣，制片进行镜检。

对粪球表面或粪便中的肉眼可见的异常混合物，如血液、脓汁、脓块、肠道黏膜及假膜等，应仔细地将其挑选出来，移到载玻片上，覆盖盖玻片，随后用低倍镜或高倍镜镜检。检查内容包括：①寄生虫及虫卵；②细菌；③血细胞、脓球；④上皮细胞；⑤脂肪颗粒及其他食物残渣；⑥假膜。

2. 动物粪便的化学检验

动物粪便的化学检验包括酸碱度、潜血等内容。

（二）尿常规检查法

尿液检验是一种相对简单、快速、经济的实验室检查，它可评估尿液和尿沉渣的物理和化学性质。尿液分析可为兽医提供泌尿系统、代谢和内分泌系统、电解质和水合状态方面的信息。

1. 尿液的一般性状检查

检查内容包括：①尿量；②尿色；③澄清度/透明度；④气味；⑤相对密度。

2. 尿液的显微镜检查

（1）尿液中有机沉渣的检查　包括红细胞、白细胞、上皮细胞、黏液和管型。

（2）尿液中无机沉渣的检查　包括磷酸铵镁结晶、无定形磷酸盐、碳酸钙结晶、无定形尿酸盐、尿酸铵结晶、草酸钙、磺胺类结晶和尿酸结晶。

3. 尿液的化学检验

检查内容包括：①pH；②蛋白质；③葡萄糖；④酮体；⑤胆色素；⑥潜血；⑦亚硝酸盐。

第六节　猪病的治疗技术

治疗猪病常用技术包括保定技术、给药技术、穿刺技术、封闭技术、灌肠技术、子宫冲洗技术等。

一、保定技术

猪的保定是进行免疫接种、样品采集、阉割和健康检查等必须使用的基本技术，也是猪病诊断和治疗必不可少的手段。常用的猪保定方法有站立保定法、提举保定法、网架保定法、保定架保定法和倒卧保定法等。

（一）站立保定法

此方法有3种具体的操作方法：

第一种方法是在猪圈中，把猪群轰赶到圈舍的角落里，关紧圈门，并由1～2个人用长木板或者一扇门将猪群挡住，使猪在圈内互相拥挤无法行动，兽医人员瞅准机会进行检查处理。如欲抓住猪群中某一头猪进行检查和处理时，可迅速抓提猪尾、猪耳或后肢，将其拖出猪群，然后做进一步的保定。此法适于检查体温、肌内注射及一般的临床检查。在进行臀部注射时，最好是注完一头后马上用颜色水液标记，以免重注。肌内注射部位多选择耳后或臀部肌肉丰满处，且选用金属注射器为好。

第二种方法是用保定绳保定。将保定绳的一端打个活结，一人抓住猪的两耳并向上提，在猪嚎叫时，把绳的活结立即套入猪的上颌部犬齿的后方并抽紧，然后把绳头扣在圈栏或木柱上。此时猪常后退，当猪退到被绳拉紧时，便站立不动。此法适用于一般检查和肌内注射。操作完毕后，只需把活结的绳头一抽，便可使猪解脱。

第三种方法是鼻捻保定法。在1米左右长的木棍一端系一个绳套，套环直径20厘米左右，将套环套于猪的上颌部犬齿的后方，迅速旋转木棍使绳套拉紧（不宜过紧，以防窒息），猪立即安静。此时可进行各种操作。

（二）提举保定法

1. 两耳提举保定

抓住猪两耳，迅速提举，使猪腹部朝前，同时用膝部夹住其颈胸部。此法用于胃管投药及肌内注射。

2. 后肢提举保定

两手握住后肢飞节并将其提起，头部朝下，用膝部夹注背部即可固定。此法可用于直肠脱的整复、腹腔注射以及阴囊和腹股沟疝手术等。

（三）网架保定法

取两根木棒或竹竿（长 100～150 厘米），按 60～75 厘米的宽度，用绳织成网架。将网架置于地上，把猪赶至网架上，随即抬起网架，使猪的四肢落入网孔并离开地面即可。较小的猪可将其捉住后放于网架上保定。或者几人将猪抬至移动式网架上，使四肢落入网孔，猪除了四肢游泳状划动外无法动弹，即可进行相应的诊疗。此法可用于一般的临床检查、耳静脉注射等。

（四）保定架保定法

将猪放于特制的活动保定架上，或使其成仰卧姿势，在大小适宜的木槽行背位保定。此法可用于前腔静脉注射及腹部手术等。

（五）倒卧保定法

1. 侧卧保定

左手抓住猪的右耳，右手抓住右侧膝部前皱褶，并向术者怀内提举放倒，然后使前后肢交叉，用绳在掌跖部拴紧固定。此法可用于大公猪、母猪去势，腹腔手术，耳静脉、腹腔注射。

小公猪阉割术的保定方法：术者右手提起小猪的右后腿，左手抓住同侧膝前皱襞，使小猪呈左侧倒卧，背朝术者；术者以左脚踩住猪颈部，右脚踩住尾根，并用左手掌外侧推按压右侧大腿的后部，使该肢向前向上靠紧腹壁，充分暴露睾丸。

2. 倒背两前肢保定法

用一条长 1 米左右、直径 0.3～0.5 厘米的细绳，一头先拴住患猪左（或右）前肢系部，然后绕过脊背再绑住右（或左）前肢系部，松紧适中，这样猪就处于爬卧状态，不能随意活动。个别猪剧烈挣扎不安静时，还可再用一条绳如法拴住两后肢。

3. 前后肢交叉保定法

用长 1 米、直径 0.3～0.5 厘米的细绳，将猪的任何一前肢与对侧的另一后肢拉紧绑在一起，这样保定也非常方便、牢靠，无需再按压保定。

4. 四肢叉开保定法

利用可能利用的条件，将猪的四条腿向前后两个方向分四点固定即可。如将猪四条腿分别固定起来，猪就呈爬卧状态，输液、换药、打针、灌肠都很方便。

5. 双绳放倒法

主要适用于性情较温顺的猪。用两条3米长的绳索，一条系于右前肢掌部，另一条系于右后肢跖部，两绳端越过腹下到左侧，分别向相反方向牵拉，猪即失去平衡而向右侧倒卧，随后，两助手按压住猪的头部和臀部，根据要求将猪前后肢捆缚固定。

二、给药技术

猪的给药方法很多，应根据病情、药物性质、猪的大小和头数，选择适当的给药方法。

（一）群体给药

现代集约化猪场控制猪病的关键措施就是群防群治。将药物添加到饲料或饮水中防治猪病，是规模养殖场用药的一个重要方法。其特点是方便、经济，节省人力与物力，提高防治效率，还能减少对猪群的应激。

混饲和饮水给药时应严格掌握用量，并确保药物与饲料混合均匀，通过饮水给药时应注意药物的水溶性，只有溶于水的药物才能通过饮水给药，同时要注意饮水量，保证每头猪药物的摄入量。另外，有些药物在水中时间过长易失效变质，应限时饮用。

（二）个体口服给药

1. 经口投药

首先捉住病猪两耳，使它站立保定，然后用木棒或开口器撬开猪嘴，将药片、药丸或其他药剂放置于猪舌根背面，再倒入少量清水，将猪嘴闭上，猪即可将药物咽下。这种投药方法限于少量药物。

2. 经口胃管投药法

助手抓住猪的两耳，将猪前躯夹于两腿之间。用木棒撬开口腔，并装上开口器，术者取胃管，从开口器中央将胃管插入食道，在确认插入食道后，再行灌药。

（三）注射给药

注射给药是将灭菌的液体药物，用注射器或输液器注入猪体内的方法。常用的注射方法有以下几种：

1. 肌内注射

将药液注入肌肉比较丰富的部位。刺激性较强和较难吸收的药物，进行血管内注射有副作用的药液，以及油、乳剂等不能进行血管内注射的药液等均可采用。但因肌肉组织致密，仅能注射较少剂量。一般注射部位在猪耳根后、臀部或股内侧，应避开大血管及神经。

2. 静脉注射

将药液直接注入静脉内，药液随血液循环很快分布于全身。主要用于大量的输液、输血，以治疗为目的的速效给药（如急救、强心药等），或注射药物有较强的刺激作用，不能作皮下、肌内注射，只能通过静脉内才能发挥药效的药物。注射药物的温度要尽可能接近于体温。猪注射部位一般选择耳静脉。

3. 气管内注射

气管内注射时将药液注入气管。注射时，病猪多取侧卧保定，且头高臀低，使针头经气管软骨环间进入气管，接上注射器缓慢注射。适用于气管、支气管和肺部疾病的治疗。注射药液量不宜过多，一般 3～5 毫升，量过大时，易发生气道阻塞而产生呼吸困难。

4. 胸腔注射或肺内注射

胸腔或肺内注射是治疗肺炎和胸膜炎的一种有效给药途径，由于药物直达病灶，因此治疗效果好于其他给药方法。

肺内注射法的注射部位在肩胛骨后缘，倒数第 6～8 肋间与髋关节连线交点，注射时选择单侧给药即可，若一次不愈，可在另侧相应部位再次注射。

操作时，站立保定，确定注射部位并用碘酊消毒。用注射器连接 3～5 厘米长的 9～12 号针头，抽吸药物后向胸壁垂直刺入 2～3 厘米以注入肺内为标准，并快速注入药物。为检查药物注入位置，刺入后可轻轻回针，看是否有气泡进入注射器内，如有气泡则说明针头未达肺内，而在胸腔。如针头到达肺内，则有少许血丝进入注射器。注完药物后迅速拔针并消毒。

临床可选用卡那霉素注射液；氟喹诺酮类的环丙沙星、恩诺沙星等注射液。

注入药物后，鼻腔和口腔可能流出少量泡沫，但很快就能恢复。注射针头不宜过粗，以免对肺组织造成大的损伤而引起意外。

5. 腹腔注射

腹腔注射是将药液注入腹腔。育肥猪在右髋关节下缘的水平线，距离最后肋骨数厘米的凹窝部刺入。小猪应倒提保定，然后将针头刺入耻骨前缘 3～5 厘米的正中线旁的腹腔内。

其他还有皮内注射和皮下注射等，对猪少用。

三、穿刺技术

穿刺技术是使用特制的穿刺器具（如套管针、穿刺器等）刺入猪体内某个部位，排除内容物或气体，或注入药液已达到治疗目的。也可通过穿刺采取病猪体内某一特定器官或组织的病理材料，进行实验室检验，有助于确诊疾病。所以，穿刺技术既是一种治疗技术，又是一种诊断手段。

（一）胸腔穿刺

用于排除体内的积液、血液或其他病理性产物，洗涤胸腔和注入药液进行治疗。

1. 注射部位的选择

右侧第7肋间（或左侧第8肋间）胸外静脉上方约2厘米处。

2. 操作方法

术者左手将术部皮肤稍向前方移动，右手持套管针（或针头），靠肋骨前缘垂直刺入3～5厘米。

当套管针刺入胸腔后，左手把持套管，右手拔出内针筒，即可流出积液或血液，放液时不宜过急，用拇指堵住套管口，间断地放出液体，防止胸腔减压过急，影响心肺功能。

如针孔堵塞不流时，可用内针疏通，直至放完为止。

放完积液后，需要洗涤胸腔时，可将装有消毒液的输液瓶的乳胶管或注射器连接到套管口（或注射针），高举输液瓶，药液即可流入胸腔，反复冲洗2～3次，再将其放出，最后注入治疗性药物。

操作完毕，插入内针，拔出套管针（或针头），使局部皮肤复位，术部涂碘酊。

3. 注意事项

穿刺或排液过程中，防止空气进入胸腔内；排出积液和注入消毒药、治疗药物时应缓慢进行，同时注意观察病猪有无异常表现；穿刺（注射）时防止损伤肋间神经和血管；刺入时，应以手指控制套管针的刺入深度，以防过深，刺伤心肺；穿刺过程中如果出血，应充分止血，改变穿刺位置。

（二）腹腔穿刺

腹腔穿刺主要用于排出腹腔积液、洗涤腹腔及注入药液进行治疗，或采集腹腔积液，进行胃肠破裂、肠变位、内脏出血等疾病的鉴别诊断。猪腹腔穿刺部位在脐部至耻骨前缘连线中央，腹中线两侧。猪侧卧保定，术部剪毛、消毒，左手稍移动穿刺部位皮肤，右手控制套管针（或针头）的深度，垂直刺入2～3厘米。拔出针芯，即可流出积液，用手指堵住套管口（或针头），缓慢而间断地放出积液。如套管针堵塞不流时，可用针芯疏通，直至放完为止。洗涤腹腔时，左手持针头垂直刺入两侧后腹部腹腔，连接输液瓶胶管或注射器，注入药液洗涤后再由穿刺部位排出，如此反复冲洗2～3次。

（三）膀胱穿刺

膀胱穿刺是当尿道完全阻塞时，为防止膀胱破裂或尿中毒而采取的暂时性的治疗措施，通过穿刺排出膀胱中的尿液。猪侧卧保定，将左或右后肢向后牵拉转位，充分暴露后腹部，在耻骨前缘触摸胀满有明显波动感处剪毛、消毒，以左手压紧穿刺部位，右手持针头向后下方刺入，并用手指捏住针头固定，待尿液排完后拔出针头，局部进行消毒处理。针刺入膀胱后应将针头固定好，防止滑脱。进行多次穿刺时，容易引起腹膜炎和膀胱炎，应慎重并积极采取对因治疗措施，特别是膀胱充盈时，穿刺时尿液有可能从膀胱穿刺孔处流入腹腔，所以膀胱穿刺应慎用。

四、封闭技术

普鲁卡因封闭疗法是一种调节神经营养机能疗法。通过这种疗法，可以使已经收到刺激的神经恢复其机能，发挥对器官和组织的正常调节作用。封闭后可使因炎症而扩张的血管收缩，减少渗出，减轻水肿，减轻疼痛，调节血管机能，改善组织营养，促进炎症的修复和治愈。

在治疗过程中，一般应用0.25%～0.5%的普鲁卡因溶液，有时也可与青霉素、可的松制剂配合应用。

1. 病灶周围封闭法

将10～30毫升0.25%～0.5%的普鲁卡因溶液，分几点注射于病猪病灶周围1～2厘米处的皮下或肌膜间，适用于创伤和局部炎症。

2. 尾骶封闭法

尾骶位于直肠与荐椎之间、腹腔以外，为疏松结缔组织，其间有腰荐神经丛、阴部神经和直肠后神经。

病猪站立保定，将尾部提起；刺入点在尾根与肛门形成的三角区中央相当于中兽医的后海穴或交巢穴处。用15～20厘米长针头，局部消毒后，垂直刺入皮下，将针头稍上翘并与荐椎呈平行方向刺入，先沿正中边注边拔针，然后再分别向左、向右各方向注入1次，使50～100毫升0.5%普鲁卡因溶液呈一扇形分布。

五、灌肠技术

灌肠是将药液、温水或营养液灌入直肠或结肠内的一种方法。通过药液的吸收、洗肠和排除宿粪，可用于治疗直肠炎、胃肠炎、胃肠卡他和大肠便秘等疾病，也可排除肠内异物，给动物补液及补充营养物质。灌注液常用温水、温肥皂水、食盐水、鞣酸液、0.1%高锰酸钾液、硼酸水、抗菌药药液、中药药液等。

灌肠时取站立保定或侧卧保定，用小动物灌肠器或导尿管灌肠。若直肠内有宿粪，应先人工排出宿粪。肛门周围用温水清洗干净，把胶管一端插入直肠，另一端连接漏斗或吊桶，将液体注入其内，适当举高即可流入，同时压迫尾根肛门，以免液体排出。也可使用100毫升注射器连接在胶管另一端注入溶液，注完后捏紧胶管，取下注射器再吸取液体注入，直至注入需要量液体为止。

六、子宫冲洗技术

子宫冲洗就是用子宫冲洗器或普通胶皮管、塑料管，向子宫内反复灌注和吸出消毒药液，清洗子宫内的积脓、胎衣碎片等物质。用于治疗母猪子宫内膜炎、子宫积脓、胎衣腐败等疾病。冲洗子宫的药品有0.05%～0.1%雷佛奴尔溶液、0.1%碘溶液、0.05%～0.1%高锰酸钾溶液、生理盐水、青霉素、链霉素等。

子宫冲洗时取站立保定或侧卧保定，先清洗和消毒外阴部，术者持导管插入母猪阴道内，经子宫颈口插入子宫内，导管另一端连接漏斗或注射器，向子宫内灌注消毒药液。然后放低导管，用虹吸法导引出灌入的药液，如此反复几次灌入和吸出，直至清洗干净。最后用青霉素160万～320万单位、生理盐水150～200毫升灌入子宫内，以控制和消除子宫炎症。

子宫冲洗通常在产后48小时内或发情期间进行，如果是在非发情期间，应先注射雌激素，以松弛子宫颈口。

第六章　猪场药物的安全使用

第一节　安全合理用药

一、《兽药管理条例》对兽药安全合理使用的规定

兽药的安全使用是指兽药使用既要保障动物疾病的有效治疗，又要保障对动物和人的安全。建立用药记录是防止临床滥用兽药，保障遵守兽药的休药期，以避免或减少兽药残留、保障动物产品质量的重要手段。2004 年 11 月 1 日起施行的《兽药管理条例》，历经 2014 年 7 月 29 日国务院令第 653 号部分修订、2016 年 2 月 6 日国务院令第 666 号部分修订、2020 年 3 月 27 日国务院令第 726 号部分修订等多次修订后，已经逐步完善。新修订的《兽药管理条例》明确要求兽药使用单位，要遵守国务院兽医行政管理部门制定的兽药安全使用规定，并建立用药记录。

兽药安全使用规定，是指农业部发布的关于安全使用兽药以确保动物安全和人的食品安全等方面的有关规定，如饲料药物添加剂使用规范，食品动物禁用的兽药及其他化合物清单，动物性食品中兽药最高残留限量、兽用休药期规定，以及兽用处方药和非处方药分类管理办法等文件。用药记录是指由兽药使用者所记录的关于预防治疗诊断动物疾病所使用的兽药名称、剂量、用法、疗程、用药开始日期、预计停药日期、产品批号、兽药生产企业名称、处方人、用药人等的书面材料和档案。

为确保动物性产品的安全，饲养者除了应遵守休药期规定外，还应确保动物及其产品在用药期、休药期内不用于食品消费。如泌乳期奶牛在发生乳腺炎而使用抗菌药等进行治疗期间，其所产牛奶应当废弃，不得用作食品。

新《兽药管理条例》还规定，禁止将原料药直接添加到饲料及动物饮水中或者直接饲喂动物。原因在于，将原料药直接添加到动物饲料或饮水中，一是剂量难以掌握或是稀释不均匀有可能引起中毒死亡，二是国家规定的休药期一般是针对制剂规定的，原料药没有休药期数据会造成严重的兽药残留问题。

临床合理用药，既要做到有效防治畜禽的各种疾病，又要避免对动物机体造成毒性损害或降低动物的生产性能，因此必须全面考虑动物的种属、年龄、性别等对药物作用的影响，选择适宜的药物、适宜的剂型、给药途径、剂量与疗程等，科学合理地加以使用。

（一）新《兽药管理条例》关于兽药使用的主要内容

第 38 条　兽药使用单位，应当遵守国务院兽医行政管理部门制定的兽药安全使用规定，并建立用药记录。

第 39 条　禁止使用假、劣兽药以及国务院兽医行政管理部门规定禁止使用的药品和其他化合物。禁止使用的药品和其他化合物目录由国务院兽医行政管理部门制定公布。

第 40 条　有休药期规定的兽药用于食用动物时，饲养者应当向购买者或者屠宰者提供准确、真实的用药记录；购买者或者屠宰者应当确保动物及其产品在用药期、休药期内不被用于食品消费。

第 41 条　国务院兽医行政管理部门，负责制定公布在饲料中允许添加的药物饲料添加剂品种目录。

禁止在饲料和动物饮水中添加激素类药品和国务院兽医行政管理部门规定的其他禁用药品。

经批准可以在饲料中添加的兽药，应当由兽药生产企业制成药物饲料添加剂后方可添加。禁止将原料药直接添加到饲料及动物饮用水中或者直接饲喂动物。

禁止将人用药品用于动物。

第 42 条　国务院兽医行政管理部门，应当制定并组织实施国家动物及动物产品兽药残留监控计划。

县级以上人民政府兽医行政管理部门，负责组织对动物产品中兽药残留量的检测。兽药残留检测结果，由国务院兽医行政管理部门或者省、自治区、直辖市人民政府兽医行政管理部门按照权限予以公布。

动物产品的生产者、销售者对检测结果有异议的，可以自收到检测结果之日起

7个工作日内向组织实施兽药残留检测的兽医行政管理部门或者其上级兽医行政管理部门提出申请，由受理申请的兽医行政管理部门指定检验机构进行复检。

兽药残留限量标准和残留检测方法，由国务院兽医行政管理部门制定发布。

第43条　禁止销售含有违禁药物或者兽药残留量超过标准的食用动物产品。

（二）食品动物禁用的兽药及其化合物清单

2002年4月农业部公告193号（表6-1）发布食品动物禁用的兽药及其他化合物清单。截至2002年5月15日，《禁用清单》序号1～18所列品种的原料药及其单方、复方制剂产品停止经营和使用。《禁用清单》序号19～21所列品种的原料药及其单方、复方制剂产品不准以抗应激、提高饲料转化率、促进动物生长为目的在食品动物饲养过程中使用。

表6-1　食品动物禁用的兽药及其他化合物清单（农业部公告193号）

序号	兽药及其他化合物名称	禁止用途	禁用动物
1	β-兴奋剂类：克仑特罗（Clenbuterol）、沙丁胺醇（Salbutamol）、西马特罗（Cimaterol）及其盐、酯及制剂	所有用途	所有食品动物
2	性激素类：己烯雌酚（Diethylstilbestrol）及其盐、酯及制剂	所有用途	所有食品动物
3	具有雌激素样作用的物质：玉米赤霉醇（Zeranol）、去甲雄三烯醇酮（Trenbolone）、醋酸甲孕酮（Mengestrol Acetate）及制剂	所有用途	所有食品动物
4	氯霉素（Chloramphenicol）及其盐、酯[包括：琥珀氯霉素（Chloramphenicol Succinate）]及制剂	所有用途	所有食品动物
5	氨苯砜（Dapsone）及制剂	所有用途	所有食品动物
6	硝基呋喃类：呋喃唑酮（Furazolidone）、呋喃它酮（Furaltadone）、呋喃苯烯酸钠（Nifurstyrenate Sodium）及制剂	所有用途	所有食品动物
7	硝基化合物：硝基酚钠（Sodium Nitrophenolate）、硝呋烯腙（Nitrovin）及制剂	所有用途	所有食品动物
8	催眠、镇静类：安眠酮（Methaqualone）及制剂	所有用途	所有食品动物
9	林丹（丙体六六六，Lindane）	杀虫剂	所有食品动物
10	毒杀芬（氯化烯，Camahechlor）	杀虫剂、清塘剂	所有食品动物
11	呋喃丹（克百威，Carbofuran）	杀虫剂	所有食品动物
12	杀虫脒（克死螨，Chlordimeform）	杀虫剂	所有食品动物
13	双甲脒（Amitraz）	杀虫剂	水生食品动物
14	酒石酸锑钾（Antimony Potassium Tartrate）	杀虫剂	所有食品动物
15	锥虫胂胺（Tryparsamide）	杀虫剂	所有食品动物
16	孔雀石绿（Malachitegreen）	抗菌、杀虫剂	所有食品动物
17	五氯酚酸钠（Pentachlorophenol Sodium）	杀螺剂	所有食品动物

续表

序号	兽药及其他化合物名称	禁止用途	禁用动物
18	各种汞制剂包括：氯化亚汞（甘汞，Calomel）、硝酸亚汞（Mercurous Nitrate）、醋酸汞（Mercurous Acetate）、吡啶基醋酸汞（Pyridyl Mercurous Acetate）	杀虫剂	所有食品动物
19	性激素类：甲基睾丸酮（Methyltestosterone）、丙酸睾酮（Testosterone Propionate）、苯丙酸诺龙（Nandrolone Phenylpropionate）、苯甲酸雌二醇（Estradiol Benzoate）及其盐、酯及制剂	促生长	所有食品动物
20	催眠、镇静类：氯丙嗪（Chlorpromazine）、地西泮（安定，Diazepam）及其盐、酯及制剂	促生长	所有食品动物
21	硝基咪唑类：甲硝唑（Metronidazole）、地美硝唑（Dimetronidazole）及其盐、酯及制剂	促生长	所有食品动物

注：食品动物是指各种供人食用或其产品供人食用的动物。

中华人民共和国农业部（2018年3月重组为中华人民共和国农业农村部）于2015年9月1日再次发布第2292号公告，经评价，认为洛美沙星、培氟沙星、氧氟沙星、诺氟沙星4种原料药的各种盐、酯及其各种制剂可能对养殖业、人体健康造成危害或者存在潜在风险。根据《兽药管理条例》第六十九条规定，决定在食品动物中停止使用洛美沙星、培氟沙星、氧氟沙星、诺氟沙星4种兽药，撤销相关兽药产品批准文号。公告指出，自公告发布之日起，除用于非食品动物的产品外，停止受理洛美沙星、培氟沙星、氧氟沙星、诺氟沙星4种原料药的各种盐、酯及其各种制剂的兽药产品批准文号的申请。自2015年12月31日起，停止生产用于食品动物的洛美沙星、培氟沙星、氧氟沙星、诺氟沙星4种原料药的各种盐、酯及其各种制剂，涉及的相关企业的兽药产品批准文号同时撤销。2015年12月31日前生产的产品，可以在2016年12月31日前流通使用。自2016年12月31日起，停止经营、使用用于食品动物的洛美沙星、培氟沙星、氧氟沙星、诺氟沙星4种原料药的各种盐、酯及其各种制剂。

2017年农业部发布2583号公告，禁止非泼罗尼及相关制剂用于食品动物。

农业部于2018年1月11日再次发布第2638号公告，自公告发布之日起，停止受理喹乙醇、氨苯胂酸、洛克沙胂等3种兽药的原料药及各种制剂兽药产品批准文号的申请。自2018年5月1日起，停止生产喹乙醇、氨苯胂酸、洛克沙胂等3种兽药的原料药及各种制剂，相关企业的兽药产品批准文号同时注销。2018年4月30日前生产的产品，可在2019年4月30日前流通使用。自2019年5月1日起，停止经营、使用喹乙醇、氨苯胂酸、洛克沙胂等3种兽药的原料药及各种制剂。

（三）禁止在饲料和动物饮用水中使用的药物品种目录

农业部第176号公告规定，凡生产含有药物饲料添加剂的饲料产品，必须严格执行《饲料药物添加剂使用规范》（168号公告）的规定。凡生产含有《饲料药物添加剂使用规范》附录一中的药物饲料添加剂的饲料产品，必须执行《饲料标签》标准的规定。

禁止在饲料和动物饮用水中使用的药物品种目录：

1. 肾上腺素受体激动剂

（1）盐酸克仑特罗（Clenbuterol Hydrochloride）　中华人民共和国药典（以下简称药典）2000年二部P605。β_2-肾上腺素受体激动药。

（2）沙丁胺醇（Salbutamol）　药典2000年二部P316。β_2-肾上腺素受体激动药。

（3）硫酸沙丁胺醇（Salbutamol Sulfate）　药典2000年二部P870。β_2-肾上腺素受体激动药。

（4）莱克多巴胺（Ractopamine）　一种β-兴奋剂，美国食品和药物管理局（FDA）已批准，中国未批准。

（5）盐酸多巴胺（Dopamine Hydrochloride）　药典2000年二部P591。多巴胺受体激动药。

（6）西马特罗（Cimaterol）　美国氰胺公司开发的产品，一种β-兴奋剂，FDA未批准。

（7）硫酸特布他林（Terbutaline Sulfate）　药典2000年二部P890。β_2-肾上腺受体激动药。

2. 性激素

（8）己烯雌酚（Diethylstibestrol）　药典2000年二部P42。雌激素类药。

（9）雌二醇（Estradiol）　药典2000年二部P1005。雌激素类药。

（10）戊酸雌二醇（Estradiol Valerate）　药典2000年二部P124。雌激素类药。

（11）苯甲酸雌二醇（Estradiol Benzoate）　药典2000年二部P369。雌激素类药。中华人民共和国兽药典（以下简称兽药典）2000年版一部P109。雌激素类药。用于发情不明显动物的催情及胎衣滞留、死胎的排除。

（12）氯烯雌醚（Chlorotrianisene）　药典2000年二部P919。

（13）炔诺醇（Ethinylestradiol）　药典2000年二部P422。

（14）炔诺醚（Quinestrol） 药典 2000 年二部 P424。

（15）醋酸氯地孕酮（Chlormadinone Acetate） 药典 2000 年二部 P1037。

（16）左炔诺孕酮（Levonorgestrel） 药典 2000 年二部 P107。

（17）炔诺酮（Norethisterone） 药典 2000 年二部 P420。

（18）绒毛膜促性腺激素（绒促性素）（Chorionic Gonadotrophin） 药典 2000 年二部 P534。促性腺激素药。兽药典 2000 年版一部 P146。激素类药。用于性功能障碍、习惯性流产及卵巢囊肿等。

（19）促卵泡生长激素（尿促性素主要含卵泡刺激 FSHT 和黄体生成素 LH）（Menotropins） 药典 2000 年二部 P321。促性腺激素类药。

3. 蛋白同化激素

（20）碘化酪蛋白（Iodinated Casein） 蛋白同化激素类，为甲状腺素的前驱物质，具有类似甲状腺素的生理作用。

（21）苯丙酸诺龙及苯丙酸诺龙注射液（Nandrolone Phenylpropionate） 药典 2000 年二部 P365。

4. 精神药品

（22）（盐酸）氯丙嗪（Chlorpromazine Hydrochloride） 药典 2000 年二部 P676。抗精神病药。兽药典 2000 年版一部 P177。镇静药。用于强化麻醉以及使动物安静等。

（23）盐酸异丙嗪（Promethazine Hydrochloride） 药典 2000 年二部 P602。抗组胺药。兽药典 2000 年版一部 P164。抗组胺药。用于变态反应性疾病，如荨麻疹、血清病等。

（24）安定（地西泮）（Diazepam） 药典 2000 年二部 P214。抗焦虑药、抗惊厥药。兽药典 2000 年版一部 P61。镇静药、抗惊厥药。

（25）苯巴比妥（Phenobarbital） 药典 2000 年二部 P362。镇静催眠药、抗惊厥药。兽药典 2000 年版一部 P103。巴比妥类药。缓解脑炎、破伤风、士的宁中毒所致的惊厥。

（26）苯巴比妥钠（Phenobarbital Sodium） 兽药典 2000 年版一部 P105。巴比妥类药。缓解脑炎、破伤风、士的宁中毒所致的惊厥。

（27）巴比妥（Barbital） 兽药典 2000 年版一部 P27。中枢抑制和增强解热镇痛。

（28）异戊巴比妥（Amobarbital） 药典 2000 年二部 P252。催眠药、抗惊厥药。

（29）异戊巴比妥钠（Amobarbital Sodium）　兽药典 2000 年版一部 P82。巴比妥类药。用于小动物的镇静、抗惊厥和麻醉。

（30）利血平（Reserpine）　药典 2000 年二部 P304。抗高血压药。

（31）艾司唑仑（Estazolam）。

（32）甲丙氨酯（Meprobamate）。

（33）咪达唑仑（Midazolam）。

（34）硝西泮（Nitrazepam）。

（35）奥沙西泮（Oxazepam）。

（36）匹莫林（Pemoline）。

（37）三唑仑（Triazolam）。

（38）唑吡旦（Zolpidem）。

（39）其他国家管制的精神药品。

5. 各种抗生素滤渣

（40）抗生素滤渣　该类物质是抗生素类产品生产过程中产生的工业三废，因含有微量抗生素成分，在饲料和饲养过程中使用后对动物有一定的促生长作用。但对养殖业的危害很大，一是容易引起耐药性，二是由于未做安全性试验，存在各种安全隐患。

（四）食品动物禁用兽药的有关公告

（1）食品动物禁用的兽药及其他化合物清单，农业部公告 193 号。

（2）禁止在饲料和动物饮用水中使用的药物品种目录，农业部公告 176 号。

（3）禁止在饲料和动物饮水中使用的物质，农业部公告 1519 号。

（4）兽药地方标准废止目录，序号 1 为 193 号公告的禁用品种补充，序号 2～5 为废止品种，农业部公告 560 号。

（5）兽药地升标汇编，废止目录见农业部 1435 号公告、1506 号公告、1759 号公告。

（6）在食品动物中停止使用洛美沙星、培氟沙星、氧氟沙星、诺氟沙星等 4 种原料药的各种盐、酯及其各种制剂，农业部公告 2292 号。

（7）禁止非泼罗尼及相关制剂用于食品动物，2017 年农业部公告 2583 号。

（8）在食品动物中停止使用喹乙醇、氨苯胂酸、洛克沙胂等 3 种兽药，2018 年农业部公告第 2638 号。

截至目前，涉及食品动物禁用的兽药及其他化合物品种清单，见表 6-2。

表 6-2　食品动物禁用的兽药及其他化合物品种清单

序号	药物名称	英文名	类别	引用依据
1	克仑特罗	Clenbuterol	β_2-肾上腺素受体激动药	农业部第235号公告
2	盐酸克仑特罗	Clenbuterol Hydrochloride	β_2-肾上腺素受体激动药	农业部第176号公告
3	沙丁胺醇	Salbutamol	β_2-肾上腺素受体激动药	农业部第176号、235号公告
4	硫酸沙丁胺醇	Salbutamol Sulfate	β_2-肾上腺素受体激动药	农业部第176号公告
5	莱克多巴胺	Ractopamine	β-2肾上腺素受体激动药	
6	盐酸多巴胺	Dopamine Hydrochloride	多巴胺受体激动药	
7	西马特罗	Cimaterol	β-兴奋剂	农业部第176号、235号公告
8	硫酸特布他林	Terbutaline Sulfate	β_2-肾上腺素受体激动药	农业部第176号公告
9	苯乙醇胺	Phenylethanolamine A	β-肾上腺素受体激动剂	农业部第1519号公告
10	班布特罗	Bambuterol	β-肾上腺素受体激动剂	
11	盐酸齐帕特罗	Zilpaterol Hydrochloride	β-肾上腺素受体激动剂	
12	盐酸氯丙那林	Clorprenaline Hydrochloride	β-肾上腺素受体激动剂	
13	马布特罗	Mabuterol	β-肾上腺素受体激动剂	
14	西布特罗	Cimbuterol	β-肾上腺素受体激动剂	
15	溴布特罗	Brombuterol	β-肾上腺素受体激动剂	
16	酒石酸阿福特罗	Arformoterol Tartrate	β-肾上腺素受体激动剂	
17	富马酸福莫特罗	Formoterol Fumatrate	β-肾上腺素受体激动剂	
18	盐酸可乐定	Clonidine Hydrochloride	抗高血压药	
19	盐酸赛庚啶	Cyproheptadine Hydrochloride	抗组胺药	
20	己烯雌酚	Diethylstibestrol	雌激素类药	农业部第176号、235号公告
21	玉米赤霉醇	Zeranol	具有雌激素样作用的物质	农业部第193号、235号公告
22	去甲雄三烯醇酮	Trenbolone	具有雌激素样作用的物质	
23	醋酸甲孕酮及制剂	Mengestrol Acetate	具有雌激素样作用的物质	
24	雌二醇	Estradiol	雌激素类药	农业部第176号公告
25	戊酸雌二醇	Estradiol Valerate	雌激素类药	
26	苯甲酸雌二醇	Estradiol Benzoate	雌激素类药	农业部第176号、193号公告

续表

序号	药物名称	英文名	类别	引用依据
27	氯烯雌醚	Chlorotrianisene	雌激素类药	农业部第176号公告
28	炔诺醇	Ethinylestradiol	雌激素类药	
29	炔诺醚	Quinestrol	雌激素类药	
30	醋酸氯地孕酮	Chlormadinone Acetate	雌激素类药	
31	左炔诺孕酮	Levonorgestrel	雌激素类药	
32	炔诺酮	Norethisterone	雌激素类药	
33	绒毛膜促性腺激素（绒促性素）	Chorionic Gonadotrophin	激素类药	
34	促卵泡生长激素(尿促性素主要含卵泡刺激FSHT和黄体生成素LH)	Menotropins	促性腺激素类药	
35	碘化酪蛋白	Iodinated Casein	蛋白同化激素类	
36	苯丙酸诺龙及苯丙酸诺龙注射液	Nandrolone Phenylpropionate	蛋白同化激素类	农业部第176号、193号公告
37	(盐酸)氯丙嗪	Chlorpromazine Hydrochloride	抗精神病药、镇静药	农业部第176号公告
38	氯丙嗪	Chlorpromazine	促生长类	农业部第193号公告
39	盐酸异丙嗪	Promethazine Hydrochloride	抗组胺药	农业部第176号公告
40	安定(地西泮)	Diazepam	抗焦虑药、抗惊厥药	农业部第176号、193号公告
41	苯巴比妥	Phenobarbital	镇静催眠药、抗惊厥药	农业部第176号公告
42	苯巴比妥钠	Phenobarbital Sodium	巴比妥类药	
43	巴比妥	Barbital	巴比妥类药	
44	异戊巴比妥	Amobarbital	催眠药、抗惊厥药	
45	异戊巴比妥钠	Amobarbital Sodium	巴比妥类药	
46	利血平	Reserpine	抗高血压药	
47	艾司唑仑	Estazolam	精神药品	
48	甲丙氨酯	Meprobamate	精神药品	
49	咪达唑仑	Midazolam	精神药品	
50	硝西泮	Nitrazepam	精神药品	
51	奥沙西泮	Oxazepam	精神药品	
52	匹莫林	Pemoline	精神药品	
53	三唑仑	Triazolam	精神药品	
54	唑吡旦	Zolpidem	精神药品	

续表

序号	药物名称	英文名	类别	引用依据
55	氯霉素	Chloramphenicol	抗生素类	农业部第193号公告
56	琥珀氯霉素	Chloramphenicol Succinate	抗生素类	
57	氨苯砜	Dapsone	抗生素类	农业部第193号、235号公告
58	呋喃唑酮	Furazolidone	硝基呋喃类	
59	呋喃它酮	Furaltadone	硝基呋喃类	
60	呋喃苯烯酸钠	Sodium Nifurstyrenate	硝基呋喃类	
61	硝基酚钠	Sodium Nitrophenolate	硝基化合物	
62	硝呋烯腙	Nitrovin	硝基化合物	
63	安眠酮	Methaqualone	催眠、镇静类	
64	林丹（丙体六六六）	Lindane	杀虫剂	
65	毒杀芬（氯化烯）	Camahechlor	杀虫剂、清塘剂	
66	呋喃丹（克百威）	Carbofuran	杀虫剂	
67	杀虫脒（克死螨）	Chlordimeform	杀虫剂	
68	双甲脒	Amitraz	杀虫剂	
69	酒石酸锑钾	Antimony Potassium Tartrate	杀虫剂	
70	锥虫胂胺	Tryparsamide	杀虫剂	
71	孔雀石绿	Malachite Green	抗菌、杀虫剂	
72	五氯酚酸钠	Pentachlorophenol Sodium	杀螺剂	
73	氯化亚汞(甘汞)	Calomel	杀虫剂	
74	硝酸亚汞	Mercurous Nitrate	杀虫剂	
75	醋酸汞	Mercurous Acetate	杀虫剂	
76	吡啶基醋酸汞	Pyridyl mercurous Acetate	杀虫剂	
77	甲基睾丸酮	Methyltestosterone	促生长类	
78	丙酸睾酮	Testosterone Propionate	促生长类	农业部第193号公告
79	甲硝唑	Metronidazole	促生长类	
80	地美硝唑	Dimetronidazole	促生长类	
81	洛硝达唑	Ronidazole	抗生素类	农业部第235号公告
82	群勃龙	Trenbolone	激素类药	
83	呋喃妥因	Furadantin	硝基呋喃类	农业部第560号公告
84	替硝唑	Tinidazole	硝基咪唑类	
85	卡巴氧	Carbadox	喹恶啉类	

续表

序号	药物名称	英文名	类别	引用依据
86	万古霉素	Vancomycin	抗生素类	农业部第560号公告
87	金刚烷胺	Amantadine	抗病毒类	
88	金刚乙胺	Rimantadine	抗病毒类	
89	阿昔洛韦	Acyclovir	抗病毒类	
90	吗啉(双)胍(病毒灵)	Moroxydine	抗病毒类	
91	利巴韦林	Ribavirin	抗病毒类	
92	头孢哌酮	Cefoperazone	抗生素、合成抗菌药及农药	
93	头孢噻肟	Cefotaxime	抗生素、合成抗菌药及农药	
94	头孢曲松(头孢三嗪)	Cefatriaxone	抗生素、合成抗菌药及农药	
95	头孢噻吩	Cephalothin	抗生素、合成抗菌药及农药	
96	头孢拉啶	Cefradine	抗生素、合成抗菌药及农药	
97	头孢唑啉	Cefazolin	抗生素、合成抗菌药及农药	
98	头孢噻啶	Cefaloridine	抗生素、合成抗菌药及农药	
99	罗红霉素	Roxithromycin	抗生素、合成抗菌药及农药	
100	克拉霉素	Clarithromycin	抗生素、合成抗菌药及农药	
101	阿奇霉素	Azithromycin	抗生素、合成抗菌药及农药	
102	磷霉素	Phosphonomycin	抗生素、合成抗菌药及农药	
103	硫酸奈替米星	Netilmicin	抗生素、合成抗菌药及农药	
104	氟罗沙星	Fleroxacin	抗生素、合成抗菌药及农药	
105	司帕沙星	Sparfloxacin	抗生素、合成抗菌药及农药	
106	甲替沙星	Methylhydrochloride	抗生素、合成抗菌药及农药	
107	氯林可霉素(克林霉素)	Chlorodeoxylincomycin	抗生素、合成抗菌药及农药	
108	氯洁霉素(克林霉素)	Clindamycin	抗生素、合成抗菌药及农药	

续表

序号	药物名称	英文名	类别	引用依据
109	妥布霉素	Tobramycin	抗生素、合成抗菌药及农药	
110	胍哌甲基四环素	Guamecycline	抗生素、合成抗菌药及农药	
111	盐酸甲烯土霉素(美他环素)	Methacycline Hydrochloride	抗生素、合成抗菌药及农药	
112	两性霉素	Amphotericin	抗生素、合成抗菌药及农药	
113	利福霉素	Rifamycin	抗生素、合成抗菌药及农药	
114	双嘧达莫	Dipyridamole	预防血栓栓塞性疾病	
115	聚肌胞	PolyI-C	解热镇痛类	
116	氟胞嘧啶	Flucytosine	解热镇痛类	
117	代森铵	Ambam	农用杀虫菌剂	
118	磷酸伯氨喹	Primaquine Phosphate	解热镇痛类	
119	磷酸氯喹	Chloroquine Phosphate	抗疟药	
120	异噻唑啉酮	Isothiazolinone	防腐杀菌	
121	盐酸地芬诺酯	Hydrochloride Diphenoxylate	解热镇痛	
122	盐酸溴己新	Bromhexine Hydrochloride	祛痰药	
123	西咪替丁	Cimetidine	解热镇痛类	农业部第560号公告
124	盐酸甲氧氯普胺	Reclomide	解热镇痛类	
125	甲氧氯普胺(盐酸胃复安)	Maxolon	解热镇痛类	
126	比沙可啶	Bisacodyl	泻药	
127	二羟丙茶碱	Dihydroxypropyl Theophylline	平喘药	
128	白细胞介素-2	Interleukin-2	解热镇痛类	
129	别嘌醇	Allopurinol	解热镇痛类	
130	多抗甲素(α-甘露聚糖肽)	Polyactin	解热镇痛类	
131	注射用的抗生素与安乃近、氟喹诺酮类等化学合成药物的复方制剂	Analginum Fluoroquinolone	复方制剂	
132	镇静类药物与解热镇痛药等治疗药物组成的复方制剂	Hypnogenesis	复方制剂	

续表

序号	药物名称	英文名	类别	引用依据
133	洛美沙星	lomefloxacin	抗菌类	农业部第2292号公告
134	培氟沙星	Pefloxacin	抗菌类	
135	氧氟沙星	Ofloxacin	抗菌类	
136	诺氟沙星	Norfloxacin	抗菌类	
137	非泼罗尼	Fipronil	杀虫剂	农业部第2583号公告
138	喹乙醇	Olaquindox	抗菌类	农业部第2638号公告
139	氨苯胂酸	Arsanilic Acid	抗菌类	
140	洛克沙胂	Roxarsone	促生长剂	

二、注意动物的种属、年龄、性别和个体差异

多数药物对各种动物都能产生类似的作用，但由于各种动物的解剖结构、生理机能及生化反应的不同，对同一药物的反应存在一定差异（即种属差异），多为量的差异，少数表现为质的差异。如反刍兽对二甲苯胺噻唑比较敏感，剂量较小即可出现肌肉松弛镇静作用，而猪对此药则不敏感，剂量较大也达不到理想的肌肉松弛镇静效果；酒石酸锑钾能引起猪呕吐，但对反刍动物则呈现反刍促进作用。

家畜的年龄、性别不同，对药物的反应亦有差异。一般说来，幼龄、老龄动物的药酶活性较低，对药物的敏感性较高，故用量宜适当减少；雌性动物比雄性动物对药物的敏感性要高，在发情期、妊娠期和哺乳期用药，除了一些专用药外，使用其他药物必须考虑母畜的生殖特性。如泻药、利尿药、子宫兴奋药及其他刺激性强的药物，使用不慎可引起流产、早产和不孕等，要尽量避免使用。有些药物如四环素类、氨基苷类等可通过胎盘或乳腺进入胎儿或新生动物体内而影响其生长发育，甚至致畸，故妊娠期、哺乳期要慎用或禁用。某些药物如青霉素肌内注射后可渗入牛奶、羊奶中，人食用后前者可引起过敏反应，后者可引起灰婴综合征，故泌乳牛、泌乳羊应禁用。在年龄、体重相近的情况下，同种动物中的不同个体，对药物的敏感性也存在差异，称为个体差异。如青霉素等药物可引起某些动物的过敏反应等，临床用药时应予注意。

三、注意药物的给药方法、剂量与疗程

不同的给药途径可直接影响药物的吸收速度和血药浓度的高低，从而决定着药物作用出现的快慢、维持时间长短和药效的强弱，有时还会引起药物作用性质的改

变。如硫酸镁内服致泻，而静脉注射则产生中枢神经抑制作用；又如新霉素内服可治疗细菌性肠炎，因很少吸收，故无明显的肾脏毒性，肌内注射给药时肾脏毒性很大，严重者引起死亡，故不可注射给药，而气雾给药时可用于猪传染性萎缩性鼻炎等呼吸系统疾病的治疗。故临床上应根据病情缓急、用药目的及药物本身的性质来确定适宜的给药方法。对危重病例，宜采用注射给药；治疗肠道感染或驱除肠道寄生虫时，宜内服给药；对集约化饲养的畜禽，一般应采用群体用药法，以减轻应激反应；治疗呼吸系统疾病，最好采用呼吸道给药。

药物的剂量是决定药物效应的关键因素，通常是指防治疾病的用量。用药量过小不产生任何效应，在一定范围内，剂量越大作用越强，但用量过大则会引起中毒甚至死亡。临床用药要做到安全有效，就必须严格掌握药物的剂量范围，用药量应准确，并按规定的时间和次数用药。对安全范围小的药物，应按规定的用法用量使用，不可随意加大剂量。

为达到治愈疾病的目的，大多数药物都要连续或间歇性地反复用药一段时间，称之为疗程。疗程的长短多取决于动物饲养情况、疾病性质和病情需要。一般而言，对散养的动物常见病，对症治疗药物如解热药、利尿药、镇痛药等，一旦症状缓解或改善，可停止使用或进一步作对因治疗；而对集约化饲养的动物感染性疾病如细菌或霉形体性传染病，一定要用药至彻底杀灭入侵的病原体，即治疗要彻底，疗程要足够，一般用药需 3～5 天。疗程不足或症状改善即停止用药，一是易导致病原体产生耐药性，二是疾病易复发。

四、注意药物的配伍禁忌

临床上为了提高疗效，减少药物的不良反应，或治疗不同的并发症，常需同时或短期内先后使用两种或两种以上的药物，称联合用药。由于药物间的相互作用，联用后可使药效增强（协同作用）或不良反应减轻，也可使药效降低、消失（拮抗作用）或出现不应有的不良反应，后者称之为药理性配伍禁忌。联合用药合理，可利用增强作用提高疗效，如磺胺药与增效剂联用，抗菌效能可增强数倍至几十倍；亦可利用拮抗作用来减少副作用或作解毒，如用阿托品对抗水合氯醛引起的支气管腺体分泌的副作用，用中枢兴奋药解救中枢抑制药过量中毒等。但应用不当，则会降低疗效或对机体产生毒性损害。如含钙、镁、铝、铁的药物与四环素合用，因可形成难溶性的络合物，而降低四环素的吸收和作用；又如苯巴比妥可诱导肝药酶的活性，可使同用的维生素 K 减效，并可引起出血。故联合用药时，既要注意药物本身的作用，还要十分注意药物之间的相互作用。

当药物在体外配伍如混用时，亦会因相互作用而出现物理化学变化，导致药效降低或失效，甚至引起毒性反应，这些称为理化性配伍禁忌。如乙酰水杨酸与碱性药物配成散剂，在潮湿时易引起分解；维生素C溶液与苯巴比妥钠配伍时，能使后者析出，同时前者亦部分分解；吸附药与抗菌药配合，抗菌药被吸附而使疗效降低；另外还有出现产气、变色、燃烧、爆炸等。此外，水溶剂与油溶剂配合时会分层；含结晶水的药物相互配伍时，由于条件的改变使其中的结晶水析出，使固体药物变成半固体或泥糊状态；两种固体混合时，可由于熔点的降低而变成溶液（液化）等。理化性配伍禁忌，主要是酸性碱性药物间的配伍问题。

无论是药理性还是理化性配伍禁忌，都会影响到药物的疗效与安全性，必须引起足够的重视。通常一种药物可有效治疗的不应使用多种药物，少数几种药物可解决问题的，不必使用许多药物进行治疗，即做到少而精、安全有效，避免盲目配伍。

五、注意药物在动物性产品中的残留

在集约化养殖业中，药物除了防治动物疾病的传统用途外，有些还作为饲料添加剂用于促进生长，提高饲料报酬，改善畜产品质量，提高养殖的经济效益。但在产生有益作用的同时，往往又残留在动物性食品（肉、蛋、奶及其产品）中，间接危害人类的健康。所谓药物残留是指给动物应用兽药或饲料添加剂后，药物的原型及其代谢物蓄积或储存在动物的组织、细胞、器官或可食性产品中。残留量以每千克（或每升）食品中的药物及其衍生物残留的质量表示，如毫克/千克或毫克/升、微克/千克或微克/升。兽药残留对人类健康主要有3个方面的影响：一是对消费者的毒性作用，主要有致畸、致突变或致癌作用（如硝基呋喃类、砷制剂已被证明有致癌作用，许多国家已禁用于食品动物）、急慢性毒性（如人食用含有盐酸克仑特罗的猪肺可发生急性中毒等）、激素样作用（如人吃了含有雌激素或同化激素的食品则会干扰人的激素功能）、过敏反应等；二是对人类肠道微生物的不良影响，使部分敏感菌受到抑制或被杀死，致使平衡破坏，有些条件性致病菌（如大肠杆菌）可能大量繁殖，或体外病原菌侵入，损害人类健康；三是使人类病原菌耐药性增加，抗菌药物在动物性食品中的残留可能使人类的病原菌长期接触这些低浓度的药物，从而产生耐药性，食品动物使用低剂量抗菌药物作促生长剂时也容易产生耐药性。临床致病菌耐药性的不断增加，使抗菌药的药效降低，使用寿命缩短。

为保证人类的健康，许多国家对用于食品动物的抗生素、合成抗菌药、抗寄生虫药、激素等，规定了最高残留限量和休药期。最高残留限量（MRL）原称允许残留量，是指允许在动物性食品表面或内部残留药物的最高量。具体地说，是指在屠宰以及收获、加工、贮存和销售等特定时期，直到被人消费时，动物性食品中药物残留的最高允许量。如违反规定，肉、蛋、奶中的药物残留量超过规定浓度，则将受到严厉处罚。近年来，因药物残留问题，严重影响了我国禽肉、兔肉、羊肉、牛肉的对外出口，故给食品动物用药时，必须注意有关药物的休药期规定。所谓休药期，系指允许屠宰畜禽及其产品（乳、蛋）允许上市前的停药时间。规定休药期，是为了减少或避免畜产品中药物的超量残留，由于动物种属、药物种类、剂型、用药剂量和给药途径不同，休药期长短亦有很大差别，故在食品动物或其产品上市前的一段时间内，应遵守休药期规定停药一定时间，以免造成出口产品的经济损失或影响人们的健康。对有些药物，还提出有应用限制，如有些药物禁用于犊牛，有些禁用于产蛋鸡群或泌乳牛等，使用药物时都需十分注意。

2003 年 5 月 22 日农业部公告第 278 号发布了兽药国家标准中部分品种停药期规定（表 6-3），并确定了部分不需要规定停药期的品种（表 6-4）。

表 6-3　停药期规定

序号	兽药名称	执行标准	停药期
1	乙酰甲喹片	兽药规范 92 版	牛、猪 35 日
2	二氢吡啶	部颁标准	牛、肉鸡 7 日，弃奶期 7 日
3	二硝托胺预混剂	兽药典 2000 版	鸡 3 日，产蛋期禁用
4	土霉素片	兽药典 2000 版	牛、羊、猪 7 日，禽 5 日，弃蛋期 2 日，弃奶期 3 日
5	土霉素注射液	部颁标准	牛、羊、猪 28 日，弃奶期 7 日
6	马杜霉素预混剂	部颁标准	鸡 5 日，产蛋期禁用
7	双甲脒溶液	兽药典 2000 版	牛、羊 21 日，猪 8 日，弃奶期 48 小时，禁用于产奶羊和水生动物杀虫剂
8	巴胺磷溶液	部颁标准	羊 14 日
9	水杨酸钠注射液	兽药规范 65 版	牛 0 日，弃奶期 48 小时
10	四环素片	兽药典 90 版	牛 12 日、猪 10 日、鸡 4 日，产蛋期禁用，产奶期禁用
11	甲砜霉素片	部颁标准	28 日，弃奶期 7 日
12	甲砜霉素散	部颁标准	28 日，弃奶期 7 日，鱼 500 度日
13	甲基前列腺素 F2a 注射液	部颁标准	牛 1 日，猪 1 日，羊 1 日
14	甲硝唑片	兽药典 2000 版	牛 28 日。禁用于促生长
15	甲磺酸达氟沙星注射液	部颁标准	猪 25 日
16	甲磺酸达氟沙星粉	部颁标准	鸡 5 日，产蛋鸡禁用
17	甲磺酸达氟沙星溶液	部颁标准	鸡 5 日，产蛋鸡禁用

续表

序号	兽药名称	执行标准	停药期
18	甲磺酸培氟沙星可溶性粉	部颁标准	农业部 2292 号公告已全面禁用
19	甲磺酸培氟沙星注射液	部颁标准	农业部 2292 号公告已全面禁用
20	甲磺酸培氟沙星颗粒	部颁标准	农业部 2292 号公告已全面禁用
21	亚硒酸钠维生素 E 注射液	兽药典 2000 版	牛、羊、猪 28 日
22	亚硒酸钠维生素 E 预混剂	兽药典 2000 版	牛、羊、猪 28 日
23	亚硫酸氢钠甲萘醌注射液	兽药典 2000 版	0 日
24	伊维菌素注射液	兽药典 2000 版	牛、羊 35 日，猪 28 日，泌乳期禁用
25	吉他霉素片	兽药典 2000 版	猪、鸡 7 日，产蛋期禁用
26	吉他霉素预混剂	部颁标准	猪、鸡 7 日，产蛋期禁用
27	地西泮注射液	兽药典 2000 版	28 日
28	地克珠利预混剂	部颁标准	鸡 5 日，产蛋期禁用
29	地克珠利溶液	部颁标准	鸡 5 日，产蛋期禁用
30	地美硝唑预混剂	兽药典 2000 版	猪、鸡 28 日，产蛋期禁用
31	地塞米松磷酸钠注射液	兽药典 2000 版	牛、羊、猪 21 日，弃奶期 3 日
32	安乃近片	兽药典 2000 版	牛、羊、猪 28 日，弃奶期 7 日
33	安乃近注射液	兽药典 2000 版	牛、羊、猪 28 日，弃奶期 7 日
34	安钠咖注射液	兽药典 2000 版	牛、羊、猪 28 日，弃奶期 7 日
35	那西肽预混剂	部颁标准	鸡 7 日，产蛋期禁用
36	吡喹酮片	兽药典 2000 版	28 日，弃奶期 7 日
37	芬苯哒唑片	兽药典 2000 版	牛、羊 21 日，猪 3 日，弃奶期 7 日
38	芬苯哒唑粉（苯硫苯咪唑粉剂）	兽药典 2000 版	牛、羊 14 日，猪 3 日，弃奶期 5 日
39	苄星邻氯青霉素注射液	部颁标准	牛 28 日，产犊后 4 天禁用，泌乳期禁用
40	阿司匹林片	兽药典 2000 版	0 日
41	阿苯达唑片	兽药典 2000 版	牛 14 日，羊 4 日，猪 7 日，禽 4 日，弃奶期 60 小时
42	阿莫西林可溶性粉	部颁标准	鸡 7 日，产蛋鸡禁用
43	阿维菌素片	部颁标准	羊 35 日，猪 28 日，泌乳期禁用
44	阿维菌素注射液	部颁标准	羊 35 日，猪 28 日，泌乳期禁用
45	阿维菌素粉	部颁标准	羊 35 日，猪 28 日，泌乳期禁用
46	阿维菌素胶囊	部颁标准	羊 35 日，猪 28 日，泌乳期禁用
47	阿维菌素透皮溶液	部颁标准	牛、猪 42 日，泌乳期禁用
48	乳酸环丙沙星可溶性粉	部颁标准	禽 8 日，产蛋鸡禁用

续表

序号	兽药名称	执行标准	停药期
49	乳酸环丙沙星注射液	部颁标准	牛 14 日,猪 10 日,禽 28 日,弃奶期 84 小时
50	乳酸诺氟沙星可溶性粉	部颁标准	农业部 2292 号公告已全面禁用
51	注射用三氮脒	兽药典 2000 版	28 日,弃奶期 7 日
52	注射用苄星青霉素(注射用苄星青霉素 G)	兽药规范 78 版	牛、羊 4 日,猪 5 日,弃奶期 3 日
53	注射用乳糖酸红霉素	兽药典 2000 版	牛 14 日,羊 3 日,猪 7 日,弃奶期 3 日
54	注射用苯巴比妥钠	兽药典 2000 版	28 日,弃奶期 7 日
55	注射用苯唑西林钠	兽药典 2000 版	牛、羊 14 日,猪 5 日,弃奶期 3 日
56	注射用青霉素钠	兽药典 2000 版	0 日,弃奶期 3 日
57	注射用青霉素钾	兽药典 2000 版	0 日,弃奶期 3 日
58	注射用氨苄青霉素钠	兽药典 2000 版	牛 6 日,猪 15 日,弃奶期 48 小时
59	注射用盐酸土霉素	兽药典 2000 版	牛、羊、猪 8 日,弃奶期 48 小时
60	注射用盐酸四环素	兽药典 2000 版	牛、羊、猪 8 日,弃奶期 48 小时
61	注射用酒石酸泰乐菌素	部颁标准	牛 28 日,猪 21 日,弃奶期 96 小时
62	注射用喹嘧胺	兽药典 2000 版	28 日,弃奶期 7 日
63	注射用氯唑西林钠	兽药典 2000 版	牛 10 日,弃奶期 2 日
64	注射用硫酸双氢链霉素	兽药典 90 版	牛、羊、猪 18 日,弃奶期 72 小时
65	注射用硫酸卡那霉素	兽药典 2000 版	28 日,弃奶期 7 日
66	注射用硫酸链霉素	兽药典 2000 版	牛、羊、猪 18 日,弃奶期 72 小时
67	环丙氨嗪预混剂(1%)	部颁标准	鸡 3 日
68	苯丙酸诺龙注射液	兽药典 2000 版	28 日,弃奶期 7 日
69	苯甲酸雌二醇注射液	兽药典 2000 版	28 日,弃奶期 7 日
70	复方水杨酸钠注射液	兽药规范 78 版	28 日,弃奶期 7 日
71	复方甲苯咪唑粉	部颁标准	鳗 150 度日(注:温度乘以天数,500 度日就是指 20℃的情况下为 25 天,25℃的情况下为 20 天)
72	复方阿莫西林粉	部颁标准	鸡 7 日,产蛋期禁用
73	复方氨苄西林片	部颁标准	鸡 7 日,产蛋期禁用
74	复方氨苄西林粉	部颁标准	鸡 7 日,产蛋期禁用
75	复方氨基比林注射液	兽药典 2000 版	28 日,弃奶期 7 日
76	复方磺胺对甲氧嘧啶片	兽药典 2000 版	28 日,弃奶期 7 日
77	复方磺胺对甲氧嘧啶钠注射液	兽药典 2000 版	28 日,弃奶期 7 日
78	复方磺胺甲噁唑片	兽药典 2000 版	28 日,弃奶期 7 日
79	复方磺胺氯哒嗪钠粉	部颁标准	猪 4 日,鸡 2 日,产蛋期禁用
80	复方磺胺嘧啶钠注射液	兽药典 2000 版	牛、羊 12 日,猪 20 日,弃奶期 48 小时

续表

序号	兽药名称	执行标准	停药期
81	枸橼酸乙胺嗪片	兽药典 2000 版	28 日,弃奶期 7 日
82	枸橼酸哌嗪片	兽药典 2000 版	牛、羊 28 日,猪 21 日,禽 14 日
83	氟苯尼考注射液	部颁标准	猪 14 日,鸡 28 日,鱼 375 度日
84	氟苯尼考粉	部颁标准	猪 20 日,鸡 5 日,鱼 375 度日
85	氟苯尼考溶液	部颁标准	鸡 5 日,产蛋期禁用
86	氟胺氰菊酯条	部颁标准	流蜜期禁用
87	氢化可的松注射液	兽药典 2000 版	0 日
88	氢溴酸东莨菪碱注射液	兽药典 2000 版	28 日,弃奶期 7 日
89	洛克沙胂预混剂	部颁标准	2018 年农业部公告第 2638 号,自 2019 年 5 月 1 日起,食品动物全面禁用
90	恩诺沙星片	兽药典 2000 版	鸡 8 日,产蛋鸡禁用
91	恩诺沙星可溶性粉	部颁标准	鸡 8 日,产蛋鸡禁用
92	恩诺沙星注射液	兽药典 2000 版	牛、羊 14 日,猪 10 日,兔 14 日
93	恩诺沙星溶液	兽药典 2000 版	禽 8 日,产蛋鸡禁用
94	氧阿苯达唑片	部颁标准	羊 4 日
95	氧氟沙星片 58	部颁标准	农业部 2292 号公告已全面禁用
96	氧氟沙星可溶性粉	部颁标准	农业部 2292 号公告已全面禁用
97	氧氟沙星注射液	部颁标准	农业部 2292 号公告已全面禁用
98	氧氟沙星溶液(碱性)	部颁标准	农业部 2292 号公告已全面禁用
99	氧氟沙星溶液(酸性)	部颁标准	农业部 2292 号公告已全面禁用
100	氨苯胂酸预混剂	部颁标准	2018 年农业部公告第 2638 号,自 2019 年 5 月 1 日起,食品动物全面禁用
101	氨茶碱注射液	兽药典 2000 版	28 日,弃奶期 7 日
102	海南霉素钠预混剂	部颁标准	鸡 7 日,产蛋期禁用
103	烟酸诺氟沙星可溶性粉	部颁标准	农业部 2292 号公告已全面禁用
104	烟酸诺氟沙星注射液	部颁标准	农业部 2292 号公告已全面禁用
105	烟酸诺氟沙星溶液	部颁标准	农业部 2292 号公告已全面禁用
106	盐酸二氟沙星片	部颁标准	鸡 1 日
107	盐酸二氟沙星注射液	部颁标准	猪 45 日
108	盐酸二氟沙星粉	部颁标准	鸡 1 日
109	盐酸二氟沙星溶液	部颁标准	鸡 1 日
110	盐酸大观霉素可溶性粉	兽药典 2000 版	鸡 5 日,产蛋期禁用
111	盐酸左旋咪唑	兽药典 2000 版	牛 2 日,羊 3 日,猪 3 日,禽 28 日,泌乳期禁用
112	盐酸左旋咪唑注射液	兽药典 2000 版	牛 14 日,羊 28 日,猪 28 日,泌乳期禁用

续表

序号	兽药名称	执行标准	停药期
113	盐酸多西环素片	兽药典 2000 版	28 日
114	盐酸异丙嗪片	兽药典 2000 版	28 日
115	盐酸异丙嗪注射液	兽药典 2000 版	28 日,弃奶期 7 日
116	盐酸沙拉沙星可溶性粉	部颁标准	鸡 0 日,产蛋期禁用
117	盐酸沙拉沙星注射液	部颁标准	猪 0 日,鸡 0 日,产蛋期禁用
118	盐酸沙拉沙星溶液	部颁标准	鸡 0 日,产蛋期禁用
119	盐酸沙拉沙星片	部颁标准	鸡 0 日,产蛋期禁用
120	盐酸林可霉素片	兽药典 2000 版	猪 6 日
121	盐酸林可霉素注射液	兽药典 2000 版	猪 2 日
122	盐酸环丙沙星、盐酸小檗碱预混剂	部颁标准	鱼 500 度日
123	盐酸环丙沙星可溶性粉	部颁标准	28 日,产蛋鸡禁用
124	盐酸环丙沙星注射液	部颁标准	28 日,产蛋鸡禁用
125	盐酸苯海拉明注射液	兽药典 2000 版	28 日,弃奶期 7 日
126	盐酸洛美沙星片	部颁标准	农业部 2292 号公告已全面禁用
127	盐酸洛美沙星可溶性粉	部颁标准	农业部 2292 号公告已全面禁用
128	盐酸洛美沙星注射液	部颁标准	农业部 2292 号公告已全面禁用
129	盐酸氨丙啉、乙氧酰胺苯甲酯、磺胺喹噁啉预混剂	兽药典 2000 版	鸡 10 日,产蛋鸡禁用
130	盐酸氨丙啉、乙氧酰胺苯甲酯预混剂	兽药典 2000 版	鸡 3 日,产蛋期禁用
131	盐酸氯丙嗪片	兽药典 2000 版	28 日,弃奶期 7 日。禁用于促生长
132	盐酸氯丙嗪注射液	兽药典 2000 版	28 日,弃奶期 7 日。禁用于促生长
133	盐酸氯苯胍片	兽药典 2000 版	鸡 5 日,兔 7 日,产蛋期禁用
134	盐酸氯苯胍预混剂	兽药典 2000 版	鸡 5 日,兔 7 日,产蛋期禁用
135	盐酸氯胺酮注射液	兽药典 2000 版	28 日,弃奶期 7 日
136	盐酸赛拉唑注射液	兽药典 2000 版	28 日,弃奶期 7 日
137	盐酸赛拉嗪注射液	兽药典 2000 版	牛、羊 14 日,鹿 15 日
138	盐霉素钠预混剂	兽药典 2000 版	鸡 5 日,产蛋期禁用
139	诺氟沙星、盐酸小檗碱预混剂	部颁标准	农业部 2292 号公告已全面禁用
140	酒石酸吉他霉素可溶性粉	兽药典 2000 版	鸡 7 日,产蛋期禁用
141	酒石酸泰乐菌素可溶性粉	兽药典 2000 版	鸡 1 日,产蛋期禁用
142	维生素 B_{12} 注射液	兽药典 2000 版	0 日
143	维生素 B_1 片	兽药典 2000 版	0 日

续表

序号	兽药名称	执行标准	停药期
144	维生素 B_1 注射液	兽药典 2000 版	0 日
145	维生素 B_2 片	兽药典 2000 版	0 日
146	维生素 B_2 注射液	兽药典 2000 版	0 日
147	维生素 B_6 片	兽药典 2000 版	0 日
148	维生素 B_6 注射液	兽药典 2000 版	0 日
149	维生素 C 片	兽药典 2000 版	0 日
150	维生素 C 注射液	兽药典 2000 版	0 日
151	维生素 C 磷酸酯镁、盐酸环丙沙星预混剂	部颁标准	500 度日
152	维生素 D_3 注射液	兽药典 2000 版	28 日，弃奶期 7 日
153	维生素 E 注射液	兽药典 2000 版	牛、羊、猪 28 日
154	维生素 K_1 注射液	兽药典 2000 版	0 日
155	喹乙醇预混剂	兽药典 2000 版	2019 年 5 月 1 日起，食品动物全面禁用
156	奥芬达唑片(苯亚砜哒唑)	兽药典 2000 版	牛、羊、猪 7 日，产奶期禁用
157	普鲁卡因青霉素注射液	兽药典 2000 版	牛 10 日，羊 9 日，猪 7 日，弃奶期 48 小时
158	氯羟吡啶预混剂	兽药典 2000 版	鸡 5 日，兔 5 日，产蛋期禁用
159	氯氰碘柳胺钠注射液	部颁标准	28 日，弃奶期 28 日
160	氯硝柳胺片	兽药典 2000 版	牛、羊 28 日
161	氰戊菊酯溶液	部颁标准	28 日
162	硝氯酚片	兽药典 2000 版	28 日
163	硝碘酚腈注射液(克虫清)	部颁标准	羊 30 日，弃奶期 5 日
164	硫氰酸红霉素可溶性粉	兽药典 2000 版	鸡 3 日，产蛋期禁用
165	硫酸卡那霉素注射液(单硫酸盐)	兽药典 2000 版	28 日
166	硫酸安普霉素可溶性粉	部颁标准	猪 21 日，鸡 7 日，产蛋期禁用
167	硫酸安普霉素预混剂	部颁标准	猪 21 日
168	硫酸庆大-小诺霉素注射液	部颁标准	猪、鸡 40 日
169	硫酸庆大霉素注射液	兽药典 2000 版	猪 40 日
170	硫酸黏菌素可溶性粉	部颁标准	7 日，产蛋期禁用。2016 年已禁止硫酸黏菌素用于动物促生长
171	硫酸黏菌素预混剂	部颁标准	7 日，产蛋期禁用。2016 年已禁止硫酸黏菌素用于动物促生长
172	硫酸新霉素可溶性粉	兽药典 2000 版	鸡 5 日，火鸡 14 日，产蛋期禁用
173	越霉素 A 预混剂	部颁标准	猪 15 日，鸡 3 日，产蛋期禁用
174	碘硝酚注射液	部颁标准	羊 90 日，弃奶期 90 日

续表

序号	兽药名称	执行标准	停药期
175	碘醚柳胺混悬液	兽药典2000版	牛、羊60日，泌乳期禁用
176	精制马拉硫磷溶液	部颁标准	28日
177	精制敌百虫片	兽药规范92版	28日
178	蝇毒磷溶液	部颁标准	28日
179	醋酸地塞米松片	兽药典2000版	马、牛0日
180	醋酸泼尼松片	兽药典2000版	0日
181	醋酸氟孕酮阴道海绵	部颁标准	羊30日，泌乳期禁用
182	醋酸氢化可的松注射液	兽药典2000版	0日
183	磺胺二甲嘧啶片	兽药典2000版	牛10日，猪15日，禽10日
184	磺胺二甲嘧啶钠注射液	兽药典2000版	28日
185	磺胺对甲氧嘧啶，二甲氧苄氨嘧啶片	兽药规范92版	28日
186	磺胺对甲氧嘧啶、二甲氧苄氨嘧啶预混剂	兽药典90版	28日，产蛋期禁用
187	磺胺对甲氧嘧啶片	兽药典2000版	28日
188	磺胺甲噁唑片	兽药典2000版	28日
189	磺胺间甲氧嘧啶片	兽药典2000版	28日
190	磺胺间甲氧嘧啶钠注射液	兽药典2000版	28日
191	磺胺脒片	兽药典2000版	28日
192	磺胺喹噁啉、二甲氧苄氨嘧啶预混剂	兽药典2000版	鸡10日，产蛋期禁用
193	磺胺喹噁啉钠可溶性粉	兽药典2000版	鸡10日，产蛋期禁用
194	磺胺氯吡嗪钠可溶性粉	部颁标准	火鸡4日、肉鸡1日，产蛋期禁用
195	磺胺嘧啶片	兽药典2000版	牛28日
196	磺胺嘧啶钠注射液	兽药典2000版	牛10日，羊18日，猪10日，弃奶期3日
197	磺胺噻唑片	兽药典2000版	28日
198	磺胺噻唑钠注射液	兽药典2000版	28日
199	磷酸左旋咪唑片	兽药典90版	牛2日，羊3日，猪3日，禽28日，泌乳期禁用
200	磷酸左旋咪唑注射液	兽药典90版	牛14日，羊28日，猪28日，泌乳期禁用
201	磷酸哌嗪片(驱蛔灵片)	兽药典2000版	牛、羊28日、猪21日，禽14日
202	磷酸泰乐菌素预混剂	部颁标准	鸡、猪5日

注：本表已根据近年新规定对部分兽药品种条款进行了调整。

表 6-4　不需要规定停药期的兽药品种

序号	兽药名称	标准来源
1	乙酰胺注射液	兽药典 2000 版
2	二甲硅油	兽药典 2000 版
3	二巯丙磺钠注射液	兽药典 2000 版
4	三氯异氰脲酸粉	部颁标准
5	大黄碳酸氢钠片	兽药规范 92 版
6	山梨醇注射液	兽药典 2000 版
7	马来酸麦角新碱注射液	兽药典 2000 版
8	马来酸氯苯那敏片	兽药典 2000 版
9	马来酸氯苯那敏注射液	兽药典 2000 版
10	双氢氯噻嗪片	兽药规范 78 版
11	月苄三甲氯铵溶液	部颁标准
12	止血敏注射液	兽药规范 78 版
13	水杨酸软膏	兽药规范 65 版
14	丙酸睾酮注射液	兽药典 2000 版
15	右旋糖酐铁钴注射液(铁钴针注射液)	兽药规范 78 版
16	右旋糖酐 40 氯化钠注射液	兽药典 2000 版
17	右旋糖酐 40 葡萄糖注射液	兽药典 2000 版
18	右旋糖酐 70 氯化钠注射液	兽药典 2000 版
19	叶酸片	兽药典 2000 版
20	四环素醋酸可的松眼膏	兽药规范 78 版
21	对乙酰氨基酚片	兽药典 2000 版
22	对乙酰氨基酚注射液	兽药典 2000 版
23	尼可刹米注射液	兽药典 2000 版
24	甘露醇注射液	兽药典 2000 版
25	甲基硫酸新斯的明注射液	兽药规范 65 版
26	亚硝酸钠注射液	兽药典 2000 版
27	安络血注射液	兽药规范 92 版
28	次硝酸铋(碱式硝酸铋)	兽药典 2000 版
29	次碳酸铋(碱式碳酸铋)	兽药典 2000 版
30	呋塞米片	兽药典 2000 版
31	呋塞米注射液	兽药典 2000 版
32	辛氨乙甘酸溶液	部颁标准
33	乳酸钠注射液	兽药典 2000 版

续表

序号	兽药名称	标准来源
34	注射用异戊巴比妥钠	兽药典 2000 版
35	注射用血促性素	兽药规范 92 版
36	注射用抗血促性素血清	部颁标准
37	注射用垂体促黄体素	兽药规范 78 版
38	注射用促黄体素释放激素 A_2	部颁标准
39	注射用促黄体素释放激素 A_3	部颁标准
40	注射用绒促性素	兽药典 2000 版
41	注射用硫代硫酸钠	兽药规范 65 版
42	注射用解磷定	兽药规范 65 版
43	苯扎溴铵溶液	兽药典 2000 版
44	青蒿琥酯片	部颁标准
45	鱼石脂软膏	兽药规范 78 版
46	复方氯化钠注射液	兽药典 2000 版
47	复方氯胺酮注射液	部颁标准
48	复方磺胺噻唑软膏	兽药规范 78 版
49	复合维生素 B 注射液	兽药规范 78 版
50	宫炎清溶液	部颁标准
51	枸橼酸钠注射液	兽药规范 92 版
52	毒毛花苷 K 注射液	兽药典 2000 版
53	氢氯噻嗪片	兽药典 2000 版
54	洋地黄毒苷注射液	兽药规范 78 版
55	浓氯化钠注射液	兽药典 2000 版
56	重酒石酸去甲肾上腺素注射液	兽药典 2000 版
57	烟酰胺片	兽药典 2000 版
58	烟酰胺注射液	兽药典 2000 版
59	烟酸片	兽药典 2000 版
60	盐酸大观霉素、盐酸林可霉素可溶性粉	兽药典 2000 版
61	盐酸利多卡因注射液	兽药典 2000 版
62	盐酸肾上腺素注射液	兽药规范 78 版
63	盐酸甜菜碱预混剂	部颁标准
64	盐酸麻黄碱注射液	兽药规范 78 版
65	萘普生注射液	兽药典 2000 版
66	酚磺乙胺注射液	兽药典 2000 版

续表

序号	兽药名称	标准来源
67	黄体酮注射液	兽药典 2000 版
68	氯化胆碱溶液	部颁标准
69	氯化钙注射液	兽药典 2000 版
70	氯化钙葡萄糖注射液	兽药典 2000 版
71	氯化氨甲酰甲胆碱注射液	兽药典 2000 版
72	氯化钾注射液	兽药典 2000 版
73	氯化琥珀胆碱注射液	兽药典 2000 版
74	氯甲酚溶液	部颁标准
75	硫代硫酸钠注射液	兽药典 2000 版
76	硫酸新霉素软膏	兽药规范 78 版
77	硫酸镁注射液	兽药典 2000 版
78	葡萄糖酸钙注射液	兽药典 2000 版
79	溴化钙注射液	兽药规范 78 版
80	碘化钾片	兽药典 2000 版
81	碱式碳酸铋片	兽药典 2000 版
82	碳酸氢钠片	兽药典 2000 版
83	碳酸氢钠注射液	兽药典 2000 版
84	醋酸泼尼松眼膏	兽药典 2000 版
85	醋酸氟轻松软膏	兽药典 2000 版
86	硼葡萄糖酸钙注射液	部颁标准
87	输血用枸橼酸钠注射液	兽药规范 78 版
88	硝酸士的宁注射液	兽药典 2000 版
89	醋酸可的松注射液	兽药典 2000 版
90	碘解磷定注射液	兽药典 2000 版
91	中药及中药成分制剂、维生素类、微量元素类、兽用消毒剂、生物制品类等五类产品(产品质量标准中有除外)	

为了保证动物性产品的安全，近年来各国都对食品动物禁用药物品种作了明确的规定，我国兽药管理部门也规定了禁用药品清单。规模化养殖场专职兽医和食品动物饲养人员均应严格执行这些规定，严禁非法使用违禁药物。为避免兽药残留，还要严格执行兽药使用的登记制度，兽医及养殖人员必须对使用兽药的品种、剂型、剂量、给药途径、疗程或使用时间等进行登记，以备检查；还应避免标签使用说明以外的用药，以保证动物性食品的安全。

六、无公害畜产品审阅注意事项

（1）用药品种目录中应无禁用药清单中品种。使用品种符合允许使用药物添加剂目录。

（2）具有禁止应用禁用药、激素类、原料药相关规定。具有符合停药期相关规定要求。

（3）对用药记录，查看与规定应用药物目录是否一致；治疗药物有无治疗期，使用药物添加剂是否有停药期。

（4）对检验报告，检验报告禁用药等不得检出的检测结果符合规定；检测限符合相关要求。

第二节　兽药的合理选购和贮存

一、正确选购兽药

近年来，随着畜牧业生产的快速发展和疾病的不断变化，兽药用量也大大增加，一批批兽药生产企业迅速崛起，兽药市场异常繁荣。与此同时，一些假、劣兽药也相继流入市场。按照兽药管理法规规定，假兽药是指：以非兽药冒充兽药的；兽药所含成分的种类、名称与国家标准、专业标准或者地方标准不符合的；未取得批准文号的；国务院农牧行政管理机关明文规定禁止使用的。劣兽药是指：兽药成分含量与国家标准、专业标准或者地方标准规定不符的；超过有效期的；因变质不能药用的；因被污染不能药用的；其他与兽药标准规定不符但不属于假兽药的。面对品种繁多、真伪难辨的各种兽药，广大养殖户应做到正确选购和使用。如何在纷繁的兽药市场中选购兽药，应注意以下几个问题：

（一）到合法部门购买

购药时应选择信誉好、兽药GSP认证的、持有畜牧部门核发的“兽药经营许可证”和工商部门核发的“营业执照”的兽药经营部门购买，并应向卖方索要购药发票，注明所购药品的详细情况。

（二）兽药产品有无生产批准文号

使用过期兽药批准文号的兽药产品均为假兽药。兽药批准文号必须按农业农村部规定的统一编号格式，如果使用文件号或其他编号（如生产许可证号）代替、冒充兽药生产批准文号，该产品视为无批准文号产品，同样以假兽药进行处理。进口兽药必须有登记许可证号。

（三）成件的兽药产品有无产品质量合格证

检查内包装上是否附有检验合格标志，包装箱内有无检验合格证。

（四）仔细阅读兽药包装标签和说明书

兽药的包装、标签及说明书上必须注明兽药批准文号、注册商标、生产厂家、厂址、生产日期（或批号）、品名、有效成分、含量、规格、作用、用途、用法、用量、注意事项、有效期等，缺一不可。

（五）要注意药品的生产日期和有效期

购买和使用药品者，必须小心注意药物的生产日期和有效期限，不要购买和使用过期的药品。

（六）不要购买使用变质的药物

药物经过一段时间保存，尤其是当保存不善时，有的已发生潮解，有的会氧化、碳酸化、光化，以致药物解体、变色、发生沉淀等变化。南方气候炎热而潮湿，某些药物易发霉而变质。药物一旦变质，不但不能治病，并且由于其中可能含有多种毒性物质，会使动物发生不良反应甚至中毒。观察药物是否变质，一方面注意其外包装有无破损、变潮、霉变、污染等，用瓶包装的应检查瓶盖是否密封，封口是否严密，有无松动现象，有无裂缝或药液漏出；另一方面注意检查药品内在质量。

1. 片剂

外观应完整光洁、色泽均匀，有适宜的硬度，无花斑、黑点，无破碎、发黏、变色，无异臭味。

2. 粉针剂

主要观察有无粘瓶、变色、结块、变质等。

3. 散剂（含预混剂）

散剂应干燥疏松、颗粒均匀、色泽一致，无吸潮结块、霉变、发黏等现象。

4. 水针剂

水针剂要看其色泽、透明度、装量有无异常，外观药液必须澄清，无浑浊、变色、结晶、生菌等现象，否则不能使用。

5. 中药材

主要看其有无吸潮霉变、虫蛀、鼠咬等。

另外，所购买的兽药虽没有以上情况，但按照说明用药后，没有效果的，可提取样品到当地兽药管理部门进行检验，如属不合格产品，可凭检验报告索赔损失。广大养殖户要积极参与打假，在购买和使用兽药时，如发现假劣兽药或因药品质量造成畜禽伤亡的，应及时向畜牧行政主管部门或向消费者协会等部门举报，并保存好实物证据，有关部门会维护消费者的合法权益。

（七）细心比较不同包装、不同规格的同一药品

有些含量低的制剂听起来很便宜，但若按有效成分计算，往往比含量高的制剂更贵。因为有效成分含量越低，需加入的赋形剂也就越多，同时包装成本增加，所以价格实际更高。

二、兽药的贮存与保管

兽药的贮存和保管应根据兽药的品种不同采用适合的方法。一般药物的包装上都有说明，应仔细阅读，妥善保管。药物如果保存不当，就会失效、变质、不能使用。导致药品变质、失效的外界因素主要有空气、湿度、光线、温度及时间、微生物和昆虫等。

在空气中易变质的兽药，如遇光易分解、易吸潮、易风化的药品应装在密封的容器中，于遮光、阴凉处保存。受热易挥发、易分解和易变质的药品，需在3～10℃条件下保存。化学性质作用相反的药品，应分开存放，如酸类与碱类药品。具有特殊气味的药品，应密封后与一般药品隔离贮存。专供外用的药品，应与内服药品分开贮存。杀虫、灭鼠药有毒，应单独存放。名称容易混淆的药品，要注意分别贮存，以免发生差错。药品的性质不同，应选用不同的瓶塞，如氯仿、松节油，宜用磨口玻璃塞，禁用橡皮塞，氢氧化钠则相反。另外，用纸盒、纸袋、塑料袋包装的药品，要注意防止鼠咬及虫蛀。

（一）药品保管的一般方法

1. 注射剂的保管

遇光易变质的水针剂如维生素等，应避光保存。遇热易变质的水针剂，如抗生素、生物制品、酚类等，应按规定的温度，根据不同的季节，选择适当的保存方

法。炎热季节应注意经常检查，因温度过高，可促进氧化、分解等化学反应的进行，药物效价降低，加速药品变质。如生物制品应低温保存，抗生素类应置阴凉干燥处避光保存，胶塞铝盖包装的粉针剂应注意防潮，贮存于干燥处，且不得倒置。

钙、钠盐类注射液如氯化钠、碳酸氢钠、氯化钙等，久贮后药液能侵蚀玻璃，尤其对质量差的安瓿，使注射液产生浑浊或白色。因此，这类药液不宜久存，并注意检查其澄明度。水针剂冬季应注意防冻。

2. 片剂的保存

片剂应密闭在干燥处保存，防止受潮、发霉、变质。维生素C、磺胺类药物等对光敏感的片剂，必须盛装在棕色瓶等避光容器内，避光保存。

3. 散剂的保存

散剂均应在干燥阴凉处密封保存，遇光易变质药品的散剂还需避光保存。

（二）有效期药品的保存

1. 抗生素

抗生素保存主要是控制湿度，应保存于阴凉干燥处。

2. 生物制品

生物制品具有蛋白质性质，因其是由微生物及其代谢产物制成的，所以怕热、怕光，有的还怕冻。各种生物药品的保存条件分述于本章第三节。

3. 危险药品的保存

危险药品是指受到光、热、空气等影响可引起爆炸、自燃、助燃或具有强腐蚀性、刺激性和剧毒性的药物，如易燃的乙醇、樟脑，氧化剂高锰酸钾，有腐蚀性的烧碱、苯酚等。对危险药品应按其特性分类存放，并间隔一定距离，不能与其他药品混放在一起，保存时注意避光、防晒、防潮、防撞击，要远离火源。

4. 毒剧药品的保存

毒剧药品包括毒药和剧药两大类。

毒药是指药理作用剧烈、安全剂量范围小，极量与致死量非常接近，超过极量在短期内即可引起中毒或死亡的药品，如敌百虫、盐酸士的宁等。

剧药是指药理作用强烈，极量与致死量比较接近，应用超过极量，会出现不良反应，甚至造成死亡的药物，如安钠咖注射液、己烯雌酚等。

毒剧药品的保存应做到：专柜存放，专人负责，品种之间要用隔板隔离，每个药品要有明显的标记，以免混错。

使用时控制用量和用药次数；称量要准确无误，现用现取，避免误服。

5. 中草药和中成药的保存

中草药和中成药的保存方法基本相同，主要是防虫蛀、防霉变、防鼠。夏季要注意防潮、防热、防晒、防霉、防蛀；冬季应注意防冻。中成药不宜久贮。

第三节　猪场常用生物制品与正确使用

一、疫苗

（一）疫苗的概念

由特定细菌、病毒、寄生虫、支原体、衣原体等微生物制成的，接种动物后能产生自动免疫和预防疾病的一类生物制剂。

（二）疫苗的分类

1. 根据对病菌的处理方法不同分

（1）灭活疫苗　又称死疫苗。将细菌或病毒利用物理或化学的方法处理，使其丧失感染性或毒性，而保持免疫原性，接种动物后能产生特异性免疫的一类生物制品。如O型猪口蹄疫灭活疫苗和猪气喘病灭活疫苗等。

灭活疫苗易于制备，成本低；稳定性高，疫苗安全性高；易于保存，贮存及运输方便；易于制备多价疫苗。但灭活苗抗体产生慢，免疫力维持时间短，需要多次重复接种；主要诱发体液免疫，不能产生细胞免疫或黏膜免疫应答；接种剂量较大，不良反应多，易应激；通常需要用佐剂或携带系统来增强其免疫效果。

（2）活疫苗（弱毒疫苗）　微生物的自然强毒株通过物理、化学和生物的方法处理，使其成为对原宿主动物丧失致病力，或引起亚临床感染，但仍保持良好的免疫原性、遗传特性的毒株而制成的疫苗。例如：猪瘟兔化弱毒疫苗及猪蓝耳病弱毒疫苗等。

弱毒苗免疫活性高，接种较小的剂量即可产生坚强的免疫力；接种次数少，不需要使用佐剂，抗体产生快，免疫期长；能诱发全面、稳定、持久的体液、细胞和黏膜免疫应答。但弱毒苗的有效期短，稳定性较差，产生的抗体滴度下降快；运输、贮存与保存条件要求较高；存在污染其他病毒甚至毒力返强的风险。

（3）基因缺失疫苗　本疫苗是用基因工程技术将强毒株毒力相关基因切除后构建的活疫苗，如伪狂犬病毒 $TK^-/gE^-/gG^-$ 缺失疫苗。

基因缺失苗安全性好，毒力不易返祖；免疫原性好，产生免疫力坚实；免疫期长，适于局部接种，诱导产生黏膜免疫力；易于鉴别，区别疫苗毒和野毒。但是成本偏高；理论上存在基因重组可能。

（4）多价疫苗　多价疫苗是指将同一种细菌或病毒的不同血清型通过一定的工艺混合而制成的疫苗，如猪链球菌病多价灭活疫苗和猪传染性胸膜肺炎多价灭活疫苗等。其特点是：对多种血清型的微生物所致的疫病动物可获得比较完全的保护力，而且适于不同地区使用。

（5）联合疫苗　联苗是指由两种以上的细菌或病毒通过一定的工艺联合制成的疫苗，如猪丹毒猪巴氏杆菌二联灭活疫苗和猪瘟猪丹毒猪巴氏杆菌三联活疫苗。其特点是：可减少接种次数，使用方便，打一针防多病。

（6）亚单位疫苗　本类疫苗是从细菌或病毒粗抗原中分离提取某一种或几种具有免疫原性的生物学活性物质，除去“杂质”后而制成的疫苗。如大肠杆菌 k88、k99、987p 等。本类疫苗不含有微生物的遗传物质，因而无不良反应，使用安全，免疫效果较好；但生产工艺复杂，生产成本较高，不利于广泛应用。

（7）合成肽疫苗　用化学方法人工合成多肽作为抗原（如口蹄疫苗等）。其纯度高，稳定，免疫应激小；但人工合成多肽和天然肽链结构上做不到完全一致，免疫原性相对较差。

2. 根据疫苗的性质分

（1）冻干疫苗　大多数的活疫苗都采用冷冻真空干燥的方式冻干保存，可延长疫苗的保存时间，保持疫苗的质量。一般要求病毒性冻干疫苗常在－15℃以下保存，保存期一般为 2 年。细菌性冻干疫苗在－15℃保存时，保存期一般为 2 年；2～8℃保存时，保存期 9 个月。其对猪体组织的刺激性比较小，安全性高，能迅速产生很高的免疫力，但免疫作用维持的时间较短。

（2）油佐剂疫苗　这类疫苗多为灭活疫苗，大多数病毒性灭活疫苗采用这种方式。这类疫苗 2～8℃保存，禁止冻结。油佐剂疫苗对猪体组织的刺激性较大，容易产生注射部位肿胀，引起慢性炎症反应。质量不佳或刺激性太强的油佐剂可能会造成注射部位组织坏死。大多数的油佐剂疫苗作用时间长，保护效果好，但免疫力提升速度慢。

（三）养猪场常用疫苗

1. 猪瘟兔化弱毒冻干苗

皮下或肌内注射，每次每头 1 毫升。注射后 4 天产生免疫力，免疫保护期为

1～1.5 年。为了克服母源抗体干扰，断奶仔猪可注射 3 头份或 4 头份。此疫苗在－15℃条件下可以保存 1 年，0～8℃条件下可以保存 6 个月，10～25℃条件下可以保存 10 天。

2. 猪丹毒疫苗

（1）猪丹毒冻干苗　皮下或肌内注射，每次每头 1 毫升。注射后 7 天产生免疫力，免疫期保护为 6 个月。此疫苗在－15℃条件下可以保存 1 年，0～8℃条件下可以保存 9 个月，25～30℃条件下可以保存 10 天。

（2）猪丹毒氢氧化铝灭活苗　皮下或肌内注射，10 千克以上的猪每次每头 5 毫升，10 千克以下的猪每次每头 3 毫升。注射后 21 天产生免疫力，免疫保护期为 6 个月。此疫苗在 2～15℃条件下可以保存 1.5 年，28℃以下可以保存 1 年。

3. 猪瘟猪丹毒二联冻干苗

肌内注射，每头每次 1 毫升，免疫保护期为 6 个月。此疫苗在－15℃条件下可以保存 1 年，2～8℃条件下可以保存 6 个月，20～25℃条件下可以保存 10 天。

4. 猪肺疫菌苗

（1）猪肺疫氢氧化铝灭活苗　皮下或肌内注射，每头每次 5 毫升，注射后 14 天产生免疫力，免疫保护期为 6 个月。此疫苗在 2～15℃条件下可以保存 1～1.5 年。

（2）口服猪肺疫弱毒菌苗　不论大小猪一般口服 3 亿个菌，按猪数计算好需要菌苗剂量，用清水稀释后拌入饲料，注意要让每一头猪都能吃上一定的料，口服 7 天后产生免疫力。免疫期为 6 个月。

5. 仔猪副伤寒弱毒冻干苗

皮下或肌内注射，每头每次 1 毫升，断乳后注射能产生较强免疫保护力。此疫苗－15℃条件下可以保存 1 年，在 2～8℃条件下可以保存 9 个月，在 28℃条件下可以保存 9～12 天。

6. 猪瘟猪丹毒猪肺疫三联活苗

肌内注射，每头每次 1 毫升，按瓶签标明用 20%氢氧化铝胶生理盐水稀释。注射后 14～21 天产生免疫力，猪瘟的免疫保护期为 1 年，猪丹毒、猪肺疫的免疫保护期均为 6 个月。未断奶猪注射后隔 2 个月再注苗一次。此疫苗在－15℃条件下可以保存 1 年，0～8℃条件下可以保存 6 个月，10～25℃条件下可以保存 10 天。

7. 猪气喘病疫苗

（1）猪气喘病弱毒冻干疫苗　用生理盐水注射液稀释，对怀孕 2 月龄内的母猪在右侧胸腔倒数第 6 肋骨与肩胛骨后缘 3.5～5 厘米外进针，刺透胸壁即行注射，每头5毫升。注射前后皆要严格消毒，每头猪一个针头。

（2）猪霉形体肺炎（气喘病）灭活菌苗　仔猪于1～2周龄首免，2周后第2次免疫，每次2毫升，肌注。接种后3天即可产生良好的保护作用，并可持续7个月之久。

8. 猪萎缩性鼻炎疫苗

（1）猪传染性萎缩性鼻炎灭活疫苗　本疫苗含猪支气管败血波德氏杆菌、巴氏杆菌A型和产毒素D型及巴氏杆菌A、D型类毒素。对猪萎缩性鼻炎提供完整的保护。每头猪每次肌内注射2毫升。母猪产前4周接种1次，2周后再接种1次；种公猪每年接种1次。母猪已接种者，仔猪于断奶前接种1次；母猪未接种者，仔猪于7～10日龄接种1次。如现场污染严重，应在首免后2～3周加强免疫1次。

（2）猪传染性萎缩性鼻炎油佐剂灭活疫苗　颈部皮下注射。母猪于产前4周注射2毫升，新进未经免疫接种的后备母猪应立即接种1毫升。仔猪生后1周龄注射0.2毫升（未免疫母猪所生），4周龄时注射0.5毫升，8周龄时注射0.5毫升。种公猪每年2次，每次2毫升。

9. 猪细小病毒病疫苗

（1）猪细小病毒病灭活氢氧化铝疫苗　使用时充分摇匀。母猪、后备母猪，于配种前2～8周，颈部肌内注射2毫升；公猪于8月龄时注射。注苗后14天产生免疫力，免疫期为1年。此疫苗在4～8℃冷暗处保存，有效期为1年，严防冻结。

（2）猪细小病毒病灭活疫苗　母猪配种前2～3周接种一次；种公猪6～7月龄接种一次，以后每年只需接种一次。每次剂量2毫升，肌内注射。

（3）猪细小病毒病灭活苗佐剂苗　阳性猪群，断奶后的猪、配种前的后备母猪和不同月龄的种公猪均可使用，对经产母猪无需免疫。阴性猪群，初产和经产母猪都需免疫，配种前2～3周免疫，每次每头肌注5毫升，免疫2次，间隔14天。种公猪应每半年免疫1次。免疫后4～7天产生抗体，免疫保护期为7个月。

10. 伪狂犬病毒疫苗

（1）伪狂犬病毒弱毒疫苗　乳猪第一次注射0.5毫升，断奶后再注射1毫升；3月龄以上架子猪注射1毫升；成年猪和妊娠母猪（产前1个月）注射2毫升。注射后6天产生免疫力，免疫保护期为1年。

（2）猪伪狂犬病灭活菌苗、猪伪狂犬病基因缺失灭活菌苗和猪伪狂犬病基团缺失弱毒菌苗后两种基因缺失菌苗，用于扑灭计划。这三种苗均为肌内注射，程序是：小母猪配种前3～6周之间注射2毫升，公猪为每年注射2毫升，育肥猪约在10周龄注射2毫升或4周后再注射2毫升。

11. 兽用乙型脑炎疫苗

该疫苗为地鼠肾细胞培养减毒苗。在疫区于流行期前 1～2 个月免疫，5 月龄以上至 2 岁的后备公母猪都可皮下或肌内注射 0.1 毫升，免疫后 1 个月产生坚强的免疫力。

二、抗血清

（一）猪常用抗血清的种类及使用方法

1. 猪用抗炭疽血清

本品系以炭疽弱毒芽孢苗高度免疫马，采血分离血清，加适量防腐剂制成。

（1）性状　本品为微带荧光的橙黄色澄明液体，久置瓶底微有沉淀。

（2）用途　用于治疗或紧急预防家畜炭疽病。

（3）免疫保护期　10～14 日。

（4）用法与用量　猪在耳根后部或腿内侧皮下注射。本品也可供静脉注射。预防量：猪 16～20 毫升/次。治疗量：猪 50～120 毫升/次。治疗时，根据病情可以同样剂量重复注射。

（5）保存期　于 2～15℃阴冷干燥处保存，有效期为 3 年半。

（6）注意事项

① 治疗时，采用静脉注射疗效较好。如皮下或肌内注射剂量大，可分点注射。用注射器吸取血清时，不可把瓶底沉淀摇起。

② 冻结过的血清不可使用。

③ 个别猪注射本品后可能发生过敏反应，因此最好先少量注射，观察 20～30 分钟后，如无反应，再大量注射。发生严重过敏反应（过敏性休克）时，可皮下或静脉注射 0.1%肾上腺素 2～4 毫升。

2. 抗猪瘟血清

选择体重 60 千克以上、营养状况良好的健康猪，在观察确认健康后，先注射猪瘟兔化弱毒疫苗 2 毫升进行基础免疫，10～20 天后再用猪瘟强毒进行高度免疫。第一次肌内注射血毒 100 毫升，隔 10 天再注射血毒 200 毫升，再隔 10 天注射血毒 300 毫升。第三次免疫后采血，可采用多次采血法，第一次采血后 3～5 天进行第二次采血。用采得的血液分离血清，加入防腐剂后分装、保存。生产完毕后进行成品检验、无菌检验、安全性检验和效力检验等。

（1）物理性状　本品为略带棕红色的透明液体，久置后瓶底有少量灰白色沉淀。

（2）作用与用途　用于猪瘟的预防和紧急治疗，但对出现后躯麻痹和紫斑的病猪无效。

（3）免疫保护期　14 天左右。

（4）用法与用量　皮下、肌内或静脉注射都可。预防量为：体重 8 千克以下的猪 15 毫升 10～16 千克的猪 15～20 毫升；30～45 千克的猪 30～45 毫升；80 千克以上的猪 70～100 毫升。治疗量为预防量的 2 倍。可重复注射 1 次，被动免疫期为 14 天，但对危重病猪疗效不佳。

（5）不良反应　个别猪注射本品后出现过敏反应。最好先少量注射，观察20～30 分钟，若无反应再大量注射。出现严重过敏反应（过敏性休克）时，可皮下或静脉注射 0.1%肾上腺素注射液 2～4 毫升紧急救治。

（6）注意事项　注射时要做局部消毒处理；治疗时采用静脉注射疗效较好，如皮下或肌内注射剂量大，可分点注射；用注射器吸取血清时，不能将瓶底沉淀摇起。冻结过的血清禁止使用。

3. 抗破伤风血清

本品系用马经破伤风类毒素基础免疫后，再用产毒力强的破伤风梭菌所产毒素制备的免疫原进行高度免疫，采血、分离血清，加适当防腐剂制成。或经处理制成精制抗毒素。

选择 5～12 岁营养良好的马匹，先用破伤风类毒素进行基础免疫，第一次注射精制破伤风类毒素油佐剂抗原 1 毫升，再用产毒力强的破伤风梭菌制备的免疫原进行加强免疫。

（1）物理性状　未精制的抗血清是微带乳光、呈橙红色或茶色的澄明液体；精制抗毒素为无色清亮液体。长期贮存后瓶底微有灰白色或白色沉淀，轻摇就能摇散。

（2）作用与用途　用于治疗或紧急预防猪的破伤风。

（3）免疫保护期　14～21 天。

（4）用法与用量　猪在耳根后或腿内侧皮下注射，也可在肌内或静脉注射。猪预防量为 1200～3000 单位，治疗量为 6000～30000 单位。若病情重，治疗时可用同样剂量重复注射。

（5）不良反应　个别猪会发生过敏反应，如发生严重过敏反应时，皮下或静脉注射 0.1%肾上腺素注射液，每头猪 2～4 毫升。

（6）注意事项　采用静脉注射疗效较好。如皮下或肌内注射剂量大，可分点注射；用注射器吸取血清时，不要将瓶底沉淀摇起；冻结过的血清禁止使用。

4. 抗猪伪狂犬病血清

本品系用健康猪经伪狂犬病活疫苗基础免疫后，再经伪狂犬病病毒高度免疫，采血，分离血清，加适当防腐剂后分装制成。

（1）物理性状　本品为黄褐色清亮液体，久置瓶底微有沉淀。

（2）作用与用途　用于治疗或紧急预防猪伪狂犬病。

（3）用法与用量　本品可皮下或肌内注射。预防量每次10～25毫升，治疗量加倍。必要时可间隔4～6天重复注射1次。

（4）免疫保护期　14天。

（5）不良反应　可能出现过敏反应，如发生严重过敏反应时，可皮下或静脉注射0.1%肾上腺素注射液，每只猪注射2～4毫升。

（6）注意事项　冻结过的血清不可使用。用注射器吸取血清时要轻柔，勿将瓶底沉淀摇起。为防止猪出现过敏反应，要先行注射少量血清，观察20～30分钟，如无异常反应再大量注射。

5. 抗狂犬病血清

本品系用绵羊或山羊经狂犬病疫苗做基础免疫后，再用狂犬病毒弱毒株高度免疫，采血、分离血清，加防腐剂分装制成。

（1）物理性状　本品为淡黄色透明液体，久置瓶底微有灰白色沉淀。

（2）作用与用途　治疗或紧急预防猪的狂犬病。

（3）免疫保护期　14天左右。

（4）用法与用量　肌内或皮下注射，治疗量1.5毫升/千克体重，预防量减半。

（5）不良反应　个别猪注射本品后容易出现过敏反应，应先少量注射，观察20～30分钟后，如反应正常再大剂量注射。如果出现过敏性休克，要迅速进行皮下或静脉注射2～4毫升0.1%肾上腺素注射液救治。

（6）注意事项　治疗时最好采用静脉注射法，如皮下或肌内注射剂量大，分点注射。用注射器吸取血清时，不能将瓶底沉淀摇起。冻结过的血清要废弃不用。

6. 抗口蹄疫O型血清

本免疫血清系用O型口蹄疫病毒弱毒株高度免疫牛或马后，采取血液，分离血清，经加工处理制成。

（1）性状　本品为淡红色或浅黄色透明液体，瓶底有少量灰白色沉淀。

（2）用途　用于治疗或紧急预防猪、牛、羊O型口蹄疫。

（3）用法与用量　供皮下注射。预防量：仔猪每头为1～5毫升，成年猪每千克体重为0.3～0.5毫升。治疗量：预防剂量加倍。

（4）免疫保护期　14日左右。

（5）保存期　于2～15℃冷暗干燥处保存，有效期为2年。

（6）注意事项　冻结过的血清不能使用。用注射器吸取血清时，不要把瓶底沉淀摇起。为避免动物发生过敏反应，可先行注射少量血清，观察20～30分钟，如无反应，再大量注射。如发生严重过敏反应时，可皮下或静脉注射0.1%肾上腺素2～4毫升。

7. 抗猪丹毒血清

本品系用马经猪丹毒活疫苗基础免疫后，再用猪丹毒杆菌高度免疫，采血，分离血清，加适当防腐剂制成。

（1）性状　本品为略带乳光的橙黄色透明液体，久置瓶底微有灰白色沉淀。

（2）用途　用于治疗或紧急预防猪丹毒。

（3）免疫保护期　14日。

（4）用法与用量　于耳根后部或后腿内侧皮下注射，也可静脉注射。预防量：仔猪3～5毫升，体重50千克以下的猪5～10毫升，50千克以上的猪10～20毫升。治疗量：仔猪5～10毫升，50千克以下的猪30～50毫升，50千克以上的猪50～75毫升。

（5）保存期　于2～15℃阴冷干燥处保存，有效期为3年半。

（6）注意事项　同抗炭疽血清。

8. 抗猪巴氏杆菌病血清（抗猪出血性败血症血清，抗出败二价血清）

本品系用免疫原性良好的B型多杀性巴氏杆菌制成免疫原，经高度免疫牛或马后，采血，分离血清，加适当防腐剂制成。

（1）性状　本品为橙黄色或淡棕红色澄明液体，久置瓶底微有灰白色沉淀。

（2）用途　用于治疗或紧急预防猪的巴氏杆菌病（出血性败血症）。

（3）免疫保护期　14日。

（4）用法与用量　本品可皮下、肌内或静脉注射。预防量：2月龄猪10～20毫升，2～5月龄猪20～30毫升，5～10月龄猪30～40毫升。治疗量：预防量加倍。

（5）保存期　于2～8℃阴冷干燥处保存，有效期为3年。

（6）注意事项　本血清为牛或马源，注射猪可能发生过敏反应，应注意观察。其余同抗炭疽血清。

（二）使用抗血清时应注意的问题

（1）抗血清的用量要按猪的体重和年龄不同分别确定。预防量一般为5～10毫升，以皮下注射为主，也可肌内注射。治疗量要按预防量加倍，并按病情重复注射。注射方法以静脉注射为主，以尽快奏效。剂量较小时也可肌内注射。不同的抗血清用量相差较大，使用时要按说明书的规定执行。

（2）静脉注射抗血清的量较大时，要把血清加温至30℃左右再注。

（3）皮下或肌内注射大量抗血清时，可分几个部位进行分点注射，并轻轻揉压使之分散。

（4）注射不同动物源抗血清（异源抗血清）时，有时会造成过敏反应，要事先脱敏。若注射后数分钟或30分钟内猪发生不安、呼吸急促、颤抖、出汗等症状，要马上抢救。在皮下注射肾上腺素。所以，使用抗血清应密切注意观察被接种猪只的表现，及早发现问题及时处理，尽可能减少损失。

第四节　猪场用药的计量与换算

一、基本概念

（一）关于ppm

这是过去常用的计量单位，现已废除，但报刊文章中时有出现，在此进行简单解释。

ppm用于表示混饲或混饮群体给药时的给药浓度。1ppm即百万分之一的浓度比例，相当于1吨饲料或1000升水中含有1克的药物（纯品），也表示1千克饲料或1升水含有1毫克药物（纯品）。

举例说明：有资料报道，为防止断奶后多系统衰竭综合征（PMWS）引起的继发感染，可在仔猪断奶后的饲料中添加泰妙菌素（支原净）100ppm＋金霉素300ppm，连喂2周。这表明，每吨饲料中要加纯品的泰妙菌素100克和纯品金霉素300克。但在添加剂量上还要考虑药物的有效含量是多少，如果泰妙菌素预混剂浓度为80％，饲料级的金霉素预混剂含量为15％，那么，80％泰妙菌素预混剂的每吨饲料添加量应为100克÷80％＝125克，15％金霉素预混剂的每吨饲料添加量应为300克÷15％＝2000克，最后的结论是每吨饲料中应添加80％泰妙菌预混剂

125 克和 15%金霉素预混剂 2000 克。

（二）药物的剂量单位

固体、半固体剂型药物常用剂量单位有：千克（kg）、克（g）、毫克（mg）、微克（μg），1 千克＝1000 克，1 克＝1000 毫克，1 毫克＝1000 微克。

液体剂型药物的常用剂量单位有：升（L）、毫升（mL）。1 升＝1000 毫升。

一些抗生素、激素、维生素等药物常用“单位”（U）和“国际单位”（IU）来表示。抗生素多用国际单位表示，有时也以微克、毫克等质量单位表示。如：青霉素 G，1 单位＝0.6 微克青霉素钠纯结晶粉或 0.625 微克钾盐，80 万青霉素钠应为 0.48 克；1 克链霉素或 1 克庆大霉素＝100 万单位，1 毫克＝1000 单位。

（三）药物的含量

用比号“：”表示药物剂量与净含量的关系。例如：某生产厂家出品的卡那霉素注射液规格标明 10 毫升：1.0 克，表示 10 毫升药液中含净药量为 1.0 克。因为 1 克＝1000 毫克，即每毫升含药物 100 毫克（mg）。

（四）计算个体给药剂量

当个别猪只发病要用药物治疗时，首先要看明白使用说明书是怎样规定的。如果已标明每千克体重注射多少毫升，就照此执行。但有时只标明每千克体重多少毫克，那就要进行换算。

$$剂量用药量=\frac{猪的体重(千克)\times剂量率(毫克/千克)}{制剂单位标示量(毫克/毫升、毫克/片、毫克/克)}$$

【例】 10 毫升：1.0 克的卡那霉素注射液，标明肌注一次量为每千克体重 15 毫克，试问：10 千克体重的猪应注射多少毫升？换算方法：首先应明确“10 毫升：1.0 克”即 10 毫升含卡那霉素 1 克，1 克＝1000 毫克，每毫升含 100 毫克，再计算 10 千克体重需多少毫克。

$$用药量=\frac{10 千克\times15 毫克/千克}{制剂单位标示量(毫克/毫升、毫克/片、毫克/克)}$$

可知 10 千克体重的猪每次应肌注 1.5 毫升。

（五）使用说明书上没标明每千克体重用量怎么办？

凡未标明每千克体重用量是多少毫升或多少毫克的，通常指的是 50 千克标准体重的猪的用量，可以除以50，换算出每千克体重的大体用量。如0.1%肾上腺素注射液常用于抢救严重过敏疾病。某生产厂家在“用法与用量”一栏中标明，皮下注射：一次量猪0.2～1.0毫升，就是指50千克体重的猪的用量，其他体重的猪可依此换算出大体用量。如兽医临床上最常用的解热镇痛药安乃近注射液厂家是这样标示的：“规格：10毫升：3.0克；用法与用量：肌注，一次量猪1～3克”。就是指50千克重的猪一次可肌注3.3～10毫升，其他体重的猪可依此推算出用量。

（六）猪与人用药量的关系

可以参考如下推算方法，猪指50千克标准体重的猪，一般说来，50千克的猪的用药量是成人的2倍。人每千克体重用量乘以2，就可推算出猪每千克体重的大体用量。

（七）不同投药途径的用药比例

假设内服为1，那么皮下或肌内注射可为1/3～1/2，静脉注射1/4，气管注射为1/4。

（八）饮水给药与拌料给药的关系

一般说来，饮水加药量是拌料给药量的1/2即可，因为饮水量大约是采食量的2倍左右。

二、剂量换算

在集约化养猪的疾病控制中，一个最关键的措施就是群防群治，即将药物添加到饲料或饮水中来防治疾病。这种投药的特点是：①能使药物达到对疾病群防群治的作用；②方便经济，对于流行性疾病，不需要花时间和精力对每只猪进行注射或内服；③减少应激，降低猪应激性疾病的发生；④长期添加用药可达到对在某个猪场扎根的顽固性细菌性疾病的根治。因此，熟悉一种药物的口服剂量与饲料添加的剂量十分重要。

一般口服剂量以每千克体重使用药物量来表示，而饲料添加给药要确定单位重量饲料中添加药物的量，即以饲料中的药物浓度表示，没有设计体重这一因素。实际上如果知道了一种药物的口服剂量，也可以算出药物在饲料、饮水中的添加量。例如，用某药预防猪病的口服剂量为每千克体重5毫克（5毫克/千克体重），每天1次，换算成饲料中添加量是多少？猪的每日饲料消耗等于其体重的5%（平均值)，每千克体重消耗饲料 50 克，根据口服剂量，即 50 克饲料中应含 5 毫克(0.005 克/50 克)，相当于 1 吨饲料中添加药物 100 克。又如口服剂量为每千克体重 10 毫克，每天 2 次，即一天每千克体重用药 20 毫克，根据上述方法，饲料中的药物浓度为 20 毫克/50 克，即每吨饲料中添加药物 400 克。

三、添加方式

可以将药物添加到饲料中，也可以添加到饮水中。添加到饲料中一般适用于预防，添加到饮水中一般适用于治疗。猪发生传染病时，由于疾病原因致使食欲下降，严重时食欲废绝，此时通过饲料进入猪只体内的药量不足，一般达不到理想的治疗效果，但病猪特别是热性传染病猪只的饮水比较正常，有时略有增加，此时通过饮水添加用药则可达到预期效果。应该说明的是，在一般情况下，猪的饮水量是饲料量的 2 倍，以此推理，饮水中添加剂量应为饲料中添加剂量的 1/2。通过饮水添加用药，其药物应该是水溶性的，否则药物会在饮水中沉积下来，造成用药不均，引起猪只中毒或治疗无效。

第七章　猪常见病毒性疾病的防制

第一节　以全身感染为主的病毒性疾病

一、猪瘟

猪瘟以前又称猪霍乱，是由猪瘟病毒引起的一种高度接触传染和致死性的病毒性疾病，是严重威胁养猪业发展的重大传染病之一。

（一）病原

猪瘟病毒属RNA型病毒，是黄病毒科瘟病毒属的一个成员。其直径为40纳米左右，呈圆形或六角形体，中心系RNA所组成的螺旋状体，外有包囊。病毒存在于猪的各种组织器官和血液中，一般认为红细胞含毒量高，白细胞含毒量较低。含毒量最高的是脾脏，约为血液的10倍。淋巴中含毒量比脾脏略低。红骨髓、肝和肾等含毒量接近于血液。干燥易于毁灭病毒。血液中的病毒在室温下可存活2～3个月；在骨髓里的病毒可生存15天左右；冷冻猪肉中其毒力能保持90～225天。粪尿及内脏的病毒，可在2～3天内因腐败作用而迅速死亡；直射阳光照射5～9小时，不能使病毒丧失其致病力；煮沸能迅速杀死病毒。效果好的消毒药为2%氢氧化钠热溶液。

（二）诊断要点

1. 流行特点

在自然条件下，猪和野猪是本病的唯一宿主。病猪是主要的传染源。强毒感染猪在发病前可从口、鼻、眼分泌物，尿及粪中排毒，并延续整个病程。低毒株的感染猪排毒期较短。若感染妊娠母猪，则病毒可侵袭子宫内的胎儿，造成死产或产弱仔，分娩时排出大量病毒，而母猪本身无明显症状。如果这种先天感染的胎儿正常分娩，且仔猪健活数月，则可成为散布病毒的传染源。

猪群暴发猪瘟多数通过感染猪瘟病毒而未发病的猪，也可通过病猪肉或未经煮沸消毒的含毒残羹而传播。人和其他动物可机械地传播病毒。主要的感染途径是口腔、鼻腔，也可通过结膜感染。

猪瘟的发生无季节性，各种品种、年龄和性别的猪均易感。强毒感染时发病率和病死率极高，各种抗菌药物治疗无效。

2. 临床症状

潜伏期 5～7 天，短的 2 天发病，长的 21 天发病。根据症状和其他特征，可分为急性、慢性、迟发性和温和性 4 种类型。

（1）急性型　病猪高度沉郁，减食或拒食，怕冷挤卧，体温持续升高至 41℃左右。先便秘，粪干硬呈球状，带有黏液或血液，随后下痢，有的发生呕吐。病猪有结膜炎，两眼有多量黏性或脓性分泌物。步态不稳，后期发生后肢麻痹。皮肤先充血，继而变成紫绀，并出现许多小出血点，以耳、四肢、腹下（图 7-1，见彩图）及会阴等部位最为常见。少数病猪出现惊厥、痉挛等神经症状。病程 10～20 天死亡。

（2）慢性型　初期食欲不振，精神委顿，体温升高，白细胞减少。几周后食欲和一般症状改善，但白细胞仍减少。继而病猪症状加重，体温升高不降，皮肤有紫斑或坏死，日渐消瘦，全身衰弱，病程 1 个月以上，甚至 3 个月。

（3）迟发性型　是先天性感染低毒猪瘟病毒的结果。胚胎感染低毒猪瘟病毒后，如产出正常仔猪，则可终生带毒，不产生对猪瘟病毒的抗体，表现免疫耐受现象。感染猪在出生后几个月可表现正常，随后发生减食、沉郁、结膜炎、皮炎、下痢及运动失调症状，体温正常，大多数猪能存活 6 个月以上。

先天性的猪瘟病毒感染，可导致流产、死产、产木乃伊胎、畸形胎、有颤抖症状的弱仔或外表健康的感染仔猪。子宫内感染的仔猪，皮肤常见出血，且初生猪的死亡率很高。

（4）温和型　病情发展缓慢，病猪体温一般为 40～41℃，皮肤常无出血小点，但在腹下部多见瘀血和坏死。有时可见耳部及尾处皮肤坏死，俗称干耳朵、干尾巴。病程 2～3 个月。温和型猪瘟是目前生产中最常见的猪瘟。

3. 病理变化

急性猪瘟呈现以多发性出血为特征的败血病变化。在皮肤、浆膜、黏膜、肾、膀胱、喉头（图 7-2，见彩图）、淋巴结、扁桃体、胆囊等处都有程度不同的出血变化。一般呈斑点状，有的出血点少而散在，有的星罗棋布，以肾淋巴结出血和肾出血最为常见。淋巴结肿大，呈暗红色，切面呈弥散性出血和周边性出血，如大理石样外观（图 7-3，见彩图），多见于腹腔淋巴结和颌下淋巴结。肾脏色彩变淡，表面有数量不等的小出血点（图 7-4、图 7-5，见彩图）。胃尤其是胃底出血、溃疡（图 7-6，见彩图），脾脏的边缘常可见到紫黑色突起（出血性梗死）（图 7-7，见彩图），这是猪瘟有诊断意义的病变。慢性猪瘟的出血和梗死变化较少，但回肠末端、盲肠黏膜，特别是回盲口，有许多的轮层状溃疡（纽扣状溃疡）（图 7-8、图 7-9，见彩图）。

4. 实验室检查

主要是检查病毒抗原。采取死猪的脾、淋巴结或病猪的扁桃体，迅速送实验室做直接荧光抗体试验或酶标抗体试验。这些方法简单、快速、可靠，但不能区分猪瘟病毒与牛病毒性腹泻病毒，最好使用仅对猪瘟病毒而不对牛病毒性腹泻病毒发生反应的单抗作为标记抗体。在条件允许的情况下，可进行家兔接种试验。6 小时测温 1 次，连续 3 天，如果被接种家兔体温升高 0.5～1.0℃或以上，则可以确诊为猪瘟。

为了确定最佳免疫接种时机，检测母源抗体或免疫水平时，可用荧光抗体血清中和试验、酶联免疫吸附试验或间接血凝试验，抗体滴度在 1∶16 以下时，应立即注射猪瘟兔化弱毒冻干疫苗。

5. 鉴别诊断

临床上急性猪瘟与急性猪丹毒、最急性猪肺疫、败血性链球菌病、猪副伤寒、猪黏膜病毒感染、弓形虫病有许多类似之处，其区别要点如下：

（1）急性猪丹毒　多发生于夏天，病程短，发病率和病死率比猪瘟低。体温很高，但仍有一定食欲。皮肤上的红斑，指压褪色，病程较长时，皮肤上有紫红色疹块。眼睛清亮有神，步态僵硬。死后剖检，胃和小肠有严重的充血、出血；脾肿大，呈樱桃红色；淋巴结和肾瘀血肿大。青霉素等治疗有显著疗效。

（2）最急性猪肺疫　气候和饲养条件剧变时多发，病死率比猪瘟低，咽喉部急性肿胀，呼吸困难，口鼻流泡沫，皮肤蓝紫色，或有少数出血点。剖检时，咽喉部肿胀出血；肺充血水肿；颌下淋巴结出血，切面呈红色；脾不肿大。抗菌药治疗有一定效果。

（3）败血性链球菌病　本病多见于仔猪。除有败血症状外，常伴有多发性关节炎和脑膜脑炎症状，病程短。剖检见各器官充血、出血明显。心包液增量；脾肿大；有神经症状的病例，脑和脑膜充血、出血，脑脊髓液增量、浑浊，脑实质有化脓性脑炎变化。抗菌药物治疗有效。

（4）急性猪副伤寒　多见于2～4月龄的猪，在阴雨连绵季节多发，一般呈散发。先便秘后下痢，有时粪便带血，胸腹部皮肤呈蓝紫色。剖检肠系膜淋巴结显著肿大；肝可见黄色或灰色小点状坏死；大肠有溃疡；脾肿大。

（5）慢性猪副伤寒　与慢性猪瘟容易混淆。其区别点是：慢性副伤寒呈顽固性下痢，体温不高，皮肤无出血点，有时咳嗽。剖检时，大肠有弥漫性坏死性肠炎变化，脾增生肿大；肝、脾、肠系膜淋巴结有灰黄色坏死灶或灰白色结节，有时肺有卡他性炎症。

（6）猪黏膜病毒感染　黏膜病毒与猪瘟病毒同属瘟病毒属，主要侵害牛，猪感染后，多数没有明显症状或无症状。部分猪可出现类似温和型猪瘟的症状，难以区别，需采取脾、淋巴结做实验室检查。

（7）弓形虫病　弓形虫病也有持续高热、皮肤紫斑和出血点、大便干燥等症状，容易同猪瘟相混。但弓形虫病呼吸高度困难，磺胺类药治疗有效。剖检时，肺发生水肿；肝及全身淋巴结肿大，各器官有程度不等的出血点和坏死灶，采取肺和支气管淋巴结检查，可检出弓形虫。

（三）防制

1. 预防

（1）平时的预防措施　提高猪群的免疫水平，防止引入病猪，切断传播途径，严格按照免疫程序接种猪瘟疫苗，是预防猪瘟发生的重要措施。

（2）流行时的防治措施

① 封锁疫点　在封锁地点内停止生猪及猪产品的集市买卖和外运，最后一头病猪死亡或处理后3周，经彻底消毒，可以解除封锁。

② 处理病猪　对所有猪进行测温和临床检查，病猪以急宰为宜，急宰病猪的血液、内脏和污物等应就地深埋。污染的场地、用具和工作人员都应严格消毒，防止病毒扩散。可疑病猪予以隔离。对有带毒综合征的母猪，应坚决淘汰。这种母猪虽不发病，但可经胎盘感染胎儿，引起死胎、弱胎。生下的仔猪也可能带毒，这种仔猪对免疫接种有耐受现象，不产生免疫应答，而成为猪瘟的传染源。

③ 紧急预防接种　对疫区内的假定健康猪和受威胁区的猪群，立即注射猪瘟兔化弱毒疫苗，剂量可增至常规量的6～8倍。

④ 彻底消毒　病猪圈、垫草、粪水、吃剩的饲料和用具均应彻底消毒，最好

将病猪圈的表土铲出，换上一层新土。在猪瘟流行期间，对饲养用具应每隔2～3天消毒1次，碱性消毒药均有良好的消毒效果。

2. 治疗

尚无有效的治疗药物，用高免血清治疗有一定效果。对未发病猪，可使用青霉素等防止继发感染。

二、非洲猪瘟

非洲猪瘟（ASF）是由非洲猪瘟病毒科、非洲猪瘟病毒属的一种DNA病毒引起的疾病。由于该病能迅速传播并且对社会经济有重要影响，OIE将本病列为A类传染病。目前，本病在非洲的许多国家及意大利的撒丁岛呈地方性流行。俄罗斯几个州（区）自2008年开始暴发非洲猪瘟，一直没有扑灭。2018年8月3日，辽宁省沈阳市沈北新区发生一起非洲猪瘟疫情，这是我国首次发生非洲猪瘟疫情。

（一）病原

ASF的病原为非洲猪瘟病毒（ASFV）。它呈五角或六角形，大小为175～215纳米。呈20面体对称，有囊膜。基因组为双股线状DNA。在猪体内，非洲猪瘟病毒可在几种类型的细胞浆（尤其是网状内皮细胞和单核巨噬细胞）中复制。

（二）诊断要点

1. 流行特点

猪与野猪对本病毒都具有自然易感性，各品种及各不同年龄猪群同样有易感性。非洲有几种软蜱是ASFV的贮藏宿主和媒介，该病毒可在钝缘蜱中增殖，并使其成为主要的传播媒介。近来发现，美洲等地分布广泛的很多其他蜱种也可传播ASFV。一般认为，ASFV传入无病地区都与来自国际机场和港口的未经煮过的感染猪制品或残羹喂猪有关，或由于接触了感染的家猪的污染物、胎儿、粪便、病猪组织，或喂了污染饲料而发生。

2. 临床症状

潜伏期5～9天，病猪最初4天之内体温上升至 40.5℃，呈稽留热，无其他症状，但在发烧期食欲正常，精神良好。到死亡前48小时，体温下降，停止吃食。身体虚弱，伏卧一角或呆立，不愿行动，脉搏加速，强迫行走时困难，特别是后肢虚弱，甚至麻痹。有些病猪咳嗽，呼吸困难，结膜发炎，有脓性分泌物；有的下痢或呕吐，鼻镜干燥，四肢下端发绀。一般病猪在发烧后约7日、出现症状后1～2

日死亡。死亡率接近100%。

可见，非洲猪瘟通常是先出现体温升高，后出现其他症状，而猪瘟则随体温升高，几乎同时出现其他症状，这可作为二者鉴别诊断的一个指标。

血液的变化很类似猪瘟，以白细胞减少为特征，约半数以上病猪白细胞数比正常减少50%。这种白细胞减少，是由广泛存在于淋巴组织中的淋巴细胞坏死，导致血液中淋巴细胞显著减少。白细胞减少时，正值体温开始上升，发热4天后，约减少40%。此外，还发现未成熟的中性粒细胞增多，嗜酸、嗜碱性细胞等无变化，红细胞、血红蛋白及血沉等未见异常。

病猪自然恢复的极少。极少数病例转为慢性经过，多为幼龄病猪，呈间歇热型，并有发育不全、关节障碍、失明、角膜浑浊等后遗症。

3. 病理变化

病理变化与猪瘟相似，出血性状和淋巴细胞核崩溃等病变甚至比猪瘟明显。白猪皮肤稀毛处有很多明显发绀区，呈紫红色，胸、腹腔及心内有较多的黄色积液，偶尔混有血液，心包积水，心外膜、心内膜出血。全身淋巴结充血严重，有水肿，在胃、肝门、肾与肠系膜的淋巴结最严重，如血瘤状，脾外表变小，少数有肿胀、局部充血或梗死，喉头、会厌部有严重出血，肺小叶间质水肿，胆囊壁水肿，浆膜和结膜有出血斑。膀胱黏膜有出血斑。小肠有不同程度的炎症，盲肠和结肠充血、出血或溃疡。

4. 实验室诊断

在实验室诊断中，非洲猪瘟病毒抗原的检测常用红细胞吸附试验、直接免疫荧光试验和琼脂扩散沉淀试验。一般认为，红细胞吸附试验是非洲猪瘟确诊性的鉴别试验，并且是从野外样品分离病毒应用最广泛的方法。用直接免疫荧光试验可在组织抹片和冷冻组织切片于1小时内检出病毒。

非洲猪瘟病毒抗体检测常用的是间接免疫荧光试验、酶联免疫吸附试验和免疫印迹测定等。

（三）防制

1. 预防

由于目前在世界范围内没有研发出可以有效预防非洲猪瘟的疫苗，但高温、消毒剂可以有效杀灭病毒，所以做好养殖场生物安全防护是防控非洲猪瘟的关键。一是严格控制人员、车辆和易感动物进入养殖场；进出养殖场及其生产区的人员、车辆、物品要严格落实消毒等措施。二是尽可能封闭饲养生猪，采取隔离防护措施，尽量避免与野猪、钝缘软蜱接触。三是严禁使用泔水或餐余垃圾饲喂生猪。四是积极配合当地动物疫病预防控制机构开展疫病监测排查，特别是发生猪瘟疫苗免疫失败、不明原因死亡等现象，应及时上报当地兽医部门。

2. 紧急防控措施

保持高度警惕，严禁从感染疫病地区和国家进口猪及其产品。销毁或正确处置来自感染国家（地区）的船舶、飞机的废弃食物和泔水等。加强口岸检疫。

一旦发现可疑疫情，应立即上报，并将病料严密包装，迅速送检。同时按《中华人民共和国动物防疫法》规定，采取紧急、强制性的控制和扑灭措施。封锁疫区，控制疫区生猪移动。迅速扑杀疫区所有生猪，无害化处理动物尸体及相关动物产品。对栏舍、场地、用具进行全面清扫及消毒。详细进行流行病学调查，包括上下游地区的疫情调查。对疫区及其周边地区进行严密监测。

三、猪口蹄疫

口蹄疫是口蹄疫病毒感染引起的牛、羊、猪等偶蹄动物共患的一种急性、热性传染病，是一种人畜共患病。本病毒有甲型（A型）、乙型（O型）、丙型（C型）、南非1型、南非2型、南非3型和亚洲1型7个血清主型，每个主型又有许多亚型。由于本病传播快、发病率高、传染途径复杂、病毒型多易变，因此成为近年来危害养猪业的主要疫病之一。

（一）病原

口蹄疫病毒属微核糖核酸科、口蹄疫病毒属，体积小。病毒粒子呈20面体对称，直径20～23纳米。口蹄疫病毒对外界环境的抵抗力很强，不怕干燥，在自然条件下，含病毒的组织与污染的饲料、饲草、皮毛及土壤等保持传染性达数周至数月之久。粪便中的病毒，在温暖的季节可存活29～60天，在冻结条件下可以越冬。但对酸和碱十分敏感，易被碱性或酸性消毒药杀死。

（二）诊断要点

1. 流行特点

本病主要侵害牛、羊、猪及野生偶蹄动物，人也可感染。主要传染源是患病家畜和带毒动物。传染途径为水疱液、排泄物、分泌物、呼出的气体等途径向外排散感染力极强的病毒，从而感染其他健康家畜。本病发生没有明显的季节性，但是，由于气温和光照强度等自然条件对口蹄疫病毒的存活有直接影响，因此本病的流行又呈现一定的季节性，表现为冬春季多发，夏秋季节发病较少。单纯性猪口蹄疫的流行特点略有不同，仅猪发病，不感染牛、羊，不引起迅速扩散或跳跃式流行，主要发生于集中饲养的猪场和食品公司的活猪仓库或城郊猪场以及交通密集的铁路、公路沿线，农村分散饲养的猪较少发生。

2. 临床症状

潜伏期1～2天，病猪以蹄部水疱为主要特征。病初体温40～41℃，精神不振，食欲减退或不食，口唇、嘴角、蹄冠、趾间、蹄踵等处出现发红、微热、敏感等症状，不久形成黄豆大、蚕豆大的水疱，水疱破裂后形成出血性烂斑、溃疡（图7-10、图7-11，见彩图），1周左右恢复。若有细菌感染，则局部化脓坏死，可引起蹄壳脱落，患肢不能着地，常卧地不起，部分病猪的口腔黏膜（包括舌、唇、齿龈、咽、腭）、鼻盘和哺乳母猪的乳头也可见到水疱和烂斑。吃奶仔猪患口蹄疫时，通常很少见到水疱和烂斑，呈急性胃肠炎和心肌炎，突然死亡，病死率可达60%。仔猪感染时水疱症状不明显，主要表现为胃肠炎和心肌炎，致死率高达80%以上。

3. 病理变化

除口腔、蹄部或鼻端（吻突）、乳房（图7-12，见彩图）等处出现水疱及烂斑外，咽喉、气管、支气管和胃黏膜也有烂斑或溃疡，小肠、大肠黏膜可见出血性炎症。仔猪心包膜有弥散性出血点，心肌切面有灰色或黄色斑点或条纹，心肌松软似煮熟状。组织学检查心肌有病变灶，细胞呈颗粒变性、脂肪变性或蜡样坏死，俗称“虎斑心”（图7-13，见彩图）。

4. 实验室检查

口蹄疫病毒具有多型性，而其流行特点和临床症状相同，其病毒属于哪一型，需经实验室检查才能确定。另外，猪口蹄疫与猪水疱病的临床症状几乎无差别，也有赖于实验室检查予以鉴别。首先将病猪蹄部用清水洗净，用干净剪子剪取水疱皮，装入青霉素（或链霉素）空瓶，最好采3～5头病猪的水疱皮，冷藏保管，一并迅速送到有关检验部门检查。常用酶联免疫吸附试验进行诊断。

5. 鉴别诊断

（1）口蹄疫与猪水疱病区别　猪水疱病在症状上与口蹄疫极为相似，但牛、羊等家畜不发病；口蹄疫病畜通常发烧，水疱病病畜很少发烧，即使发烧也不严重，这是主要区别。口蹄疫和环境温度有关，温度低就容易出现；水疱病和环境温度关系不大。如果挑破口蹄疫病畜脓疱，触及感染面，猪会很疼，尖叫；水疱病同样处理一般猪不会那么疼。

（2）与猪蹄裂相鉴别　猪口蹄疫在每年的秋冬季节多发，疾病的典型症状发生在蹄部；猪蹄裂病的高发季节也是在秋冬，疾病的临床症状也表现在蹄部，因此，经常有人混淆两种病，把蹄裂当成口蹄疫。

① 口蹄疫临床典型症状表现为猪蹄冠、蹄趾间、蹄踵部形成水疱，水疱破溃以后，颜色发白，有些露出黏膜。病情严重的，蹄甲脱落。有些猪鼻镜也出现水疱，母猪乳头附近出现水疱，体温通常都会升高，是一种烈性传染病，传染非常快，通常会大群发病。

② 猪蹄裂病是指生猪蹄壳开裂或裂缝有轻微出血的一种肢蹄病，临床上主要表现为疼痛跛行，不愿走动，生长受阻，繁殖能力下降。

③ 二者区分：蹄部病变的部位；体温是否升高；是否大群发病。

（三）防制

1. 预防

（1）平时的预防措施

① 加强检疫和普查工作　经常检疫和定期普查相结合，做好猪产地检疫、屠宰检疫、农贸市场检疫和运输检疫。同时，每年冬季重点普查一次，了解和发现疫情，以便及时采取相应措施。

② 及时接种疫苗　容易传播口蹄疫的地区，如国境边界地区、城市郊区等，要注射口蹄疫疫苗。猪注射猪乙型（O 型）口蹄疫油乳剂灭活疫苗。值得注意的是，所用疫苗的病毒型必须与该地区流行的口蹄疫病毒型相一致，否则，不能预防和控制口蹄疫的发生和流行。

③ 加强相应防疫措施　严禁从疫区（场）买猪及其肉制品，不得用未经煮开的洗肉水、泔水喂猪。

（2）流行时的预防措施

① 一旦怀疑口蹄疫流行，应立即上报，迅速确诊，并对疫点采取封锁措施，防止疫情扩散蔓延。

② 疫区内的猪、牛、羊，应由兽医进行检疫，病畜及其同栏猪立即急宰，内脏及污染物（指不易消毒的物品）深埋或者烧掉。

③ 疫点周围及疫点内尚未感染的猪、牛、羊，应立即注射口蹄疫疫苗。注射完疫区外围的牲畜后，再注射疫区内的牲畜。

④ 坚持每周带猪消毒 2～3 次，常用消毒药有 0.15％过氧乙酸、1％～2％甲醛溶液等。消毒前要彻底清扫粪尿和周围环境，猪舍水泥地面冲洗干净，自然晾干后

喷雾或喷洒消毒药。对垃圾、垫料、污物等要及时焚烧。

⑤ 疫点内最后一头病猪痊愈或死亡后 14 天，如未再发生口蹄疫，经过彻底消毒后，可申报解除封锁。但痊愈猪仍需隔离 1 个月方可出售。

2. 治疗

根据国家的规定，口蹄疫病猪应一律采取扑杀措施，不准治疗，以防散播传染。但在特殊情况下，如某些种用珍贵动物，可在严格隔离的情况下予以治疗。

轻症病猪，经过 10 天左右多能自愈。重症病猪，可先用食醋水或 0.1%高锰酸钾液洗净口腔、蹄部、乳房等损伤部位，再涂布龙胆紫溶液或碘甘油，或直接用碘伏、过氧乙酸喷涂，以控制感染。口腔消毒也可用冰硼散（冰片 15 克，硼砂 150 克，芒硝 18 克，共为末）。经过数日治疗，绝大多数可以治愈。

四、猪圆环病毒病

猪圆环病毒病是近年来猪发生的一种新型传染病。

猪圆环病毒病的病原体是猪圆环病毒（PCV-2）。此病毒主要感染断奶后仔猪，一般集中于断奶后 2～3 周和 5～8 周龄的仔猪。PCV 分布很广，在美、法、英等国流行。猪群血清阳性率可达 20%～80%，但是实际上只有相对较小比例的猪或猪群发病。目前已知与 PCV 感染有关的有 5 种疾病：猪断奶后多系统衰竭综合征；猪皮炎肾病综合征；猪间质性肺炎；繁殖障碍；仔猪传染性先天性震颤。

（一）猪断奶后多系统衰竭综合征（PMWS）

猪断奶后多系统衰竭综合征，多发生在 5～12 周龄断奶猪和生长猪。

1. 诊断要点

（1）流行特点　哺乳仔猪很少发病，主要在断奶后 2～3 周发病。本病的主要病原是 PCV-2，其在猪群血清阳性率达 20%～80%，多存在隐性感染。发病时还可能有 PRRSV（猪繁殖呼吸综合征病毒）、PRV（猪细小病毒）、MH（猪肺炎支原体）、PRV（猪伪狂犬病毒）、APP（猪胸膜炎放线杆菌）以及 PM（猪多杀性巴氏杆菌）等混合感染。PMWS 的发病往往与饲养密度大、环境恶劣（空气不新鲜、湿度大、温度低）、饲料营养差、管理不善等有密切关联。患病率为 3%～50%，致死率 80%～90%。

（2）临床症状　主要表现精神不振、食欲下降、进行性呼吸困难、消瘦、贫血、皮肤苍白、肌肉无力、黄疸、体表淋巴结肿大、被毛粗乱、怕冷、可视黏膜黄疸、下痢、嗜睡、腹股沟浅淋巴结肿大。由于细菌、病毒的多重感染而使症状复杂化与严重化。

(3) 病理变化　皮肤苍白，有 20％出现黄疸。淋巴结异常肿胀，切面呈均匀的苍白色；肺呈弥漫性间质性肺炎；肾脏肿大，外观呈蜡样，其皮质和髓质有大小不一的点状或条状白色坏死灶（图 7-14，见彩图）；肝脏外观呈现浅黄色到橘黄色；脾稍肿大，边缘有梗死灶（图 7-15，见彩图）；胃肠道呈现不同程度的炎症损伤，结肠和盲肠黏膜充血或瘀血，肠壁外覆盖一层厚的胶冻样黄色膜；胰损伤、坏死。死后其全身器官组织表现炎症变化，出现多灶性间质性肺炎、肝炎、肾炎、心肌炎以及胃溃疡等病变。

(4) 实验室检查　主要是在病变部位检测到 PCV-2 抗原或核酸。应用 PCR 检测方法和病毒分离技术。

2. 防制

目前尚无有效的治疗办法和疫苗。使用抗生素，加强饲养管理，有助于控制二重感染。

(1) 支原净 0.125 千克、强力霉素 0.125 千克和阿莫西林 0.125 千克，3 种药加入 1000 千克饲料中拌匀喂饲。连用 1～2 周。

(2) 按每千克体重支原净 125 毫克给病猪注射 2 次/天，连用 3～5 天。

(3) 按每 1000 千克饮水中加入支原净 0.12～0.18 千克，供病猪饮服，连用 3～5 天。

仔猪断奶前 1 周和断奶后 2～3 周，可采用以下措施：

(1) 用优良的乳猪料或添加 1.5％～3％柠檬酸、适量酶制剂，或用抗综合应激征的断奶安等药拌服。

(2) 每千克日粮中添加支原净 50 毫克、强力霉素 0.05 千克、阿莫西林 0.05 千克，拌匀喂服。

(3) 饮服口服补液盐水，并在补液盐水中每 1000 千克加入 0.05 千克支原净和 0.05 千克水溶性阿莫西林。

(4) 实行严格的全进全出制，防止不同来源、年龄的猪混养，减少各种应激，降低饲养密度，防止温差过大的变化，尤其后半夜保温，防贼风和有害气体。

(5) 加强泌乳母猪的营养，添加氧化锌、丙酸，防止发生胃溃疡。

（二）猪皮炎肾病综合征

1. 流行特点

英国于 1993 年首次报道此病，随后美国、欧洲和南非均有报道。通常只发生在8～18周龄的猪。发病率为0.5%～2%，有的可达到7%。通常病猪在3天内死亡，有的在出现临床症状后2～3周发生死亡。

2. 临床症状

病猪皮肤出现散在斑点状的丘疹，病发初期为红色小点，继而发展为红色、紫红色的圆形或不规则的隆起，并逐步由中心点变黑扩展为丘疹。病灶常呈现斑块状（图7-16，见彩图），有时这些斑块相互融合，尤其在会阴部和四肢最明显（图7-17，见彩图）。体温有时升高。病变主要发生在背部、臀部和身体躯干两侧，并可延伸至腹部以及四肢，发病严重的患猪病变遍布全身各部位。体外寄生虫（疥螨）感染严重的猪场该病的症状相对较明显；个别猪出现发热，常堆聚在一起，跛行，食欲减退，逐渐消瘦，有结膜炎症状，拉黄色水样粪便，呼吸急促，甚至继发其他疾病而衰竭死亡。

3. 病理变化

主要是出血性坏死性皮炎和动脉炎，以及渗出性肾小球性肾炎和间质性肾炎，因此出现皮下水肿、胸腔积液增多和心包积液。送检血清和病料中，可检出PCV-2病毒，又能检出猪繁殖和呼吸综合征病毒、细小病毒，并且都存在相应的抗体。

（三）猪间质性肺炎

本病主要危害6～14周龄的猪，发病率2%～3%，死亡率为4%～10%。眼观病变为弥漫性间质性肺炎，肺呈灰红色。实验室检查有时可见肺部存在PCV-2型病毒，其存在于肺细胞增生区和细支气管上皮坏死细胞碎片区域内，肺泡腔内有时可见透明蛋白。

（四）繁殖障碍

研究发现，有些繁殖障碍表现可与PCV-2型病毒相联系。该病毒可能造成返情率增加、子宫内感染、孕期流产以及死产和产弱仔、木乃伊胎等（图7-18、图7-19）。有些产下的仔猪中发现PCV-2型病毒血症。

在有很高比例新母猪的猪群中，可见到非常严重的繁殖障碍。急性繁殖障碍（如发情延迟和流产增加）通常可在2～4周后消失，但其后就在断奶后发生多系统衰竭综合征。用PCR技术对猪进行血清PCV-2型病毒监测，结果表明有些母猪有延续数月时间的病毒血症。

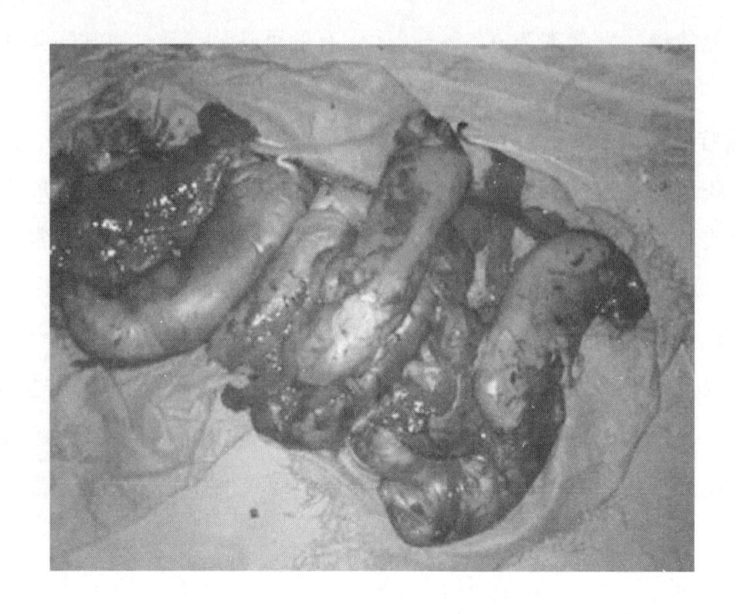

图 7-18　蓝耳病母猪产出木乃伊胎

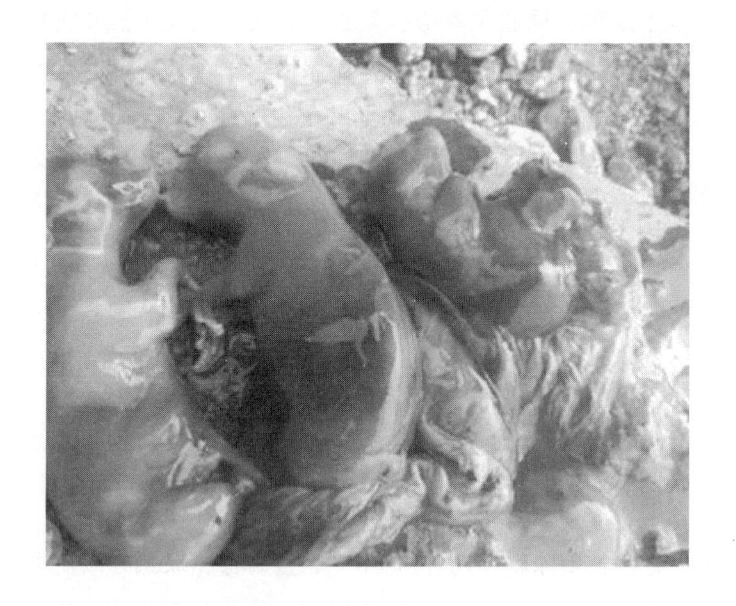

图 7-19　蓝耳病母猪产出死胎

（五）仔猪传染性先天性震颤

多在仔猪出生后第 1 周内发生，震颤由轻变重，卧下或睡觉时震颤消失，受外界刺激（如突发的噪声或寒冷等）时可以引发或是加重震颤，严重的影响吃奶，以致死亡。每窝仔猪受病毒感染发病的数目不等。大多是新引入的头胎母猪所产的仔猪。在精心护理1周后，存活的病仔猪多数于3周后逐渐恢复；但是，有的猪直至育肥期仍然不断发生震颤。

猪皮炎肾病综合征、猪间质性肺炎、繁殖障碍、仔猪传染性先天性震颤的防制，可参考猪断奶后多系统衰竭综合征。

五、猪流行性感冒

猪流行性感冒简称猪流感，是由猪流行性感冒病毒引起的一种急性呼吸器官传染病。临床特征为突然发病，并迅速蔓延全群，表现为呼吸道炎症。

（一）病原

流感病毒分为A、B、C三个型，猪流感病毒属于正黏病毒科中的A型、B型流感病毒属。猪流感是A型流感病毒引起，除感染猪外也能使人发病；反之，人的流感病毒（H3N2）也能使猪发生流感。该病毒对热和日光的抵抗力不强，一般消毒药能迅速将其杀死。

（二）诊断要点

1. 流行特点

不同年龄、性别和品种的猪对猪流感病毒均有易感性。传染源是病猪和带毒猪。病毒存在于呼吸道黏膜，随分泌物排出后，通过飞沫经呼吸道侵入易感猪体内，在呼吸道上皮细胞内迅速繁殖，很快致病，又向外排出病毒，以至于迅速传播，往往在2～3天内波及全群。康复猪和隐性感染猪可长时间带毒，是猪流感病毒的重要宿主，往往是以后发生猪流感的传染源。猪流感呈流行性发生。在常发生本病的猪场可呈散发性。大多发生在天气骤变的晚秋和早春以及寒冷的冬季。一般发病率高，病死率却很低。如继发巴氏杆菌、肺炎链球菌等感染，则使病情加重。

2. 临床症状

潜伏期为2～7天。病猪突然发热，精神不振，食欲减退或废绝，常挤卧一起（图7-20），不愿活动，呼吸困难、咳嗽，眼、鼻有黏液性分泌物。病程很短，一般2～6天可完全恢复。如果并发支气管肺炎、胸膜炎等，则猪群病死率增加。普通感冒与之区别在于前者体温稍高，散发，病程短，发病缓，其他症状无多大差别。

图 7-20　精神沉郁，行动无力，常堆挤一处

3. 病理变化

病变主要在呼吸器官，鼻、喉、气管和支气管黏膜充血，表面有多量泡沫状黏液（图 7-21，见彩图），有时混有血液。肺部病变轻重不一，有的只在边缘部分有轻度炎症，严重时，病变部呈紫红色。

4. 实验室检查

用灭菌棉拭子采取鼻腔分泌物，放入适量生理盐水中洗刷，加青霉素、链霉素处理，然后接种于 10～12 日龄鸡胚的羊膜腔和尿囊腔内，在 35℃孵育 72～96 小时后，收集尿囊液和羊膜腔液，进行血凝试验和血凝抑制试验，鉴定其病毒。

5. 鉴别诊断

在临床诊断时，应注意与猪肺疫、猪传染性胸膜肺炎相区别。

（三）防制

1. 预防

首要的是防止易感猪与感染的动物接触。除康复猪带毒外，某些水禽和火鸡也可能带毒，应防止与这些动物接触。人发生 A 型流感时，应防止病人与猪接触。其次是要进行严格的消毒，保持猪舍良好的环境卫生和饲养管理。据报道，目前，国外已制成猪流感病毒佐剂灭活苗，经 2 次接种后，免疫期可达 8 个月。

2. 治疗

目前尚无特效治疗药物。可试用复方黄芪多糖注射液和板蓝根冲剂，用量根据猪的体重及药品含量确定。为预防继发感染，重症病猪应服用抗生素或磺胺类药物，同时给予止咳祛痰药。

第二节 以繁殖障碍为主的病毒性疾病

一、猪繁殖与呼吸综合征（蓝耳病）

猪繁殖与呼吸综合征是1987年发现的一种接触性传染病。主要特征是母猪呈现发热、流产、死产、产木乃伊胎、弱仔等症状；仔猪表现异常呼吸症状和高死亡率。当时由于病原不明，症状不一，曾先后命名为“猪神秘病”“蓝耳病”“猪繁殖失败综合征”“猪不孕与呼吸综合征”等十几个病名，至1992年在猪病国际学术讨论会上才确定其病名为“猪繁殖与呼吸综合征”。

（一）病原

猪繁殖与呼吸综合征病毒是有囊膜的核糖核酸病毒，呈球状，直径45～65纳米，内含一正方体核衣壳核心，边长20～35纳米，病毒粒子表面有许多小突起。根据其形态及其基因结构，归属于动脉炎病毒属，现有两个血清型，从欧洲分离到的病毒叫Lelvstad病毒（LV），从美国分离到的病毒叫ATCCVR-2332（VR2332）。各病毒株的致病力有很大的差异，这是造成病猪症状不尽相同的原因之一。可被脂溶性剂（氯仿、乙醚）或去污剂（胆酸钠、TritonX-100、NP-40）灭活。

（二）诊断要点

1. 流行特点

本病主要侵害种猪、繁殖母猪及其仔猪，而育肥猪发病比较温和。本病的传染源是病猪、康复猪及临床健康带毒猪，病毒在康复猪体内至少可存留6个月。病毒可从鼻分泌物、粪尿等途径排出体外，经多种途径进行传播，如空气传播、接触传播、胎盘传播和交配传播等。卫生条件不良，气候恶劣，饲养密度过高，可促进本病发生。

2. 临床症状

本病的症状在不同感染猪群中有很大的差异，潜伏期各地报道也不一致。病的经过通常为3～4周，最长可达6～12周。感染猪群的早期症状类似流行性感冒，出现发热、嗜睡、食欲不振、疲倦、呼吸困难、咳嗽等症状。发病数日后，少数病猪的耳朵、外阴部、腹部及口鼻皮肤呈青紫色，以耳尖发绀（图 7-22，见彩图）最常见。部分猪感染后没有任何症状（40%～50%），或症状很轻微，但长期携带病毒，成为猪场持久的传染源。

图 7-23　妊娠后期母猪产死胎

（1）母猪　反复出现食欲不振、发热、嗜睡，继而发生流产（多发生于妊娠后期）、早产、死产（图 7-23）或产木乃伊胎。活产的仔猪体重小而且衰弱，经 2～3 周后，母猪开始康复，再次配种时受精率可降低 50%，发情期推迟。

（2）公猪　表现厌食、沉郁、嗜睡、发热并有异常呼吸症状。精液质量暂时下降，精子数量少，活力低。

（3）育肥猪　症状较轻，仅表现 5～7 天厌食、呼吸增数、不安、易受刺激、体温升高、皮肤瘙痒，发育迟缓。患猪耳尖坏死脱落。发生慢性肺炎或有继发感染时，死亡率明显增高。

（4）哺乳仔猪　呼吸困难，甚至出现哮喘样的呼吸障碍（由间质性肺炎所致），张口呼吸、流鼻涕、不安、侧卧、四肢划动，有时可见呕吐、腹泻、瘫痪、平衡失调、多发性关节炎及皮肤发绀等症状。仔猪的病死率可达 50%～60%。

3. 病理变化

病毒主要侵害肺脏，大多数病例如无继发感染，肉眼看不到明显的肺部病变。病理组织学检查，在肺部见有特征性的细胞性间质性肺炎（图 7-24、图 7-25，见彩图），肺泡壁间隔增厚，充满巨噬细胞。鼻甲骨的纤毛脱落，上皮细胞变性，淋巴细胞和浆细胞积聚。

4. 实验室检查

采取有急性呼吸异常症状的弱仔猪、死产及流产胎儿的肺、脾和淋巴结组织，送实验室进行病毒分离、鉴定，病毒可在猪巨噬细胞或CL2621和Marc145传代细胞上繁殖。耐过猪可采取血清，做间接免疫荧光试验或酶联免疫吸附试验。猪感染本病后1～2周可出现血清抗体，且可持续1年左右。

5. 鉴别诊断

应注意与猪细小病毒病、猪伪狂犬病、猪日本乙型脑炎、猪衣原体病相鉴别。

（三）防制

1. 预防

种猪场或规模养猪场要从无本病的地区或猪场引种，并隔离观察1个月，确诊无病方可入群。暴发本病时，育成猪实行全进全出制，每批进出前后，猪舍都要严格消毒；哺乳猪早断奶，母仔隔离饲养，杜绝病毒垂直传染给猪；同时注意通风，加强消毒，增加营养，并使用抗生素和维生素E，控制继发感染。在流行地区必要时可试用灭活油乳剂疫苗，免疫后备母猪和怀孕母猪（间隔21天，肌内注射2次），对后备母猪和育成猪也可试用弱毒疫苗。发病猪场的阳性母猪及其仔猪应予淘汰。

2. 治疗

猪繁殖与呼吸综合征是病毒病，临床上没有特效药物，只能采取对症治疗的办法加以控制。

（1）对于体温升高的病猪，可以使用30%安乃近注射液20～30毫升、地塞米松25毫克、青霉素320万～480万单位、链霉素2克，一次肌注，每日2次。

（2）对于食欲不振的病猪，使用胃复安1毫克/千克体重，维生素B_1 20毫升，一次肌注，每天1次；对于食欲废绝但呼吸平稳的病猪，可以使用5%葡萄糖盐水500毫升、维生素B_1 10毫升，配合适当的抗生素混合静注，另外肌注维生素C 10毫升。

（3）对于继发支原体肺炎的仔猪，可使用壮观霉素或利高霉素15毫克/千克肌注1～2个疗程，每个疗程5天。

（4）对于继发胸膜肺炎的仔猪，可选用氨苄青霉素、庆大霉素、土霉素等治疗。

另外，对病猪应进行有针对性的支持疗法，以防止并发症的发生，使损失降低到最低限度，可用10%葡萄糖或5%葡萄糖盐水，配合使用阿莫西林、青霉素等抗生素。同时，还要加强猪舍卫生消毒和饲养管理工作，减少环境中不利因素的影响，增加日粮中维生素和矿物质的含量。

二、猪伪狂犬病

猪伪狂犬病是多种哺乳动物和鸟类的急性传染病。在临床上以中枢神经系统障碍、发热、局部皮肤持续性剧烈瘙痒为主要特征。

（一）病原

伪狂犬病病原体是疱疹病毒科的猪疱疹病毒Ⅰ型。无囊膜病毒粒子直径为110～150纳米，有囊膜病毒粒子直径约为180纳米。病毒对低温、干燥的抵抗力较强，在污染的猪圈或干草上能存活数月之久，在肉中能存活5周以上，季铵盐类消毒药、2%火碱液和3%来苏儿能很快杀死病毒。

（二）诊断要点

1. 流行特点

伪狂犬病病毒在全世界广泛分布。易感动物甚多，有猪、牛、羊、犬、猫及某些野生动物等，发病最多的是哺乳仔猪，且病死率极高，成猪多为隐性感染。这些病猪和隐性感染猪可较长期地带毒排毒，是本病的主要传染源。鼠类粪尿中含大量病毒，也能传播本病。本病的传播途径较多，经消化道、呼吸道、损伤的皮肤以及生殖道均可感染。仔猪常因吃了感染母猪的乳而发病。怀孕母猪感染本病后，病毒可经胎盘而使胎儿感染，以致引起流产和死产。一般呈地方流行性发生，多发生于寒冷季节。

2. 临床症状

猪的临床症状随着年龄的不同有很大的差异。但归纳起来主要有4大症状。

（1）哺乳仔猪及断奶幼猪　症状最严重，往往表现为体温升高、呼吸困难、流涎、呕吐、下痢、食欲不振、精神沉郁、肌肉震颤、步态不稳、四肢运动不协调、眼球震颤、间歇性痉挛、后躯麻痹（图7-26），有前进、后退或转圈等强迫运动，常伴有癫痫样发作及昏睡等现象。神经症状出现后1～2天内死亡，病死率可达100%。若发病6天后才出现神经症状，则有恢复的希望，但可能有永久性后遗症，如眼瞎、偏瘫、发育障碍等。

（2）中猪　常见便秘，一般症状和神经症状较幼猪轻，病死率也低，病程一般4～8天。

（3）成猪　常呈隐性感染，较常见的症状为微热、打喷嚏或咳嗽、精神沉郁、便秘、食欲不振，数日即恢复正常，一般没有神经症状。但是容易发生母猪久配不孕，种公猪睾丸肿胀、萎缩，失去种用能力。

（4）怀孕母猪　感染后，常有流产、死产及延迟分娩等现象。死产胎儿有不同程度的软化现象，流产胎儿大多甚为新鲜，脑壳及臀部皮肤有出血点，胸腔、腹腔及心包腔有多量棕褐色潴留液，肾及心肌出血，肝、脾有灰白色坏死点。

图 7-26　后肢麻痹

3. 病理变化

临床上呈现严重神经症状的病猪，死后常见明显的脑膜充血及脑脊髓液增加；鼻咽部充血，扁桃体、咽喉部及淋巴结有坏死病灶；肝、脾有1～2毫米灰白色坏死点，心包液增加，肺可见水肿和出血点（图7-27，见彩图）。组织学检查，有非化脓性脑膜脑炎及神经节炎变化。

4. 实验室检查

既简单易行又可靠的方法是动物接种试验。采取病猪脑组织，磨碎后，加生理盐水，制成10%悬液，同时每毫升加青霉素1000单位、链霉素1毫克，放入4℃冰箱过夜，离心沉淀，取上清液于家兔后腿外侧部皮下注射1～2毫升，接种后2～3天家兔死亡。死亡前，注射部位的皮肤发生剧痒。患兔抓咬患部，以致呈现出血性皮炎，局部脱毛出血。同时可用免疫荧光试验、琼脂扩散试验、酶联免疫吸附试验和间接血凝试验等进行检查。

5. 鉴别诊断

对有神经症状的病猪，应与链球菌性脑膜炎、水肿病、食盐中毒等鉴别。母猪发生流产、死产时，应与猪细小病毒病、猪繁殖与呼吸综合征、猪乙型脑炎、猪衣原体病等相区别。

（三）防制

1. 预防

（1）平时的预防措施

① 要从洁净猪场引种，并严格隔离检疫 30 天。

② 猪舍地面、墙壁及用具等每周消毒 1 次，粪尿进行发酵池或沼气池处理。

③ 消灭猪舍鼠类等。

④ 种猪场的母猪应每 3 个月采血检查 1 次。

（2）流行时的预防措施

① 感染种猪场的净化措施。根据种猪场的条件可采取全群淘汰更新、淘汰阳性反应猪群、隔离饲养阳性反应母猪所生仔猪及注射伪狂犬病油乳剂灭活苗 4 种措施。接种疫苗的具体方法为：种猪（无论公、母）每 6 个月注射 1 次，母猪于产前 1 个月再加强免疫 1 次。种用仔猪于 1 月龄左右注射 1 次，隔 4～5 周重复注射 1 次，以后每半年注射 1 次。种猪场一般不宜用弱毒疫苗。

② 育肥猪场发病后的处理。发病后可采取全面免疫的方法，除发病仔猪予以扑杀外，其余仔猪和母猪一律注射伪狂犬病弱毒疫苗（K6：弱毒株），乳猪第 1 次注苗 0.5 毫升，断奶后再注苗 1 毫升；3 月龄以上的中猪、成猪及怀孕母猪（产前 1 个月）2 毫升。免疫期 1 年。也可注射伪狂犬病油乳剂灭活苗。同时，还应加强猪场疫病综合防治。

2. 治疗

在病猪出现神经症状之前，注射高免血清或病愈猪血液，有一定疗效，对携带病毒猪要隔离饲养。

三、猪细小病毒病

猪细小病毒病可引起猪的繁殖障碍，故又称猪繁殖障碍病。其特征为受感染的母猪，特别是初产母猪产出死胎、畸形胎和木乃伊胎，而母猪本身无明显症状。

（一）病原

猪细小病毒病病原体为细小病毒科的猪细小病毒，病毒粒子呈圆形或六角形，无囊膜，直径约为20纳米，核酸为单股DNA。本病毒对热、消毒药和酸碱的抵抗力均很强。病毒能凝集豚鼠、鸡、大鼠和小鼠等动物的红细胞。

（二）诊断要点

1. 流行特点

猪是唯一已知的易感动物。不同品种、性别、年龄猪均可发病，病猪和带病毒猪是传染源。急性感染猪的排泄物和分泌物中含有较多的病毒，子宫内感染的胎儿至少出生后9周仍可带毒排毒。一般经口、鼻和交配感染，出生前经胎盘感染。本病毒对外界环境的抵抗力很强，可在被污染的猪舍内生存数月之久，容易造成长期连续传播。精液带病毒的种公猪配种时，常引起本病的扩散传播。猪场的老鼠感染后，其粪便带有病毒，可能也是本病的传染源和媒介。本病发生无季节性。

2. 临床症状

仔猪和母猪的急性感染，通常没有明显症状，但在其体内很多组织器官（尤其是淋巴组织）中均有病毒存在。

怀孕母猪被感染时，主要临床表现为母源性繁殖障碍，如多次发情而不受孕或产死胎、木乃伊胎，或只产出少数仔猪。在怀孕早期感染时，则因胚胎死亡而被吸收，使母猪不孕和不规则地反复发情。怀孕中期感染时，则胎儿死亡后，逐渐木乃伊化，在1窝仔猪中有木乃伊胎儿存在时，可使怀孕期或胎儿娩出间隔时间延长，这样就易造成同窝仔猪的死亡，死胎外表正常。50～60日感染，母猪多产死胎；60～70日感染，多表现流产症状（图7-28，见彩图）；怀孕后期（70天后）感染时，则大多数胎儿能存活下来，并且外观正常，但是长期带毒、排毒。本病多见于初产母猪，母猪首次受感染后可获较坚强的免疫力，甚至可持续终生。细小病毒感染对公猪的性欲和受精率没有明显影响。

3. 病理变化

怀孕母猪感染后本身没有病变。胚胎的病变是死后液体被吸收，组织软化。受感染而死亡的胎儿可见充血、水肿、出血、体腔积液、脱水（木乃伊化）等病变。组织学检查，可见大脑灰质、白质和软脑膜有以增生的外膜细胞、组织细胞和浆细胞形成的血管周围管套为特征的脑膜炎变化。

4. 实验室检查

对于流产、死产或木乃伊胎儿的检验，可根据胎儿的胎龄不同采用不同的检验方法。大于70日龄的木乃伊胎儿、死产仔猪和初生仔猪，应采取心脏血液或体腔积液，测定其中抗体的血凝抑制滴度。对70日龄以下的感染胎儿，则可采取体长小于16厘米的木乃伊胎的肺脏送检。方法是将组织磨碎、离心后，取其上清液与豚鼠的红细胞进行血细胞凝集反应。此外，也可用荧光抗体技术检测猪细小病毒抗原。

5. 鉴别诊断

猪伪狂犬病、猪乙型脑炎、猪繁殖与呼吸综合征、猪衣原体病和猪布鲁氏菌病也可引起流产和死产，应注意鉴别。

（三）防制

1. 预防

为了防止本病传入猪场，应从无病猪场引进种猪。若从本病检测阳性猪场引种猪时，应隔离观察14天，进行2次血凝抑制试验，当血凝抑制滴度在1∶256以下或阴性时，才可以混群。

在本病流行的猪场，可采取自然感染免疫或免疫接种的方法，控制本病发生。即在后备种猪群中放进一些血清阳性的母猪，使其受到自然感染而产生主动免疫力。

我国自制的猪细小病毒灭活疫苗，注射后可产生较好的预防效果。

仔猪母源抗体的持续期为14～24周，在抗体滴度大于1∶80时，可抵抗猪细小病毒的感染。因此，在断奶时将仔猪从污染猪群移到没有本病污染的地方饲养，可培育出血清阴性猪群。

2. 治疗

目前对本病尚无有效的治疗方法。

四、猪乙型脑炎

猪乙型脑炎病毒（JEV）是最重要的蚊媒病毒，能引起人类的脑炎，引起猪的生殖障碍。

（一）病原

JEV属于黄病毒科、黄病毒属，分成4类（也可分成5类），不同的基因型基于编码衣壳、prM 和 E 蛋白的核苷酸序列。基因型Ⅰ在整个亚洲分布最广，基因型Ⅰ和Ⅲ与最常见的流行病有关，基因型Ⅱ和Ⅳ发生在东南亚，且与常见的地方性疾病有关（目前 JEV 的两个主要的免疫型通过动态中和试验、单克隆抗体反应和其他血清学方法而认识）。

（二）诊断要点

1. 流行特点

本病在热带地区没有明显的季节性，但在其他地区有明显的季节性，主要发生于蚊虫生长繁殖的季节。蚊虫是本病流行的重要传播媒介，其中三带喙库蚊是主要的带毒蚊种，在日本乙型脑炎的自然循环和传播中起着重要的作用。人也可以感染本病，饲养人员及与猪接触多的人员要做好防护工作。

2. 临床症状

病猪多出现高热（体温可达 40～41℃），精神沉郁或有神经症状，食欲减退，粪干呈球状，表面附着灰白色黏液；有的出现后肢麻痹、视力减退、摆头、乱冲撞等。妊娠母猪会突然发生流产，产死胎、弱胎、木乃伊胎等（图 7-29、图 7-30，见彩图）。公猪常发生睾丸炎，多为单侧性，初期肿胀有热痛感，数日后炎症消退，睾丸萎缩变硬，性欲减退，精液带毒，失去配种能力。

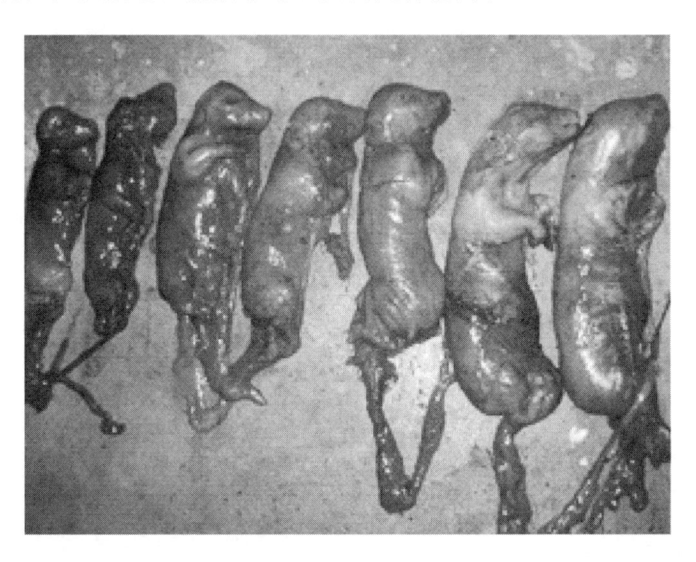

图 7-29 乙脑导致母猪产出木乃伊胎

3. 病理变化

流产母猪子宫内膜充血，并覆有黏稠的分泌物，少数有出血点。发高烧或产死胎的母猪子宫黏膜下组织水肿，胎盘呈炎性反应，水肿或见出血。出现神经症状的病猪，可见到脑膜和脊髓膜充血。流产胎儿脑水肿，皮下血样浸润，肌肉似水煮样，腹水增多；木乃伊胎儿从拇指大小到正常大小；肝、脾、肾有坏死灶；全身淋巴结出血；肺瘀血、水肿。公猪睾丸实质充血、出血和有小坏死灶；睾丸硬化者，体积缩小，与阴囊粘连，实质结缔组织化。

4. 实验室诊断

JEV 的感染也能通过免疫组织化学方法检测胎儿组织和胎盘的病毒抗原而确定。应用黄病毒特异性单克隆抗体可提高试验的特异性。日本乙型脑炎病毒特异性抗体在流产胎儿、弱胎和仔猪的体液中通过血凝抑制、血清病毒中和试验和酶联免疫吸附试验（ELISA）检测到，对诊断具有重要作用。

5. 鉴别诊断

JEV 引起猪生殖疾病的确诊是基于胎儿、死胎、新生仔猪和青年猪病毒的分离与鉴定，鉴别诊断必须考虑猪细小病毒、猪繁殖与呼吸障碍综合征病毒、伪狂犬病病毒、猪瘟病毒、巨细胞病毒、肠道病毒、弓形体病和钩端细螺旋体病。被感染母猪和小猪的季节性发生和缺乏临床症状是排除许多疾病的有益标准。

（三）防制

（1）加强卫生管理，保持圈舍卫生，将粪便进行生物发热处理或用于生产沼气。做好灭蚊、灭蝇工作。

（2）免疫接种，每年蚊虫开始活动的前 1 个月进行免疫接种。

五、猪盖他病毒感染

猪盖他病毒感染是引起母猪繁殖障碍的一种传染病，怀孕母猪感染盖他病毒后，病毒可通过胎盘感染胎儿，造成死胎和弱仔。

猪盖他病毒感染发现于许多国家和地区，包括马来西亚、柬埔寨、菲律宾、斯里兰卡、澳大利亚、日本、俄罗斯以及中国等。

（一）病原

盖他病毒是披膜病毒科、甲病毒属的成员，pH6～9 时稳定，对热不稳定，56℃经 15 分钟、60℃经 10 分钟被灭活。在 pH6～6.5 时能凝集成年鹅和 1 日龄雏鸡的红细胞。

（二）诊断要点

1. 流行病学

猪对盖他病毒最易感，盖他病毒可通过胎盘感染而引起死产。猪的感染具有明显的季节性，一般在4月份开始增多，7～9月份达到高峰。

除猪外，从人和马、牛的血清中都检出了血凝抑制抗体，但未发现临床疾病，蚊（包括多种库蚊、伊蚊和按蚊）是盖他病毒的天然宿主。常用的啮齿类实验动物，包括兔、豚鼠、仓鼠、大鼠和小鼠，腹腔或皮下接种盖他病毒均能导致病毒血症和血凝抑制抗体，但无症状。然而，乳鼠却非常易感，1～4日龄乳鼠脑内接种后8天表现后肢麻痹，2～3天后死亡，成年鼠则无症状。盖他病毒接种孕鼠可以引起跨胎盘感染，导致初生乳鼠全部死亡或者产仔数减少。

2. 临床症状

成年猪感染盖他病毒后不显示症状，但妊娠初期的母猪感染后病毒可以经胎盘感染胎儿，导致胚胎死亡并被吸收，从而使产仔数减少。在有些病例中，母猪分娩的多数乳猪呈现精神抑郁、颤抖和排棕黄色腹泻物，出生后3～5天病死。少数耐过而康复的猪，短时间内发育不良。盖他病毒肌内接种5日龄新生猪，20小时后表现厌食、精神沉郁、颤抖、皮肤潮红、舌抖动、后腿行动不稳，2～3天后垂死或死亡。个别乳猪能耐过而康复。口服接种时，仅表现轻微病症。

3. 病理变化

病死乳猪经剖检无肉眼和显微病理变化。

4. 实验室检查

（1）实验动物接种　乳鼠对盖他病毒甚为易感。一般采取病死乳猪的脑、肺、肾、扁桃体等组织，制成1∶10悬液，冻融后离心，取上清液接种于1～2日龄乳鼠脑内，观察死亡情况。同时用已知阳性和阴性血清做中和试验。

（2）病毒分离　采用病死乳猪的适宜组织，制备1∶10悬液，离心取上清液，接种BHK-21、猪胚肾、猪肾、仓鼠肺任何一种细胞培养，经1～2天即能看到清晰的致细胞病变作用，可判为阳性。如有怀疑，可以盲传2代，再无致细胞病变作用即可判为阴性。

（3）血清学检查

①血凝抑制试验　按常规做微量血凝抑制试验。试验前待检血清需除去非特异因素，方法是将血清先用丙酮处理，再用鹅红细胞吸收，最后在56℃灭活30分

钟。抗原与血清混合后在4℃过夜，加0.33%鹅红细胞混合，于37℃作用1小时观察结果，血清的血凝抑制滴度在1∶10以上，即判断为阳性。如欲自制抗原，则可将感染的细胞培养液经离心除去细胞碎片，再超速离心取沉淀物，病毒浓度达到108.5TCID50/0.1毫升，即可作抗原。

② 酶联免疫吸附试验　抗原须用盖他病毒感染的细胞培养液浓缩和纯化。检测方法按常规进行，检测的敏感性与血凝抑制试验基本一致。

（三）防制

日本已采用疫苗控制了本病。以前使用灭活疫苗，现已研制成功弱毒疫苗。此外，还有商品化的猪脑炎、细小病毒和盖他病毒三联弱毒疫苗。在传播媒介出现的季节之前接种疫苗，效果确切。

六、猪肠病毒感染

猪肠病毒可引起母猪繁殖障碍，如产木乃伊胎和死胎、不孕以及新生胎儿畸形和水肿。感染毒株的血清型不同，可引起肺炎、心包炎和心肌炎、腹泻和脑脊髓炎等多种疾病。大多数猪感染后不表现症状。猪是猪肠病毒的唯一自然宿主。

（一）病原

猪肠病毒与其他动物的肠病毒基本特性相似，在分类上属小核糖核酸病毒科、肠病毒属。病毒粒子直径22～30纳米，呈圆形、无囊膜，基因组为单股RNA。病毒较耐脂溶剂、胰酶和热，在pH2～9条件下相对稳定，对一些消毒剂的抵抗力也较强，在粪水中可存活较长时间。在猪源细胞培养中易于生长，以原代或次代猪肾细胞或肾细胞系（PK-15、IBRS-2等）最为常用，并可产生细胞病变，但不同毒株所产生的细胞病变不同，按形态的异同可分为两类。有些毒株可在BHK-21、Hela或Vero细胞中培养。根据病毒中和试验，猪肠病毒有11个血清型，它们之间存在有限的交叉反应。不同血清型的毒株，其致病性也有不同。猪肠病毒进入机体后，首先在扁桃体和肠道中复制，主要在咽喉部淋巴网状内皮组织和肠道黏膜组织中增殖，结肠和回肠含毒滴度较高，常引起腹泻。感染血清型1型强毒株常可引起病毒血症，结果导致中枢神经受损，引起脑脊髓炎。怀孕母猪感染后，由于病毒经血源性传播，导致子宫感染，引起胚胎和胎儿感染，造成胚胎死亡、死产、胎儿木乃伊化和畸形等。但毒力较弱的毒株，则不常见其引起病毒血症。

（二）诊断要点

1. 临床症状

本病临诊表现多种多样，可见有如下几种病型：

（1）母猪繁殖障碍　可表现为死木胎综合征，即指死产、产木乃伊胎或死胎、不孕症、新生胎儿畸形和水肿。在妊娠前期感染时，感染的胚胎死亡后被吸收，导致产仔数减少；中期和后期感染时，胎儿死亡率可达20%～50%，死亡的胎儿呈现腐败或木乃伊化，有的为新鲜的尸体，有部分胎儿畸形和水肿。存活的仔猪表现虚弱，常在出生后几天内死亡。

经产母猪常不表现任何症状，而未怀孕母猪感染后，可获得免疫力，以后可正常怀孕生产。

（2）脑脊髓灰质炎　最严重的脑脊髓灰质炎是由血清1型强毒引起的捷申病，主要发生于中欧和非洲，发病率和死亡率都高，所有年龄的猪均可受害，常造成严重经济损失。早期症状为发热、拒食和倦怠，随后很快出现运动失调，严重病例则出现眼球震颤、惊厥、角弓反张和昏迷。最后病猪瘫痪，一般在发病后3～4天内死亡。毒力较弱的血清Ⅰ型病毒则引起泰法病的良性地方流行性偏瘫，在西欧、北美和澳大利亚均有过报道。泰法病和其他血清型病毒引起的脑脊髓灰质炎较温和，发病率和死亡率较低，受害者以幼龄仔猪为主，很少发展为完全瘫痪。

（3）腹泻　猪肠病毒虽经常从腹泻猪的粪便中分离到，但也可从正常猪分离到，而腹泻常可由多种其他病毒和细菌引起，故不能说明肠病毒是唯一的病原体。实验感染复制的腹泻较轻而短暂。

（4）肺炎、心包炎和心肌炎　猪肠病毒作为呼吸道病原体的作用也尚未肯定。也许它们单独不能引起呼吸道疾病，在体内增殖的肠病毒可促进其他病原微生物繁殖，诱发肺炎。临诊表现呼吸加快、咳嗽、精神不振、食欲减退等症状。有两个血清型的肠病毒实验感染可引起心包炎和心肌炎。

2. 病理变化

猪肠病毒的肠道感染不产生特异变化。脑脊髓灰质炎除慢性病例有肌肉萎缩，也无肉眼病变。组织学变化以脊髓腹侧、小脑皮质和脑干最显著，表现为神经元进行性弥漫性染色质溶解，胶质细胞局灶性增生和血管周围袖套。表现SMEDI综合征母猪的死产或新生仔猪无特异病变，偶尔在脑干可见轻度胶质细胞增生和血管周围袖套。用血清2型毒株实验感染引发肺炎时，可在肺前叶腹侧出现灰红色实变区。血清3型的毒株实验感染可引起浆液纤维蛋白性心包炎，在严重病例有心肌局灶性坏死。

3. 实验室诊断

本病确诊应进行病毒分离鉴定和血清学检查。

分离病毒可取初生弱仔、死胎或畸形胎儿的扁桃体、肺、肝、肠以及脑组织，制成悬液接种猪肾原代细胞或PK-15单层细胞，培养3～6天，观察细胞病变，并可通过免疫荧光或免疫酶染色进行病毒鉴定。血清学检查可取急性期和恢复期双份血清，检查抗体效价，如恢复期血清效价急剧上升，则具有诊断意义。

应用已知的抗血清与被检病料悬液做中和试验，也可做出诊断。

（三）防制

温和的脑脊髓灰质炎，在暂时性偏瘫期间加强护理可促进康复。严重的脑脊髓灰质炎（捷申病）可接种疫苗预防。应禁止从有捷申病的地区进口猪和猪肉产品，以防引入血清Ⅰ型强毒。SMEDI综合征在经济方面有一定重要性，应在现场采取特别的防制措施，但因涉及多个血清型的病毒，研制有效疫苗难度较大。目前控制由肠病毒感染引起繁殖障碍的方法，是在配种前至少1个月使后备母猪暴露于地方流行的猪肠病毒，可取来自不同窝刚断奶仔猪的粪便混入后备母猪的饲料中使之感染而获得免疫力。

第三节　以腹泻为主的病毒性疾病

一、猪传染性胃肠炎

猪传染性胃肠炎是由病毒引起的猪的一种高度接触性肠道传染病。特征性的临床表现为呕吐、腹泻和脱水，可感染各种日龄的猪，但其危害程度与病猪的日龄、母源抗体状况和流行的强度有关。

本病于1946年首先在美国发现，此后流行于世界各养猪国家和地区。我国自20世纪70年代以来，本病的疫区不断扩大，并与猪流行性腹泻混合感染，给养猪业带来较大的经济损失。

（一）病原

猪传染性胃肠炎病毒属冠状病毒科、冠状病毒属，单股RNA病毒。病毒在空肠、十二指肠、肠系膜淋巴结含量最高。病毒不耐热，65℃加热10分钟死亡。相反，4℃以下病毒可以长时间保持感染性。在阳光下暴晒6小时即被灭活。紫外线能使病毒迅速灭活，病毒对乙醚、氯仿敏感，用0.5%石炭酸在37℃处理30分钟可杀死病毒。

（二）诊断要点

1. 流行特点

本病的流行有3种形式：

① 流行性 见于新疫区，很快感染所有年龄的猪，症状典型，10日龄以内的仔猪死亡率很高。

② 地方流行性 本病常发猪场，表现出地方流行性，大部分猪都有一定的抵抗力，但由于不断有新生仔猪和引进易感猪，故病情有轻有重。

③ 周期性 本病在一个地区或一个猪场流行数年后，可能是由于猪群都获得了较强的免疫力，仔猪也能得到较高的母源抗体，病情常平息数年，当猪群的抗体逐年下降，遇到引进传染源后，又会引起本病的暴发。

本病的流行有明显的季节性，常于深秋、冬季和早春（11月至翌年3月）广泛流行，这可能是由于冬季气候寒冷有利于本病毒的存活和扩散。我国大部分地区都是本病的老疫区。

2. 临床症状

潜伏期很短，一般为15～18小时，有的可延长2～3天。本病传播迅速，数日内可蔓延全群。仔猪突然发病，首先呕吐，继而发生频繁水样腹泻，粪便黄色、绿色或白色，常夹有未消化的凝乳块。其特征是含有大量电解质、水分和脂肪，呈碱性但不含有糖。病猪极度口渴，明显脱水，体重迅速减轻。日龄越小，病程越短，病死率越高。10日龄以内的仔猪多在2～7天内死亡，如母猪发病或泌乳量减少，小猪得不到足够的乳汁，病情加剧，营养严重失调，增加小猪病死率，随着日龄的增长病死率逐渐降低。病愈仔猪生长发育不良。

幼猪、育肥猪和母猪的症状轻重不一，通常只有1天至数天出现食欲不振或废绝。个别猪有呕吐，出现灰色褐色水样腹泻，呈喷射状，5～8天腹泻停止而康复，极少死亡。某些哺乳母猪与仔猪密切接触，反复感染，症状较重，体温升高，泌乳停止，呕吐和腹泻；但也有一些哺乳母猪与病仔猪接触，本身并无症状可见。

3. 病理变化

尸体脱水明显。眼观变化，胃内充满凝乳块，胃底黏膜充血、出血。肠内充满白色至黄绿色液体，肠壁菲薄而缺乏弹性，肠管扩张呈半透明状，肠系膜充血。淋巴结肿胀，淋巴管没有乳糜。组织学变化，小肠黏膜绒毛变短和萎缩。肠上皮变性明显，上皮细胞不是柱形而是扁平至方形的未成熟细胞。黏膜固有层内可见浆液渗出和细胞浸润。肾浑浊肿胀和脂肪变性，并含有白色尿酸盐类。有些仔猪有并发性肺炎病变。有些病例除了尸体失水、肠内充满液体外，并无其他病变可见。

根据发病情况、临床症状、病理变化可作出初步诊断，确诊需要进行实验室检查。

许多病原学和血清学的检查方法都可用于本病，常用的有免疫荧光抗体试验、乳猪接种试验和血清抗体检测等方法。由于本病在临床上易于诊断，往往与几种肠道病同时并发感染，因此，实验室诊断不多用。

（三）防制

1. 预防

（1）综合性防疫措施　包括执行各项消毒隔离规程，在寒冷季节注意仔猪舍的保温防湿，避免各种应激因素。在本病的流行地区，对预产期 20 天内的怀孕母猪及哺乳仔猪应转移到安全地区饲养，或进行紧急免疫接种。

（2）免疫接种　平时按免疫程序有计划地进行免疫接种，目前预防本病的疫苗有活疫苗和油剂灭活苗两种，活疫苗可在本病流行季节前对全场猪普遍接种，而油剂苗主要接种怀孕母猪，使其产生母源抗体，让仔猪从乳汁中获得被动免疫。

2. 治疗

本病的致死率不高，一般都能耐过并自然康复。但对哺乳仔猪和保育仔猪的危害较大，致死的主要原因是脱水、酸中毒和细菌性疾病的继发感染。为此，在对病猪实行隔离、消毒的条件下，做到正确护理、及时治疗，能将本病造成的损失降低到最小限度。

在护理方面，若是哺乳仔猪患病，首先要停止哺乳。提供防寒保暖而又清洁干燥的环境，给予足量的清洁饮水，尽量减少或避免各种应激因素。

治疗包括以下三方面，视具体情况选择一种或几种配合使用：

（1）特异性治疗　确诊本病之后，立即使用抗传染性胃肠炎高免血清，肌内或皮下注射，剂量按 1 毫升/千克体重。对同窝未发病的仔猪，可作紧急预防，用量减半。据报道，有人用康复猪的抗凝全血给病猪口服也有效，新生仔猪每头每天口服 10～20 毫升，连续 3 天，有良好的防治作用。也可将病猪让有免疫力的母猪代为哺乳。

（2）抗菌药物治疗　抗菌药物虽不能直接治疗本病，但能有效地防治细菌性疾病的并发或继发性感染。临诊上常见的有大肠杆菌病、沙门氏菌病、肺炎以及球虫病等，这些疾病能加重本病的病情，是引起死亡的主要因素，常用的肠道抗菌药有氟哌酸、新诺明、恩诺沙星、环丙沙星等。

（3）对症治疗　包括补液、收敛、止泻等。最重要的是补液和防止酸中毒，可静脉注射葡萄糖生理盐水或5%碳酸氢钠溶液，亦可采用补液盐溶液灌服。同时，还可酌情使用黏膜保护药［如淀粉（玉米粉等）］、吸附药（如木炭末）、收敛药（如鞣酸蛋白）以及维生素C等药物进行对症治疗。

二、猪流行性腹泻

猪流行性腹泻是由病毒引起的猪的一种高度接触性的传染病。病猪主要表现为呕吐、腹泻和食欲下降，临诊上与猪传染性胃肠炎极为相似。本病于20世纪70年代中期首先在比利时、英国的一些猪场发现，以后在欧洲、亚洲许多国家和地区都有本病流行，近年来我国也证实存在本病。据流行病学调查的结果表明，本病的发生率大大超过猪传染性胃肠炎，其致死率虽不高，但影响仔猪的生长发育，使育肥猪掉膘，加之医药费用的支出，给养猪业带来较大的经济损失。

（一）病原

猪流行性腹泻病毒对乙醚、氯仿等敏感，对外界环境和消毒药抵抗力不强，一般常用的消毒药在一定浓度下都能杀灭该病毒。猪舍的环境温度可影响猪体内病毒的繁殖，在8～12℃的环境中比30～35℃的环境中产生的毒价高，这可能是本病在寒冷季节流行的一个重要因素。病毒不耐热，在4℃以上不稳定，56℃加热45分钟，65℃加热10分钟即死亡。相反，在4℃以下的低温，病毒可长时间地保持其感染性。放在阴暗处历时7天仍保持其感染力。肠道内的病毒在－20℃可保存6个月，在－18℃保存18个月仅下降一个对数滴度。病毒在pH4～8稳定，pH2.5时则被灭活。对光敏感，在阳光下曝晒6小时即被灭活。紫外线能使病毒迅速灭活。

（二）诊断要点

1. 流行特点

猪流行性腹泻病多发于寒冷的冬春季节，即11月至翌年4月之间。有时夏季也可发生该病。该病目前仅感染猪，未发现感染牛、羊等其他动物。不同年龄的猪都可发病，哺乳仔猪、断奶仔猪和育肥猪感染发病率100%，成年母猪为15%～19%。哺乳仔猪受害最严重，病死率可达50%以上，但以2周龄内哺乳仔猪易感染，死亡率最高。与猪传染性胃肠炎症状相似，但猪流行性腹泻发病程度较轻、传播速度稍慢。一般是有一头猪发病后，同圈或邻圈的猪在1周内相继发病，4～5周内传遍整个猪场，死亡率不高，有一定的自限性，经1个月左右痊愈。

该病的传染来源主要是病猪和康复后带毒猪。该病毒存在于病猪的各个器官、体液和排泄物（如粪便、呕吐物、乳汁、鼻分泌物以及呼出的气体等），但以病猪的小肠黏膜、肠内容物、肠系膜淋巴结和扁桃体含毒量最高。在发病早期，呼吸系统组织和肾的含毒量也相当高。病毒多经发病猪的粪便排出，随粪便排毒可达8周左右。运输车辆、饲养员的鞋子或其他带病毒的动物，都可作为传播媒介。猪流行性腹泻可单一发生或与猪传染性胃肠炎混合感染，也有猪流行性腹泻与猪圆环病毒病混合感染的报道。

该病的感染途径主要是通过食入被污染的饲料、饮水，经消化道感染；也可以通过空气经呼吸道传染，特别是密闭猪舍，湿度大、猪只集中的猪场更易传染。猪流行性腹泻病毒经口和鼻感染后，直接进入小肠。由于病毒增殖首先造成细胞器的损伤，继而出现细胞功能障碍、肠绒毛萎缩，造成了吸收表面积减少，小肠黏膜碱性磷酸酶含量显著减少，引起营养物质吸收障碍，造成腹泻，属于渗透性腹泻，是引起病猪腹泻的主要原因。因腹泻严重引起脱水，是导致病猪死亡的主要原因。

另外，造成猪流行性腹泻发病的可能原因还有饲料的霉菌毒素影响。如果哺乳仔猪刚出生不久就出现呕吐、水样腹泻症状的就有可能是受饲料霉菌毒素影响，因为霉菌毒素可以造成怀孕母猪免疫力降低，母源抗体分泌少且持续时间短，导致初生哺乳仔猪无法从母乳中获得足够的猪流行性腹泻母源抗体而发病。

2. 临床症状

该病潜伏期短的12～18小时，一般为1～8天，多数病例2～4天。不同年龄的猪临床症状有一定的差异。

哺乳仔猪常在吃奶后突然发生呕吐，接着发生急剧水样腹泻，粪便初为白色，随后变黄或绿色，后期略带灰褐色并含有未消化的凝乳块或混有血样。一般体温不高，部分病猪初期体温出现轻热，发生腹泻后体温下降。病猪精神萎靡，被毛粗乱无光泽，战栗，吃奶减少或停止吃奶，严重口渴，迅速脱水，很快消瘦，1周内新生仔猪常于腹泻后2～4天内因脱水而死亡，也有48小时内死亡。5日龄以内的仔猪致死率可达100%，随着日龄的增长而致死率逐渐降低，病愈仔猪生长发育较缓慢，往往成为僵猪。

断奶猪、育肥猪以及母猪突然发生水样腹泻，粪便呈灰色或灰褐色，发病一日至数日后减食、无力，体重迅速减轻，有时出现呕吐，持续腹泻4～7天，逐渐恢复正常；部分成年猪仅表现沉郁、厌食、呕吐等症状。如果没有继发其他疾病且护理得当，猪很少发生死亡。

哺乳母猪常与仔猪一起发病，表现食欲不振，有的呕吐，体温升高1～2℃，泌乳减少或停止。一般3～7天恢复，极少发生死亡。

怀孕母猪和成年公猪感染后常不表现症状，少数仅表现轻度水样腹泻，一般3～10日痊愈。

3. 病理变化

剖检变化表现为尸体消瘦，皮肤暗灰色，皮下干燥，脂肪蜂窝组织表现不佳。肠管膨胀扩张，充满黄色液体，肠壁变薄，肠系膜充血，肠系膜淋巴结肿胀。主要病变在胃和小肠。仔猪胃肠膨胀，胃内容物呈鲜黄色并混有大量未消化乳白色凝乳块（或絮状小片），胃底黏膜轻度潮红充血，并有黏液覆盖，有时在黏膜下可见出血小点或出血斑。整个小肠肠管扩张，小肠壁变薄，呈半透明状，小肠内充满黄绿色或灰白色液状物，含有泡沫和未消化的小乳块，弹性降低，肠黏膜绒毛严重萎缩。肠系膜血管扩张，淋巴结肿胀，肠系膜淋巴管内见不到乳糜。将空肠纵向剪开，用生理盐水将肠内容物冲掉，在玻璃平皿内铺平，加入少量生理盐水，在低倍显微镜下观察，可见到空肠绒毛明显缩短。剖检病变局限于胃肠道，胃内充满内容物，外观呈特征性地弛缓，小肠壁变薄、半透明。显微病变从十二指肠至回肠末端，呈斑点状分布，受损区绒毛长度从中等到严重变短，变短的绒毛呈融合状，带有发育不良的刷状缘。

4. 实验室诊断

目前，诊断方法有免疫电镜、免疫荧光、间接血凝试验、ELISA、RT-PCR、中和试验等，其中免疫荧光和ELISA是较常用的。

（三）防制

1. 预防

（1）严禁从疫区或病猪场引进猪只，预防疫源传入。

（2）一旦发生本病，病猪及时隔离，猪舍、用具等用2%氢氧化钠或5%～10%石灰乳、漂白粉消毒，病猪在隔离条件下治疗。尚未发病的猪只应立即隔离到安全的地方饲养。

（3）病死猪应进行无害化处理，污染场地、用具等严格消毒。

（4）加强饲养管理，建立科学安全的防制措施。搞好猪舍的清洁卫生和消毒，经常清除粪便。猪只可用猪流行性腹泻弱毒疫苗或灭活疫苗进行预防接种。

（5）冬季做好保暖工作，换季和气候突变时要特别注意防贼风。

（6）建立健康猪群。培育健康仔猪，配合消毒，切断传染因素。仔猪按窝隔离，防止窜栏。育肥猪、母猪及断奶仔猪分别饲养，利用各种检疫办法清除病猪，避免扩大传染，逐步建立健康猪群。

2. 治疗

治疗本病无特效药，一般采取对症治疗，对失水过多的病猪，可减少喂料、增加饮水，以预防机体脱水和自体酸中毒。对有发病猪只的群采取全群用药。

（1）病猪群饮用口服补液盐溶液（氯化钠 3.5 克、氯化钾 1.5 克、碳酸氢钠 2.5 克、葡萄糖 20 克，兑水 1000 毫升）。

（2）庆大霉素 1000～1500 单位/千克体重，每隔 12 小时注射 1 次。

（3）盐酸环丙沙星注射液按 2.5 毫克/千克体重＋硫酸小檗碱注射液 5～10 毫升肌内注射，2 次/天，连用 3～5 天。

（4）白细胞干扰素 2000～3000 单位，1～2 次/天，皮下注射。

（5）磺胺脒 4 克，碱式硝酸铋 4 克，小苏打 2 克。混合 1 次喂服，2 次/天，连用 2～3 天。

三、猪轮状病毒感染

猪轮状病毒感染是由猪轮状病毒引起的幼龄猪急性肠道传染病，其主要症状为厌食、呕吐、下痢、脱水、体重减轻，中猪和大猪为隐性感染，没有症状。病原体除猪轮状病毒外，从犊牛、羔羊、马驹分离的轮状病毒也可感染仔猪引起不同程度的症状。

（一）病原

本病的病原体为呼肠孤病毒科、轮状病毒属的猪轮状病毒。人和各种动物的轮状病毒在形态上无法区别。本属病毒略呈圆形，由 11 个双股 RNA 片段组成，有双层衣壳，直径 65～75 纳米。其中央为核酸构成的核心，内衣壳由 32 个呈放射状排列的圆柱形壳粒组成，外衣壳为连接于壳粒末端的光滑薄膜状结构，使该病毒形成车轮状外观，故命名为轮状病毒。各种动物和人的轮状病毒内衣壳具有共同的抗原，即群特异性抗原，可用补体结合、免疫荧光、免疫扩散和免疫电镜检查出来。轮状病毒可分为 A、B、C、D、E、F 等 6 个群，其中 C 群和 E 群主要感染猪，而 A 群和 B 群也可感染猪。

轮状病毒对外界环境和理化因素的抵抗力较强。它在 18～20℃的粪便和乳汁中能存活7～9个月；在室温下能保存7个月；60℃加热时，需30分钟才能失活。在pH3～9之间较稳定；能耐超声振荡和脂溶剂；但0.01％碘、1％次氯酸钠和70％酒精则可使之丧失感染力。

（二）诊断要点

1. 流行特点

轮状病毒主要存在于病猪及带毒猪的消化道，随粪便排到外界环境后，污染饲料、饮水、垫草及土壤等，经消化道途径使易感猪感染。排毒时间可持续数天，可严重污染环境，加之病毒对外界环境有顽强的抵抗力，使轮状病毒在成猪、中猪之间反复循环感染，长期扎根猪场。另外，人和其他动物也可散播传染。本病多发生于晚秋、冬季和早春。各种年龄的猪都可感染，在流行地区由于大多数成年猪都已感染而获得免疫，因此发病猪多是8周龄以下的仔猪，日龄越小的仔猪，发病率越高，发病率一般为50％～80％，病死率一般为10％以内。

2. 临床症状

潜伏期一般为12～24小时。常呈地方性流行。病初精神沉郁，食欲不振，不愿走动，有些吃奶后发生呕吐，继而腹泻，粪便呈黄色、灰色或黑色，为水样或糊状。症状的轻重决定于发病的日龄、免疫状态和环境条件，缺乏母源抗体保护的生后几天的仔猪症状最重，环境温度下降或继发大肠杆菌病时，常使症状加重，病死率增高。通常10～21日龄仔猪的症状较轻，腹泻数日即可康复，3～8周龄仔猪症状更轻，成年猪为隐性感染。

3. 病理变化

病变主要在消化道，胃壁弛缓，胃内充满凝乳块和乳汁，肠管壁变薄，小肠壁薄呈半透明，内容物为液状，呈灰黄色或灰黑色，小肠绒毛缩短，有时小肠出血，肠系淋巴结肿大。

4. 鉴别诊断

诊断本病应与猪传染性胃肠炎、猪流行性腹泻和大肠杆菌病等进行鉴别。

（1）猪传染性胃肠炎　由冠状病毒引起，各种年龄的猪均易感染，并出现程度不同的症状；10日龄以内的乳猪感染后，发病重剧，呕吐、腹泻、脱水严重，死亡率高。剖检可见胃肠损害均较重，整个小肠的绒毛均呈不同程度的萎缩；轮状病毒感染所致小肠损害的分布是可变的，经常发现肠壁的一侧绒毛萎缩，而邻近的绒毛仍然是正常的。

（2）猪流行性腹泻　由类冠状病毒所致，常发生于1周龄的乳猪，病毒腹泻严重，常排出水样稀便，腹泻 3～4 天后，病猪常因脱水而死亡。死亡率高，可达 50%～100%。剖检可见小肠最明显的变化是肠绒毛萎缩和急性卡他性肠炎变化；组织学检查，上皮细胞脱落出现在发病的初期，据称于发病后的 2 小时就开始；肠绒毛的长度与肠腺隐窝深度的比值由正常的 7∶1 降到 2∶1 或 3∶1。

(3) 仔猪白痢　由大肠杆菌引起，多发于 10～30 日龄的乳猪，呈地方性流行，无明显的季节性；病猪无呕吐，排出白色糊状稀便，带有腥臭的气味。剖检可见小肠呈卡他性炎症变化，肠绒毛有脱落变化，多无萎缩性变化，革兰氏染色常能在肠腺腔或绒毛检出大量大肠杆菌。本病的治疗具有较好效果。

(4) 仔猪黄痢　由大肠杆菌所致，常发生于 1 周内的乳猪，发病率和死亡率均高；少有呕吐，排黄色稀便，剖检呈现出急性卡他性胃肠炎变化，其中以十二指肠的病变最为明显，胃内含有多量带酸臭的白色、黄白色甚至混有血液的乳凝块；组织学检查可检出大量大肠杆菌。发病仔猪的病程较短，一般来不及治疗。

(5) 仔猪副伤寒　由沙门氏菌引起，主要发生于断奶后的仔猪，1 个月以内的乳猪很少发病。病猪的体温多升高，呕吐较轻，病初便秘，后期下痢。剖检见急性病例呈败血症变化；慢性病例有纤维素性坏死性肠炎变化，与轮状病毒感染有明显的区别。

5. 实验室检查

采取病发后 25 小时内的粪便，装入青霉素空瓶，送实验室检查。世界卫生组织推荐的方法是夹心法酶联免疫吸附试验，也可做电镜或免疫电镜检查，均可迅速得出结论。还可采取小肠前、中、后各一段，冷冻，供荧光抗体检查。

（三）防制

1. 预防

主要依靠加强饲养管理，认真执行一般的兽医防疫措施，增强猪的抵抗力。在流行地区，可用轮状病毒油佐剂灭活苗或轮状病毒弱毒双价苗对母猪或仔猪进行预防注射。油佐剂苗于怀孕母猪临产前 30 天，肌内注射 2 毫升；仔猪于 7 日龄和 21 日龄各注射 1 次，注射部位在后海穴（尾根和肛门之间凹窝处）皮下，每次每头注射 0.5 毫升。弱毒苗于临产前 5 周和 2 周分别肌内注射 1 次，每次每头 1 毫升。同时要使新生仔猪早吃初乳，接受母源抗体的保护，以减少发病和减弱病症。

2. 治疗

目前无特效的治疗药物。发现此病毒感染立即停止喂乳，以葡萄糖盐水或复方葡萄糖溶液（葡萄糖 43.20 克，氯化钠 9.20 克，甘氨酸 6.60 克，柠檬酸 0.52 克，柠檬酸钾 0.13 克，无水磷酸钾 4.35 克，溶于 2 升水中即成）给病猪自由饮用。同时进行对症治疗，如投用收敛止泻剂，使用抗菌药物，以防止继发细菌性感染。一般都可获得良好效果。

第四节　以仔猪发生为主的病毒性疾病

一、猪巨细胞病毒感染

猪巨细胞病毒是一种疱疹病毒，在新生仔猪全身组织中都有存在，会导致鼻炎。

（一）病原

猪巨细胞病毒感染在全世界几乎所有猪群，至少在大多数猪群当中都有存在，但多为亚临床感染，少见发病。比如，英国进行的血清学检查就显示，90%以上的猪群都感染过这种病毒。这种病毒引起的鼻炎很少见，主要发生于新生仔猪当中，与导致萎缩性鼻炎的产毒多杀巴氏杆菌没有关系。因此这种病不太重要，只是有时造成轻微的喷嚏，并不影响猪只健康。

病毒通过鼻、眼分泌物、尿和娩出液体传播，也可由公猪通过精液传播，并可透过胎盘传给仔猪。环境条件差（温度波动过大、灰尘多、不空舍消毒）、连续生产易引发。

（二）诊断要点

1. 症状

本病常发于 1～3 周龄的仔猪，表现轻度鼻炎症状，严重时可见仔猪颤抖、呼吸困难或死亡。无并发症时，3 周龄以上的猪感染后通常无临床症状。有观察认为，猪巨细胞病毒与支气管败血波氏杆菌之间存在协同作用。易感妊娠母猪有病毒血症时表现出倦怠拒食，但无发热或其他临床症状，产出死胎或产后不久乳猪死亡，存活者矮小、苍白、下颌和跖关节水肿，且增重缓慢。

2. 病理变化

3 月龄内感染的仔猪表现广泛的点状出血和水肿。心包和胸腔积水，鼻黏膜有大量的坏死灶，肾脏肿大、出血。下颌、耳下淋巴结肿胀有出血点，肺间质水肿，尖叶和心叶有炎性病灶，肺叶的腹侧端呈紫色实变。喉和跗关节的周围皮下明显水肿。仔猪和胎儿的全身感染可见广泛性出血和水肿。胎猪感染后无特定的肉眼病变，表现母猪繁殖障碍的特征，即死产、产木乃伊胎、胚胎死亡和不育。全身淋巴结肿大并有瘀点。偶尔在小肠也可见出血，病变从短于 1 厘米的区域至全肠段不等。

组织学检查，在鼻黏膜腺、副泪腺和泪腺的腺泡和泪管上皮和肾小管上皮中可看到特征性的嗜碱性核内包涵体和巨大细胞。在感染的上皮组织周围，积聚着淋巴细胞、浆细胞和巨噬细胞。鼻黏膜上皮细胞纤毛缺损，变性、脱落，遗留的腺泡形成局灶性淋巴组织增生。间质性肾炎。

3. 实验室诊断

根据血清学试验、荧光抗体试验结果，以及组织中有无包涵体进行诊断。

（三）防制

1. 预防

在良好的饲养管理条件下，即使存在猪巨细胞病毒感染的流行也影响不大。但是引进新猪时危害很大，因为猪巨细胞病毒可以在循环抗体存在时激发潜伏感染或引起易感猪群的原发感染。要建立无猪巨细胞病毒感染猪群可采用剖腹产，但是病毒可通过胎盘感染，因此必须对仔猪进行至少 70 天的连续抗体监测，以建立阴性猪群。

2. 治疗

无需治疗。如果断奶仔猪出现喷嚏并且生长缓慢，可投用抗生素，如金霉素、土霉素、磺胺三甲氧苄氨嘧啶或泰乐菌素，连续用药 14 天。

二、猪血凝性脑脊髓炎

猪血凝性脑脊髓炎是由血凝性脑脊髓炎病毒引起的一种急性传染病。主要侵害哺乳仔猪，以呕吐、衰竭及中枢神经系统障碍为特征，病死率很高。

猪血凝性脑脊髓炎于 20 世纪 50 年代末期首先发现于加拿大的安大略省，当时于乳猪中发现临床表现不同的两种疾病，一种以突然发生呕吐，继以消瘦为特征，称为猪呕吐-消瘦病；另一种主要表现为脑脊髓炎症状，称为猪脑脊髓炎。其后分别从两种病猪体内分离到病毒。至 1971 年证明这两种病是同一种冠状病毒引起的两种不同的临床类型。本病在世界各地分布很广。中国仅有少数猪场有发病的报道。

（一）病原

血凝性脑脊髓炎病毒属冠状病毒科、冠状病毒属，病毒粒子为球形，直径120纳米，有囊膜。基因组为单股正链RNA。本病毒可与鸡、大鼠、小鼠、仓鼠及火鸡的红细胞发生凝集及吸附现象，对脂溶剂如乙醚、氯仿及去氧胆酸钠等敏感，不耐热。

该病毒通常存在于猪的上呼吸道及脑组织中，故病猪及带毒猪为重要的传染源。通常经呼吸道传染。多数是在引进新的种猪之后而发病，侵害一窝或几窝哺乳仔猪，以后由于猪群产生了免疫反应而停止发病。该病仅猪感染，特别易感的是哺乳仔猪，较大的猪多为隐性感染，且隐性感染率很高。

（二）诊断要点

1. 流行病学

在自然条件下，只有猪发生该病，一般呈现隐性感染。血凝抑制及中和试验调查表明美国屠宰猪群阳性率高达98%；其他国家的阳性率也较高，但均无明显的经济意义。该病的传染源为带毒猪和病猪，经口、鼻感染发病。不同的毒株感染不同日龄的猪只后，其临床表现明显不同。在老疫区，母猪初乳中含有该病毒的抗体，哺乳仔猪一般呈隐性感染。断奶仔猪已能抵抗该病。新疫区以3周龄以内的哺乳仔猪易感。

2. 临床症状

根据临床表现，可分为脑脊髓炎型和呕吐-消瘦型。这两种类型可同时存在于一个猪群中，也可发生在不同的猪群，或不同地区。

（1）脑脊髓炎型　发生于出生后4～7天的仔猪，体温短暂升高，先是食欲废绝，随后出现嗜睡、呕吐、便秘。病猪背毛倒立，四肢蓝色，有部分病猪打喷嚏、咳嗽、磨牙。1～3天后出现中枢神经症状，步态不稳，趴地，发抖或痉挛，后肢逐渐麻痹。感觉过敏，遇突然声响或扰动便发出嚎叫，最后病猪侧卧，四肢做游泳动作，呼吸困难，眼失明，眼球震颤，昏迷死亡。病程约10天，病死率达98%以上。

（2）呕吐-消瘦型　病猪初期体温升高，反复呕吐，仔猪聚堆，倦怠无力，时常拱背，以后磨牙，虽嘴伸到水中但又不喝水或喝水量极小，便秘。危重的病猪因咽喉肌肉麻痹而吞咽困难，失重快，多在1～2周内死亡。有些不死转为慢性或生长不良，发病和死亡率差异很大，一般在20%～80%左右。

3. 病理变化

肉眼变化不明显，在脑脊髓炎型病例仅见到轻微卡他性鼻炎，一些呕吐-消瘦型病仔猪有胃肠炎变化。胃壁和血管周围管套的神经节退变，病理损伤多见于幽门腺区。病理组织学变化为非化脓性脑炎，特征是脑血管出现巨噬细胞、淋巴细胞等形成的细胞管套，胶质细胞增生，神经细胞变性、坏死，脑脊液增多。

4. 类症鉴别

本病的脑脊髓炎型与猪传染性脑脊髓炎、伪狂犬病、李氏杆菌病的症状相似，应注意鉴别，详见猪传染性脑脊髓炎。呕吐-消瘦型的呕吐、消瘦与猪流行性腹泻、猪传染性胃肠炎症状相似。但猪流行性腹泻及猪传染性胃肠炎病猪有严重的腹泻症状，发病急剧，传播迅速，病程短，无神经症状，将病猪肠上皮细胞涂片用荧光抗体染色，或取病猪粪便做猪流行性腹泻 ELISA 试验时即可区别。

5. 实验室检查

送检病脑与脊髓上段，做病毒分离、组织学检查；送检血清，做血凝抑制试验、琼脂扩散试验、中和试验、免疫荧光试验等即可确诊。

（三）防制

尚无有效的防治药品和预防疫苗，主要依靠加强综合性防治措施，注重加强口岸检疫，防止引入病猪。一旦发生该病，要及时诊断，严格隔离消毒，防止疫情扩散蔓延，以免造成重大经济损失。

三、猪脑心肌炎

脑心肌炎是一种人畜共患病，是由脑心肌炎病毒引起的猪、某些啮齿类动物和灵长类动物的一种以脑炎和心肌炎为特征的病毒性传染病。

（一）病原

脑心肌炎病毒（EMCV）属于小核糖核酸病毒科、心病毒属，病毒粒子无囊膜，基因组为单股 RNA 病毒。

本病毒可在鸡胚内繁殖生长，并引起鸡胚死亡，也能在鸡、小鼠、猴、仓鼠、猪和牛的细胞中培养生长，可产生细胞病变。各株病毒的蚀斑大小不一致，致病性也有差异。本病毒能凝集绵羊红细胞，这种血凝作用可被特异性免疫血清所抑制。EMCV 对热有一定抵抗力，60℃30 分钟可灭活，－70℃很稳定。能抵抗乙醚，在 pH3.0 稳定。冻干或干燥后可失去感染性。

（二）诊断要点

1. 流行病学

（1）易感性　脑心肌炎病毒分布广泛，能感染多种动物和人。啮齿类动物的肠道可能普遍带毒，大鼠可能是脑心肌炎病毒的主要储存宿主。仔猪易感性强，20日龄以内的仔猪可发生致病性感染。成年猪多数为隐性感染。

（2）传染源　脑心肌炎的发生与鼠数量以及患病鼠多少有十分密切的关系。当用与感染鼠有接触史的饲料及饮水饲喂动物时，可能引起动物的感染和发病。病猪的粪便中病毒含量较低。实验感染死亡的猪，可从许多器官分离到病毒，以心肌内病毒含量最高，其次为肝、脾等器官。

（3）传播途径　病畜的排泄物污染的饲料和饮水可能是仔猪感染的一个主要原因。研究表明，脑心肌炎病毒也可经胎盘感染。

2. 临床症状

猪脑心肌炎在临床上往往是亚临床感染。急性发作的猪可见短暂的精神沉郁、发热、拒食、呕吐、下痢、震颤、步态蹒跚、麻痹，呼吸急促、虚脱，往往是在吃食或兴奋时突然倒地死亡。临床上主要是仔猪发病。除造成仔猪死亡外，猪脑心肌炎还可引起母猪以产木乃伊胎和死产为特征的繁殖机能障碍。

3. 病理变化

（1）眼观病变　剖检可见到胸、腹部皮肤发绀，胸、腹腔和心包积液，并含有少量纤维蛋白。心脏软而苍白，明显的心肌炎和心肌变性，心肌有不连续的白色或灰黄白色区，在灶性病变上可见白垩中心，或在弥散区域有白垩斑点。肝充血，轻度肿胀。脾褪色。肺常见充血和水肿。脑膜轻度充血或正常。

（2）组织学病变　最显著的改变为心肌炎，可见心肌充血、水肿和心肌纤维变性、坏死，淋巴细胞、巨噬细胞浸润。常见坏死的心肌有无机盐沉着、钙化。心膜层的渗出液中有嗜酸性细胞浸润。脑膜充血和轻度炎症，脑可见点状神经元变性区。

4. 实验室诊断

确诊本病，需进行病毒分离、血清学诊断和动物接种试验。

（三）防制

尚无有效治疗药物和疫苗，主要靠综合性防疫。本病是一种自然疫源性人畜共患病，应注意防止野生动物特别是啮齿类动物偷食而污染饲料和水源。发现可疑病猪，立即隔离消毒，进行诊断。病死动物要迅速作无害化处理，被污染的场地应以含氯消毒剂彻底消毒，并防止人的感染。

第五节 其他病毒病

一、猪水疱病

猪水疱病是由猪水疱病病毒引起的猪的一种急性、热性、接触性传染病，该病传染性强，发病率高。其临诊特征是猪的蹄部、鼻端、口腔黏膜、乳房皮肤发生水疱，类似于口蹄疫，但该病只引起猪发病，对其他家畜无致病性。

（一）病原

猪水疱病病毒属于微 RNA 病毒科、肠道病毒属，病毒粒子呈球形，在超薄切片中直径为 20～23 纳米，用磷酸钨负染法测定为 28～30 纳米，用沉降法测定为 28.6 纳米。病毒粒子在细胞质内呈晶格排列，在病理变化细胞质的囊泡内凹陷处呈环形串珠状排列。

病毒的衣壳呈二十面体对称，基因组为单股正链 RNA，无囊膜，对乙醚不敏感，在 pH3.0～5.0 条件下表现稳定。

本病毒无血凝特性。

病毒对环境和消毒剂有较强抵抗力，在 50℃ 30 分钟仍不失感染力，60℃ 30 分钟和 80℃ 1 分钟可灭活，在低温中可长期保存。病毒在污染的猪舍内存活 8 周以上，病猪的肌肉、皮肤、肾脏保存于－20℃经 11 个月，病毒滴度未见显著下降。病猪肉腌制后 3 个月仍可检出病毒。3%氢氧化钠溶液在 33℃ 24 小时能杀死水疱皮中的病毒，1%过氧乙酸 60 分钟可杀死病毒。

（二）诊断要点

1. 流行特点

在自然流行中，本病仅发生于猪，牛、羊等家畜不发病，猪只不分年龄、性别、品种均可感染。在猪只高度集中或调运频繁的单位和地区，容易造成本病的流行，尤其是在猪集中的猪舍，集中的数量和密度愈大，发病率愈高。在分散饲养的情况下，很少引起流行。本病在农村主要由于饲喂城市的泔水，特别是洗猪头和蹄的污水而感染。

病猪、带毒猪是本病的主要传染源，通过粪、尿、水疱液、乳汁排出病毒。感染常由接触、饲喂病毒污染的泔水和屠宰下脚料、生猪交易、运输工具（被污染的车、船）而引起。被病毒污染的饲料、垫草、运动场和用具以及饲养员等往往造成本病的间接传播；受伤的蹄部、鼻端皮肤、消化道黏膜等是主要传播途径。

健康猪与病猪同居 24～45 小时，虽未出现临诊症状，但体内已含有病毒。发病后第 3 天，病猪的肌肉、内脏、水疱皮，第 15 天的内脏、水疱皮及第 20 天的水疱皮等均带毒，第 5 天和第 11 天的血液带毒，第 18 天采集的血液常不带毒。病猪的淋巴结和骨髓带毒 2 周以上。贮存于－20℃条件下经 11 个月，病猪肉块、皮肤、肋骨、肾等的病毒滴度未见显著下降。盐渍病猪肉中的病毒需经 110 天后才能被灭活。

2. 临床症状

自然感染潜伏期一般为 2～5 天，有的延至 7～8 天或更长。人工感染潜伏期最短为 36 小时。临诊症状可分为典型、温和型和亚临床型（隐性型）。

（1）典型的水疱病　其特征性的水疱常见于主趾和附趾的蹄冠上。早期临诊症状为上皮苍白肿胀，在蹄冠和蹄踵的角质与皮肤结合处首先见到，36～48 小时时水疱明显凸出，里面充满水疱液，很快破裂，但有时维持数天。水疱破后形成溃疡，真皮暴露，颜色鲜红，常常环绕蹄冠皮肤与蹄壳之间裂开。病理变化严重时蹄壳脱落。部分猪的病理变化部因继发细菌感染而成化脓性溃疡。由于蹄部受到损害而出现跛行。有的猪呈犬坐式或躺卧地下，严重者用膝部爬行。水疱也可见于鼻盘、舌、唇和母猪乳头上，多数仔猪病例在鼻盘发生水疱，也可发生于其他部位（图 7-31，见彩图）。体温升高（40～42℃），水疱破裂后体温下降至正常。病猪精神沉郁，食欲减退或停食，育肥猪显著掉膘。在一般情况下，如无并发其他疾病者不引起死亡，初生仔猪可造成死亡。病猪康复较快，病愈后 2 周，创面可完全痊愈，如蹄壳脱落，则相当长时间后才能恢复。

（2）温和型（亚急性型）　只见少数猪只出现水疱，病的传播缓慢，症状轻微，往往不容易被察觉。

（3）亚临床型（隐性感染）　用不同剂量的病毒，经一次或多次饲喂猪，没有发生临床症状，但可产生高滴度的中和抗体。据报道，将一头亚临床感染猪与其他 5 头易感猪同圈饲养，10 天后有 2 头易感猪发生了亚临床感染，这说明亚临床感染猪能排出病毒，对易感猪有很大的危险性。

水疱病发生后，约有 2％的猪发生中枢神经系统紊乱，表现向前冲、转圈运动，用鼻摩擦、咬啮猪舍用具，眼球转动，有时出现强直性痉挛。

3. 病理变化

特征性病理变化为在蹄部、鼻盘、唇、舌面、乳房出现水疱，水疱破裂、水疱皮脱落后，暴露出创面有出血和溃疡。个别病例心内膜上有条状出血斑。其他内脏器官无可见病理变化。组织学变化为非化脓性脑膜炎和脑脊髓炎病理变化，大脑中部病理变化较背部严重。脑膜含有大量淋巴细胞，血管嵌边明显，多数为网状组织细胞，少数为淋巴细胞和嗜伊红细胞。脑灰质和白质发现软化病灶。

4. 实验室诊断

（1）生物学诊断　将病料分别接种1～2日龄和7～9日龄乳小鼠，如2组乳小鼠均死亡者为口蹄疫；1～2日龄乳小鼠死亡，而7～9日龄乳小鼠不死者，为猪水疱病。病料经pH3～5缓冲液处理后，接种1～2日龄乳小鼠死亡者为猪水疱病，反之则为口蹄疫；或以可靠的猪水疱病免疫猪或病愈猪与发病猪混群饲养，如两种猪都发病者为口蹄疫。

（2）反向间接血凝试验　用口蹄疫A、O、C型的豚鼠高免血清与猪水疱病高免血清抗体球蛋白（IgG）致敏绵羊红细胞，再与不同稀释的待检抗原作用，进行反向间接血凝试验，可在2～7小时内快速区别诊断猪水疱病和口蹄疫。

（3）补体结合试验　以豚鼠制备的诊断血清与待检病料进行补体结合试验，可用于猪水疱病和口蹄疫鉴别诊断。

（4）ELISA　用间接夹心ELISA可以进行病原的检测，目前该方法逐渐取代补体结合试验。

（5）荧光抗体试验　用直接和间接免疫荧光抗体试验，可检出病猪淋巴结冰冻切片和涂片中的感染细胞，也可检出水疱皮和肌肉中的病毒。

（6）RT-PCR　可以用于区分口蹄疫和猪水疱病。

此外，放射免疫、对流免疫电泳、中和试验都可作为猪水疱病的诊断方法。

（三）防制

猪感染水疱病病毒7天左右，在猪血清中出现中和抗体，28天达高峰。因此用猪水疱病高免血清和康复血清进行被动免疫有良好效果，免疫期达1个月以上，为此在商品猪大量应用被动免疫，对控制疫情扩散、降低发病率会起到良好作用。用于水疱病免疫预防的疫苗有弱毒疫苗和灭活疫苗，但由于弱毒疫苗在实践应用中暴露出许多不足，目前已停止使用。灭活疫苗安全可靠，注苗后7～10天即可产生免疫力，保护率在80%以上，免疫保护期在4个月以上。用水疱皮和仓鼠传代毒制成灭活苗有良好免疫效果，保护率为75%～100%。

控制猪水疱病很重要的措施是防止将病原带到非疫区，应特别注意监督牲畜交易和转运的畜产品。运输时对交通工具应彻底消毒，屠宰下脚料和泔水经煮沸方可喂猪。

加强检疫，在收购和调运时，应逐头进行检疫，一旦发现疫情立即向主管部门报告，按早、快、严、小的原则，实行隔离封锁。对疫区和受威胁区的猪只，可采用被动免疫或疫苗接种，以后实行定期免疫接种。病猪及屠宰猪肉、下脚料应严格实行无害处理。环境及猪舍要进行严格消毒，常用于本病的消毒剂有过氧乙酸、菌毒敌（原名农乐）、氨水和次氯酸钠等。试验证明，以二氯异氰尿酸钠为主剂的复方含氯消毒剂消毒效果较好，有效浓度为0.5%～1%（含有效氯50～100毫克/千克）。过氧乙酸、次氯酸钠、氨水、福尔马林和苛性钠的消毒效果较差，且有较强腐蚀性和刺激性，已不广泛应用。

二、猪狂犬病

本病是由狂犬病病毒经狗传播的人和温血动物共患的一种传染病。本病毒主要侵害中枢神经系统，临床上的主要特征是神经机能失常，表现为各种形式的兴奋和麻痹。

（一）病原

狂犬病病毒属RNA型的弹状病毒科、狂犬病病毒属，病毒粒子直径75～80纳米，长140～180纳米，一端钝圆，另一端平凹，呈子弹形或试管状外观。

病毒能在脊椎动物及昆虫体内增殖，并能凝集鹅的红细胞。种间有血清学交叉反应。

病毒对酸、碱、福尔马林、石炭酸、升汞等消毒药敏感，1%～2%肥皂水、43%～70%酒精、2%～3%碘酊、丙酮、乙醚，都能使之灭活。病毒不耐湿热，50℃加热15分钟、60℃ 2分钟、100℃数秒以及紫外线和X射线均能灭活，但在冷冻和冻干状态下可长期保存，在50%甘油缓冲液中或4℃条件下可存活数月到一年。

（二）诊断要点

1. 流行特点

病毒主要通过咬伤感染，也有经消化道、呼吸道和胎盘感染的病例。由于本病多数由疯狗咬伤引起，所以流行呈连锁性，以一个接一个的顺序呈散发形式出现，一般春季较秋季多发，伤口越靠头部或伤口越深，其发病率越高。

2. 临床症状

潜伏期不一，长的1年以上，短的10天，一般平均为21天。

发病突然，狂躁不安，兴奋，横冲直撞，攻击人，运动笨拙、失调。全身痉挛，静卧，受到刺激可突然跃起，盲目乱窜，惊恐，麻痹，衰竭死亡。

3. 病理变化

眼观无特征性变化，一般表现尸体消瘦，血液浓稠、凝固不良，口腔黏膜和舌黏膜常见糜烂和溃疡。胃内常有石块、泥土、毛发等异物，胃黏膜充血、出血或溃疡。脑水肿，脑膜和脑实质的小血管充血，并常见点状出血。

4. 实验室检查

怀疑被疑似患狂犬病的动物咬过应进行实验室检查。

常用的血清学方法有补体结合反应、中和试验、血凝抑制试验和酶联免疫吸附试验等。

（三）防制

1. 预防

带毒犬是人类和其他家畜狂犬病的主要传染源，因此对家犬进行大规模免疫接种和消灭野犬，是预防狂犬病的最有效的措施，在流行地区给家犬和家猫普遍接种疫苗。对患狂犬病死亡的猪，一般不剖检，应将病尸焚毁或深埋。

2. 治疗

猪被可疑动物咬伤后，首先要妥善处理伤口，用大量肥皂水或0.1%新洁尔灭溶液冲洗，再用75%酒精或2%～3%碘酒消毒。局部处理越早越好；其次被咬伤后要迅速注射狂犬病疫苗，使被咬动物在狂犬病的潜伏期内就产生免疫，可免于发病。

三、猪传染性脑脊髓炎

猪传染性脑脊髓炎是由病毒引起，主要侵害中枢神经系统，引起一系列神经症状的传染病。病猪以发热、共济失调、肌肉抽搐和肢体麻痹为特征，又称捷申病、猪脑脊髓灰质炎。

本病在世界许多养猪的国家都有发生，中欧一些国家呈地方流行性，意大利、法国等国呈散发性，澳大利亚等也时有发生。我国也曾有本病的报道。

（一）病原

猪传染性脑脊髓炎病毒属小核糖核酸病毒科、肠道病毒属。病毒呈圆形，无囊膜，其衣壳表现一种六边形轮廓。病毒在猪肾细胞培养中生长很好，能产生细胞致病作用，回归猪体保持致病性。目前已知猪的肠道病毒有11个血清型，而引起本病的是1、2、3、5血清型，其中以1型的毒力最强，是本病的主要病原。病毒对多种消毒药都有较强的抵抗力，因此，必须提高消毒药的浓度和消毒时间才有效。

（二）诊断要点

1. 流行特点

本病仅见于猪，各品种和年龄的猪均有易感性，但临床上以保育猪发病最多，成年猪多为隐性感染，哺乳仔猪可获得母源抗体的保护。

本病在新疫区呈暴发式流行，开始个别发生，以后蔓延全群，也有的呈波浪式发生，一批猪发病后，相隔数周或数月，另一批猪又发生。在老疫区，常呈散发性。

本病毒主要存在于猪的脑和脊髓中，但可通过粪便排毒，污染饲料和饮水，经消化道传播；也可能通过人员的往来及家鼠、运输车辆间接传播。

2. 临床症状

本病的潜伏期，人工感染试验平均为6天。病初体温达40～41℃，精神与食欲减退，后肢无力，运动失调，有的病猪前肢前移，后肢后伸；重者眼球震颤，肌肉抽搐，角弓反张和昏迷，伴有鸣叫、惊厥和磨牙，随后发生麻痹，反射消失而死亡。病死率高达60%以上，不死者也往往留有肌肉麻痹和萎缩的后遗症。

3. 病理变化

剖检可见脑膜水肿，脑膜和脑血管充血。心肌和骨髓肌有些萎缩，其他脏器无肉眼病变。组织学检查，病变也局限于中枢神经系统，呈现非化脓性脑脊髓灰质炎，尤以脊髓最为严重。

4. 血清学检查

常用免疫荧光试验、中和试验等方法进行诊断。病猪感染后1周左右，血清中已有中和抗体存在，康复后中和抗体至少保持280天。中和滴度1∶64可判为阳性，1∶16判为可疑。也可用酶联免疫吸附试验，在血清学、流行病学调查和大群检疫时，这种方法较中和试验和免疫荧光试验简便。

5. 病原的分离和鉴定

在新疫区或首次确诊本病的猪场，必须进行病毒的分离和鉴定。以无菌操作从可疑病死猪采取小脑和脊髓的灰质部，制成1∶10乳剂，接种原代猪肾细胞培养，出现细胞病变后，连传3代，再用免疫血清做中和试验，或用仔猪做生物学试验，也可将病料直接接种于仔猪脑内。若被接种的仔猪经10天左右发病，出现与自然病例相同的症状和病理组织学的变化，在排除类症的情况下，可确诊为本病。

（三）防制

1. 预防

重视从国外引进猪的检疫，一旦发现可疑病例，应采取隔离、消毒等常规措施，并尽快请有关单位作出诊断。若确诊为本病，应立即就地扑杀。

有些国家已使用细胞培养灭活苗，对小猪进行免疫，保护率可达80%，免疫期6～8个月。

2. 治疗

目前没有可用于治疗的药物，也不宜治疗。

四、猪痘

猪痘是由痘病毒引起的猪的一种急性热性接触性传染病。其临床特征为皮肤表面有突出的半球状红色硬结，化脓结痂，形成皮肤白斑。一般取良性经过。该病遍及全球，环境条件差、生产技术落后的地区尤为多见。

（一）病原

猪痘病毒为DNA病毒，属于痘病毒科。在细胞浆内增殖形成包涵体。在细胞单层上产生明显的细胞病变。皮屑内的病毒对干燥有特别强的耐受力，可存活1年。37℃ 24小时丧失感染力。直射日光或紫外线可迅速杀灭病毒。猪为猪痘唯一的自然宿主，哺乳仔猪最易感。

（二）诊断要点

1. 流行病学

该病遍及全世界，与饲养环境条件差密切相关。该病只感染猪，而不感染其他家畜、家禽。不同日龄、不同品种、不同饲养管理方式和条件下其发病率不同，病猪或带毒猪为本病的传染源。除了通过病猪排出的口、鼻分泌物污染环境、传播本病外，还可通过猪虱子、苍蝇及蚊子传播，且皮肤擦伤或创伤均有助于本病水平传播。3～4 日龄以内的仔猪，发病率可高达 100%，死亡率低于 5%，并有明显的季节性。本病迁延不止的主要原因是环境卫生差、灭虫不彻底和不断出现易感猪。

2. 临床症状与病理变化

潜伏期为 2～5 天，猪痘临床表现有明显的阶段性：红色斑点期、红色丘疹期、水疱期、脓疱期和结痂期。水疱期一般较短不易发现。病程为 3～4 周。如有继发感染，病程延长。有猪虱寄生时，痘疹多见于腹下。有蚊子和苍蝇时，痘疱多见于背部。哺乳仔猪病情严重时可全身出痘。3～4 月龄猪的痘疱多见于皮肤无毛区（图 7-32，见彩图），成年猪多见于无毛区、乳房、耳朵、鼻部和阴部。

主要病变为皮肤痘样损伤。继发细菌感染时，损伤更为严重，并形成局部化脓灶。

此外，采用免疫荧光技术、电子显微镜以及琼脂扩散均可辅助诊断该病。

（三）防制

猪痘没有治疗药物，因本病以皮肤病变为主，病势较轻，几乎所有的猪都能自愈，但可造成发育迟缓，带来一定的经济损失。一旦发现病猪必须尽早确诊，将病猪与健康猪隔离，尤其对年轻猪要加倍重视。

平时要注意改善环境卫生条件。进猪时，严格检疫，防止引入带毒猪。加强灭虱、驱蚊。发病后，隔离病猪，可以投给敏感抗生素控制继发感染。如有条件，可用自家疫苗进行预防。

第八章　猪常见细菌性疾病的防制

第一节　全身感染性细菌病

一、猪丹毒

猪丹毒是人兽共患传染病。临床特征是：急性型多呈败血症症状，高热；亚急性型表现在皮肤上出现紫红色疹块；慢性型表现纤维素性关节炎和疣状心内膜炎。猪丹毒是威胁养猪业的一种重要传染病。

（一）病原

猪丹毒杆菌为革兰氏阳性菌，呈小杆状或长丝状，不形成芽孢和荚膜，不能运动。分许多血清型，各型的毒力差别很大。猪丹毒杆菌的抵抗力很强，在掩埋的尸体内能活7个多月，在土壤内能存活35天。但对2%福尔马林、3%来苏儿、1%火碱、1%漂白粉等消毒剂都很敏感。

（二）诊断要点

1. 流行特点

各种年龄猪均易感，但以3个月以上至3年的生长猪发病率最高，3个月以下和3年以上的猪很少发病。牛、羊、马、鼠类、家禽及野鸟等也能感染本病，人类可因创伤感染发病。病猪、临床康复猪及健康带菌猪都是传染源。病原体随粪、尿、唾液和鼻分泌物等排出体外，污染土壤、饲料、饮水等，然后经消化道和损伤的皮肤而感染。带菌猪在不良条件下抵抗力降低时，细菌也可侵入血液，引起自体内源性传染而发病。猪丹毒的流行无明显季节性，但夏季发生较多，冬季、春季只有散发。猪丹毒经常在一定的地方发生，呈地方性流行或散发。

2. 临床症状

人工感染的潜伏期为3～5天，短的1天发病，长的可在7天发病。临床症状一般分急性型、亚急性型和慢性型3种。

（1）急性型（败血症型）　见于流行初期。有的病例可能不表现任何症状突然死亡。多数病例症状明显。体温高达42℃以上，恶寒颤抖，食欲减退或有呕吐，常躺卧地上，不愿走动；若强行赶起，站立时背腰拱起，行走时步态僵硬或跛行。结膜充血，眼睛清亮，很少有分泌物。大便干硬，有的后期发生腹泻。发病1～2日后，皮肤上出现大小和形状不一红斑，以耳、颈、背、腿外侧较多见，开始指压时褪色，指去复原。病程2～4日，病死率80%～90%。

怀孕母猪发生猪丹毒时可引起流产（图8-1，见彩图）。哺乳仔猪和刚断奶小猪发生猪丹毒时，往往有神经症状，抽搐。病程不超过1天。

（2）亚急性型（疹块型）　败血症症状轻微，其特征是在皮肤上出现疹块（图8-2，见彩图）。病初食欲减退，精神不振，不愿走动，体温42℃，在胸、腹、背、肩及四肢外侧出现大小不等的疹块，先呈淡红，后变为紫红，甚至黑紫色，形状为方形、菱形或圆形，坚实，稍凸起，少则几个，多则数10个，以后中央坏死，形成痂皮。经1～2周恢复。

（3）慢性型　一般由前两型转变而来。常见浆液性纤维素性关节炎、疣状心内膜炎和皮肤坏死3种。皮肤坏死一般单独发生，而浆液性纤维素性关节炎和疣状心内膜炎往往共存。食欲变化不明显，体温正常，但生长发育不良，逐渐消瘦，全身衰弱。浆液性纤维素性关节炎常发生于腕关节和肘关节，受害关节肿胀、疼痛、僵硬，步态跛行。疣状心内膜炎表现呼吸困难，心跳增速，听诊有心内杂音。强迫快速行走时，易发生突然倒地死亡。皮肤坏死常发生于背、肩、耳及尾部。局部皮肤变黑，硬如皮革，逐渐与新生组织分离，最后脱落，遗留一片无毛瘢痕。

3. 病理变化

急性型皮肤上有大小不一和形状不同的红斑或弥漫性红色；淋巴结充血肿大，有小出血点；胃及十二指肠充血、出血；肺瘀血、水肿（图8-3，见彩图）；心肌出血（图8-4，见彩图）；脾肿大充血，呈樱桃红色；‘肾瘀血肿大，呈暗红色，皮质部有出血点；关节液增加。亚急性型的特征是皮肤上有方形和菱形的红色疹块，内脏的变化比急性型轻。慢性型的房室瓣常有疣状心内膜炎；瓣膜上有灰白色增生物，呈菜花状；关节肿大，在关节腔内有纤维素性渗出物。

4. 实验室检查

急性型采取肾、脾为病料；亚急性型在生前采取疹块部的渗出液；慢性型采取心内膜组织和患病关节液。制成涂片后，革兰氏染色法染色、镜检，如见有革兰氏阳性（紫色）的细长小杆菌，在排除李氏杆菌后，即可确诊。也可进行免疫荧光试验。

5. 鉴别诊断

应与猪瘟、猪链球菌病、最急性猪肺疫、急性猪副伤寒相鉴别。

（三）防制

1. 预防

平时要加强饲养管理，猪舍用具保持清洁，定期用消毒药消毒。同时按免疫程序注射猪丹毒菌苗。

发生猪丹毒后，应立即对全群猪测温，病猪隔离治疗，死猪深埋或烧毁。与病猪同群的未发病猪，用青霉素进行药物预防，待疫情扑灭和停药后，进行一次彻底消毒，并注射菌苗，巩固防疫效果。

2. 治疗

发病24～36小时内治疗，疗效显著。对急性型最好首先按每千克体重1万单位青霉素静脉注射，同时肌注常规剂量的青霉素，即体重在20千克以下的猪用20万～40万单位，20～50千克的猪用40万～100万单位，50千克以上的猪酌情增加。每天肌注2次，直至体温和食欲恢复正常后24小时停药，以防复发或转为慢性。

二、猪链球菌病

猪链球菌病是一种人兽共患传染病。猪常发生化脓性淋巴结炎、败血症、脑膜脑炎及关节炎。败血症型和脑膜脑炎型的病死率较高，对养猪业的发展有较大的威胁。

（一）病原

猪链球菌病的病原体为多种溶血性链球菌。它呈链状排列，为革兰氏阳性球菌。不形成芽孢，有的可形成荚膜。需氧或兼性厌氧，多数无鞭毛。本菌抵抗力不强，对干燥、湿热均较敏感，常用消毒药都易将其杀死。

（二）诊断要点

1. 流行特点

链球菌广泛分布于自然界。人和多种动物都有易感性，猪的易感性较高。各种年龄的猪均可感染，但败血症型和脑膜脑炎型多见于仔猪；化脓性淋巴结炎型多见于中猪。病猪、临床康复猪和健康猪均可带菌，当它们互相接触时，可通过口、鼻、皮肤伤口传染，一般呈地方流行性。

2. 临床症状

本病临床上可分为 4 型。

（1）败血症型　初期常呈最急性流行，往往头晚未见任何症状，次晨已死亡；或者停食，体温 41.5～42.0℃，精神委顿，腹下有紫红斑，也往往死亡。急性病例，常见精神沉郁，体温 41℃左右，呈稽留热，食欲减退或废绝，眼结膜潮红，流泪，有浆液性鼻液，呼吸浅表而快。有些病猪在患病后期，耳尖、四肢下端、腹下有紫红色或出血性红斑，跛行，病程 2～4 天。

（2）脑膜脑炎型　病初体温升高，不食，便秘，有浆液性或黏液性鼻液。继而出现运动失调、转圈、空嚼、磨牙、仰卧，直至出现后躯麻痹、侧卧于地、四肢抽搐、做游泳状划动（图 8-5）等神经症状，甚至昏迷不醒。部分猪出现多发性关节炎，病程 1～2 天。

（3）关节炎型　由前两型转化而来，或者原发性关节炎症状。表现一肢或几肢关节肿胀，疼痛，跛行，甚至不能起立。病程 2～3 周。

值得注意的是，上述 3 型很少单独发生，常常混合存在或相伴发生。

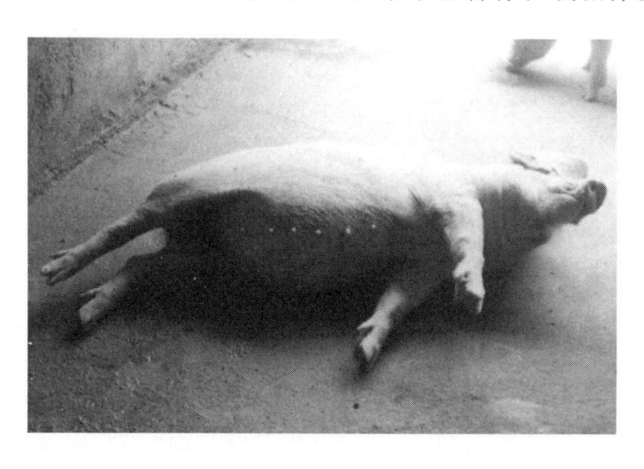

图 8-5　抽搐，四肢划动

（4）化脓性淋巴结炎（淋巴结脓肿）型　多见于颌下淋巴结、咽部和颈部淋巴结肿胀，坚硬，热痛明显，影响采食、咀嚼、吞咽和呼吸。有的咳嗽、流鼻液。至化脓成熟，肿胀中央变软，皮肤坏死，自行破溃流脓，以后全身症状好转，局部逐渐痊愈。病程一般为3～5周。

3. 病理变化

剖检可见鼻黏膜充血及出血，喉头、气管充血，常有大量泡沫。肺充血肿胀(图8-6，见彩图)。全身淋巴结有不同程度的肿大、充血和出血。脾肿大1～3倍，呈暗红色，边缘有黑红色出血性梗死区。胃和小肠黏膜有不同程度的充血和出血；肠系膜淋巴结肿大，呈紫红色（图8-7，见彩图)；肾肿大、充血和出血；脑膜充血、出血甚至溢血，个别脑膜下积液，脑组织切面有点状出血，其他病变与败血症型相同。剖检可见关节腔内有黄色胶冻样或纤维素性、脓性渗出物，淋巴结脓肿。有些病例心瓣膜上有菜花样赘生物。

败血症型死后剖检，呈现败血症变化，各器官充血、出血明显，心包液增量，脾肿大，各浆膜有浆液性炎症变化等（图8-8，见彩图)。脑膜脑炎型死后剖检，脑膜充血、出血，脑脊髓液浑浊、增量，有多量的白细胞，脑实质有化脓性脑炎变化等。关节炎型死后剖检，关节囊内有黄色胶冻样液体或纤维素性脓性物质。

4. 实验室检查

根据不同的病型采取相应的病料，如脓肿、化脓灶、肝、脾、肾、血液、关节囊液、脑脊髓液及脑组织等，制成涂片，用碱性美蓝染色液和革兰氏染色液染色，显微镜检查，见到单个、成对、短链或呈长链的球菌，革兰氏染色呈紫色（阳性），可以确认为本病。也可进行细菌分离培养鉴定。

5. 鉴别诊断

败血症型猪链球菌病易与急性猪丹毒、猪瘟相混淆，应注意区别。

（三）防制

1. 预防

(1) 加强饲养管理，降低饲养密度，圈舍中可设置铁链，让仔猪玩耍，以减少咬伤。如有咬伤或其他外伤，要及时消毒处理伤口，防止病原菌感染。

(2) 保持猪舍清洁卫生、通风良好，圈舍及饲养用具应定期消毒，以减少病原菌的污染。

(3) 在仔猪出生断脐和仔猪去势时，应用碘酊进行充分消毒，以防止链球菌经脐带和伤口感染。

(4) 定期进行猪链球菌疫苗的免疫接种，可减少猪链球菌病的发生。但由于猪链球菌的血清型较多，难以达到理想的预防效果，规模化猪场可制作自家疫苗进行免疫预防，可有效控制猪链球菌病的发生。

（5）做好免疫预防接种工作，妊娠母猪在产前30天左右、仔猪在断奶前后接种猪链球菌活疫苗，具有较好的预防效果。

2. 治疗

按不同病型进行相应治疗。

对淋巴结脓肿，待脓肿成熟后，及时切开，排除脓汁，用3%双氧水或0.1%高锰酸钾液冲洗后，涂以碘酊。对败血症型及脑膜脑炎型，早期要大剂量使用抗生素或磺胺类药物。青霉素40万～100万单位/(头・次)，每天肌注2～4次；庆大霉素1～2毫克/千克体重，每日肌注2次；环丙沙星2.5～10.0毫克/千克体重，每12小时注射1次，连用3天，疗效明显。

三、猪附红细胞体病

猪附红细胞体病是由附红细胞体寄生于猪的红细胞表面或游离于血浆、组织液及脑脊髓液中引起的一种人畜共患病，会造成病畜黄疸、贫血等症状。

（一）病原

猪附红细胞体属于单细胞原虫的一种，属寄生虫，也有人认为猪附红细胞体属于立克次氏体目、无浆体科、附红细胞体属的成员。目前尚未形成共识。一般以寄生宿主命名，但病原的种类与宿主之间的关系不甚清楚，有待进一步研究。

猪附红细胞体是一种多形态微生物，多呈环形、球形和椭圆形，少数呈杆状、月牙状、顿号形、串珠状等不同形态。平均直径为0.2～2.5微米，单独、成对或成链状附着于红细胞表面。在电镜下，猪附红细胞体呈圆盘状，有一层膜包被，无明显的细胞壁和细胞核结构，在胞浆膜下有直径为10纳米的微管，有类核糖体颗粒。暗视野和相差显微镜下，在水浸片或血浆中可见到附红细胞体做进退、曲伸、多方向扭转等自由运动。附红细胞体对苯胺色素易着色，革兰氏染色阴性，姬姆萨染色呈淡红或紫红色，瑞氏染色为淡蓝色。在红细胞上以二分裂方式进行增殖。迄今尚无法在非细胞培养基上培养附红细胞体。

附红细胞体对干燥和化学药品比较敏感，0.5%石炭酸于37℃经3小时可将其杀死，一般常用浓度的消毒药在几分钟内即可将其杀死。猪附红细胞体可耐低温，在加15%甘油的血液中于－37℃感染力可保存80天；在加枸橼酸盐的抗凝血中，于5℃能保存15天；在脱纤血中－30℃保存83天仍有感染力；冻干保存可存活

2 年。

（二）诊断要点

1. 流行特点

猪附红细胞体只感染家养猪，不感染野猪。各品种、性别、年龄的猪均易感，但以仔猪和母猪多见，其中哺乳仔猪的发病率和死亡率较高，被阉割后几周的仔猪尤其容易感染发病。猪附红细胞体在猪群中的感染率很高，可达 90%以上。

病猪和隐性感染带菌猪是主要传染源。隐性感染带菌猪在有应激因素存在时，如饲养管理不良、营养不良、温度突变、并发其他疾病等，可引起血液中附红细胞体数量增加，出现明显临床症状而发病。耐过猪可长期携带该病原，成为传染源。猪附红细胞体可通过接触、血源、交配、垂直及媒介昆虫（如蚊子）叮咬等多种途径传播。动物之间可通过舔伤口、互相斗咬或喝血液污染的尿液以及被污染的注射器、手术器械等媒介物而传播；交配或人工授精时，可经污染的精液传播；感染母猪能通过子宫、胎盘使仔猪受到感染。

猪附红细胞体病一年四季都可发生，但多发生于夏、秋和雨水较多的季节，以及气候易变的冬、春季节。气候恶劣、饲养管理不善、疾病等应激因素均能导致病情加重，疫情传播面积扩大，经济损失增加。猪附红细胞体病可继发于其他疾病，也可与一些疾病合并发生。

2. 临床症状

猪附红细胞体病因畜种和个体体况的不同，临床症状差别很大。主要引起：仔猪体质变差，贫血，肠道及呼吸道感染增加；育肥猪日增重下降，急性溶血性贫血；母猪生产性能下降等。

（1）哺乳仔猪　5 日龄内发病症状明显，新生仔猪出现身体皮肤潮红，精神沉郁，食乳减少或废绝，急性死亡，一般 7～10 日龄多发。体温升高，眼结膜、皮肤苍白或黄染，贫血症状，四肢抽搐、发抖，腹泻，粪便深黄色或黄色黏稠，有腥臭味。死亡率在 20%～90%，部分很快死亡。大部仔猪临死前四肢抽搐或划地，有的角弓反张。部分治愈的仔猪会变成僵猪。

（2）育肥猪　根据病程长短不同可分为三种类型：

急性型病例较少见，病程 1～3 天。

亚急性型病猪体温升高，达 39.5～42℃。病初精神委顿，食欲减退，颤抖转圈或不愿站立，离群卧地。出现便秘或拉稀，有时便秘和拉稀交替出现。病猪耳朵、颈下、胸前、腹下、四肢内侧等部位皮肤红紫，指压不褪色，成为“红皮猪”，是本病的特征之一（图 8-9，见彩图）。有的病猪两后肢发生麻痹，不能站立，卧地不起。部分病猪可见耳廓、尾、四肢末端坏死。有的病猪流涎，心悸，呼吸加快，咳嗽，眼结膜发炎。病程 3～7 天，或死亡或转为慢性经过。

慢性型患猪体温在 39.5℃左右，主要表现贫血和黄疸。患猪尿呈黄色，大便干如栗状，表面带有黑褐色或鲜红色的血液。生长缓慢，出栏延迟。

（3）母猪　症状分为急性和慢性两种：

急性感染的症状为持续高热（体温可高达 42℃），厌食，偶有乳房和阴唇水肿，产仔后奶量少，缺乏母性。

慢性感染猪呈现衰弱，黏膜苍白及黄疸，不发情或屡配不孕，如有其他疾病或营养不良，可使症状加重，甚至死亡。

剖检病变有黄疸和贫血，全身皮肤黏膜、脂肪和脏器显著黄染，常呈泛发性黄疸（图 8-10，见彩图）。全身肌肉色泽变淡，血液稀薄呈水样，凝固不良。全身淋巴结肿大（图 8-11，见彩图），潮红，黄染，切面外翻，有液体渗出。胸腹腔及心包积液。肝脏肿大、质脆，细胞呈脂肪变性，呈土黄色或黄棕色。胆囊肿大，含有浓稠的胶冻样胆汁。脾肿大，质软而脆。肾肿大、苍白或呈土黄色，包膜下有出血斑。膀胱黏膜有少量出血点。肺肿胀，瘀血水肿（图 8-12，见彩图）。心外膜和心冠脂肪出血黄染，有少量针尖大小出血点，心肌苍白松软。脑膜充血，脑实质松软，上有针尖大的细小出血点，脑室积液。

可能是由于附红细胞体破坏血液中的红细胞，使红细胞变形，表面内陷溶血，使其携氧功能丧失而引起猪抵抗力下降，易并发感染其他疾病。也有人认为变形的红细胞经过脾脏时溶血，也可能导致全身免疫性溶血，使血凝系统发生改变。

3. 血液镜检

附红细胞体感染后 7～8 天，猪主要表现为高热和溶血性贫血，这时血液内有大量附红细胞体，血液检查很容易发现。取高热期的病猪血一滴涂片，生理盐水 10 倍稀释，混匀，加盖玻片，放在 400～600 倍显微镜下观察，发现红细胞表面及血浆中有游动的各种形态的虫体，附着在红细胞表面的虫体大部分围成一个圆，呈链状排列。红细胞呈星形或不规则的多边形。

4. 血涂片染色

血涂片用姬姆萨染色，放在油镜暗视野下检查发现多数红细胞边缘整齐，变形，表面及血浆中有多种形态的染成粉红色或紫红色的折光度强的虫体。但要注意染料沉着而产生的假阳性。镜检应当与临床症状和病理变化相联系才能对该病进行正确诊断。

5. 血清学检查

诊断方法包括间接血凝试验（IHA）、补体结合试验（CFT）或ELISA方法，但抗体的产生与病原数量的增多（而不是与感染发生的时间）有暂时的相关性。这意味着抗体的产生呈波浪形，即使数次急性发作后，抗体滴度也只能在一定时间内维持较高水平，之后便会下降到阈值以下，这表明假阴性是常见的。血清学诊断方法只适用于群体检查。

6. 生物学诊断

此外，可辅以生物学诊断、PCR方法等进一步进行诊断鉴定。目前浙江大学杜爱芳教授实验室已研发成功该病原PCR诊断试剂盒。

（三）防制

1. 预防

（1）加强猪群的日常饲养管理　饲喂高营养含量的全价料，保持猪群的健康；保持猪舍良好的温度、湿度和通风；消除应激因素，特别是在本病的高发季节，应扑灭蜱、虱子、蚤等吸血昆虫，断绝其与动物接触。

（2）对注射针头、注射器应严格进行消毒　无论疫苗接种还是治疗注射，应保证每猪一个针头。母猪接产时应严格消毒。

（3）加强环境卫生消毒，保持猪舍的清洁卫生　粪便及时清扫，定期消毒，定期驱虫，减少猪群的感染机会和降低猪群的感染率。

（4）药物预防　可定期在饲料中添加预防量的土霉素、四环素、强力霉素、金霉素、阿散酸，对本病有很好的预防效果。每吨饲料中添加金霉素48克或每升水中添加50毫克，连续7天，可预防大猪群发生本病；分娩前给母猪注射土霉素（11毫克/千克体重），可防止母猪发病；对1日龄仔猪注射土霉素50毫克/头，可防止仔猪发生附红细胞体病。

2. 治疗

四环素、卡那霉素、强力霉素、土霉素、黄色素、血虫净（贝尼尔）、氯苯胍、砷制剂（阿散酸）等可用于治疗本病，一般认为四环素和砷制剂效果较好。对猪附红细胞体病进行早期及时治疗可收到很好的效果。

（1）新胂凡纳明（九一四），每千克体重10～15毫克，静脉滴注，同时静注维生素C、葡萄糖，连用3天。

（2）土霉素，每吨饲料600～800克，治疗2～3个疗程。或按每千克体重3毫克肌内注射四环素或土霉素。

（3）发病小猪用磺胺-5-甲氧嘧啶注射液进行肌内注射，每天一次，连用3天，同时注射1次铁制剂。

（4）贝尼尔（血虫净），每千克体重5～7毫克，深部肌内注射，间隔48小时再注射1次。贝尼尔对病重猪无效，发病初期效果好。

（5）阿散酸，每吨饲料180克，连喂1周；然后改为每吨饲料90克，连用1个月。

四、李氏杆菌病

李氏杆菌病是由产单核细胞李氏杆菌引起畜、禽、啮齿动物和人的一种散发性传染病。临床特征为家畜和人感染后主要表现为脑膜炎、败血症和孕畜流产；家禽和啮齿动物则表现为坏死性肝炎和心肌炎。此外，还能引起单核细胞增多。

（一）病原

产单核细胞李氏杆菌是一种革兰氏染色阳性短球杆菌，有些老龄培养物的菌体为革兰氏染色阴性，无芽孢、荚膜，有周鞭毛，能运动，多单在，有时排成V形或栅状。现已知13个血清型和11个亚型，不同血清型与病原性强弱、宿主种类或各个病型间无关联，因此血清型的意义不大。

本菌对外界抵抗力不强，在土壤、粪便内能存活数月，对盐、碱耐受性较大，在pH9.6盐溶液内仍能生长，在20%食盐溶液内经久不死。对热抵抗力不很强，一般消毒药易使之灭活；对青霉素有抵抗力；对链霉素敏感，但易于形成抗药性；对四环素类和磺胺类药物敏感。

（二）诊断要点

1. 流行病学

本菌可使多种畜、禽致病。自然发病的家畜以绵羊、家兔、猪较多，牛、山羊次之，马、犬、猫很少；在家禽中，以鸡、火鸡、鹅较多，鸭较少。许多野禽、啮齿动物特别是鼠类都易感，且常成为本菌的贮存宿主。人也可以感染发病。患病动物和带菌动物是本病的传染源。从患病动物的粪、尿、乳汁、精液以及眼、鼻、生殖道的分泌物中均可分离到本菌。自然感染主要经消化道感染，也可能通过呼吸道、眼结膜及受损伤的皮肤感染。污染的饲料和饮水可能是主要的传播媒介，吸血昆虫也起着媒介的作用。冬季缺乏青饲料，天气骤变，有内寄生虫或沙门氏菌感染时均可成为本病发生的诱因。本病呈散发性，病死率很高，各种年龄的动物都有可能感染发病，以幼龄动物较易感染，发病较急，妊娠母畜也易感。主要发生于冬季和早春。

2. 临床症状

本病的主要临床症状为咳嗽和气喘。

（1）败血型　多发生于仔猪，表现沉郁，口渴，食欲减少或废绝，体温升高。有的咳嗽、腹泻、皮疹、呼吸困难、耳部和腹部皮肤发绀，病程约 1～3 天，病死率高。而妊娠母猪则常发生流产，一般无临床症状。

（2）脑膜脑炎型　多见于断奶后的小猪。表现神经症状，初期兴奋，无目的乱跑，或不自主地后退，头抵地不动，或步态不稳，共济失调；有的头颈后仰，两前肢或四肢张开，呈观星姿势，或后肢麻痹拖地不能站立。严重的侧卧、抽搐，口吐白沫，四肢乱划。病猪反应性增强，有轻微刺激就发生惊叫。

（3）混合型　此型常见，多发生于哺乳仔猪，常突然发病，体温升高达 41～42℃，吮乳减少或不吃，粪干尿少，病至后期体温降到正常，大多表现上述的脑膜脑炎症状。

3. 鉴别诊断

应与猪流行性感冒、猪肺疫区别。猪流行性感冒突然暴发，传播迅速，体温升高，病程较短（约 1 周），流行期短。猪肺疫急性病例呈败血症和纤维素性胸膜炎症状，全身症状较重，症程较短，剖检时见败血症和纤维素性胸膜肺炎变化。

（三）防制

（1）搞好平时饲养管理，特别是青贮饲料管理、灭鼠、驱除体外寄生虫，不要由疫区引进动物。

（2）发生时，应全群检疫，将患病动物隔离治疗，彻底消毒污染的场舍、用具等。

（3）各种抗生素对李氏杆菌病均具有治疗作用，但必须早期大剂量应用才能奏效。硫酸链霉素、氨苄青霉素、增效磺胺嘧啶钠治疗有效。

第二节　呼吸道感染性细菌病

一、猪肺疫

猪肺疫又称猪巴氏杆菌病、锁喉风，是猪的一种急性传染病，主要特征为败血症，咽喉及其周围组织急性炎性肿胀或表现为肺、胸膜的纤维蛋白渗出性炎症。本病分布很广，发病率不高，常继发于其他传染病。

（一）病原

猪肺疫病原体是多杀性巴氏杆菌，呈革兰氏染色阴性，有两端浓染的特性，能形成荚膜。有许多血清型。多杀性巴氏杆菌的抵抗力不强，干燥后2～3天内死亡，在血液及粪便中能生存10天，在腐败的尸体中能存在1～3个月，在日光和高温下10分钟即死亡，1%火碱及2%来苏儿水等能迅速将其杀死。

（二）诊断要点

1. 流行特点

大小猪均有易感性，小猪和中猪的发病率较高。病猪和健康带菌猪是传染源，病原体存在于病猪的肺脏病灶及各器官，主要存在于健康猪的呼吸道及肠管中，随分泌物及排泄物排出体外，经呼吸道、消化道及损伤的皮肤而传染。带菌猪受寒、感冒、过劳、饲养管理不当，使抵抗力降低时，可发生自体内源性传染。猪肺疫常为散发，一年四季均可发生，多继发于其他传染病之后。有时也可呈地方性流行。

2. 临床症状

潜伏期1～14天，临床上分3个型。

（1）最急性型　又称锁喉风，呈现败血症症状，突然发病死亡。病程稍长的，体温升高到41℃以上，呼吸高度困难，食欲废绝，黏膜蓝紫色，咽喉部肿胀，有热痛，重者可延至耳根及颈部，口鼻流出泡沫，呈犬坐姿势。后期耳根、颈部及下腹部皮肤变成蓝紫色（图8-13，见彩图），有时见出血斑点。最后窒息死亡，病程1～2天。

（2）急性型　主要呈现纤维素性胸膜肺炎症状，败血症症状较轻。病初体温升高，发生痉挛性干咳，呼吸困难，有鼻液和脓性眼屎。先便秘后腹泻。后期皮肤有紫斑，最后衰竭而死，病程4～6天。如果不死则转成慢性。

（3）慢性型　多见于流行后期，主要表现为慢性肺炎或慢性胃肠炎症状。持续性的咳嗽，呼吸困难，体温时高时低，精神不振，食欲减退，逐渐消瘦，有时关节肿胀，皮肤湿疹。最后发生腹泻。如果治疗不及时，多经2周以上因衰弱而死亡。

3. 病理变化

主要病变在肺脏。

（1）最急性型　全身浆膜、黏膜及皮下组织大量出血，咽喉部及周围组织呈出血性浆液性炎症，喉头气管内充满白色或淡黄色胶冻样分泌物。皮下组织可见大量胶冻样淡黄色的水肿液。全身淋巴结肿大，切面呈一致红色。肺充血水肿（图8-14，见彩图），可见红色肝变区（质硬如蜡样）。各实质器官变性。

（2）急性型　败血症变化较轻，以胸腔内病变为主。肺有大小不等的肝变区，切开肝变区，有的呈暗红色，有的呈灰红色，肝变区中央常有干酪样坏死灶，胸腔积有含纤维蛋白凝块的浑浊液体。胸膜附有黄白色纤维素，病程较长的，胸膜发生粘连。

（3）慢性型　高度消瘦，肺组织大部分发生肝变，并有大块坏死灶或化脓灶，有的坏死灶周围有结缔组织包裹，胸膜粘连。

4. 实验室检查

采取病变部的肺、肝、脾及胸腔液，制成涂片，用碱性美蓝液染色后镜检，均见有两端浓染的长椭圆形小杆菌时，即可确诊。如果只在肺脏内见有极少数的巴氏杆菌，而其他脏器没有见到，并且肺脏又无明显病变时，可能是带菌猪，而不能诊断为猪肺疫。有条件时可做细菌分离培养。

5. 鉴别诊断

应与急性咽喉型炭疽、气喘病、猪传染性胸膜肺炎等病鉴别。

（三）防制

1. 预防

预防本病的根本办法是改善饲养管理和生活条件，以消除减弱猪抵抗力的一切外界因素。同时，猪群要按免疫程序注射菌苗。死猪要深埋或烧毁。慢性病猪难以治愈，应立即淘汰。未发病的猪可用药物预防，待疫情稳定后，再用菌苗免疫1次。

2. 治疗

发现病猪及可疑病猪立即隔离治疗。效果最好的抗生素是庆大霉素，其次是氨苄青霉素、青霉素等。但巴氏杆菌易产生耐药性，因此，抗生素要交叉使用。庆大霉素1～2毫克/千克体重，氨苄青霉素4～11毫克/千克体重，均为每日2次肌内注射，直到体温下降、食欲恢复为止。另外，磺胺嘧啶1000毫克，黄素碱400毫克，复方甘草合剂600毫克，大黄末2000毫克，调匀为一包，体重10～25千克的猪服1～2包，25～50千克的猪服2～4包，50千克以上的猪服4～6包，每4～6小时服1次。均有一定效果。

二、猪传染性萎缩性鼻炎

猪传染性萎缩性鼻炎又称慢性萎缩性鼻炎或萎缩性鼻炎，是由支气管败血波氏杆菌和产毒素多杀性巴氏杆菌引起的猪的一种慢性接触性呼吸道传染病。它以鼻炎、鼻中隔扭曲、鼻甲骨萎缩和病猪生长迟缓为特征，临诊表现为打喷嚏、鼻塞、流鼻涕、鼻出血、颜面部变形或歪斜，常见于2～5月龄猪。目前已将这种疾病归类于两种表现形式：非进行性萎缩性鼻炎（NPAR）和进行性萎缩性鼻炎（PAR）。

（一）病原

大量研究证明，产毒素多杀性巴氏杆菌和支气管败血波氏杆菌是引起猪萎缩性鼻炎的病原。

（二）诊断要点

1. 流行特点

不同品种的猪易感性有差异，外种猪易感性高，而国内土种猪发病较少。本病在猪群中流行缓慢，多为散发或呈地方流行性。饲养管理不当和环境卫生较差等，常使发病率升高。本病无季节性，任何年龄的猪都可以感染，仔猪症状明显，大猪较轻，成年猪基本不表现临床症状。病猪和带菌猪是本病的主要传染源，病原体随飞沫经呼吸道传播。

2. 临床症状

猪传染性萎缩性鼻炎早期临诊症状，多见于6～8周龄仔猪，表现鼻炎，打喷嚏、流涕和吸气困难。流涕为浆液、黏液脓性渗出物，个别猪因强烈喷嚏而发生鼻衄。病猪常因鼻炎刺激黏膜而表现不安，如摇头、拱地、搔抓或摩擦鼻部直至摩擦出血。发病严重猪群可见患猪两鼻孔出血不止，形成两条血线。圈栏、地面和墙壁上布满血迹。吸气时鼻孔开张，发出鼾声，严重的张口呼吸。由于鼻泪管阻塞，泪液增多，在眼内眦下皮肤上形成弯月形的湿润区，粘上尘土后黏结成黑色痕迹，称为“泪斑”（图8-15）。

继鼻炎后常出现鼻甲骨萎缩，致使鼻梁和面部变形，此为猪传染性萎缩性鼻炎特征性临诊症状。如两侧鼻甲骨病理损伤相同时，外观可见鼻短缩，此时因皮肤和皮下组织正常发育，使鼻盘正后部皮肤形成较深的皱褶；若一侧鼻甲骨萎缩严重，则使鼻弯向同一侧；鼻甲骨萎缩，额窦不能正常发育，使两眼间宽度变小和头部轮廓变形。病猪体温、精神、食欲及粪便等一般正常，但生长停滞，有的成为

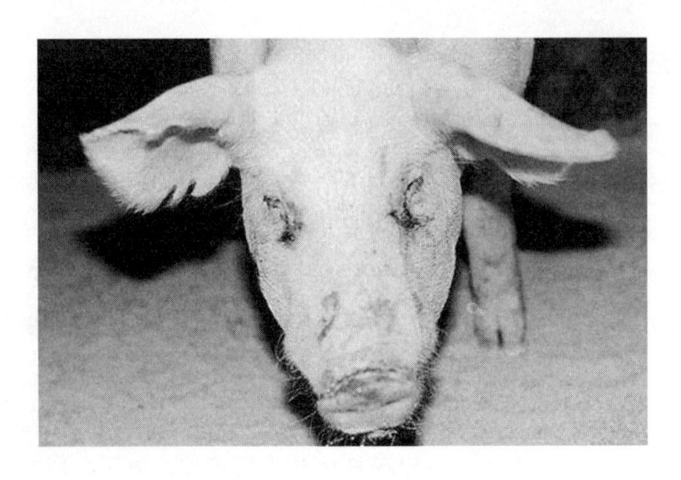

图 8-15 泪斑

僵猪。

鼻甲骨萎缩与猪感染时的周龄、是否发生重复感染以及其他应激因素有非常密切的关系。如周龄愈小，感染后出现鼻甲骨萎缩的可能性就愈大、愈严重。一次感染后，若不发生新的重复或混合感染，萎缩的鼻甲骨可以再生。有的鼻炎延及筛骨板，则感染可经此而扩散至大脑，发生脑炎。此外，病猪常有肺炎发生，可能是因鼻甲骨结构和功能遭到损坏，异物或继发性细菌侵入肺部造成，也可能是主要病原（Bb 或 T＋Pm）直接引发肺炎的结果。因此，鼻甲骨的萎缩促进肺炎的发生，而肺炎又反过来加重鼻甲骨萎缩，使猪嘴角明显向一侧歪斜（图 8-16）。

图 8-16 嘴角向一侧歪斜

3. 病理变化

病理变化一般局限于鼻腔和邻近组织，最具特征性的病理变化是鼻腔的软骨和鼻甲骨的软化和萎缩，特别是下鼻甲骨的下卷曲最为常见。另外也有萎缩限于筛骨和上鼻甲骨的。有的萎缩严重，甚至鼻甲骨消失，而只留下小块黏膜皱褶附在鼻腔的外侧壁上。

鼻腔常有大量的黏液脓性甚至干酪性渗出物，因病程长短和继发性感染的性质不同而异。急性时（早期）渗出物含有脱落的上皮碎屑。慢性时（后期），鼻黏膜一般苍白，轻度水肿。鼻窦黏膜中度充血，有时窦内充满黏液性分泌物。病理变化转移到筛骨时，当除去筛骨前面的骨性障碍后，可见大量黏液或脓性渗出物的积聚。

病理解剖学诊断是目前最实用的方法。一般在鼻黏膜、鼻甲骨等处可以发现典型的病理变化。沿两侧第一、二对前臼齿间的连线锯成横断面，观察鼻甲骨的形状和变化。正常的鼻甲骨明显地分为上下两个卷曲。上卷曲呈现两个完全的弯转，而下卷曲的弯转则较少，仅有一个或1/4弯转，有点像钝的鱼钩，鼻中隔正直。当鼻甲骨萎缩时，卷曲变小而钝直，甚至消失。但应注意，如果横切面锯得太前，因下鼻甲骨卷曲的形状不同，可能导致误诊。也可以沿头部正中线纵锯，再用剪刀把下鼻甲骨的侧连接剪断，取下鼻甲骨，从不同的水平面做横断面，依据鼻甲骨变化，进行观察和比较，做出诊断。这种方法较为费时，但采集病料时不易污染。

4. 微生物学诊断

目前主要是对T＋Pm及Bb两种主要致病菌的检查，尤其是对T＋Pm的检测是诊断本病的关键。鼻腔拭子的细菌培养是常用的方法。先保定好动物，清洗鼻的外部，将带柄的棉拭子（长约30厘米）插入鼻腔，轻轻旋转，把棉拭子取出，放入无菌的PBS中，尽快地进行培养。

T＋Pm分离培养可用血液、血清琼脂或胰蛋白大豆琼脂。出现可疑菌落，移植生长后，根据菌落形态、荧光性、菌体形态、染色与生化反应进行鉴定。可用豚鼠皮肤坏死试验和小鼠致死试验鉴别是否为产毒素菌株，也可用组织细胞培养病理变化试验、单克隆抗体ELISA或PCR方法鉴别。

Bb分离培养一般用改良麦康凯琼脂（加1％葡萄糖，pH7.2）、5％马血琼脂或胰蛋白大豆琼脂等。对可疑菌落可根据其形态、染色、凝集反应与生化反应进行鉴定，再用抗K抗原和抗O抗原血清做凝集试验来确认Ⅰ相菌。Bb有抵抗呋喃妥因（最小抑菌浓度大于200微克/毫升）的特性，用滤纸法（300微克/纸片）观察抑菌圈的有无，可以鉴别本菌与其他革兰氏阴性球杆菌。取分离培养物0.5毫升腹腔接种豚鼠，如为本菌可于24～48小时内发生腹膜炎而致死。剖检见腹膜出血，肝、脾和部分大肠有黏性渗出物并形成假膜。用培养物感染3～5日龄健康猪，经1个月临诊观察，再经病理学和病原学检查，结果最为可靠。

5. 血清学诊断

猪感染T+Pm和Bb后2～4周，血清中即出现凝集抗体，至少维持4个月，但一般感染仔猪需在12周龄后才可检出。有些国家采用试管血清凝集反应诊断本病。

此外，尚可用荧光抗体技术和PCR技术进行诊断。已经有双重PCR同时检测T+Pm和Bb，其灵敏度和特异性比其他方法更高。

6. 鉴别诊断

应注意本病与传染性坏死性鼻炎和骨软病的区别。前者由坏死杆菌所致，主要发生于外伤后感染，引起软组织及骨组织坏死、腐臭，并形成溃疡或瘘管；骨软病表现头部肿大变形，但无喷嚏和流泪临诊症状，有骨质疏松变化，鼻甲骨不萎缩。

（三）防制

1. 预防

（1）加强管理　引进猪时做好检疫、隔离工作，本场发现阳性猪后立即淘汰。同时改善环境卫生，降低饲养密度，保持猪舍清洁、通风、干燥、卫生，定期消毒，严格建立卫生防疫制度，消除应激因素。

（2）免疫接种　支气管败血波氏杆菌和产毒素多杀性巴氏杆菌二联灭活苗，后备母猪，配种前免疫2次，间隔21天；没有免疫过的初产母猪，妊娠第80天、100天各免疫1次；经产母猪妊娠80天左右免疫；种公猪每年免疫注射2次；仔猪于4周龄及8周龄各免疫1次。

2. 治疗

（1）青霉素，肌注，每千克体重2万～3万单位，每日2次。

（2）链霉素，肌注，每千克体重10毫克，每日2次。

（3）盐酸土霉素，肌注，每千克体重5～10毫克，每日2次，连用2～3日；长效盐酸土霉素，肌注，一次量，每千克体重10～20毫克，每日1次，连用2～3次。

（4）泰乐菌素，肌注，每千克体重5～13毫克，每日2次，连用7日。

（5）硫酸卡那霉素注射液，肌内注射，一次量，每千克体重10～15毫克，一日2次，连用3～5日。

还可用磺胺类药物等治疗。

三、猪支原体肺炎

猪气喘病又称猪支原体肺炎、猪地方流行性肺炎，是猪的一种慢性肺病。主要临床症状是咳嗽和气喘。本病分布很广，我国许多地区都有发生。

（一）病原

猪肺炎支原体，曾经称为霉形体，是一群介于细菌和病毒之间的多形微生物。它与细菌的区别在于没有细胞壁，呈多形性，可通过滤器；它不同于病毒之处是能在无生命的人工培养基上生长繁殖，形成细小的集落。革兰氏染色阴性。它能在各种支原体培养基中生长。分离用的液体培养基为无细胞培养平衡盐类溶液，必须加入乳清蛋白水解物、酵母浸液和猪血清。支原体也能在鸡胚卵黄囊中生长，但胚体不死，也无特殊病变。本病原存在于病猪的呼吸道及肺内，随咳嗽和打喷嚏排出体外。本病原对外界环境的抵抗力不强，在体外的生存时间不超过 36 小时，在温热、日光、腐败和常用的消毒剂作用下都能很快死亡。猪肺炎支原体对青霉素及磺胺类药物不敏感，但对四环素族、卡那霉素敏感。

（二）诊断要点

1. 流行特点

大小猪均有易感性。其中哺乳仔猪及幼猪最易发病，其次是妊娠后期及哺乳母猪。成年猪多呈隐性感染。主要传染源是病猪和隐性感染猪，病原体长期存在于病猪的呼吸道及其分泌物中，随咳嗽和喘气排出体外后，通过接触经呼吸道而使易感猪感染。因此，猪舍潮湿，通风不良，猪群拥挤，最易感染发病。

本病的发生没有明显的季节性，但以冬春季节较多见。新疫区常呈暴发性流行，症状重，发病率和病死率均较高，多呈急性经过。老疫区多呈慢性经过，症状不明显，病死率很低，当气候骤变、阴湿寒冷、饲养管理和卫生条件不良时，可使病情加重，病死率增高。如有巴氏杆菌、肺炎双球菌、支气管败血波氏杆菌等继发感染，可造成较大的损失。

2. 临床症状

潜伏期 10～16 天。主要症状为咳嗽和气喘。病初为短声连咳，在早晨出圈后受到冷空气的刺激，或经驱赶运动和喂料的前后最容易听到，同时流少量清鼻液，病重时流灰白色黏性或脓性鼻液。在病的中期出现气喘症状，呼吸每分钟达 60～80 次，呈明显的腹式呼吸，此时咳嗽少而低沉。体温一般正常，食欲无明显变化。

后期则气喘加重，甚至张口喘气（图 8-17），同时精神不振，猪体消瘦，不愿走动。这些症状可随饲养管理和生活条件的变化而减轻或加重，病程可拖延数月，病死率一般不高。

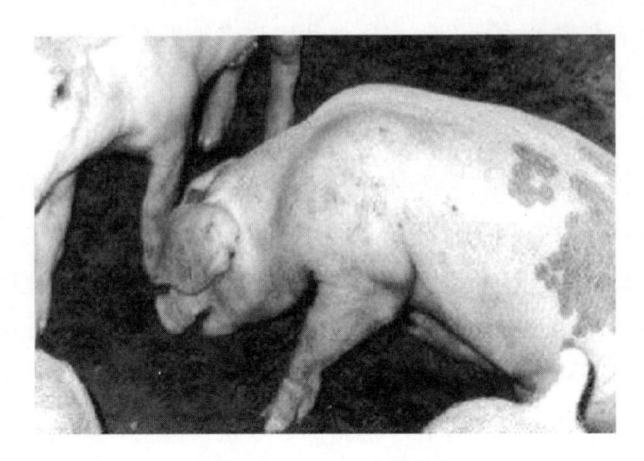

图 8-17　咳喘，张口喘气

隐性型病猪没有明显症状，有时发生轻咳，全身状况良好，生长发育几乎正常，但 X 射线检查或剖检时，可见到气喘病病灶。

3. 病理变化

病变局限于肺和胸腔内的淋巴结。病变由肺的心叶开始，逐渐扩展到尖叶、中间叶及膈叶的前下部。病变部与健康组织的界限明显，两侧肺叶病变分布对称，呈灰红色或灰黄色、灰白色，硬度增加，外观似肉样，俗称“胰样”或“虾肉样”变（图 8-18，见彩图），切面组织致密，可从小支气管挤出灰白色、浑浊、黏稠的液体，支气管淋巴结和纵隔淋巴结肿大，切面黄白色，淋巴组织呈弥漫性增生。急性病例，有明显的肺气肿病变。

4. 实验室诊断

对早期的病猪和隐性病猪进行 X 射线检查，可以达到早期诊断的目的，常用于区分病猪和健康猪，以培育健康猪群。目前，临床上应用较多的是凝集试验和琼脂扩散试验，主要用于猪群检疫。

5. 鉴别诊断

应与猪流行性感冒、猪肺疫、猪传染性胸膜肺炎、猪肺丝虫病和蛔虫病相鉴别。

（三）防制

1. 预防

应采取综合性防疫措施，以控制本病发生和流行。从外地购入种猪时，应做

1～2 次 X 射线透视检查，或做血清学试验，并经隔离观察 3 个月，确认健康时，方能并入健康猪群。关过病猪的猪圈，应空圈 7 天，进行严格消毒后，才可放进健康猪。

发生本病后，应对猪群进行 X 射线透视检查或血清学试验。病猪隔离治疗或就地淘汰。未发病猪可用药物预防。同时要加强消毒和防疫接种工作。

目前，有 2 种弱毒菌苗：一种是猪气喘病冻干兔化弱毒菌苗，攻毒保护率 79%，免疫期 8 个月；另一种是猪气喘病 168 株弱毒菌苗，攻毒保护率 84%，免疫期 6 个月。2 种菌苗只适于疫场（区）使用，都必须注入肺内才能产生免疫效果，但是免疫力产生的时间缓慢，约在 60 天以后产生较强的免疫力。

2. 治疗

治疗方法很多，多数只有临床治愈，不易根除病原。而且疗效与病情轻重、猪的抵抗力、饲养管理条件、气候等因素有密切关系。

（1）盐酸土霉素　用量 30～40 毫克/千克体重，用灭菌蒸馏水或 0.25%普鲁卡因或 4%硼砂溶液稀释后肌注，每天 1 次，连用 5～7 天为 1 疗程。重症可延长 1 个疗程。

（2）硫酸卡那霉素　用量 20～30 毫克/千克体重，每天肌内注射 1 次，5 天为 1 个疗程；也可气管内注射。与土霉素碱油剂交替使用，可以提高疗效。

（3）泰乐菌素　用量 10 毫克/千克体重，肌内注射，每天 1 次，连用 3 天为 1 个疗程。

对于重病猪因呼吸困难而停食时，在使用上述药物的同时，还可配合对症治疗，如适当补液（可以皮下或腹腔注射），使用尼可刹米注射液 2～4 毫升，以缓解呼吸困难。配合良好的护理，以利于病猪的康复。

四、副猪嗜血杆菌病

副猪嗜血杆菌病是由副猪嗜血杆菌引起的主要危害断奶仔猪和保育猪的一种多发性浆膜炎和关节炎性传染病，又称多发性纤维素性浆膜炎和关节炎。

本病在临诊上主要以关节肿胀、疼痛、跛行、呼吸困难以及胸膜、心包、腹膜、脑膜和四肢关节浆膜的纤维素性炎症为特征。本病目前呈世界性分布，已成为影响养猪业典型的细菌性传染病，在养猪业发达国家均有此病的流行和发生。

近年来，我国的数个省、地区都有此病发生和流行的报道，成为一些病毒性疾病（如猪繁殖与呼吸综合征、猪断奶后多系统衰竭综合征）的继发病，给我国养猪业造成了较严重的经济损失。

（一）病原

本病菌广泛存在于自然环境和养猪场中，健康猪鼻腔、咽喉等上呼吸道黏膜上也常有本病菌存在，属于一种条件性常在菌。当猪体健康良好、抵抗力强时，病原不呈致病作用。而一旦猪体健康水平下降、抵抗力弱时，病原就会大量繁殖而导致发病。本菌属革兰氏阴性短小杆菌，形态多变，有 15 个以上血清型，其中血清型 5、4、13 最为常见（占 70%以上）。本菌对外界环境的抵抗力不强，干燥环境中易死亡，对热抵抗力低，一般 60℃ 5～20 分钟可被杀死，在 4℃下通常只能存活 7～10 天。对消毒药较敏感，常用消毒药即可杀灭该菌。一般条件下难以分离和培养，尤其是应用抗生素治疗过病猪的病料，因而给本病的诊断带来困难。

（二）诊断要点

1. 流行特点

一般在早春和深秋天气变化较大的时候，2 周至 4 月龄的断奶前后的仔猪和保育初期的架子猪多发生本病，5～8 周龄的猪最为多发。还可继发一些呼吸道及胃肠道疾病。发病率一般在 10%～25%，严重时可达 60%，病死率可达 50%。

本病主要通过呼吸道和消化道传播。本病常是在受到以下应激因素刺激时而发生和流行：①饲料营养失调、日粮不够、饮水少或吃霉变饲料等；②栏舍环境卫生差、猪只密度大、通风不好、氨气含量高、高温高湿或阴冷潮湿等；③断奶、转群、突然变换环境、频密调栏、不当的阉割、注射和引种长途运输等；④天气突然变化等；⑤疾病诱发，特别是在猪群发生了呼吸道疾病，如猪气喘病、流感、蓝耳病、伪狂犬病和呼吸道冠状病毒感染的猪场。

2. 临床症状

副猪嗜血杆菌病可分为急性和慢性两种临床类型。急性型临床症状包括发热、食欲不振、厌食、反应迟钝、呼吸困难、关节肿胀（图 8-19）、跛行、颤抖、共济失调、眼睑肿大（图 8-20）、可视黏膜发绀、侧卧、随后可能死亡。母猪急性感染后，能够引起流产，或者母性行为弱化。

保育后期或者生长早期，猪群表现中枢神经症状，通常是由 HPS 感染脑膜，引起脑膜炎所致。发病猪尖叫，一侧躺卧或表现“划水”症状，或急性死亡。慢性经过多表现胸膜炎、腹膜炎及心包炎。病变导致猪不适、疼痛，不愿移动，采食减少或者拒食。

急性感染通常伴随发高烧。应尽早选择敏感抗生素进行肌内注射。如果治疗不

图 8-19　关节肿大，站立困难

图 8-20　眼睑肿大

及时，死亡率高。

副猪嗜血杆菌持续感染的长期影响可能比急性感染引起死亡的损失更大，患猪被细菌感染发生胸膜炎、腹膜炎后，食欲降低，生长缓慢，表现被毛粗糙，皮肤苍白，关节肿大甚或耳朵发绀。饲料消耗增加，上市时间延长。在炎热的夏天或者在应激条件下，心包炎容易导致急性死亡。

3. 病理变化

一般有明显胸膜炎（包括心包炎和肺炎），关节炎次之，腹膜炎和脑膜炎相对少一些。以浆液性、纤维素性渗出为炎症特征。肺可有间质水肿、粘连，肺表面和切面大理石样病变。心包积液、粗糙、增厚，心脏表面有大量纤维素渗出。胸腔积液（图 8-21，见彩图），肝、脾肿大，与腹腔粘连。前、后肢关节切开有胶冻样物（图 8-22，见彩图）。发病时因个体差异和病程长短不同，上述病变不一定同时全部表现出来，其中以心包炎和胸膜肺炎发生率最高。

4. 细菌学检查

因为副猪嗜血杆菌十分娇嫩，所以很难分离培养。因此，在诊断时不仅要对有严重临诊症状和病理变化的猪进行尸体剖检，还要对处于疾病急性期的猪在应用抗生素之前采集病料进行细菌的分离鉴定。根据副猪嗜血杆菌 16S rRNA 序列设计引物对原代培养的细菌进行 PCR，可以快速而准确地诊断出副猪嗜血杆菌病。另外，还可通过琼脂扩散试验、补体结合试验和间接血凝试验等血清学方法进行确诊。

5. 鉴别诊断

应注意与其他败血性细菌感染相区别。能引起败血性感染的细菌有链球菌、巴氏杆菌、胸膜肺炎放线杆菌、猪丹毒丝菌、猪放线杆菌、猪霍乱沙门氏菌以及大肠埃希氏菌等。另外，3～10 周龄猪的支原体多发性浆膜炎和关节炎也往往出现与副猪嗜血杆菌感染相似的损伤。

（三）防制

1. 预防

（1）尽量避免和消除各种应激诱因　加强饲养管理与环境消毒，特别是在冬、春季节，尤其冬、春之交，在猪群断奶、转群、混群或运输前后可在饮水中加一些抗应激的药物（如维生素 C 等）。对混群的猪一定要严格把关，对断奶后保育猪进行“分级饲养”。注意猪舍的清洁卫生、保暖及温差的变化，适当加强通风换气，保持猪舍小气候的舒适稳定。尤其还要做好猪瘟、伪狂犬病、蓝耳病等各种诱发和并发病的预防免疫。

（2）免疫接种　通常情况下，母猪是该病菌的携带者，在做好卫生消毒的基础上，更重要的是对种母猪进行免疫，以保护仔猪。具体程序：后备母猪配种前 6 周和 3 周各接种 1 次；对初免母猪产前 40 天和 20 天分别免疫副猪嗜血杆菌多价灭活苗；对经免母猪产前 30 天免疫 1 次即可。在仔猪 1～2 周和 3～4 周各接种 1 次。尚没有任何一种灭活苗同时对副猪嗜血杆菌的所有致病菌株产生交叉保护，可采用本场制作自家苗进行免疫，以提高免疫效果：15 日龄乳猪每头接种 1 毫升；35 日龄接种 2 毫升；母猪配种前 15 天每头颈部肌内注射 3 毫升。

2. 治疗

（1）隔离消毒　将猪舍内所有病猪隔离，淘汰无饲养价值的僵猪或严重病猪；

彻底清理猪舍，用2%氢氧化钠水溶液喷洒猪圈地面和墙壁，2小时后用清水冲净，再用科星复合碘等喷雾消毒，连续喷雾消毒4～5天。

（2）加强管理　改善猪舍通风保暖设施条件，疏散猪群，降低密度，不要混养。

（3）及时用药　对全群猪用电解质加维生素C粉饮水5～7天，以增强机体抵抗力，减少应激反应；对猪场全群投药，每吨饲料阿莫西林400克、金霉素2000克，连喂7天，停3天，再加喂3天；或任选泰妙菌素50～100毫克/千克、氟甲砜霉素50～100毫克/千克、泰乐菌素和磺胺二甲嘧啶各100毫克/千克等1～2种抗生素拌料饲喂。对隔离的病猪或疑似病猪，能吃食的按上述方法给药；不吃食或食欲下降的重症病猪，可改在饮水中加阿莫西林200克/吨，并颈部肌内注射环丙沙星等药物，连用5～7天；或肌内注射硫酸卡那霉素，每次20毫克/千克，每晚肌注1次，连用5～7天。

五、猪传染性胸膜肺炎

猪传染性胸膜肺炎是由胸膜肺炎放线杆菌所致的一种高度接触传染性呼吸道疾病。主要发生于育肥猪，临床上急性以突然发病、肺部纤维性出血为特征，慢性以肺部局部坏死和肺炎为特征。所有年龄的猪均易感染，断奶猪与架子猪发病率最高。本病主要由空气传播和与猪接触而传播。应激因素（如拥挤、不良气候、气温突变、相对湿度增高和通风不良、猪的转栏和并群等）有助于疾病的发生和传播，并影响发病率和死亡率，本病的发生具有明显的季节性，多发生于4～5月和9～11月。本病已成为规模化猪场最常见的传染病之一。

（一）病原

胸膜肺炎放线杆菌为革兰氏阴性小球杆菌，具有多形性，有荚膜，不形成芽孢。无运动性，为兼性厌氧菌，常需在有二氧化碳的大气中生长，本菌抵抗力不强，易被一般杀菌药杀灭。

（二）诊断要点

1. 流行病学

各种年龄的猪对本病均易感，但由于初乳中母源抗体的存在，本病最常发生于育成猪和成年猪（出栏猪）。急性期死亡率很高，与菌株毒力及环境因素有关，其发病率和死亡率还与其他疾病的存在有关，如伪狂犬病及蓝耳病。另外，转群频繁的大猪群比单独饲养的小猪群更易发病。

主要传播途径是空气、猪与猪之间的接触、污染排泄物或人员传播。猪群的转移或混养，拥挤和恶劣的气候条件（如气温突然改变、潮湿以及通风不畅）均会加速该病的传播和增加发病的危险。

2. 临床症状

人工感染猪的潜伏期为1～7天或更长。由于动物的年龄、免疫状态、环境因素以及病原的感染数量的差异，临诊上发病猪的病程可分为最急性型、急性型、亚急性型和慢性型。

（1）最急性型　突然发病，病猪体温升高至41～42℃，心率增加，精神沉郁，废食，出现短期的腹泻和呕吐症状，早期病猪无明显的呼吸道症状。后期心衰，鼻、耳、眼及后躯皮肤发绀，晚期呼吸极度困难（图8-23），常呆立或呈犬坐式，张口伸舌，咳喘，并有腹式呼吸。临死前体温下降，严重者从口鼻流出泡沫血性分泌物。病猪于出现临诊症状后24～36小时内死亡。有的病例见不到任何临诊症状而突然死亡。此型的病死率高达80%～100%。

图8-23　呼吸困难

（2）急性型　病猪体温升高达40.5～41℃，严重的呼吸困难，咳嗽，心衰。皮肤发红，精神沉郁。由于饲养管理及其他应激条件的差异，病程长短不定，所以在同一猪群中可能会出现病程不同的病猪，如亚急性或慢性型。

（3）亚急性型和慢性型　多于急性期后期出现。病猪轻度发热或不发热，体温在39.5～40℃之间，精神不振，食欲减退。不同程度的自发性或间歇性咳嗽，呼吸异常，生长迟缓。病程几天至1周不等，或治愈或当有应激条件出现时，症状加重，猪全身肌肉苍白，心跳加快而突然死亡。

3. 病理变化

主要病变存在于肺和呼吸道内，肺呈紫红色，肺炎多是双侧性的，并多在肺的心叶、尖叶和膈叶出现病灶，其与正常组织界线分明。最急性死亡的病猪气管、支气管中充满泡沫状、血性黏液及黏膜渗出物，无纤维素性胸膜炎出现。发病24小时以上的病猪，肺炎区出现纤维素性物质附于表面，肺出血，间质增宽，有肝变。气管、支气管中充满泡沫状、血性黏液及黏膜渗出物，喉头充满血性液体，肺门淋巴结显著肿大。随着病程的发展，纤维素性胸膜炎蔓延至整个肺脏，使肺和胸膜粘连。常伴发心包炎，肝、脾肿大，色变暗。病程较长的慢性病例，可见硬实肺炎区，病灶硬化或坏死。发病的后期，病猪的鼻、耳、眼及后躯皮肤出现发绀，呈紫斑。

（1）最急性型　病死猪剖检可见气管和支气管内充满泡沫状带血的分泌物，肺充血、出血，血管内有纤维素性血栓形成，肺泡与间质水肿，病变区界清，胸腔积有血色液体（图8-24，见彩图）。

（2）急性型　急性期死亡的猪可见到明显的剖检病变。喉头充满血样液体，双侧性肺炎，常在心叶、尖叶和膈叶出现病灶。病灶区呈紫红色，坚实，轮廓清晰，肺间质积留血色胶样液体。随着病程的发展，纤维素性胸膜肺炎蔓延至整个肺脏，心包炎（图8-25，见彩图）。

（3）亚急性型　肺脏可能出现大的干酪样病灶或空洞，空洞内可见坏死碎屑。如继发细菌感染，则肺炎病灶转变为脓肿，致使肺脏与胸膜发生纤维素性粘连。肺门淋巴结肿大，其他部位淋巴结也会肿大与出血（图8-26，见彩图）。

（4）慢性型　肺脏上可见大小不等的结节（结节常发生于膈叶），结节周围包裹有较厚的结缔组织。结节有的在肺内部，有的突出于肺表面，并在其上有纤维素附着而与胸壁或心包粘连，或与肺之间粘连。心包内可见到出血点。

在发病早期可见肺脏坏死、出血，中性粒细胞浸润，巨噬细胞和血小板激活，血管内有血栓形成等组织病理学变化。肺脏大面积水肿并有纤维素性渗出物。急性期后则主要以巨噬细胞浸润、坏死灶周围有大量纤维素性渗出物及纤维素性胸膜炎为特征。

4. 实验室诊断

包括直接镜检、细菌的分离鉴定和血清学诊断。

（1）直接镜检　从鼻、支气管分泌物和肺脏病变部位采取病料涂片或触片，革兰氏染色，显微镜检查，如见到多形态的两极浓染的革兰氏阴性小球杆菌或纤细杆菌，可进一步鉴定。

（2）病原的分离鉴定　将无菌采集的病料接种在7%马血巧克力琼脂、划有表皮葡萄球菌十字线的5%绵羊血琼脂平板或加入生长因子和灭活马血清的牛心浸汁琼脂平板上，于37℃含5%～10%二氧化碳条件下培养。如分离到可疑细菌，可进行生化特性、CAMP试验、溶血性测定以及血清定型等检查。

（3）血清学诊断　包括补体结合试验、2-巯基乙醇试管凝集试验、乳胶凝集试验、琼脂扩散试验和酶联免疫吸附试验等方法。国际上公认的方法是改良补体结合试验，该方法可于感染后10天检查血清抗体，可靠性较强，但操作烦琐。目前认为酶联免疫吸附试验较为实用。

5. 鉴别诊断

本病应注意与猪肺疫、猪气喘病进行鉴别诊断。猪肺疫常见咽喉部肿胀，皮肤、皮下组织、浆膜以及淋巴结有出血点；而传染性胸膜肺炎的病变常局限于肺和胸腔。猪肺疫的病原体为两极染色的巴氏杆菌，而猪传染性胸膜肺炎的病原体为小球杆状的放线杆菌。猪气喘病患猪的体温不升高，病程长，肺部病变对称，呈胰样或肉样病变，病灶周围无结缔组织包裹。

（三）防制

1. 预防

（1）加强饲养管理，定期消毒　冬春季节要注意保温，保持圈舍通风，尽量降低饲养密度。建立起严格的检验制度，防止隐性感染和带菌猪进入猪场，最好为自繁自养，减少引种次数，培育健康猪群，从源头上防御疾病。引进种猪必须进行隔离并进行血清学检查，确定为阴性猪才可引进。圈舍消毒频率一般为2～3次/周，消毒液要定期更换，以防效果减弱。

（2）接种疫苗　疫苗是控制猪胸膜肺炎放线杆菌感染的有效手段。当前，使用较多的疫苗是亚单位苗和灭活苗，使用方法是注射2毫升/头，注射1次后，间隔14～20天再加强免疫1次，免疫期为6个月。但灭活苗免疫效果不理想，仅能减轻临床症状和肺部感染程度，不能刺激动物机体产生高效价抗体，也不能对其他血清型的感染提供有效的交叉保护。

2. 治疗

要早发现早治疗，可收到较好的效果。用中草药来预防本病可减少猪的应激反应，是广大养殖户的首选。在治疗由猪胸膜肺炎放线杆菌引起的猪传染性肺炎时，可选择体外药敏试验作为参考依据。经试验证明，猪胸膜肺炎放线杆菌对氟苯尼考、环丙沙星、庆大霉素和卡那霉素等均较为敏感，可以选择 2%氟苯尼考饮水，配合强力霉素，再加电解多维，连喂 7 天，对预防和治疗，均有较好效果。用药 7 天后停药 7 天，以免产生耐药性，然后再循环使用，效果最佳。

第三节　消化道感染性细菌病

一、猪副伤寒

猪副伤寒又称猪沙门氏菌病，由于它主要侵害 2～4 月龄仔猪，也称仔猪副伤寒。猪副伤寒是一种较常见的传染病，临床上分为急性和慢性两型。急性型呈败血症变化，慢性型在大肠发生弥漫性纤维素性坏死性肠炎变化，表现慢性下痢，有时发生卡他性或干酪性肺炎。

（一）病原

猪副伤寒病原体是猪霍乱沙门氏菌和猪伤寒沙门氏菌，属革兰氏阴性杆菌，不产生芽孢和荚膜，大部分菌有鞭毛，能运动。此类菌常存在于病猪的各脏器及粪便中，对外界环境的抵抗力较强，在粪便中可存活 1～2 个月，在垫草上可存活 8～20 周，在冻土中可以过冬，在 10%～19%食盐腌肉中能生存 75 天以上。但对消毒药的抵抗力不强，用 3%来苏儿水、福尔马林等能将其杀死。

（二）诊断要点

1. 流行特点

本病主要发生于密集饲养的断奶后的仔猪，成年猪及哺乳仔猪很少发生。其传染方式有两种：一种是由于病猪及带菌猪排出的病原体污染了饲料、饮水及土壤等，健康猪吃了这些污染的物质而感染发病；另一种是病原体存在于健康猪体内，但不表现症状，当饲养管理不当，寒冷潮湿，气候突变，断乳过早，有其他传染病或寄生虫病侵袭，使猪的体质减弱、抵抗力降低时，病原体即乘机繁殖，毒力增强而致病。本病呈散发，若有恶劣因素的严重刺激，也可呈地方流行。

2. 临床症状

潜伏期 3～30 天。临床上分为急性型和慢性型。

（1）急性型（败血型）　多见于断奶后不久的仔猪。病猪体温升高（41～42℃），食欲不振，精神沉郁，病初便秘，以后下痢，粪便恶臭，有时带血，常有腹部疼痛症状，弓背尖叫。耳部、腹部及四肢皮肤呈深红色，后期呈青紫色。最后病猪呼吸困难，体温下降，偶尔咳嗽，痉挛，一般经4～10天死亡。

（2）慢性型（结肠炎型） 此型最为常见，多发生于3月龄左右猪，临床表现与慢性猪瘟相似。体温稍高，精神不振，食欲减退，反复下痢，粪便呈灰白色、淡黄色或暗绿色，形同粥状，有恶臭，有时带血和坏死组织碎片，以后逐渐脱水消瘦，皮肤上出现弥漫性湿疹。有些病猪发生咳嗽，病程2～3周或更长，最后衰竭死亡。

3. 病理变化

（1）急性型 主要是败血症变化。耳及腹部皮肤有紫斑。淋巴结出现浆液性和充血出血性肿胀；心内膜、膀胱、咽喉及胃黏膜出血；脾肿大，呈橡皮样暗紫色（图8-27，见彩图）；肝肿大，有针尖大至粟粒大灰白色坏死灶；胆囊黏膜坏死；盲肠、结肠黏膜充血、肿胀，肠壁淋巴小结肿大；肺水肿，充血。

（2）慢性型 主要病变在盲肠和大结肠。肠壁淋巴小结先肿胀隆起，以后发生坏死和溃疡，表面被覆有灰黄色或淡绿色麸皮样物质（图8-28，见彩图），以后许多小病灶逐渐扩大融合在一起，形成弥漫性坏死，肠壁增厚。肝、脾及肠系膜淋巴结肿大，常见到针尖大至粟粒大的灰白色坏死灶，这是猪副伤寒的特征性病变。肺偶尔可见卡他性或干酪样肺炎病变。

4. 实验室诊断

对急性型病例诊断有困难时，可采取肝、脾等病料做细菌分离培养鉴定，也可做免疫荧光试验。

5. 鉴别诊断

应与猪瘟、猪痢疾相区别。

（三）防制

1. 预防

加强饲养管理，初生仔猪应争取早吃初乳。断奶分群时，不要突然改变环境，猪群尽量分小一些，在断奶前后（1月龄以上），应口服或肌内注射仔猪副伤寒弱毒冻干菌苗等预防。

发病后，将病猪隔离治疗，被污染的猪舍应彻底消毒。病愈猪多数带菌，应予以淘汰。病死的猪不能食用，以防食物中毒。未发病的猪可用药物预防，在每吨饲料中加入金霉素0.1千克，有一定的预防作用。

2. 治疗

（1）抗生素疗法 常用的是盐酸恩诺沙星、卡那霉素等抗生素，用量按说明。

（2）磺胺类疗法　磺胺增效合剂疗效较好。磺胺甲基异噁唑20～40毫克/千克体重，加甲氧苄氨嘧啶，用量4～8毫克/千克体重，混合后分2次内服，连用1周。或用复方新诺明，用量70毫克/千克体重，首次加倍，每日内服2次，连用3～7天。

（3）大蒜疗法　将大蒜5～25克捣成蒜泥，或制成大蒜酊内服，1日3次，连服3～4天。

二、猪大肠杆菌病

猪的大肠杆菌病，按其发病日龄和病原菌血清型的差异，以及在仔猪群引起的疾病，可分为仔猪黄痢、仔猪白痢和仔猪水肿病三种。成年猪感染后主要表现乳腺炎、尿路感染和子宫内膜炎。

（一）病原

本菌革兰氏染色阴性，无芽孢，一般有数根鞭毛，常无荚膜，为两端钝圆的短杆菌。在普通培养基上易于生长，于37℃24小时形成透明浅灰色的湿润菌落；在肉汤培养中生长旺盛，肉汤高度浑浊，并形成浅灰色易摇散的沉淀物，一般不形成菌膜。生化反应活泼，在鉴定上具有意义的生化特性是：M. R. 试验阳性和V. P. 试验阴性。不产生尿素酶、苯丙氨酸脱氢酶和硫化氢；不利用丙二酸钠，不液化明胶，不能利用枸橼酸盐，也不能在氰化钾培养基上生长。由于能分解乳糖，因而在麦康凯培养基上生长可形成红色的菌落，这一点可与不分解乳糖的细菌相区别。

本菌对外界因素抵抗力不强，60℃15分钟即可死亡，一般消毒药均易将其杀死。大肠杆菌有菌体抗原（O）、表面（荚膜或包膜）抗原（K）和鞭毛抗原（H）三种。O抗原在菌体胞壁中，属多糖、磷脂与蛋白质的复合物，即菌体内毒素，耐热。抗O血清与菌体抗原可出现高滴度凝集。K抗原存在于菌体表面，多数为包膜物质，有些为菌毛，如K88等。有K抗原的菌体不能被抗O血清凝集，且有抵抗吞噬细胞的能力。可用活菌制备抗血清，以试管或玻片凝集进行鉴定。在菌毛抗原中已知有4种对小肠黏膜上皮细胞有固着力，不耐热，有血凝性，称为吸着因子。引起仔猪黄痢的大肠杆菌的菌毛，以K88为最常见。H抗原为不耐热的蛋白质，存在于有鞭毛的菌株，与致病性无关。病原性大肠杆菌与肠道内寄居和大量存在的非致病性大肠杆菌，在形态、染色、培养特性和生化反应等方面无任何差别，但在抗原构造上有所不同。

（二）诊断要点

1. 流行病学

（1）易感性

① 仔猪黄痢　常发生于出生后1周龄以内，以1～3日龄最常见，随日龄增加而减少，7日龄以上很少发生，同窝仔猪发病率90%以上，死亡率很高，甚至全窝死亡。

② 仔猪白痢　常发于10～30日龄，以10～20日龄多发，1月龄以上的猪很少发生，其发病率约50%，而病死率低。一窝仔猪中发病常有先后，此愈彼发，拖延时间较长。有的猪场发病率高，有的猪场发病率低或不发病，症状也轻重不一。

③ 仔猪水肿病　主要见于断乳后1～2周的仔猪，以体况健壮、生长快的肥胖仔猪最易发病，育肥猪和10日龄以下的猪很少见。在某些猪群中有时散发，有时呈地方流行性，发病率一般在30%以下，但病死率很高（约90%）。

（2）传染源　主要是带菌母猪。无病猪场从有病猪场引进种猪或断奶仔猪，如不注意卫生防疫工作，使猪群受感染，易引起仔猪大批发病和死亡。

（3）传播途径　主要经消化道传播。带菌母猪由粪便排出病原菌，污染母猪皮肤和乳头，仔猪吮乳或舔母猪皮肤时，被感染。

（4）流行特点　仔猪出生后，因猪舍保温条件差而受寒，是新生仔猪发生黄痢的主要诱因。初产母猪与经产母猪相比，所产仔猪黄痢发病严重。高蛋白饲养及肥胖的猪容易发生水肿病，去势和转群应激也容易诱发水肿病。

2. 临床症状

（1）仔猪黄痢　仔猪出生时体况正常，12小时后突然有1～2头全身衰弱，迅速消瘦、脱水，很快死亡，其他仔猪相继发生腹泻，粪便呈黄色糨糊状（图8-29，见彩图），并迅速消瘦、脱水、昏迷而死亡。同窝仔猪几乎全部发病，死亡率高，母猪健康无异常。

（2）仔猪白痢　病猪突然发生腹泻，排出糨糊状稀粪，灰白或黄白色（图8-30，见彩图），气味腥臭，体温和食欲无明显改变，病猪逐渐消瘦，弓背，皮毛粗糙不洁，发育迟缓，病程3～9天，多数能自行康复。

（3）仔猪水肿病　突然发病，表现精神沉郁，食欲下降至废绝，心跳加快，呼吸浅表。病猪四肢无力，共济失调，静卧时肌肉震颤，不时抽搐，四肢划动如游泳状，触摸敏感，发出呻吟或鸣叫，后期麻痹而死亡。体温不升高，部分猪表现出特征症状，眼睑和脸部水肿，有时波及颈部、腹部皮下，而有些猪体表没有水肿变化。病程1～2天，个别达7天以上，病死率90%。

3. 病理变化

（1）仔猪黄痢 最急性剖检无明显病变，有的表现为败血症。一般可见尸体脱水严重，肠道膨胀，有多量黄色液体内容物和气体（图8-31，见彩图），肠黏膜呈急性卡他性炎症变化，以十二指肠最严重，空肠、回肠次之，肝、肾有时有小的坏死灶。

（2）仔猪白痢 剖检尸体外表苍白消瘦，肠黏膜有卡他性炎症变化，有多量黏液性分泌液，胃食滞。

（3）仔猪水肿病 最明显的是胃大弯部黏膜下组织高度水肿，其他部位如眼睑（图8-32，见彩图）、睑部、肠系膜及肠系膜淋巴结、胆囊、喉头、脑及其他组织也可见水肿。水肿范围大小不一，有时还可见全身性瘀血。

4. 实验诊断

主要是进行大肠杆菌的分离鉴定。

（三）防制

1. 预防

（1）落实免疫接种工作 在母猪产前的40天与15天接种K99、K88两类大肠杆菌；在产前的25天要注射适量流行性腹泻与传染性胃肠炎的二联苗，通过免疫保护仔猪；在仔猪30日龄与70日龄，需要注射副伤感的疫苗。

（2）做好产前产后母猪饲养管理 在母猪产前产后两天要适当限食，母猪要喂养全价的饲料，而蛋白质的水平不宜过高。同时还要保证饲料相对的稳定性，不能喂糟渣饲料与发霉饲料，适当加喂一些青饲料。此外，应强化饲养管理，确保母猪产房清洁，重视消毒，可以使用0.1%的高锰酸钾溶液对母猪乳房与乳头进行擦拭，确保母乳喂养的安全性。

（3）确保仔猪能够吃好 由于初乳中维生素、蛋白质与脂肪等营养成分的含量比较高，属于仔猪出生后全价天然的食品，并且生长因子与免疫球蛋白含量比较多，有强化免疫力、缓泻与促进消化等作用。此外，在仔猪出生以后，需要仔猪食用初乳，如果仔猪数量比较大或者是体弱，需要在相关人员的协助下喂初乳，加强仔猪免疫力。

（4）强化仔猪的消化器官锻炼 理论上，由于出生仔猪的消化系统尚不发达，且机能不够完善，初生仔猪3周龄前母乳尚可满足仔猪营养的需要，不需要喂食饲料。但是，为了满足乳猪快速生长的需要，需要饲养人员对仔猪提前进行开食训练，从7日龄开始，以炒熟的混合料进行诱食，保证在3周龄前能正式进行补饲。

（5）强化断奶仔猪的饲养管理　在仔猪断奶以后，失去母仔共居温暖的环境，且营养来源逐渐从母乳、母乳＋饲料，变成独立摄食饲料。因为肠胃功能有一个适应的过程，所以在仔猪断奶以后，需要留在原圈进行饲养，在1周以内再喂哺乳期饲料，喂养方式一致。

2. 治疗

把止痢、抗菌、消炎作为基本原则，在仔猪发病的初期，可以肌注卡那霉素或庆大霉素，一天注射2次。在发病中期可以口服硫酸新霉素，同时可以注射阿托品、恩诺沙星治疗。

三、猪梭菌性肠炎

猪梭菌性肠炎又名仔猪传染性坏死性肠炎、仔猪肠毒血症，俗称仔猪红痢。主要发生于1周龄以内的新生仔猪，以泻出红色带血的稀粪为特征。本病发生快，病程短，病死率高，损失较大。世界上许多国家和地区都有本病的报道，我国各地都有发生，个别猪场危害较重。

（一）病原

本病的病原为C型产气荚膜梭菌（或称C型魏氏梭菌），革兰氏染色阳性，为有荚膜、无鞭毛的厌氧大杆菌，菌体两端钝圆，芽孢呈卵圆形，位于菌体中央和近端。C型菌株主要产生α毒素和β毒素，其毒素可引起仔猪肠毒血症和坏死性肠炎。本菌需在血琼脂厌气环境下培养，呈β溶血，溶血环外围有不明显的溶血晕。菌落呈圆形，边缘整齐，表面光滑，稍隆起。

本菌广泛存在于猪和其他动物的肠道、粪便、土壤等处，发病的猪群更为多见，病原随粪便污染猪圈、环境和母猪的乳头，当仔猪出生后（几分钟或几小时），吞下本菌芽孢而感染。

（二）诊断要点

1. 流行特点

本病多发生于1～3日龄的新生仔猪，4～7日龄的仔猪即使发病，症状也较轻微。1周龄以上的仔猪很少发病。本病一旦侵入种猪场后，如果扑灭措施不力，可顽固地在猪场内扎根，不断流行，使一部分母猪所产的全部仔猪发病死亡。在同一猪群内，各窝仔猪的发病率高低不等。

2. 临床症状

(1) 最急性型　常发生在新疫区，新生仔猪突然排出血便，后躯沾满血样稀粪。病猪精神沉郁，行走摇晃，很快呈现濒死状态；少数病猪未见血痢，却已昏迷倒地，在出生的当天或次日死亡。

(2) 急性型　病程在 1 天以上，病猪排出含有灰色坏死组织碎片的红褐色液状粪便，迅速消瘦和虚弱，一般在 2～3 天内死亡。

(3) 亚急性或慢性型　主要见于 1 周龄左右的仔猪。病猪呈现持续的非出血性腹泻，粪便呈黄灰色糊状，内含有坏死组织碎片，病猪极度消瘦、脱水而死亡，或因无饲养价值被淘汰。

3. 病理变化

本病的特征性病理变化主要在空肠，外表呈暗红色，肠腔内充满含血的液体，肠系膜淋巴结呈鲜红色，空肠病变部分的绒毛坏死。有时病变可扩展到回肠，但十二指肠一般不受损害。

4. 实验室诊断

病原的分离并不困难，但仅分离出病原，诊断意义不大，因外界环境普遍存在本菌，关键是要查明病猪的肠道内是否存在 C 型产气荚膜梭菌的毒素。应做血清中和试验才能确诊。方法如下：

取病猪肠内容物，加等量灭菌生理盐水搅拌均匀后，以 3000 转/分钟离心沉淀 30～60 分钟，经细菌滤器过滤，取滤液 0.2～0.5 毫升，静脉注射一组 18～22 克的小鼠。同时用上述滤液与 C 型产气荚膜梭菌抗毒素血清混合，作用 40 分钟后注射另一组小鼠，如单注射滤液的小鼠迅速死亡，而后一组小鼠健活，即可确诊为本病。

(三) 防制

1. 预防

(1) 免疫母猪　在常发本病的猪场，给生产母猪接种 C　型魏氏梭菌类毒素，使母猪产生免疫力，并从初乳中排出母源抗体，这样仔猪在易感期内可获得被动免疫。其免疫程序是在母猪分娩前 30 天进行首免，于产前 15 天进行二免。以后在每次产前 15 天加强免疫 1 次。

(2) 药物预防　在本病常发地区，对母猪于产前注射长效特米先或饲料中加抗厌氧菌药物，对新生仔猪于接产的同时，口服抗厌氧菌药物（可将药物稀释于婴儿用的带嘴奶瓶内让仔猪吮吸），如喹诺酮类药物，连服3天。

（3）卫生消毒　产仔房和笼舍应彻底清洗消毒，母猪在分娩时，应用消毒药液（TH4，拜洁等）擦洗母猪乳房，并挤出乳头内的少许乳汁（以防污染）后才能让仔猪吃奶。

2. 治疗

由于本病发生急，死亡快，几乎来不及治疗就已死亡，因此药物治疗的意义不大。但若有抗猪梭菌性肠炎高免血清，及时进行治疗或作紧急预防，可获得满意的效果。

四、猪痢疾

猪痢疾是由密螺旋体引起的猪的一种肠道传染病，临床表现为黏液性或黏液出血性下痢，主要病变为大肠黏膜发生卡他性出血性炎症，进而发展为纤维素性坏死性肠炎。

本病自1921年美国首先报道以来，目前已遍及世界各主要养猪国家。近年来，我国一些地区种猪场已证实有本病的流行。本病一旦侵入猪场，则不易根除，幼猪的发病率和病死率较高，生长率下降，饲料利用率降低，加上药物治疗的耗费，给养猪业带来一定的经济损失。

（一）病原

本病病原为猪痢疾密螺旋体，革兰氏染色阴性，新鲜病料在暗视野显微镜下可见到其活泼的蛇样活动。对苯胺染料或姬姆萨染液着色良好，为严格厌氧菌。对培养基要求严格，在鲜血琼脂上可见明显的β型溶血。在β溶血区内，不见菌落，有时可见云雾状表面生长成针尖状的透明菌落。生化反应不活泼，仅能分解少数糖类。本菌可产生溶血素，对培养细胞具有毒性。该菌热酚水提取物中，有蛋白质抗原（酚层中），为种特异性抗原；脂多糖抗原（在水层中）与细菌内毒素相似，可能与病变的产生有关，为型特异性抗原。用琼扩试验可将该菌分为1～7个血清型。

在健康猪大肠中还存有其他类型的螺旋体，其中一种叫小螺旋体或称猪粪螺旋体，有2～4条轴丝，螺旋不规则，一般只有1个弯曲，不溶血或弱β溶血，无致病性。

另外，还发现一种从形态上无法与猪痢疾密螺旋体区别的非致病性密螺旋体，称无害密螺旋体。

猪痢疾密螺旋体对外界环境有较强的抵抗力，在5℃的粪便中存活61天，在4℃土壤中可存活18天；对高温、缺氧、干燥等敏感。常用浓度的消毒药对猪痢疾密螺旋体均有杀灭作用。

（二）诊断要点

1. 流行特点

在自然情况下，只有猪发病，各种年龄、品种的猪都可感染，但主要侵害 2～3 月龄的仔猪；小猪的发病率和死亡率都比大猪高；病猪及带菌者是主要的传染来源，康复猪还能带菌 2 个多月，这些猪通过粪便排出病原体，污染周围环境、饲料、饮水和用具，经消化道传播。此外，鼠类、鸟类和蝇类等经口感染后均可从粪便中排菌，也不能忽视这些传播媒介。

本病的发生无明显季节性；由于带菌猪的存在，经常通过猪群调动和买卖猪只传播疾病。带菌猪，在正常的饲养管理条件下常不发病，当有降低猪体抵抗力的不利因素、饲养不足、缺乏维生素和应激因素刺激时，便可促进引起发病。本病一旦传入猪群，很难除根，用药可暂时好转，停药后往往又会复发。

2. 临床症状

急性型病例较为常见。病初体温升高至 40℃以上，精神沉郁，食欲减退，排出黄色或灰色的稀粪，持续腹泻，不久粪便中混有黏液、血液及纤维碎片，呈棕色、红色或黑红色。病猪弓背吊腹，脱水消瘦，共济失调，虚弱而死；或转为慢性型，病程 1～2 周。

慢性型病例突出的症状是腹泻，但表现时轻时重，甚至粪便呈黑色。生长发育受阻，病程 2 周以上。保育猪感染后成为僵猪；哺乳仔猪通常不发病，或仅有卡他性肠炎症状，并无出血；成年猪感染后病情轻微。

3. 病理变化

本病的主要病变在大肠（结肠和盲肠），回盲瓣为明显分界。病变肠段肿胀，黏膜充血和出血，肠腔充满黏液和血液。病程稍长者，出现坏死性炎症，但坏死仅限于黏膜表面，不像猪瘟、猪副伤寒那样存在深层坏死。组织学检查，在肠腔表面和腺窝内可见到数量不一的猪痢疾密螺旋体，但以急性期较多，有时密集呈网状。

4. 病原学诊断

（1）取病猪新鲜粪便或大肠黏膜涂片，用姬姆萨、草酸铵结晶紫或复红色液染色、镜检，高倍镜下每个视野见 3 个以上具有 3～4 个弯曲的较大螺旋体，即可怀疑此病。

（2）分离培养；需在厌氧条件下进行。

本病实验室诊断的方法很多，如病原的分离鉴定、动物感染试验、血清学检查等。对猪场来讲，最实用而又简便易行的方法是显微镜检查，取急性病猪的大肠黏膜或粪便抹片，用美蓝染色或暗视野检查，如发现多量猪痢疾密螺旋体（≥3～5条/视野），可作为诊断的依据。但对急性后期、慢性及使用抗菌药物后的病例，检出率较低。

（三）防制

1. 预防

无本病的猪场，禁止从疫区引进种猪，必须引进时至少要隔离检疫30天。平时应搞好饲养管理和清洁卫生工作，实行全进全出的育肥制度。一旦发现1～2例可疑病情，应立即淘汰，并彻底消毒。

坚持药物、管理和卫生相结合的净化措施，可收到较好的净化效果。有本病的猪场，可采用药物净化办法来控制和消灭此病。可使用的药物种类很多，一般抗菌药物都行。

2. 治疗

病猪及时治疗，药物治疗常有一定效果，如：痢菌净5毫克/千克体重，内服，每天2次，连服3天为一疗程；或按0.5%痢菌净溶液0.5毫升/千克体重，肌内注射。硫酸新霉素、四环素类抗生素等多种抗菌药物都有一定疗效。要指出的是，该病治愈后易复发，须坚持疗程和改善饲养管理相结合，方能收到好的效果。

第四节　繁殖障碍性细菌病

一、布鲁氏菌病

布鲁氏菌病简称布病，是由布鲁氏菌引起的急性或慢性的人畜共患传染病。临床特征为主要侵害生殖器官，引起胎膜发炎、流产、不育、睾丸炎，关节炎、滑液囊炎及各种组织的局部病灶。该病分布于全世界各地，或者说只要有猪存在的地方就有该病的发生。在中国南部该病主要由3亚型引起，在新加坡该病主要由1亚型引起。

（一）病原

布鲁氏菌，革兰氏阴性。初次分离培养时，多呈球杆状，次代培养时，逐渐转变成小杆状，无芽孢及鞭毛，个别菌株可产生荚膜。初代分离培养时，须在含有血液、血清、肝汤、马铃薯浸液和葡萄糖的培养基中才能较好地发育，而且生长缓慢，一般需要7～14天或更长的时间才能长出肉眼可见的菌落。多次传代后，不但生长变快，2～3天即长出菌落，而且对营养要求降低，在普通琼脂上也能生长。在血清肝汤琼脂上，形成湿润、无色、圆形、闪光、表面隆起的边缘整齐的小菌落。在高层血清琼脂做振荡培养3～6天后，牛及绵羊附睾布鲁氏菌于培养基表面0.5厘米处呈带状生长。在马铃薯斜面上，生长良好，于2～3天后长出水溶性微棕黄色菌苔。菌落有光滑型（S）和粗糙型（R）。在不利的生长环境中，本菌易由光滑型（S）变为粗糙型（R）。在平板琼脂上培养48～72小时后，出现细小、圆形、隆起的菌落，表面光滑湿润，边缘整齐。本菌在理化、生物和自然因素作用下易发生变异，长期培养常发生S-R变异，引起毒力和抗原性的改变。

布鲁氏菌属分为6个生物种，20个生物型。6个生物种是马耳他布鲁氏菌、猪布鲁氏菌、流产布鲁氏菌、犬布鲁氏菌、沙林鼠布鲁氏菌和绵羊布鲁氏菌。

布鲁氏菌属中各生物种及生物型菌株的毒力有差异，其致病力也不相同：沙林鼠布鲁氏菌主要感染啮齿动物，对人、畜基本无致病作用；绵羊布鲁氏菌只感染绵羊；羊布鲁氏菌主要感染绵羊、山羊，也能感染牛、猪、鹿、骆驼等；犬布鲁氏菌主要感染犬，对人、畜的侵袭力很低；牛布鲁氏菌主要感染牛、马、犬，也能感染水牛、羊和鹿；猪布鲁氏菌主要感染猪，也能感染鹿、牛和羊。人的感染菌型以羊型最常见，其次猪型，牛型最少。猪布氏杆菌1和3亚型的宿主是猪，这两个亚型在世界上广泛分布。猪布鲁氏菌是唯一一种能引起多系统功能障碍的布鲁氏菌，并且能在猪上引起繁殖障碍。

本菌为细胞内寄生菌，对外界因素的抵抗力较强，对热和消毒药的抵抗力不强，一般在直射阳光作用下0.5～4小时、室温干燥5天、50～55℃ 60分钟、60℃ 30分钟或70℃ 10分钟死亡；在污染的土壤、水、粪尿及饲料等中可生存1至数月，如在粪便中可存活8～25天；在土壤中可存活2～25天；在奶中可存活3～15天；在胎儿体内可存活6个月；在腐败的尸体中很快死亡；冰冻状态下能存活数月。对消毒药比较敏感，常用消毒药能迅速将其杀死。如用2%～3%克辽林、含3%有效氯的漂白粉溶液、1%来苏儿、2%福尔马林或5%生石灰乳等进行消毒有效。本菌对四环素最敏感，其次是链霉素和土霉素，但对杆菌肽、多黏菌素B、多黏菌素M及林可霉素有很强的抵抗力。

（二）诊断要点

1. 流行病学

本病发生无明显的季节性。易感动物较多，如牛、猪、山羊、绵羊等，后备猪易感。病猪和带菌猪是主要的传染源，病原菌随精液、乳汁、流产胎儿、胎衣、子宫阴道分泌物等排出体外，主要经消化道感染，也可在配种时通过皮肤、黏膜感染。

2. 临床症状

不同种群感染布鲁氏菌后，其临床症状差别很大。大多数种群感染布鲁氏菌后不表现任何症状。猪布鲁氏菌病的典型症状是流产、不孕、睾丸炎、瘫痪和跛行。感染猪表现出间歇热。表现临床症状时间很短，死亡率很低。

流产可以发生在妊娠的任何时候，主要同感染时间有关。引发的流产率很高。感染布鲁氏菌猪流产最早的报道发生在妊娠17天。早期的流产通常被忽视，而只有大批的妊娠后流产才容易引起注意。早期流产阴道的分泌物较少，也是未能引起注意的原因之一。妊娠35天或40天后再感染布鲁氏菌，则会在妊娠晚期流产。

少部分母猪在流产后阴道会有异常分泌物，可能持续到3个月之久。然而，大多数都仅持续30天左右。临床上，异常的阴道分泌物多出现在妊娠前就有子宫内感染的情况。大多数的母猪都会自愈。

母猪在流产、分娩或哺育后感染仅会持续很短的一段时间，在经过2～3个发情期后，其生殖能力就会恢复。

生殖器感染在公猪中更常见。一些感染的公猪很难自愈。在一些雄性生殖腺内的病理学改变比在母猪子宫中引起的更广泛。受到感染的公猪可能引发不育症。两个睾丸及生殖腺受到感染，而使得精液中含有布鲁氏菌。

在吃奶和断奶仔猪中如有感染，则易出现瘫痪和跛行。各个年龄段的猪感染后均可能出现瘫痪和跛行症状。

3. 病理特点

感染布鲁氏菌病猪的病理变化差别很大，包括器官脓肿及黏膜脱落等。一般来说，组织病理学改变主要包括：性腺内有大量白细胞渗出；子宫内膜等组织的细胞增生；胎盘组织会出现化脓性炎症，从而导致化脓性、坏死性胎盘炎。组织病理学变化主要是上皮细胞坏死和纤维组织的弥漫性增生。

对患有布鲁氏菌病猪的肝脏进行组织病理学观察，菌血症期间在显微镜下可见到空泡样损伤。

猪布鲁氏菌感染有时也会引起骨骼的损伤。椎骨和长骨最容易受到侵害。这些损伤的部位通常临近软骨组织，也形成中心是巨噬细胞和白细胞、外周有纤维囊包裹的病变。

肾脏、脾脏、脑、卵巢、肾上腺、肺和其他受到感染的组织则容易出现慢性化脓性炎症。

4. 实验室诊断

最准确和特异的诊断方法是直接分离培养布鲁氏菌。实践证明，利用病死畜的淋巴结分离细菌的方法确诊比血清学诊断要有效得多。

检查受到感染猪体内是否含有猪布鲁氏菌抗原的方法也已经比较成熟，如利用荧光抗体（FA）技术也可以进行诊断。近来一些新兴的检测方法也可望用于布鲁氏菌的诊断，如 PCR 方法等也有望用于某些特定的样品。

利用检测抗体的血清学方法是目前最常规的用于检测猪布鲁氏菌病的方法，但检测结果可信度差。

（三）防制

1. 预防

（1）加强管理，定期检疫　对 5 月龄以上的猪进行检疫，经免疫的猪，1～2.5 年后再进行检疫，疫区每年检疫 2 次。

（2）严格消毒，进行无害化处理　制定严格的消毒制度，对流产的胎儿、胎衣、粪便及被污染的垫草等杂物要进行深埋或生物热发酵处理。对检疫为阳性的猪立即屠宰，做无害化处理。

（3）免疫预防　接种猪二号弱毒菌苗，任何年龄的猪都能接种，严格按照说明书使用。种公猪不免疫，每半年检疫 1 次，阳性猪立即淘汰。

（4）隔离封锁　发现本病，立即隔离封锁，严禁人员流动，严格消毒，扑杀病猪，做无害化处理。待全场无临床症状出现后进行检疫，发现阳性猪实行淘汰，3～6 个月检疫 2 次，2 次全部为阴性的猪群可认为已根除本病。

2. 治疗

无特效药，可试用青霉素。

二、猪衣原体病

猪衣原体病是由鹦鹉热亲衣原体（旧称鹦鹉热衣原体）的某些菌株引起的一种慢性接触性传染病，又称流行性流产、猪衣原体性流产。临诊上可表现为妊娠母猪流产、死产和产弱仔，新生仔猪肺炎、肠炎、胸膜炎、心包炎、关节炎，种公猪睾丸炎等。常因菌株毒力、猪性别、年龄、生理状况和环境的变化而出现不同的病症。国外于 20 世纪 60 年代首先确认猪衣原体病，随后许多国家相继报道了该病。

我国在20世纪80年代初，从羊流产和猪繁殖障碍病料中分离出鹦鹉热亲衣原体，从而证实我国动物衣原体病的存在。目前，在我国规模化养猪场，猪群存在有不同程度的衣原体感染，并时有发病和流行的报道。

（一）病原

衣原体是一类具有滤过性、严格细胞内寄生，介于细菌和病毒之间，类似于立克次氏体的一类微生物。呈球状，大小为0.2～1.5微米，革兰氏染色阴性。不能在人工培养基上生长，只能在活细胞胞浆内繁殖，依赖于宿主细胞的代谢，可在鸡胚、部分细胞单层及小鼠等实验动物中生长繁殖。目前，较重要的衣原体有4种，即沙眼衣原体、鹦鹉热亲衣原体、肺炎亲衣原体和牛羊亲衣原体。其中，鹦鹉热亲衣原体在兽医学上有较重要的意义，可致畜禽肺炎、流产、关节炎等多种疾病，是猪衣原体病的病原。

衣原体具有3种抗原：一是属特异性抗原，所有衣原体均具有，在不同种之间可引起交叉反应，为细胞壁脂多糖，耐热（100℃，30分钟），耐0.5%石炭酸，对乙醚、胰酶、木瓜蛋白酶等有抵抗力，但可被过碘酸盐灭活，具有补体结合特性；二是种特异性抗原，存在于细胞壁中，对热敏感（60℃，30分钟），可被石炭酸或木瓜蛋白酶等破坏，耐高碘酸盐；三是亚种或型的特异性抗原，是一种含量丰富的半胱氨酸大分子。

鹦鹉热亲衣原体的致病力可分为强毒力和弱毒力菌株两大类。强毒力菌株可使动物发生急性致死性疾病，导致重要器官发生广泛充血和炎症，死亡率可达30%；弱毒力菌株引起疾病的临诊症状不明显，死亡率低于5%。

鹦鹉热亲衣原体在100℃15秒、70℃5分钟、56℃25分钟、37℃7天、室温下10天可以失活。紫外线、γ射线对衣原体有很强的杀灭作用。2%来苏儿、0.1%福尔马林、2%苛性钠或苛性钾、1%盐酸及75%酒精溶液可用于衣原体消毒。衣原体对四环素族、泰乐菌素、强力霉素、红霉素、螺旋霉素敏感，对庆大霉素、卡那霉素、新霉素、链霉素、磺胺嘧啶钠均不敏感。

（二）诊断要点

1. 流行病学

不同品种及年龄的猪群都可感染，但以妊娠母猪和幼龄仔猪最易感。病猪和隐性带菌猪是本病的主要传染源。几乎所有的鸟粪都可能携带衣原体。绵羊、牛和啮齿动物携带病原菌都可能成为猪感染衣原体的疫源。通过粪便、尿、乳汁、胎衣、羊水等污染水源和饲料，经消化道感染，也可由飞沫和污染的尘埃经呼吸道感染，交配也能传播本病。蝇、蜱可起到传播媒介的作用。

本病无明显的季节性，常呈地方流行性。猪场可因引入病猪后暴发本病，康复猪可长期带菌。本病的发生和流行与一些诱发因素（如卫生条件、饲养管理、营养、长期运输等）有关。

2. 临床症状

本病的潜伏期长短不一，短则几天，长则可达数周乃至数月。依据临诊表现，可分为流产型、肺炎型、关节炎型和肠炎型等。

怀孕母猪感染后引起早产、死胎、流产、胎衣不下、不孕症及产下弱仔或木乃伊胎。初产母猪发病率高，一般可达 40%～90%，早产多发生在临产前几周（妊娠 100～104 天），妊娠中期（50～80 天）的母猪也可发生流产。母猪流产前一般无任何表现，体温正常，也有的表现出体温升高（39.5～41.5℃）。产出仔猪部分或全部死亡；活仔多体弱，初生重小，拱奶无力，多数在出生后数小时至 1～2 日死亡，死亡率有时高达 70%。公猪生殖系统感染，可出现睾丸炎、附睾炎、尿道炎等生殖道疾病，有时伴有慢性肺炎。

仔猪还会表现出肠炎、多发性关节炎、结膜炎，断奶前后常患支气管炎、胸膜炎和心包炎，表现为体温升高、食欲废绝、精神沉郁、咳嗽、气喘、腹泻、跛行、关节肿大，有的可出现神经症状。

3. 病理变化

鹦鹉热亲衣原体引起猪的疾病种类较多，除单一感染外，常与其他疾病发生并发感染，因而病理变化也较为复杂。

（1）流产型　母猪子宫内膜出血、水肿，并伴有 1～1.5 厘米的坏死灶，流产胎儿和死亡的新生仔猪的头、胸及肩胛等部位皮下结缔组织水肿，心脏和肺脏常有浆膜下点状出血，肺常有卡他性炎症。患病公猪睾丸颜色和硬度发生变化，腹股沟淋巴结肿大 1.5～2 倍，输精管有出血性炎症，尿道上皮脱落、坏死。

（2）关节炎型　关节肿大，关节周围充血和水肿，关节腔内充满纤维素性渗出液，用针刺时流出灰黄色浑浊液体，混杂有灰黄色絮片。

（3）支气管肺炎型　表现为肺水肿，表面有大量的小出血点和出血斑，肺门周围有分散的小黑红色斑，尖叶和心叶呈灰色，坚实僵硬，肺泡膨胀不全，并有大量渗出液，中性粒细胞淋漫性浸润。纵隔淋巴结水肿，细支气管有大量的出血点，有时可见坏死区。

（4）肠炎型　多见于流产胎儿和新生仔猪，胃肠道有急性局灶性卡他性炎症及回肠的出血性变化。肠黏膜发炎而潮红，小肠和结膜浆膜面有灰白色浆液性纤维素性覆盖物，肠系膜淋巴结肿胀。脾脏有出血点，轻度肿大。肝质脆，表面有灰白色斑点。

4. 实验室诊断

根据本病的流行病学、临诊特点和病理变化等可做出初步诊断，但确诊需要进行实验室诊断。

（1）细菌学诊断　可采取病死猪的肝脏、脾脏、肺脏、排泄物、关节液、流产胎儿等病料。取病变组织涂片，采用姬姆萨染色或荧光抗体染色，能见到肝、脾、肺上有稀疏的衣原体。膀胱和胎盘涂片有时可见到大量衣原体及包涵体。病料经无菌处理后可接种鸡胚或小鼠，剖检可观察到特征性的病理变化。

（2）血清学试验　血清学试验有补体结合反应（CF）、血凝抑制试验（HI）、团集补体吸收试验（CCA）、毛细血管凝集试验（CTA）、琼脂凝胶沉淀试验（AGP）、间接血凝试验（IHA）、免疫荧光及免疫酶试验等。补体结合反应是国内最常用的经典方法。近年来，免疫酶联染色法、Dot-ELISA、衣原体单克隆抗体、核酸杂交与核酸探针技术等也日益受到重视。

5. 鉴别诊断

本病应与一些引起繁殖障碍的疫病如猪瘟、猪繁殖与呼吸综合征、流行性乙型脑炎、猪细小病毒感染、猪伪狂犬病、猪流感、布鲁氏菌病、钩端螺旋体病、弓形虫病、附红细胞体病以及其他病原和霉菌毒素所致的流产和繁殖障碍进行区别，还应注意与因饲养管理不良和营养缺乏引起的非传染性繁殖障碍进行鉴别。发生关节炎时，应与猪丹毒杆菌、猪链球菌、副猪嗜血杆菌等感染进行区别。

（三）防制

1. 预防

（1）引进种猪时要严格检疫和监测，阳性种猪场应限制及禁止输出种猪。

（2）搞好猪场的环境卫生消毒工作。

（3）避免健康猪与病猪、带菌猪及其他易感染的哺乳动物接触。

（4）用猪衣原体灭活疫苗对母猪进行免疫接种。初产母猪配种前免疫接种 2 次，间隔 1 个月；经产母猪配种前免疫接种 1 次。

2. 治疗

（1）猪群发病时，应及时隔离病猪，分开饲养，清除流产死胎、胎盘及其他病料，进行深埋或火化。对猪舍和产房用石炭酸、福尔马林喷雾消毒消灭病原。

（2）药物治疗 四环素为首选药物，也可用金霉素、土霉素、红霉素、螺旋霉素等。对新生仔猪，可肌内注射1%土霉素，每千克体重1毫升，每日1次，连用5天。仔猪断奶或患病时，注射含5%葡萄糖的5%土霉素溶液，每千克体重1毫升，连用5天。

在饲料中添加金霉素，每吨饲料3千克，有利于控制其他继发性细菌感染。此外，公母猪配种前1～2周及母猪产前2～3周按0.02%～0.04%的比例将四环素类抗生素混于饲料中，可提高受胎率，增加活仔数，降低新生仔猪的病死率。

三、猪钩端螺旋体病

猪钩端螺旋体病是由致病性钩端螺旋体引起的一种人兽共患和自然疫源性传染病。该病的临诊症状表现形式多样，猪钩端螺旋体病一般呈隐性感染，也时有暴发。急性病例以发热、血红蛋白尿、贫血、水肿、流产、黄疸、出血性素质、皮肤和黏膜坏死为特征。猪的带菌率和发病率较高。该病呈世界性分布，在热带、亚热带地区多发。我国许多省、市都有该病的发生和流行，长江流域和南方各地发病较多。近年来猪钩端螺旋体病的发生和流行有所升高，在福建、黑龙江、新疆等地都有报道。

（一）病原

本病的病原属于细螺旋体属的钩端细螺旋体。钩端细螺旋体对人、畜和野生动物都有致病性。钩端螺旋体有很多血清群和血清型，目前全世界已发现的致病性钩端螺体有25个血清群，至少有190个不同的血清型。引起猪钩端螺旋体病的血清群（型）有波摩那群、致热群、秋季热群、黄疸出血群，其中波摩那群最为常见。

钩端螺旋体形态呈纤细的圆柱形，身体的中央有一根轴丝，螺旋丝从一端盘旋到另一端（12～18个螺旋），长6～20微米，宽0.1～0.2微米，细密而整齐。暗视野显微镜下观察，呈细小的珠链状，革兰氏染色阴性，但着色不易。常用的染色方法是姬姆萨染色和镀银染色。钩端螺旋体在宿主体内主要存在于肾脏、尿液和脊髓液里，在急性发热期，广泛存在于血液和各内脏器官。钩端螺旋体能人工培养，但培养基的成分较特殊（如需新鲜灭活的兔血清、吐温80、林格氏液等）。常用的培养基为柯索夫培养基和希夫纳培养基等。钩端螺旋体是严格需氧，最适培养温度28～30℃，最适pH为7.2～7.5。钩端螺旋体的生化特性不活泼，不能发酵糖类。

钩端螺旋体对外界环境有较强的抵抗力，可以在水田、池塘、沼泽和淤泥里至少生存数月。在低温下能存活较长时间。对酸、碱和热较敏感。一般的消毒剂和消毒方法都能将其杀死。常用漂白粉对污染水源进行消毒。

（二）诊断要点

1. 流行病学

各种年龄的猪均可感染，但仔猪发病较多，特别是哺乳仔猪和断奶仔猪发病最严重，中、大猪一般病情较轻，母猪不发病。传染源主要是发病猪和带菌猪。钩端螺旋体可随带菌猪和发病猪的尿、乳和唾液等排于体外，污染环境。猪的排菌量大，排菌期长，而且与人接触的机会多，对人也会造成很大的威胁。人感染后，也可带菌和排菌。人和动物之间存在复杂的交叉传播，这在流行病学上具有重要意义。鼠类和蛙类也是很重要的传染源，它们都是该菌的自然贮存宿主。鼠类能终生带菌，通过尿液排菌，造成环境的长期污染。蛙类主要是排尿污染水源。

本病通过直接或间接传播方式，主要途径为皮肤，其次是消化道、呼吸道以及生殖道黏膜。吸血昆虫叮咬、人工授精以及交配等均可传播本病。该病的发生没有季节性，但在夏、秋多雨季节为流行高峰期。本病常呈散发或地方性流行。

2. 临床症状

在临诊上，猪钩端螺旋体病可分为急性型、亚急性型和慢性型。

（1）急性型　多见于仔猪，特别是哺乳仔猪和保育猪，呈暴发或散发流行。潜伏期1～2周。临诊症状表现为突然发病，体温升高至40～41℃，稽留3～5天，病猪精神沉郁，厌食，腹泻，皮肤干燥，全身皮肤和黏膜黄疸，后肢出现神经性无力，震颤；有的病例出现血红蛋白尿，尿液色如浓茶；粪便呈绿色，有恶臭味，病程长可见血粪。死亡率可达50%以上。

（2）亚急性和慢性型　主要以损害生殖系统为特征。病初体温有不同程度升高，眼结膜潮红、浮肿，有的泛黄，有的下颌、头部、颈部和全身水肿。母猪一般无明显的临诊症状，有时可表现出发热、无乳。但妊娠不足4～5周的母猪，受到钩端螺旋体感染后4～7天可发生流产和死产，流产率可达20%～70%。怀孕后期的母猪感染后可产弱仔，仔猪不能站立，不会吸乳，1～2天死亡。

3. 病理变化

（1）急性型　此型以败血症，全身性黄疸，各器官、组织广泛性出血，坏死为主要特征。皮肤、皮下组织、浆膜和可视黏膜、肝脏、肾脏以及膀胱等组织黄染和不同程度的出血。皮肤干燥和坏死。胸腔及心包内有浑浊的黄色积液。脾脏肿大、瘀血，有时可见出血性梗死。肝脏肿大，呈土黄色或棕色，质脆。胆囊充盈、瘀血，被膜下可见出血灶。肾脏肿大、瘀血、出血。肺瘀血、水肿，表面有出血点。膀胱积有红色或深黄色尿液。肠及肠系膜充血，肠系膜淋巴结、腹股沟淋巴结、颌下淋巴结肿大，呈灰白色。

（2）亚急性和慢性型　表现为身体各部位组织水肿，以头颈部、腹部、胸壁、四肢最明显。肾脏、肺脏、肝脏、心外膜出血明显。浆膜腔内常可见有过量的黄色液体与纤维蛋白。肝脏、脾脏、肾脏肿大。成年猪的慢性病例以肾脏病变最明显。

4. 实验室诊断

（1）微生物学诊断　病畜死前可采集血液、尿液。死后检查要在1小时内进行，最迟不得超过3小时，否则组织中的菌体大部分会发生溶解。可以采集病死猪的肝、肾、脾和脑等组织，病料应立即处理，在暗视野显微镜下直接进行镜检或用免疫荧光抗体法检查。病理组织中的菌体可用姬姆萨染色或镀银染色后检查。病料可用作病原体的分离培养。

（2）血清学诊断　主要有凝集溶解试验、微量补体结合试验、酶联免疫吸附试验、炭凝集试验、间接血凝试验、间接荧光抗体法以及乳胶凝集试验。

（3）动物试验　可将病料（血液、尿液、组织悬液）经腹腔或皮下接种幼龄豚鼠，如果钩端螺旋体毒力强，接种后动物于3～5天可出现发热、黄疸、不吃、消瘦等典型症状，最后发生死亡。可在体温升高时取心血作培养检测病原体。

（4）分子生物学诊断技术　可用DNA探针技术、PCR技术检测病料中的病原体。

（三）防制

1. 预防

（1）做好猪舍的环境卫生消毒工作。

（2）及时发现、淘汰和处理带菌猪。

（3）搞好灭鼠工作，防止水源、饲料和环境受到污染；禁止养犬、鸡、鸭。

（4）存在有本病的猪场可用灭活菌苗对猪群进行免疫接种。

2. 治疗

（1）发病猪群应及时隔离和治疗，对污染的环境、用具等应及时消毒。

（2）可使用10%氟甲砜霉素（每千克体重0.2毫升，肌内注射，每天1次，连用5天）、磺胺类药物（磺胺-5-甲氧嘧啶，每千克体重0.07克，肌内注射，每天2次，连用5天）对发病猪进行治疗；病情严重的猪可用维生素、葡萄糖进行输液治疗；链霉素、土霉素等四环素类抗生素也有一定的疗效。

(3) 感染猪群可用土霉素拌料(0.75~1.5克/千克)连喂7天,可以预防和控制病情的蔓延。妊娠母猪产前1个月连续用土霉素拌料饲喂,可以防止发生流产。

第五节 其他细菌病

一、仔猪渗出性皮炎

渗出性皮炎是以葡萄球菌感染为主的一种破坏哺乳仔猪、断奶仔猪真皮层的疾病,本病无季节差异性,也叫油皮病,常常发生在5~30日龄较小的猪群中。卫生消毒不完善、饲养管理较差的猪场极易诱发本病,疾病发生后,猪群的生长几乎停滞并且常常继发铜绿假单胞菌、链球菌等疾病,给猪群的治疗大大提高了难度。

(一) 病原

猪葡萄球菌为革兰氏阳性球菌,无鞭毛,不形成芽孢和荚膜。常呈不规则成堆排列,形似葡萄串状。对生长条件要求不高,可以在普通的琼脂平板上生长,也可以在选择性指示培养基上生长。

不同的血清型毒株,毒力和致病力存在差异,但其生化和培养特性基本一致。强毒株常能引起仔猪皮肤油脂样渗出,形成皮痂并脱落,严重时导致脱水和死亡等临床症状。

葡萄球菌对环境的抵抗力较强,在干燥的脓汁或血液中可以存活2~3月,80℃条件下30分钟才能杀灭,但煮沸可迅速使其死亡。葡萄球菌对消毒剂的抵抗力不强,一般的消毒剂均可杀灭。对磺胺类、青霉素、红霉素等抗菌药物较敏感,但易产生耐药性。

(二) 诊断要点

1. 临床症状

病猪初期体表发红,随后一段时间开始分泌出油脂样黏液,呈现黄脂色或棕红色,尤其以腋下、肋部、脸颊较为严重,3~5天后蔓延到全身的各个部位。患猪背毛粗乱、精神沉郁、堆压在一起。发病严重或者继发某些其他疾病的仔猪,表现脱水、败血症,常常在短时间内死去;轻度感染的仔猪,皮肤分泌物与空气的粉尘和表皮脱落的坏死组织形成了黑色的结痂，覆盖在患猪的口、鼻梁、脸颊、腋下、后背、四肢等全身各个部位。个别猪只出现四肢关节肿大、跛行、中枢神经系统症状、空嚼、磨牙、口吐白沫、角弓反张等症状。

2. 病理变化

尸体消瘦、脱水，外周淋巴结水肿，有的病猪出现心包炎、胸膜炎和腹膜炎。肝脏土黄色，质地易碎；肠道空虚；脾脏和肾脏轻微肿大，个别猪只出现化脓性肾炎的病理变化；关节液混浊，带有纤维素性渗出物。

（三）防制

1. 预防

（1）建立完善的管理体系，对猪群的驱虫做详细记录，种猪每年驱虫 3 次，每 4 个月 1 次，商品猪在保育阶段驱虫一次，可以使用伊维菌素每吨饲料添加 500 克，连续投喂 7 天。不但可以驱除体内外部分寄生虫，还可以间接提高猪群免疫力。

（2）搞好母猪全程的卫生工作，尤其以产房阶段最为主要，清水洗澡、常规消毒是不可缺少的工作，使母猪干干净净进入产仔舍，不但可以有效预防疾病的传播，还可以降低母猪子宫炎、乳腺炎的发生率。

（3）临产母猪用 0.1%高锰酸钾擦洗外阴部及乳房，仔猪出生后断牙、断尾的工具一定要用消毒水浸泡，仔猪牙、尾、脐带部位可以涂抹密斯陀帮助加速干燥以及杀菌。保健使用的针头必须做到每头猪一个针头。

（4）在仔猪转群过程中，为了避免互相撕咬而造成疾病的感染和传播，建议在猪舍内添加适当玩物，对仔猪有一定分散注意力作用，从而达到预防某些疾病的目的。

（5）进行有效消毒。

2. 治疗

由于体表葡萄球菌容易耐药，所以要轮换使用抗生素，最好做药敏试验。对发病猪群使用阿莫西林、恩诺沙星投水饮用，同时配合磺胺类药物、维生素 C 注射治疗，脱水猪只给予口服补液盐。对猪体表使用 0.1%的高锰酸钾清洗，每天 1～2 次。使用常规消毒药物戊二醛按 1∶(500～800) 的浓度稀释，每 2 天环境消毒一次。

二、猪炭疽

炭疽是人兽共患的急性、烈性传染病。猪炭疽多为咽喉型，咽喉部显著肿胀。

（一）病原

炭疽的病原体是炭疽杆菌。该菌为革兰氏阳性的大杆菌，在体内的细菌能在菌体周围形成很厚的荚膜；在体外细菌能在菌体中央形成芽孢，它是唯一有致病性的需氧芽孢杆菌。芽孢具有很强的抵抗力，在土壤中能存活数十年，在皮毛和水中能存活4～5年。煮沸需15～25分钟才能杀死芽孢。消毒药物中以碘溶液、过氧乙酸、高锰酸钾及漂白粉对芽孢的致死力较强，所以临床上常用20%漂白粉、0.1%碘溶液、0.5%过氧乙酸作为消毒剂。

（二）诊断要点

1. 流行特点

各种家畜及人均有不同程度的易感性，猪的易感性较低。病畜的排泄物及尸体污染的土壤中，长期存在着炭疽芽孢，当猪食入含大量炭疽芽孢的食物（如被炭疽杆菌污染的骨粉等）或吃了感染炭疽的动物尸体时，即可感染发病。本病多发生于夏季，呈散发或地方性流行。

2. 临床症状

潜伏期一般为2～6天。根据侵害部位分以下几型：

（1）咽喉型　主要侵害咽喉及胸部淋巴结。开始咽喉部显著肿胀，渐渐蔓延至头、颈，甚至胸下与前肢内侧。体温升高，呼吸困难，精神沉郁，不吃食，咳嗽，呕吐。一般在胸部水肿出现后24小时内死亡。

（2）肠型　主要侵害肠黏膜及其附近的淋巴结。临床表现为不食，呕吐，血痢，体温升高，最后死亡。

（3）败血型　病猪体温升高，不吃食，行动摇摆，呼吸困难，全身痉挛，嘶叫，可视黏膜蓝紫，1～2天内死亡。

3. 病理变化

咽喉型病变部呈粉红色至深红色，病灶与健康部分界限明显，淋巴结周围有浆液性或浆液出血性浸润。转为慢性时，呈出血性坏死性淋巴结炎变化，病灶切面致密，发硬发脆，呈一致的砖红色，并有散在坏死灶。肠型主要病变为肠管，呈暗红色、肿胀，有时有坏死或溃疡，肠系膜淋巴结潮红、肿胀。败血型病理剖检时，血液凝固不良、天然孔出血，血液呈黑红色的煤焦油样，咽喉、颈部、胸前部的皮下组织有黄色胶样浸润，各脏器出血明显，实质器官变性，脾脏肿大，呈黑红色。

炭疽病畜一般不做病理解剖检查，防止尸体内的炭疽杆菌暴露在空气中形成炭疽芽孢，变成永久的疫源地。

4. 实验室检查

先从耳尖采血涂片染色镜检。对咽喉部肿胀的病例，可用煮沸消毒的注射器穿刺病变部，抽取病料，涂片染色镜检。采完病料后，用具应立即煮沸消毒。染色方法可用姬姆萨染色法或瑞特染色法，也可用碱性美蓝染色液染色。镜检时应多看一些视野，若发现具有荚膜、单个、成双或成短链的粗大杆菌，即可确诊。也可进行环状沉淀试验和免疫荧光试验。

5. 鉴别诊断

咽喉部肿胀的炭疽病例与最急性猪肺疫相似，但最急性猪肺疫有明显的急性肺水肿症状，口鼻流泡沫样分泌物，呼吸特别困难，从肿胀部抽取病料涂片，用碱性美蓝染色液染色镜检，可见到两端浓染的巴氏杆菌。

（三）防制

1. 预防

炭疽是一种烈性传染病，不仅危害家畜，也威胁人类健康。因此，平时应加强对猪炭疽的屠宰检验。发生本病后，要封锁疫点，病死猪和被污染的垫料等一律烧毁，被污染的水泥地用20%漂白粉或0.1%碘溶液等消毒。若为土地，则应铲除表土15厘米，被污染的饲料和饮水均需更换，猪场内未发病猪和猪场周围的猪一律用炭疽芽孢苗注射。弱毒炭疽芽孢苗，每只猪皮下注射0.5毫升；二号炭疽芽孢苗，每只猪皮下注射1毫升。最后1只病猪死亡或治愈后15天，再未发现新病猪时，经彻底消毒后可以解除封锁。

2. 治疗

临床上确诊后再行治疗时，已经太晚，难以收到预期效果，所以第1个病例通常都会死亡，从第2个病例起，应尽早隔离治疗，用青霉素40万～100万单位静脉注射，每日3～4次，连续5天，可以收到一定效果。如有抗炭疽血清同时应用，效果更佳。此外，土霉素等也有较好的疗效。

三、猪坏死杆菌病

坏死杆菌病是一种畜禽和野生动物共患的慢性传染病，病状的特征是受到损伤的皮肤和皮下组织、口腔黏膜或胃肠黏膜发生坏死。本病多发生于收购场或猪集散临时棚圈。此病严重危害猪、鹿，是世界各国广泛存在的疫病。

（一）病原

病原是坏死杆菌，革兰氏阴性，小的成球杆状，大的呈长丝状，无鞭毛，不形成芽孢和荚膜。用复红美蓝染色着色不均匀。本菌为严格厌氧菌，较难培养成功。1%福尔马林、1%高锰酸钾、4%醋酸都可杀死本菌。化脓放线菌、葡萄球菌等常起协同致病作用。

（二）诊断要点

1. 流行病学

本病对猪、绵羊、牛、马最易感染。此病呈散发或地方性流行，在多雨季节、低温地带常发本病，水灾地区常呈地方性流行感染发病。如饲养管理不当，猪舍脏污潮湿，密度大、拥挤、互相咬斗，母猪喂乳时小猪争乳头造成创伤等情况，都会造成感染发病，如猪圈有尖锐物体也极易引起发病，仔猪生齿时也易感染。本病常是其他传染病（如猪瘟、口蹄疫、副伤寒等）的继发感染疾病，应注意预防坏死杆菌传播发病。

2. 临床症状

（1）坏死性口炎　在唇、舌、咽和附近的组织发生坏死；或扁桃体有明显的溃疡上有假膜和痂块，去掉假膜有干酪样渗出物和坏死组织，有恶臭；同时呈现食欲消失，全身衰弱，经5～20天死亡。

（2）坏死性鼻炎　病变部在鼻软骨、鼻骨、鼻黏膜表面出现溃疡与化脓，病变可延伸到支气管和肺。

（3）坏死性皮炎　发病以成年猪为主，但坏死病灶也可发生于哺乳仔猪身体任何部位，有时发生尾巴脱落现象。常发生在皮下脂肪较多处，如颈部、臀部、胸腹侧等发生坏死性溃疡。病初创口较小，并附有少量脓汁，以后坏死向深处发展，并迅速扩大，形成创口小而囊腔深大的坏死灶。流出少量黄色稀薄、恶臭的液体，坏死部分无痛感，坏死区一般4～5处，母猪的坏死区常在乳房附近。

（4）坏死性肠炎　多发生于仔猪，刚断奶不久的猪，若喂粗糙的饲料（如粗糠等）易发病。一般肠黏膜有坏死性溃疡，病猪出现腹泻、神经症状，身体虚弱，死亡的居多。

（三）防制

1. 预防

猪群不宜过大，将个体大小相似的猪关在一起按时喂料，喂料量要适中，强弱猪分开喂，以免争食斗咬。奶猪要剪短犬齿，以免争奶而咬伤颊部，损伤母猪奶头；消灭蚊、蝇，避免传染坏死杆菌。隔离病猪，受病灶传染的用具、垫草、饲料等要进行消毒或烧毁。

2. 治疗

彻底清除坏死组织，直至露出红色创面为止。用0.1%高锰酸钾或3%过氧化氢冲洗患部，然后撒消炎粉于创面或涂擦10%甲醛溶液直至创面呈黄白色为止，或用木焦油涂擦患部，或5%碘酊涂抹。坏死性肠炎宜口服磺胺类药物。治疗之前，先把患部切开，清除坏死组织，然后再选用如下方剂治疗：

（1）用滚热植物油（最好是桐油）适量趁热灌入疱内，再在患部撒上薄薄一层新石灰粉，隔1～2天治疗1次，一般处理2～3次即愈。

（2）红砒80份、枯矾18份、冰片2份，混合研为细粉，除去坏死组织后撒布患部。

（3）雄黄1份、陈石灰3份，研末，加桐油调匀，塞入患部。

四、破伤风

破伤风是由破伤风梭菌引起人、畜的一种经创伤感染的急性、中毒性传染病，又名强直症、锁口风。本病的特征是病猪全身骨骼肌或某些肌群呈现持续的强直性痉挛和对外界刺激的兴奋性增高。本病分布于世界各地，我国各地呈零星散发。猪只发病主要是阉割时消毒不严或不消毒引起的。病死率很高，造成一定的经济损失。

（一）病原

破伤风梭菌为革兰氏染色阳性，为两端钝圆、细长、正直或略弯曲的大杆菌，大小约（0.5～1.7）微米×（2.1～18）微米。大多单在、成双或偶有短链排列；无荚膜，在动物体内外能形成芽孢，其直径较菌体大，位于菌体一端，形似鼓槌状或羽毛球拍状。有鞭毛，能运动。　本菌为严格厌氧菌，最适生长温度为37℃，最适pH为7.0～7.5。在普通培养基上能生长，在血液琼脂平板上可形成狭窄的β溶血环。在厌氧肉肝汤中，呈轻度浑浊生长，有细颗粒沉淀。

破伤风梭菌在动物体内及人工培养基内均能产生痉挛毒素、溶血素和非痉挛毒素。痉挛毒素是一种作用于神经系统的神经毒，是引起动物特征性强直症状的决定因素，是仅次于肉毒梭菌毒素的第二种毒性最强的细菌毒素。以9^{-11}～10^{-11}克剂量的痉挛毒素，即可以致死一只豚鼠。它是一种蛋白质，对酸、碱、日光、热、蛋白分解酶等敏感，65～68℃经5分钟即可灭活，通过0.4%甲醛灭活、脱毒21～31天，可将其变成类毒素。我们用作预防注射的破伤风明矾沉降类毒素，就是根据这个原理制成的。溶血毒素和非痉挛毒素对破伤风的发生意义不大。

破伤风梭菌繁殖体对一般理化因素的抵抗力不强，煮沸5分钟死亡。常用的消毒药液均能在短时间内将其杀死。但破伤风梭菌芽孢的抵抗力很强，在土壤中能存活几十年，煮沸1～3小时才能死亡；5%石炭酸经15分钟，5%煤酚皂液经5小时，0.1%升汞经30分钟，10%碘酊、10%漂白粉和30%过氧化氢经10分钟，3%福尔马林经24小时才能杀死芽孢。

（二）诊断要点

1. 流行病学

本菌广泛存在于自然界，人和动物的粪便中有本菌存在，施肥的土壤、尘土、腐烂淤泥等处也存有本菌。各种家养的动物和人均有易感性。实验动物中，豚鼠、小鼠易感，家兔有抵抗力。在自然情况下，感染途径主要是通过各种创伤感染，如猪的去势、手术、断尾、断脐带、口腔伤口、分娩创伤等。我国猪破伤风的发生以去势、创伤感染最为常见。

必须说明，并非一切创伤都会引起发病，而是必须具备一定条件。由于破伤风梭菌是一种严格的厌氧菌，所以，当伤口狭小而深，伤口内发生坏死，或伤口被泥土、粪污、痂皮封盖，或创伤内组织损伤严重、出血、有异物，或与需氧菌混合感染等情况发生时，才是本菌最适合的生长繁殖的条件。临诊上多数见不到伤口，可能是潜伏期创伤已愈合，或是由子宫、胃肠道黏膜损伤感染。本病无季节性，通常是零星发生。一般来说，幼龄猪比成年猪发病多，仔猪常因阉割引起。

2. 临床症状

潜伏期最短的1天，最长的可达数月，一般是1～2周。潜伏期长短与动物种类、创伤部位有关，如创伤距头部较近，组织创伤深而小，创伤深部损伤严重，发生坏死或创口被粪土、痂皮覆盖等，潜伏期短；反之则长。一般来说，幼畜感染的潜伏期较短，如脐带感染。

猪发生本病，头部肌肉痉挛，牙关紧闭，口流液体，常有“吱吱”的尖细叫声，眼神发直，瞬膜外露，两耳直立，腹部向上蜷缩，尾不摇动，僵直，腰背弓起，触摸时坚实如木板，四肢强硬，行走僵直，难以行走和站立。轻微刺激（光、声响、触摸）可使病猪兴奋增强，痉挛加重。重者发生全身肌肉痉挛和角弓反张。死亡率高。

（三）防制

1. 预防

防止和减少伤口感染是预防本病十分重要的方法。在猪只饲养过程中，要注意管理，消除可能引起创伤的因素；在去势、断脐带、断尾、接产及外科手术时，工作人员应遵守各项操作规程，注意术部和器械的消毒。对猪进行剖腹手术时，还要注意无菌操作。在饲养过程中，如果发现猪只有伤口时，应及时进行处置。我国猪只发生破伤风，大多数是因民间的阉割方法常不进行消毒或消毒不严引起的，特别是在公猪去势时，忽视消毒工作而多发。

此外，对猪进行外科手术、接产或阉割时，可同时注射破伤风抗血清3000～5000单位预防，会收到好的预防效果。

2. 治疗

（1）及时发现伤口和处理伤口　这是特别重要的环节之一。彻底清除伤口处的痂盖、脓汁、异物和坏死组织，然后用3%过氧化氢或1%高锰酸钾或5%～10%碘酊冲洗、消毒，必要时可进行扩创。冲洗消毒后，撒入碘仿硼酸合剂；也可用青霉素20万单位，在伤口周围注射。全身治疗用青霉素或链霉素肌内注射，早晚各1次，连用3天，以消除破伤风梭菌的危害。

（2）中和毒素　早期及时用破伤风抗血清治疗，常可收到较好疗效。根据猪只体重大小，用10万～20万单位，分2～3次，静脉、皮下或肌内注射，每天1次。

（3）对症疗法　如果病猪强烈兴奋和痉挛时，可用有镇静解痉作用的氯丙嗪肌内注射，用量100～150毫克；或用25%硫酸镁溶液50～100毫升，肌内或静脉注射；用1%普鲁卡因溶液或加0.1%肾上腺素注射于咬肌或腰背部肌肉，以缓解肌肉僵硬和痉挛。为维持病猪体况，可根据病猪具体病情采用注射葡萄糖盐水、维生素制剂、强心剂和防止酸中毒的5%碳酸氢钠溶液等多种综合对症疗法。

第九章　猪常见寄生虫病的防制

第一节　原虫病

一、猪弓形虫病

弓形虫病是一种世界性分布的人、畜共患的血液原虫病，在人、畜及野生动物中广泛传播，有时感染率很高。猪群暴发弓形虫病时，常可引起整个猪场发病，仔猪死亡率可高达80％以上。因此，目前猪弓形虫病在世界各地已成为重要的猪病之一而受到重视。

（一）病原

弓形虫病的病原为球虫目、弓形虫科、弓形虫属的袭地弓形虫，简称弓形虫。弓形虫为双宿主生活周期的寄生性原虫，猫是其终末宿主，虫体寄生在猫的肠道上皮细胞内，形成卵囊随粪便排出，污染环境、牧草、饮水和饲料，被人或猪等40多种动物吃下后而发病。被吞食的卵囊进入中间宿主的肠道后，卵囊中的子孢子逸出，进入中间宿主血液而分布到全身各处，再进到细胞内繁殖，引起人、畜发病。一年四季均可发生，但以气温高、湿度大时多见。

弓形虫的全部生活史分为5个时期：滋养期、包囊期、裂殖期、配子体和卵囊期。前两期为无性生殖期，出现于中间宿主和终末宿主体内；后三期为有性生殖期，只出现于终末宿主体内。

游离于宿主细胞外的滋养体通常呈弓形或月牙形，寄生于细胞内的滋养体呈梭形。滋养体的一端锐尖，一端钝圆，核位于虫体的中央或略偏于钝圆端。滋养体主要发现于急性病例，在腹水中，常可见到正在繁殖的虫体，其形态不一，有柠檬状、圆形、卵圆形，还有正在出芽的不规则形状等。有时在宿主细胞的包浆内许多滋养体聚集在一个囊内，称此为假囊，囊内含有数个、数十个或数百个速殖体。在慢性病例，由于宿主的免疫力增强，大部分滋养体和假囊被消灭，仅在脑、骨骼和眼内存有部分虫体。这些虫体分泌一些物质，形成包囊，其中含有圆形或椭圆形的虫体，此囊内的虫体称为慢殖体。包囊能在宿主体内长时间寄生，可长达数月或数年甚至终生寄生于宿主体内。

老母猪呈隐性感染，虽本身不显症状，但可通过胎盘传递给胎儿引起流产、死胎或产下弱仔；若未发生胎盘感染，产下的健康仔猪吃母乳后，亦会感染发病。5日龄乳猪即可发病。育肥猪及后备种公、母猪多在3～6月龄感染发病，其中以3月龄多发。

（二）诊断要点

1. 流行特点

本病自20世纪60年代传入我国，经50多年，其流行特点不断发生变化，由以往的暴发性流行到近年来以隐性感染和散发为主。当然也有局部的小范围流行，但已很少见。①暴发性是突然发生，症状明显而重，传播迅速，病死率高。②急性型是同舍各圈猪相继发病，一次可病10～20头。③零星散发是某圈发病1～2头，过几天另圈又发1～2头，在2～3周内零星散发，可持续一个多月后逐渐平息。④隐性型，即临床不显症状。目前大多数猪场已转入此型。

2. 临床症状

据报道，在我国各地发生的弓形虫病，其症状基本相同；而自然和人工感染的症状也基本相同。本病的潜伏期为3～7天，病程多10～15天。

（1）呼吸困难，呈腹式呼吸，育肥猪有咳嗽、流鼻液，乳猪偶有咳嗽和流鼻液。

（2）耳尖、阴户、包皮尖端、腹底的皮肤上出现出血性紫斑。乳猪明显，往往有从耳尖向耳根推进或减退的情况，作为疾病轻重的标志。育肥猪偶尔有此现象。

（3）体温40.5～42℃或以上，呈稽留热型。

（4）乳猪可出现神经症状，如转圈、共济失调等。

（5）伏卧难起，迫起后步态不稳，个别关节肿大。

（6）腹股沟淋巴结肿大明显。

（7）少吃或不食，精神沉郁。

（8）育肥猪和后备母猪大便可呈煤焦油状血痢或呈无血的腹泻。

（9）怀孕母猪可引起流产或产死胎、畸形胎、弱仔，弱仔产下数天内死亡，母猪流产后很快自愈，一般不留后遗症。

3. 剖检变化

（1）仔猪发病后2～3天，生长育肥猪发病后5～7天，其体表毛根处有出血性紫红色斑点。

（2）腹股沟、肠系膜淋巴结肿大，外观呈淡红色，切面呈酱红色花斑状。

（3）肝大小正常或稍肿大，质地较硬实，表面散在灰红色和灰白色坏死灶（图9-1，见彩图），切面有芝麻至黄豆大小的灰白色和灰黄色斑点。

（4）脾肿大明显，边缘有出血性梗死。

（5）肾外膜有少数出血点，表面有灰白色坏死小点及出血小点（图9-2，见彩图）。

（6）肺间质增宽，小叶明显，切面流出多量带泡沫的液体，有的可夹有血液。肺表面颜色呈暗红色，有的苍白，有的布满灰白色粟粒大坏死灶。

（7）心耳和心外膜有的有出血小点。

（8）胸、腹腔液增多，呈透明黄色。

（三）防制

1. 预防

已知弓形虫病是由于摄入猫粪便中的卵囊而遭受感染的，因此，猪舍内应严禁养猫并防止猫进入圈舍；严防饮水及饲料被猫粪直接或间接污染。控制或消灭鼠类。大部分消毒药对卵囊无效，但可用蒸汽或加热等方法杀灭卵囊。

2. 治疗

对于急性病例，主要采用磺胺类药物治疗。磺胺药与三甲氧苄氨嘧啶（TMP）或乙胺嘧啶合用有协同作用。常用的磺胺药有下列几种：

（1）磺胺嘧啶　每千克体重70毫克内服，或用增效磺胺嘧啶钠注射液，每千克体重20毫克肌注，每日1～2次，连用2～3天。

（2）磺胺对甲氧嘧啶　每千克体重20毫克肌注，每日1～2次，连用2～3天。

（3）磺胺间甲氧嘧啶　每千克体重50～100毫克内服，连用3～5天；或用磺胺间甲氧嘧啶注射液，每千克体重50毫克，每日1～2次，连用2～3天。

应当特别注意在发病初期及时用药，如用药较晚，虽可使患猪的临诊症状消失，但不能抑制虫体进入组织形成包囊，结果使病畜成为带虫者。

二、猪球虫病

球虫寄生于猪肠道的上皮细胞内引起的寄生虫病。猪等孢球虫是其中一个重要的致病种，引起仔猪下痢和增重降低。成年猪常为隐性感染或带虫者。

（一）病原

病原为艾美耳科的艾美耳属和等孢属球虫，致病性较强的有猪等孢球虫、蒂氏艾美耳球虫、粗糙艾美耳球虫和有刺艾美耳球虫。临床上，除猪等孢球虫外，一般多为数种混合感染。

该科虫体卵囊的结构以艾美耳属最具代表性。卵囊壁 1 或 2 层，内衬一层膜。可能有卵膜孔，孔上有一盖，称极帽。该属卵囊内有 4 个孢子囊，每个囊内含 2 个子孢子。卵囊和孢子囊内分别有卵囊残体和孢子囊残体，分别为孢子囊和子孢子形成后的剩余物质。孢子囊一端有一突起，称斯氏体。子孢子通常长形，一端钝，一端（前端）尖，也可为香肠状，通常有一个蛋白性的明亮球，称折光球，其功能不详。

裂殖子由在宿主细胞内进行的裂殖生殖形成。裂殖子和子孢子均有顶复体。子孢子、裂殖子和孢子囊残体均含有碳水化合物颗粒。孢子囊残体还含有脂肪颗粒。子孢子和裂殖子均覆有表膜。表膜有 2 层，外层为连续的限制性膜，内层在极环处终止。它们均含有 22～26 个亚表膜下微管，1 个类锥体，由螺旋形排列的微管组成。在类锥体前端有 1 个或 2 个环，有 1 个极环、1 个有或无核仁的核、几个棒状体、几个微线体，还有明亮球、内质网、高尔基体、线粒体、微孔、脂质体、卵形多糖体和核糖体。

1. 艾美耳属

每个卵囊有 4 个孢子囊，每个孢子囊内含 2 个子孢子，种类很多。

2. 等孢属

卵囊含有 2 个孢子囊，每个孢子囊含 4 个子孢子。种类较多，可以感染多种动物。对猪、犬、猫等危害较大。

球虫进入小肠绒毛上皮细胞内寄生。生殖分 3 个阶段。在内寄生阶段，经过裂殖生殖和配子生殖，最后形成卵囊排出体外。仔猪感染后是否发病，取决于摄入的卵囊的数量和虫种。仔猪群过于拥挤和卫生条件恶劣时便增加了发病的危险性。

等孢球虫的生活史可分为孢子生殖（孢子化）阶段、裂殖生殖（裂体增殖）阶段和配子生殖（有性生殖）三个阶段。裂殖生殖阶段和配子生殖阶段是在机体内完成的，合称为内生发育阶段。孢子化阶段是指粪便中的卵囊从未孢子化的、不具有感染力的阶段发育为有感染力的阶段。整个孢子化过程是在机体外完成的，在20～37℃时猪等孢球虫的卵囊能迅速孢子化。

（二）诊断要点

1. 流行特点

各品种的猪都有易感性，哺乳仔猪发病率高，容易继发其他疾病，死亡率高，成年猪多为带虫感染。

感染性卵囊（孢子化卵囊）被猪吞食后，孢子在消化道释出，侵入肠上皮细胞，经裂殖生殖和配子生殖后，形成新的卵囊，脱离肠上皮细胞，随猪粪便排出体外，在外界经孢子生殖阶段，发育为感染性卵囊。饲料、垫草和母猪乳房被粪便污染时常引起仔猪感染。饲料的突然变换、营养缺乏、饲料单一及患某种传染病时，机体抵抗力降低，容易诱发本病。

潮湿有利于球虫的发育和生存，故本病多发于潮湿多雨的季节，特别是在潮湿、多沼泽的牧场最易发病，冬季舍饲期也可能发生。

潜伏期 2～3 周，有时达 1 个月。

2. 临床诊断

猪等孢球虫的感染以水样或脂样的腹泻为特征，多发生于 7～10 日龄哺乳仔猪。有报道说猪等孢球虫引起了 5～6 周龄断奶仔猪的腹泻，腹泻出现在断奶后4～7 天时，发病率很高（80％～90％），但死亡率都极低。开始时粪便松软或呈糊状，随着病情加重粪便呈水样。仔猪身上粘满液状粪便，使其看起来很潮湿，并且会发出腐败乳汁样的酸臭味。病猪表现衰弱、脱水，发育迟缓，时有死亡。不同窝的仔猪症状的严重程度往往不同，即使同窝仔猪不同个体受影响的程度也不尽相同。组织学检查，病灶局限在空肠和回肠，以绒毛萎缩与变钝、局灶性溃疡、纤维素坏死性肠炎为特征，并在上皮细胞内见有发育阶段的虫体。

艾美耳属球虫感染通常很少有临床表现，但可发现于 1～3 月龄腹泻的仔猪。该病可在弱猪中持续 7～10 天。主要症状有食欲不振，腹泻，有时下痢与便秘交替。一般能自行耐过，逐渐恢复。

3. 粪便检查

猪球虫卵囊的粪便检查方法很多，以饱和盐水（密度＝1.20 克/毫升）漂浮法较多用，但仅从粪检中查获卵囊或进行粪便卵囊计数是不够的，必须辅以剖检，在小肠上皮细胞中查见艾美耳球虫或等孢球虫的内生性阶段虫体及相应的病理变化才可进行确诊。

本病的剖检特征是中后段空肠有卡他性或局灶性、假膜性炎症，空肠和回肠黏膜表面有斑点状出血和纤维素性坏死斑块，肠系膜淋巴结水肿性增大。显微镜下观察可见肠绒毛的萎缩、融合，肠隐窝增生、滤泡增生和坏死性肠炎，肠上皮细胞灶性坏死，在绒毛顶端有纤维素性坏死物，并可在上皮细胞内见到大量成熟的裂殖体、裂殖子等内生性阶段虫体。对于最急性感染，诊断必须依据小肠涂片和组织切片发现发育阶段虫体，因为猪可能死在卵囊形成之前。组织学检查，病灶局限在空肠和回肠，以绒毛萎缩与变钝、局灶性溃疡、纤维素坏死性肠炎为特征，并在上皮细胞内见有发育阶段的虫体。

（三）防制

1. 预防

预防基于控制幼龄动物食入孢子化卵囊的数量，使建立的感染能产生免疫力而又不致引起临床症状。好的饲养方法和管理措施（包括卫生条件）有助于实现这一目标。

要将产房彻底清扫干净，用50%以上的漂白粉或氨水复合物消毒几小时或过夜和熏蒸；尽量减少人员进入产房，以免由鞋子或衣服携带卵囊在产房中传播；防止宠物进入产房，以免其爪子携带卵囊在产房中传播。

新生仔猪应喂给初乳，年轻的易感猪应保持在清洁而干燥的场地，饲槽和饮水器应保持干净，防止粪便污染，尽量减少断奶、突然改变饲料和运输产生的应激因素。

在采取各种管理措施的情况下，动物还有可能发生球虫病时，就应使用抗球虫药进行预防。磺胺类药物和氨丙啉对猪球虫有效。在母猪产前2周和整个哺乳期，往饲料内添加250毫克/千克的氨丙啉，对等孢属球虫病可达到良好的预防效果。

2. 治疗

将药物添加在饲料中预防哺乳仔猪球虫病，效果不理想；把药物加入饮水中或将药物混于铁剂中可能有比较好的效果；个别给药可获得治疗本病的最佳效果。

（1）磺胺类（磺胺二甲基嘧啶、磺胺间甲氧嘧啶、磺胺间二甲氧嘧啶等）连用7～10天。

（2）抗硫胺素类（氨丙啉、复方氨丙啉、强效氨丙啉、特强氨丙啉、SQ氨丙啉），剂量为20毫克/千克体重，口服。

（3）均三嗪类（杀球灵、百球清），3～6周龄的仔猪口服，剂量为20～30毫克/千克体重。

（4）莫能霉素，每1000千克饲料加60～100克。

（5）拉沙霉素，每1000千克饲料加150毫克，喂4周。

（6）病奶猪可用2毫升9.6%氨丙啉口服，每天1次，一般第2天停止腹泻。

（7）用氯苯胍治疗猪艾美耳球虫，剂量为20毫克/千克体重，混于饲料喂给，服药后第4天停止排出卵囊，病猪腹泻停止。

（8）据报道，5%的三嗪酮悬液对仔猪球虫病有较好的防治效果。按20毫克/千克体重（相当于0.4毫升/千克）或1毫升/头仔猪剂量，于3～5日龄，一次口服，可完全预防球虫病的发生。该药安全性好，5倍剂量仔猪也能完全耐受，且与补铁剂（口服或非肠道给药）、恩诺沙星、庆大霉素、增效磺胺等无任何相互干扰，也不影响仔猪免疫力的产生，在生产中已得到广泛应用。

三、猪结肠小袋纤毛虫病

猪结肠小袋纤毛虫病是由纤毛虫纲、毛口目、小袋虫科的结肠小袋虫寄生于猪的大肠引起的一种常在性的寄生虫病，可感染任何年龄的猪。结肠小袋虫病除感染猪外，还可感染人、大鼠、小鼠、豚鼠、狗及灵长类动物，是一种人兽共患寄生虫病。只有在猪体内环境发生改变时才会引起暴发，如不及时控制，可引起大批猪死亡，造成严重的经济损失。

（一）病原

猪结肠小袋纤毛虫在发育过程中有滋养体和包囊两个时期。

当猪吞食了被包囊污染的饮水和饲料后，囊壁在肠内被消化，包囊内虫体逸出变为滋养体，进入大肠寄生，以淀粉、肠壁细胞、红细胞、白细胞、细菌等为食料，然后以二分裂法繁殖，即小核首先分裂，继而大核分裂，最后胞质分开，形成两个新个体。经过一定时期的无性繁殖后，虫体进行有性接合生殖，然后又进行二分裂法繁殖。部分新生的滋养体在不良环境或其他因素的刺激下变圆，分泌坚韧的囊壁包围虫体成包囊，随宿主粪便排出体外。本虫的包囊期没有包囊内生殖，一个包囊将来只能变为一个滋养体，滋养体若随粪便排出，也可在外界环境中形成包囊。

（二）诊断要点

1. 流行病学

结肠小袋纤毛虫是猪体内的常见寄生虫，猪是本病的重要传染源。我国许多省、市、自治区都发现本虫，在西南、中南和华南地区，猪的感染较普遍。一般认为人体的大肠环境对结肠小袋纤毛虫不甚适合，因此人体的感染较少见。

2. 临床症状

有下列3种类型：

（1）潜在型　感染猪无症状，但成为带虫传播者，主要发现在成年猪。

（2）急性型　多发生在幼猪，特别是断奶后的保育小猪。主要表现为水样腹泻（图9-3，见彩图），混有血液。粪便中有滋养体和包囊两种虫体存在。病猪表现为食欲不振，渴欲增加，喜欢饮水，消瘦，粪稀如水、带有组织碎片、恶臭。被毛粗乱无光，严重者1～3周死亡。

（3）慢性型　病猪常由急性型转为慢性型，表现出消化机能障碍、贫血、消瘦、脱水的症状，发育障碍，陷于恶病质，常常死亡。

3. 粪便检查

自小肠、结肠和盲肠分别取少量稀便和肠黏膜刮取物，滴于载玻片上，加适量生理盐水，盖上盖玻片，于低倍镜暗视野观察，仅在结肠和盲肠内容物及肠黏膜刮取物中发现结肠小袋纤毛虫滋养体和包囊，而小肠内容物及其黏膜刮取物中未见到。滋养体呈卵圆形或梨形囊状，大小为（30～150）微米×（25～120）微米，身体前端有一略为倾斜的沟，沟的底部有胞口，由于胞口的吸附作用，引起其周围液体的流动。囊内有一个主核，呈腊肠样。滋养体的外部有纤毛，通过纤毛有规律地摆动，虫体旋转并向前快速移动。包囊壁光滑，呈球形或卵圆形，大小为40～60微米，囊内有1个虫体。包囊不能自主运动，但可随粪液的流动而移动，其壁易变形。

另外，死后剖检可在肠黏膜涂片上查找虫体，观察直肠和结肠黏膜上有无溃疡。

4. 病理剖检

病猪严重脱水，后躯被粪水污染；剖检可见结肠和盲肠壁变薄（图9-4，见彩图），黏膜上有瘀血斑和少量溃疡灶（图9-5，见彩图）；肠内容物稀薄如水，含有组织碎片，恶臭；肠系膜淋巴结肿大、出血。其他组织和器官未见异常。

（三）防制

1. 预防

（1）凡有此病的猪场应及时清粪，并将粪便进行生物热发酵或在阳光下曝晒，以杀灭虫体。

（2）为避免将病原传染给健康猪群，病猪应由专人管理，并避免卫生工具的交叉使用。

（3）本病诊断并不困难，但往往被忽视或被诊断为细菌性肠炎而耽误用药治疗时机。实验室诊断必须采取结肠和盲肠内容物或刮取肠黏膜进行检查，小肠内容物及其黏膜刮取物则见不到病原体。

（4）同时，为控制疾病的蔓延，应对未出现症状的猪全面用药预防。

（5）猪场饲养管理人员应注意个人卫生，防止经口感染而造成严重后果。

2. 治疗

二甲硝咪唑（迪美唑），按每千克体重 20 毫克肌内注射，1 日 2 次，连用 5 天，或按每千克饲料 500 毫克拌料混饲，连用 2 周。

结合用中药进行治疗，方剂为常山、诃子、大黄、木香各 10 克，干姜、附子各 5 克（体重 20～30 千克仔猪的用量），上药共研细末，加蜂蜜 100 克，用开水冲调，空腹灌服，每天 1 剂，连服 3～5 剂即可。也可用白头翁散加减：白头翁 60 克，黄连 30 克，黄柏 45 克，秦皮 60 克，地榆炭 45 克，马齿苋 60 克，研末，按每千克体重 2 克，水冲调灌服，一日 2 次，连用 3 天以上。

四、猪锥虫病

（一）病原

不同种的锥虫可引起马、牛、猪、犬等动物的血液原虫病，世界各地都有，特别在热带地区多见。虫体呈纺锤状或柳叶状，两端变窄，前端较尖，后端稍钝。靠近虫体中央有一个圆形细胞核（主核），靠近后端有一点状的动基体。鞭毛由生毛体生出，沿体一侧边缘向前延伸，最后至前端伸出体外，成为游离鞭毛与体部一皱曲的薄膜相连，因随鞭毛运动而发生波动运动，称之为波动膜。据国外报道，引起猪发病的是凹形锥虫、布氏锥虫、刚果锥虫，其中以凹形锥虫对猪危害最大。这三种锥虫在形态上略有差异。我国近年来也有猪锥虫的报道，认为是伊氏锥虫所致（安徽明光市），但也有人给猪做过人工接种伊氏锥虫，并不引起发病，只是成为携带者。

（二）诊断要点

1. 流行病学

本病 7～9 月多发，主要发生在吸血昆虫（虻蝇）活跃的地区或由蝙蝠传播。

兽医注射用具消毒不严，也能人为传播。伊氏锥虫进入昆虫的口吻和胃内，一般生存 24 小时，但 4 小时以后已无感染力。

2. 临床症状

病猪有不规则的间歇热，猪体温达 40℃以上，精神不振，食欲减退，消瘦，贫血，脊背毛易脱落，四肢僵硬，后肢能出现浮肿，触诊呈捏粉状，尾、耳有不同程度的坏死，个别病例皮肤有疹块，淋巴结肿大。有的衰竭昏迷而死，有的突然倒地死亡，有的出现神经症状，孕猪发病后 2～5 天内流产死胎。

3. 实验室检查

病猪耳尖采血一滴，滴于载玻片上，检查是否有活动的锥虫。另可制成血片，经姬姆萨或瑞氏染色后镜检，发现虫体即可确诊。间接血凝试验，只能检测猪体是否有感染，除非出现症状才能确诊。

（三）防制

1. 预防

进入疫区的猪只，应加强观察，若有异常立即治疗。在吸血昆虫活跃的季节，圈内经常喷洒杀虫剂，以减少感染的机会。

2. 治疗

贝尼尔，每千克体重 5～7 毫克，用 5%葡萄糖盐水稀释成 10%溶液，肌内注射，隔日再使用 1 次；或用拜尔 205，每千克体重 8～12 毫克，用生理盐水稀释成 10%溶液，静脉注射，隔 2～3 日重复用药 1 次。

第二节 吸虫病

一、姜片吸虫病

由姜片吸虫寄生于猪和人的小肠所引起的一种吸虫病，偶见于犬。病猪有消瘦、发育不良和肠炎等症状，严重时可能引起死亡。

（一）病原

病原为布氏姜片吸虫，是吸虫中较大的一种，长 30～75 毫米，宽 8～20 毫米。整个轮廓大体呈长卵圆形，像一个斜切的厚姜片，故称姜片吸虫。前窄后宽，没有如肝片形吸虫那样的“肩”，相当肥厚；新鲜虫体呈暗红色或肉红色；前端有较小的口吸盘，稍后有一个发达的腹吸盘，肉眼可以清楚地看到。虫卵呈淡黄褐色，色较灰暗，大小为（130～150）微米×（85～97）微米。

雄性生殖器官：睾丸2个，分支，前后排列在虫体后部的中央；两条输出管合并为输尿管，膨大的为贮精囊；雄茎囊很发达，生殖孔开口在腹吸盘的前方。

雌性生殖器官：卵巢1个，分支，位于虫体中部而稍偏后方；卵模呈圆形，在虫体中部，周围为梅氏腺；卵黄腺呈滤泡状，位于虫体两侧，无受精囊；子宫弯曲在虫体前半部，位于卵巢与腹吸盘之间，内含虫卵。

虫体在猪和人小肠内产卵，卵随粪便排到体外，在适宜温度26～36℃下，经3～7周，卵内生成毛蚴。孵出的毛蚴在水中游泳，钻入扁卷螺体内，经历胞蚴、雷蚴到尾蚴的阶段。当尾蚴离开螺体，游入水中，遇到水浮莲、水葫芦、菱角、荸荠、慈姑一类的水生植物，即在其上变为囊蚴。随着水生植物被猪食入时，进入猪消化道，囊蚴的壁在消化酶和胆汁的作用下崩解，幼虫在小肠内游离出来，吸着在肠黏膜上，逐渐长大至性成熟期。在猪小肠内，由幼虫长为成虫，一般需90～103天，生存时间为9～13个月。

胞蚴呈包囊状，营无性繁殖，内含胚细胞、胚团及简单的排泄器，逐渐发育，在体内生成雷蚴。

雷蚴呈包囊状，营无性繁殖，有咽和一袋状盲肠，还有胚细胞和排泄器，有些吸虫的雷蚴有产孔和1～2对足突，有的吸虫仅有一代雷蚴，有的则存在母雷蚴和子雷蚴两期。雷蚴逐渐发育为尾蚴，尾蚴由产孔排出。缺产孔的雷蚴，尾蚴由母体破裂而出。尾蚴在螺体内停留一定时间，成熟后即逸出螺体，游于水中。

尾蚴由体部和尾部构成。不同种类吸虫尾蚴形态不完全一致。尾蚴能在水中活跃地运动。体表具棘，有1～2个吸盘。消化道包括口、咽、食道和肠管，还有排泄器、神经元、分泌腺和未分化的原始的生殖器官。尾蚴可在某些物体上形成囊蚴而感染终末宿主；或直接经皮肤钻入终末宿主体内，脱去尾部，移行到寄生部位，发育为成虫。但有些吸虫尾蚴需进入第二中间宿主体内发育为囊蚴，才能感染终末缩主。

囊蚴系尾蚴脱去尾部，形成包囊后发育而成，体呈圆形或卵圆形。囊内虫体体表常有小棘，有口、腹吸盘，还有口、咽、肠管和排泄囊等构造。生殖系统的发育不尽相同：有的只有简单的生殖原基细胞；有的则有完整的雌、雄器官。囊蚴是通过其附着物或第二中间宿主进入终末宿主的消化道内，囊壁被胃肠的消化液溶解，幼虫即破囊而出，经移行，到达寄生部位，发育为成虫。

（二）诊断要点

1. 流行病学

本病往往呈地方性流行。其主要流行因素有以下几个方面：

（1）6～9 月份是感染的最高峰　人、畜粪便是主要的肥料。在姜片吸虫病流行地区，患者（人和畜）的粪内常含有大量的虫卵，粪便未经生物热处理即作为肥料，常能造成本病的流行。温度 28～32℃最适宜虫卵的发育，仅 9～11 天毛蚴即孵化；在 32～35℃下则需要 22 天。天气越冷发育越慢，在 18～20℃下需 37 天，15℃下需 49 天，在 3～9℃的温度下，虫卵停止发育，但不死亡。在南方，每年 5～7 月份本病开始流行，6～9 月份是感染的最高峰，5～10 月份是姜片吸虫病的流行季节。猪只一般在秋季发病较多，也有延至冬季。

（2）我国南方以水浮莲和假水仙等水草为养猪的主要青饲料　猪喜欢生吃新鲜水草，因此有些猪场在附近筑塘种植水生植物，让猪自由采食，或捞取水草生喂猪只；猪舍内的粪尿又常从水沟直接流入塘内，或生粪直接追肥。故一般肥分好、水生植物生长茂盛的池塘，也适于扁卷螺的生长发育。由于猪粪中大量虫卵被带入池塘，从而造成了猪姜片吸虫完成发育史的有利条件。

（3）扁卷螺多滋生在枝叶茂盛、荫蔽和肥料充足的塘内　水浮莲、假水仙等水生植物生长茂密的池塘是扁卷螺生长的最好环境；扁卷螺也就在这种塘内感染姜片吸虫幼虫。在南方，半球多脉扁螺和尖口圆扁螺的感染率最高，每年除 2 月份、3 月份外，其他各月份均有感染，其中以 6、7、8 三个月为最高峰。尾蚴逸出与季节有很大关系，春季尾蚴大量逸出，到夏季数量减少，秋季更少，初冬尾蚴停止出现。因此，南方姜片吸虫的感染多在春夏两季，动物开始发病。冬季青料较少，饲养条件差，天气寒凉，病情更为严重，死亡率也高。

（4）姜片吸虫病和猪的品种、年龄与体重的关系　姜片吸虫病与宿主品种有关，据资料统计，纯种猪较本地种和杂种猪的感染率要高，南方以白种约克夏猪的感染率高，发病率也高；本病的发生与猪的年龄关系也很大，主要危害幼猪，以 5～8 月龄感染率最高，过了 9 个月以后，随年龄增长感染率下降。幼猪感染姜片吸虫病以后，发育受阻。在流行地区，饲养 5～6 个月的小猪，有的体重才 10～18 千克，而正常猪的体重可达 50 千克以上。

2. 临床症状

幼猪断奶后 1～2 个月就会受到感染。一般对人危害严重，对猪危害较轻。寄生少量时一般不显症状。虫体大多数寄生于小肠上段。吸盘吸着之处由于机械刺激和毒素的作用而引起肠黏膜发炎。腹胀，腹痛，下痢，或腹泻与便秘交替发生。虫体寄生过多时，往往发生肠堵塞（可多至数百条），如不及时治疗，可能发生死亡。

姜片吸虫多侵害幼猪，导致幼猪发育不良，被毛稀疏无光泽，精神沉郁，低头，流涎，眼黏膜苍白，呆滞。食欲减退，消化不良，但有时有饥饿感。有下痢症状，粪便稀薄，混有黏液。严重时表现为腹痛、水泻、浮肿、腹水等症状。患病母猪泌乳量减少，影响仔猪生长。

3. 病理变化

姜片吸虫吸附在十二指肠及空肠上段黏膜上，肠黏膜有炎症、水肿、点状出血及溃疡。大量寄生时可引起肠管阻塞。

4. 实验室诊断

取粪便用水洗沉淀法检查。如发现虫卵，或剖检时发现虫体，即可确诊。

水洗沉淀法适用于检查吸虫卵，取粪便 5 克，加清水 100 毫升，搅匀成粪液，通过 250～260 微米（40～60 目）铜筛过滤，滤液收集于锥形瓶或烧杯中，静置沉淀 20～40 分钟，倾去上层液，保留沉渣，再加水混匀，沉淀，如此反复操作直到上层液体透明后，吸取沉渣检查。

（三）防制

1. 预防

（1）加强猪粪管理　病猪的粪便是姜片吸虫散播的主要来源，应尽可能把粪便堆积发酵后再作肥料。

（2）定期驱虫　这是最主要的预防措施。因为每年在当地的气温达到 29～32℃以上之后 2 个月左右为感染季节，所以从那以后，需再过 2 个多月，病猪体内的童虫开始发育为成虫产卵，此时为秋末，驱虫最为适宜。一般依感染情况而定，驱虫 1 次或 2 次，最好选两三种药交替使用。

（3）灭螺　扁卷螺是姜片吸虫的中间宿主，在习惯用水生植物喂猪的地方，灭螺具有十分重要的预防作用。

2. 治疗

治疗可用敌百虫、硫双二氯酚、硝硫氰胺、吡喹酮等。敌百虫，按 100 毫克/千克体重，内服，或拌入饲料中喂服（大猪总量不超过 8 克）。硫双二氯酚，剂量为 100 毫克/千克体重，用于体重 100 千克以下的猪；体重 100 千克以上的猪，剂量为 50～60 毫克/千克体重。硝硫氰胺，剂量为 3～6 毫克/千克体重，一次拌入饲料喂服。吡喹酮，剂量为 50 毫克/千克体重，内服。

二、华支睾吸虫病

华支睾吸虫寄生于人、猪、狗、猫等动物的胆囊和胆管内所引起的一种寄生虫病，称为华枝睾吸虫病。

（一）病原

病原为华支睾吸虫。虫体扁平呈叶状，前端稍尖，后端较钝，体表平滑，大小为（10～25）毫米×（3～5）毫米。口吸盘大于腹吸盘。两条盲肠直达虫体后端。两个分支的睾丸前后排列在虫体的后1/3部位。从睾丸各发出一条输出管，在虫体的中部，两条汇合成输精管，其膨大部形成贮精囊，末端为射精管，开口于雌雄生殖孔，通入生殖腔。卵巢分叶，位于睾丸之前，受精囊发达，呈椭圆形，位于睾丸与卵巢之间。劳氏管细长，开口在虫体的背面，输卵管的远端为卵模，周围为梅氏腺，位于睾丸之前，卵黄腺排列在虫体中部两侧，由许多细颗粒组成，左右卵黄管汇合为一个卵黄囊。子宫从卵模开始，弯曲至虫体的前半部，内充满虫卵。虫卵小，大小为（27～35）微米×（12～20）微米，黄褐色，有肩峰，上端有卵盖，下端有一小突起，内含毛蚴。

虫卵随粪便排出，进入水中，被适宜的第一中间宿主螺蛳吞食后，在螺的消化道中孵出毛蚴。毛蚴进入螺蛳的淋巴系统，发育为胞蚴、雷蚴和尾蚴。

成熟的尾蚴离开螺体游入水中，如遇到适宜的第二中间宿主，某些淡水鱼和虾，即钻入其肌肉内，形成囊蚴。人、猪、犬和猫是由于吞食含有囊蚴的鱼、虾而受感染的。幼虫在十二指肠破囊而出，并从胆总管进入肝胆管，约经一个月发育为成虫并开始产卵。

（二）诊断要点

1. 流行病学

华支睾吸虫病主要分布于东南亚诸国，如日本、朝鲜、越南、老挝和中国等，在我国的分布是极其广泛的，除青海、西藏、甘肃和宁夏外，其余省、市、自治区均有报道。宿主有人、猫、犬、猪、鼠类以及野生的哺乳动物，食鱼的动物如鼬、獾、貂、野猫、狐狸等均可感染。华支睾吸虫病是具有自然疫源性的疾病，是重要的人畜共患病。

猪华支睾吸虫病的发生和流行取决于以下几个因素：

（1）有适宜的中间宿主　淡水螺和淡水鱼、虾生存的水环境和中间宿主的广泛存在是华支睾吸虫病发生和流行的重要因素。此外，囊蚴对淡水鱼、虾的选择并不严格，除上述鱼、虾外，水沟或稻田的各种小鱼虾均可作为第二中间宿主。

（2）人和猪的粪便管理不严　由于人或猪、狗、猫等都是华支睾吸虫的终末宿主，人和猪的粪便管理不严而随便倒入河沟和池塘内；有的地区在河沟、鱼塘、小池边上建筑厕所或猪舍，含有大量虫卵的人、猪粪便直接进入河沟、池塘内；特别是狗、猫及其他野生动物的粪便更难控制，从而促进本病的发生和流行。

（3）猪的感染　也有因用小鱼虾作为猪饲料，或是用死鱼鳞、肚肠、带鱼肉的骨头、鱼头、碎肉渣、洗鱼水喂饮猪，以及放牧或散放的猪在河沟、池塘边吃了死鱼虾等都可引起感染。

2. 临床症状

严重感染时表现消化不良、食欲减退和下痢等症状，最后出现贫血消瘦，病程较长，多并发其他疾病而死亡。

3. 病理变化

猪和狗的主要病变在肝和胆。虫体在胆管内寄生吸血，破坏胆管上皮，引起卡他性胆管炎及胆囊炎，可使肝组织脂变、增生和肝硬变。临床表现为胆囊肿大，胆管变粗，胆汁浓稠，呈草绿色。胆管和胆囊内有许多虫体和虫卵。肝表面结缔组织增生，有时引起肝硬化或脂肪变性。

4. 粪便检查

若在流行区，有以生鱼虾喂猪的习惯时，如临床上出现消化不良和下痢等症状，即可怀疑为本病，如粪便中查到虫卵即可确诊。

粪检可用沉淀法。虫卵为黄褐色，平均大小29毫米×17毫米，内含毛蚴，顶端有盖，卵孔的周缘突起；后端有一个小结，卵壳较厚，不易变形。近年来发展了IHA（间接血凝试验）、Dot-ELISA等免疫学方法。现国内已有PVC-Fast-Dot-ELISA（白色PVC薄膜快速斑点酶联免疫吸附试验）试剂盒出售。

（三）防制

1. 预防

不要生吃或半生吃淡水鱼、虾。对疫区人、犬、猫要定期检查和驱虫。勿以生的鱼、虾或鱼的内脏喂犬、猫。对人、犬、猫的粪便进行堆积发酵，防止其污染水塘。消灭第一中间宿主淡水螺。

2. 治疗

六氯酚，剂量20毫克/千克体重，口服，每日1次，连用23天。海涛林，剂量 50～60 毫克/千克体重，混入饲料中喂服，每日 1 次，5 天为一个疗程。吡喹酮，剂量 20～50 毫克/千克体重，口服。

第三节　绦虫（蚴）病

一、猪棘球蚴病

棘球蚴病是由寄生于狗、猫、狼、狐狸等动物小肠内的带科、棘球属的细粒棘球绦虫的幼虫棘球蚴寄生于猪（也寄生于牛、羊和人等）肝、肺及其他脏器而引起的一种绦虫（蚴）病。

本病对人、畜危害极大，可严重影响患畜的生长发育，甚至造成死亡。而且寄生有棘球蚴的肝、肺及其他脏器按卫生检疫规定，均被废弃，加以销毁，从而造成很大的经济损失。

（一）病原

棘球蚴呈囊泡状，小的如豌豆，大的如小儿头，囊内有无色透明的液体。囊壁分两层，外层为角质层，有保护作用；内层为生发层，在该层上可长出生发囊，生发囊的内壁上生成许多头节。生发囊和头节脱落后，沉在囊液里，呈细沙状，故称“棘球沙”或“包囊沙”。有时囊内还可生成子囊（或向囊外生成外生性子囊），子囊内还可生成孙囊。但有的棘球蚴不形成头节，无头节的囊泡称为“不育囊”。不育囊也能长得很大，它的出现与中间宿主的种类有很大关系，据统计，猪约有 20%的不育囊。

寄生在犬、狼等动物体内的成虫数量一般很多，它们的孕卵节片随粪便排出外界，虫卵散布在牧草或饮水里，中间宿主牛、羊和猪等随着吃草或饮水而遭受感染。虫卵在胃肠消化液的作用下，六钩蚴脱壳而出，穿过肠壁，随血流而至肝和肺，逐步发育为棘球蚴。终末宿主犬、狼等吃了有棘球蚴的脏器而受到感染。

人误食细粒棘球绦虫的虫卵后，可患严重的棘球蚴病。寄生于人体的棘球蚴可生长发育达 10～30 年之久。

（二）诊断要点

1. 流行病学

本病流行广泛，呈全球性分布，世界上许多国家都有发生，国内很多省、市和自治区都有本病的流行，其中绵羊的感染率最高，猪也常有发生。

细粒棘球绦虫卵在外界环境中可以长期生存，在0℃时能生存116天之久，高温50℃时1小时死亡，对化学物质也有相当的抵抗力，直射阳光易使之致死。

猪感染棘球蚴病主要是吞食狗和猫粪便中的细粒棘球绦虫卵而引起。人们有时用寄生有棘球蚴的牛、羊、猪的肝、肺等组织器官的肉喂狗、猫或对这些感染器官处理不当被狗、猫食入，而使狗、猫感染细粒棘球绦虫病。寄生有细粒棘球绦虫的狗、猫到处活动，也会把虫卵散布到各处，特别是在猪的圈舍内养狗和猫，或是饲养人员把狗、猫带到猪舍，从而大大增加了虫卵污染环境、饲料、饮水及牧场的机会，加之有的猪放牧或散放，自然也就增加了猪与虫卵接触和食入虫卵而感染棘球蚴病的机会。

2. 临床症状

轻微感染和感染初期不出现临床症状。严重感染，如寄生于肺，可表现慢性呼吸困难和咳嗽。如肝脏感染严重，叩诊时浊音区扩大，触诊病畜浊音区表现疼痛，当肝脏容积增大时，腹右侧膨大，由于肝脏受害，患畜营养失调，表现消瘦，营养不良等。

猪感染棘球蚴病时，不如绵羊和牛敏感，表现体温升高，下痢，明显咳嗽，呼吸困难，甚至死亡。猪在临床上常无明显的症状，有时在肝区及腹部有疼痛表现，患猪有不安痛苦的鸣叫声。

3. 病理变化

猪的棘球蚴主要见于肝，其次见于肺，少见于其他脏器。肝表面凸凹不平，有时可明显看到棘球蚴显露表面，切开有液体流出。将液体沉淀后在显微镜下可见到许多生发囊和原头蚴（不育囊例外），有时肉眼也能见到液体中的子囊甚至孙囊。另外，也可见到已钙化的棘球蚴或化脓灶。

4. 免疫学诊断

可采用变态反应进行诊断。取新鲜棘球蚴囊液无菌过滤后，颈部皮内注射0.1～0.2毫升，5～10分钟观察如有直径0.5～2厘米的肿胀红斑，为阳性。此法一般准确性70%，也有可能和其他绦虫蚴病发生交叉反应。

（三）防制

1. 预防

(1) 禁止狗、猫进入猪圈舍和到处活动，管好狗、猫粪便，防止污染牧草、饲料和饮水。

（2）对狗、猫要定期驱虫，每年至少4次，驱虫药物有以下2种：

① 氢溴槟榔碱，狗1.5～2毫克/千克体重，猫2.5～4毫克/千克体重，口服。

② 氯硝柳胺（灭绦灵），狗400～600毫克/千克体重，口服。

（3）屠宰牛、羊、猪，发现肝、肺及其他组织器官有棘球蚴寄生时，要进行销毁处理，严禁喂狗、喂猫。

（4）要圈养，不放牧，不散放。

2. 治疗

目前尚无有效药物，人患棘球蚴病时可进行手术摘除。

二、猪囊尾蚴病

猪囊尾蚴病是有钩绦虫（猪带绦虫）的幼虫猪囊尾蚴寄生于猪的肌肉和其他器官中所引起的一种寄生虫病，又称猪囊虫病。所以，猪囊尾蚴病是在中间宿主体内的存在形式，猪和野猪是最主要的中间宿主，犬、骆驼、猫及人也可作为中间宿主；而人则是猪带绦虫的终末宿主。在世界各国均有发生。

本病危害人畜，所以成为肉品卫生检验的重要项目之一；而且有猪囊尾蚴的猪肉不能作鲜肉出售，严重的完全不能供食用，常导致巨大的经济损失，因此也是我国农业发展纲要中所列限期消灭的疾病之一。

（一）病原

病原体为猪囊尾蚴或称猪囊虫，其成虫是有钩绦虫（或称猪带绦虫）。

成虫寄生于终末宿主（人）的小肠里，名猪带绦虫或链状带绦虫。虫体大，长达2～7米，头节呈球形或略似方形，有4个吸盘，在头节顶端有一个顶突，顶突上有两排小钩，所以又名“有钩绦虫”。

节片很多，900个左右。未成熟的节片长度小于宽度，成熟节片近似正方形，孕卵节片的长度大于宽度。从人粪中排出的孕卵节片常常是数节连在一起。孕卵节片内的子宫每侧有7～12个主侧支。

猪囊尾蚴寄生在猪肌肉里，特别是活动性较大的肌肉。虫体为一个长约1厘米的椭圆形无色半透明包囊，内含囊液，囊壁的一侧有一个乳白色的结节，内含一个由囊壁向内嵌入的头节。

通常在嚼肌、心肌、舌肌和肋间肌、腰肌、臂三头肌及股四头肌等处最为多见，严重时可见于眼球和脑内。囊虫包埋在肌纤维间，如散在的豆粒，故常称猪囊虫的肉为“豆猪肉”或“米猪肉”。囊尾蚴在猪肉中的数量，可由数个到成千上万个。甚至多到无法计算。

猪带绦虫的成虫只能寄生于人的小肠前半段内，以其头节深埋在黏膜内。其孕卵节片随人的粪便单独或数节相连地排出体外。节片自行收缩压挤出或破裂排出大量的卵。

虫卵随着被污染的饲料而被猪吞食，胚膜在胃和小肠内被消化液消化，幼虫借助自身体表所具有的6个小钩，钻入肠壁小血管，随血液散布到全身肌肉，在肌纤维间发育成猪囊虫。猪囊虫在宿主体内可生活3～10年，个别的可达15～17年。

人吃了带有猪囊虫而未煮熟的猪肉时，囊虫的包囊在胃肠内被溶解，翻出头节，并以头节的小钩和吸盘固着于肠壁上，逐渐发育为成虫。经2～3个月又可随粪便排出孕卵节片或虫卵。

如果人食进虫卵，或绦虫病人小肠内的孕卵节片因小肠的逆蠕动而进入胃，游离的虫卵在胃液的作用下，卵膜被消化，逸出的六钩蚴进入肠壁血管随血流散布到各组织内发育成囊尾蚴，这时人就成为中间宿主。

寄生于人体内的囊尾蚴大多只有1条，偶有寄生2～4条者。成虫在人体内可存活25年之久，多寄生于脑、眼及皮下组织等部位，可对人的身体健康造成严重伤害。我国以华北、东北、西南等地区发生较多，长江流域少。

（二）诊断要点

1. 流行特点

猪囊尾蚴病呈全球性分布，但主要流行于亚、非、拉的一些国家和地区。在我国有26个省、市、自治区曾有报道，除东北、华北和西北地区及云南与广西部分地区常发生外，其余省、区均为散发，长江以南地区较少，东北地区感染率较高。

猪囊尾蚴主要是猪与人之间循环感染的一种人畜共患病，其唯一感染来源是猪带绦虫的患者。猪囊尾蚴的发生和流行与人的粪便管理和猪的饲养管理方式密切相关。人感染猪带绦虫病主要取决于饮食卫生习惯、烹调以及吃肉方法。人必须吃进活的猪囊尾蚴才有可能感染猪带绦虫病。我国除少数地区外，均无吃生猪肉的习惯，所以猪带绦虫感染人多为散发。如华北和东北地区的人喜食饺子，做肉馅时先尝味道，偶然会吃入囊尾蚴；有时做凉拌菜时用切过肉的同一菜刀或砧板，在切完生的带有囊虫的猪肉后又切凉拌菜，使黏附在菜刀或砧板上的囊尾蚴混于凉菜中。此外，烹调时间过短，快锅爆炒肉片，火锅烫生嫩肉片均有可能因加热不充分而不能杀死囊尾蚴，导致感染。云南西部与南部地区呈地方性流行，则是由于该地区有吃生猪肉的习惯。

至于猪感染囊虫病则主要取决于环境卫生及对猪的饲养管理方法。猪感染囊虫病必须是吃了猪带绦虫的孕节或虫卵，也就是吃了猪带绦虫病人排出的粪便污染过的饲料、牧草或饮水。因此，传播本病可以说完全是人为的。

2. 临床症状

猪感染少量的猪囊尾蚴时，不呈明显的变化。成熟的猪囊尾蚴的致病作用，很大程度上取决于寄生部位，寄生在脑时可能引起神经机能的某种障碍；寄生在猪肉中时，一般不表现明显的致病作用。

大量寄生的初期，常在短时期内引起寄生部位的肌肉疼痛、跛行和食欲不振等，但不久即消失。在肉品检验过程中，常在外观体满膘肥的猪只发现严重感染的病例。幼猪被大量寄生时，可能造成生长迟缓，发育不良。寄生于眼结膜下组织或舌部表层时，可见寄生处呈现豆状肿胀。

3. 病理变化

严重感染猪囊尾蚴的猪肉呈苍白色而湿润。严重感染时，囊尾蚴除寄生于各部分肌肉外，也可寄生在脑、眼、肝、脾、肺等部位，甚至淋巴结与脂肪内也可找到囊尾蚴；在初期囊尾蚴外部被有细胞浸润，继而发生纤维性变，约半年后囊虫死亡逐渐钙化。

猪囊尾蚴病的生前诊断比较困难，至今仍无一个理想特异性的诊断方法。当前多采用“一看、二摸、三检”的办法进行综合诊断。

一看　轻度感染时，病猪生前无任何表现，只有在重度感染的情况下，由于肩部和臀部肌肉水肿而增宽，身体前后比例失调，外观似哑铃形。走路时前肢僵硬，步态不稳，行动迟缓，多喜趴卧，声音嘶哑，采食、咀嚼和吞咽缓慢，睡觉时喜打呼噜，生长发育迟缓，个别出现停滞。视力减退或失明的情况下，翻开眼睑，可见到豆粒大小半透明的包囊突起。

二摸　即采用“撸”舌头验“豆”的办法进行检验，看是否有猪囊虫寄生。首先将猪保定好，用开口器或其他工具将口扩开，手持一块布料防滑，将舌头拉出仔细观察，用手指反复触摸舌面、舌下、舌根部有无囊虫结节寄生，当摸到感觉有弹性、软骨状感、无痛感、似黄豆大小的结节存在时，即可确认是囊尾蚴病猪。在舌检的同时可用手触摸股内侧肌或其他部位，如有弹性结节存在，可进一步提高诊断的准确性。

三检　应用血清免疫学方法诊断猪囊尾蚴病。近年来我国有许多单位对猪囊尾蚴病的血清学免疫诊断方法进行广泛的试验研究。采用的方法有：间接血凝试验

(IHA)、炭凝抗原诊断法、皮肤变态反应、环状沉淀反应、SPA 酶标免疫吸附试验等，均取得了一定的成果。

(三) 防制

防治猪囊尾蚴病是一项非常重要的工作，因为有钩绦虫和猪囊尾蚴病对人的危害性很大，是人的一种相当严重的绦虫病。另外，有囊尾蚴的猪肉，常不能供食用，造成很大的经济损失。对于这类病应注重预防，而不是治疗。

1. 预防

本病的防治原则是预防为主，把住病从口入关，实行以驱为主，驱、检、管、治、免综合防治。建立健全各级驱绦灭囊组织机构，加强组织领导，积极开展驱绦灭囊工作。

(1) 驱　搞好普查工作，应用有效驱绦虫药驱除人体有钩绦虫。人患绦虫病时，必须驱虫。驱虫后排出的虫体和粪便必须严格处理。

(2) 检　认真贯彻国家食品卫生检疫法，切实做到杀猪必检，按规定处理病猪肉，人不吃生的或半生不熟的猪肉，严格把住病从口入关。

(3) 管　修好厕所，管理好人粪便；建好猪舍，实行圈养猪。切实做到人有厕所猪有圈，人便入厕猪圈养。对人粪便要实行科学的高温发酵无害化处理，杀死虫卵，使猪没有机会吃到人粪便，从根本上防止猪囊虫病的发生。

(4) 治　应用有效药物，治疗猪的囊尾蚴病。

(5) 免　应用猪囊尾蚴虫苗，进行免疫接种，从根本上预防猪囊尾蚴病。目前我国已经研究出猪囊尾蚴的虫苗，应用于实践已为期不远。

肉品卫生检疫规定：猪肌肉的 40 厘米^2 面积上，检出 3 个（含 3 个）以下囊尾蚴或钙化虫体时，经冷冻或盐腌等无害化处理后出厂；4～5 个虫体，经高温处理后出厂；6 个以上者，炼工业油或销毁；胃、肠、皮张不受限制出厂；其他内脏和体内脂肪经检验无囊尾蚴方准出厂。

无害化处理方法：①冷冻，－13℃ 4 昼夜以上；②盐腌，2 千克以下肉块，用不低于肉重 15％的浓盐水腌渍 3 个星期以上；③高温，虽然从肌肉中分离出的虫体，加热至 48～49℃可被杀死，但肉中的虫体要在煮到深部肌肉完全变白时，才能杀死全部虫体。

2. 治疗

虽然尚无治疗猪囊尾蚴病的好方法，但驱除人的猪带绦虫则有良好的药物。治疗人体绦虫对防止猪囊尾蚴病的传播有着重要的意义，人如果没有绦虫，猪就不会感染囊尾蚴病。近年来由于科学技术的不断发展，新的药物不断出现，为治疗人绦虫病、猪囊尾蚴病闯出一条新路，并获得可喜成果。

现将驱除绦虫和治疗猪囊尾蚴病的药物和用法介绍如下：

（1）驱除人体有钩绦虫的药物和用法

① 槟榔、南瓜子仁合剂（成人剂量）　南瓜子仁粉200克，槟榔50～100克，硫酸镁30克。将槟榔（用新鲜者最佳）切片，用400～500毫升水浸泡数小时，再煎至200～250毫升。早晨空腹时，先将南瓜子仁粉吃下，0.5小时后再服槟榔煎剂，再隔2小时吃泻剂（30克硫酸镁溶于200毫升水内）。

② 仙鹤草根芽及其制剂　仙鹤草又称龙芽草、根芽草，为蔷薇科、龙芽草属植物，是一种多年生的草本植物，药用部分是带有短小根基的芽，称为仙鹤草根芽，有效成分为鹤草酚。根芽应在深秋至早春采集，晾干粉碎成细粉即可用于驱虫。成人用量20～25克，儿童酌减，早晨空腹一次服下，因根芽有导泻作用，故勿另服泻剂，用药后要大量饮用温开水，以加速导泻排出虫体。其制剂有以下几种：

a. 鹤草芽浸膏　含鹤草酚不低于30%，成人1.5克（含鹤草酚450毫克），酚酞2片，温开水一次口服。儿童口服40毫克/千克体重，酚酞酌减。服药1～1.5小时后饮温开水1.5～2.5千克待泻。也可服用浸膏后，不用酚酞片，1～1.5小时后服用硫酸镁20～25克，之后大量饮温开水待泻。

b. 鹤草酚粗晶片　成人早晨空腹一次口服0.8克（含鹤草酚480～560毫克），儿童25毫克/千克体重，服药1～1.5小时后再服硫酸镁25～30克，之后大量饮温开水。

c. 鹤草酚片　本品为浅黄色片剂，每片0.1克。成人早晨空腹一次口服0.5克（含鹤草酚450～550毫克）。服药后1～1.5小时服硫酸镁25～30克，之后大量饮温水待泻。

d. 驱绦胶丸（仙鹤草根芽石灰乳浸出物）　本品是用仙鹤草根芽，经石灰乳浸泡后提纯而制成的细粉，为土黄色或褚黄色，味微苦，装入胶囊，每囊0.4克。成人早晨空腹一次口服3.2～4.0克（含鹤草酚825.86～1032.20毫克），即8～10囊，儿童酌减。本药有自然导泻作用，勿另服泻药。为加速导泻排出虫体和有毒性的鹤草酚，可在服药1小时后大量饮温开水（1.5～2.5千克），以防鹤草酚被吸收后出现中毒反应。该药近些年应用面广，原料来源丰富，药效确实，成本低，无副作用。

③ 阿地平　成人0.8～1.0克，儿童酌减。此药服后因能被虫体吸收，所以不

易中毒。早晨空腹口服，2 小时后服泻剂，如服一次虫体没打下，24 小时后再服一次。

④ 灭绦灵　用量 3 克，早晨空腹一次口服（药片应嚼碎咽下，否则无效）0.2 小时后服硫酸镁导泻。本药口服不易吸收，副作用小，故对孕妇和有心、肾、肝病患者，均可考虑应用。

⑤ 硫双二氯酚　早晨空腹 4～5 克分 2 次口服（第 1 次 2.5 克，间隔 30 分钟再服 2.0 克），服药 1 小时后再服硫酸镁 25～30 克，然后大量饮温开水。本药有一定副作用，部分患者可出现恶心、呕吐、轻度腹泻以及荨麻疹等症状，但停药后即消失。

（2）治疗人囊尾蚴药物及用法　吡喹酮 20 毫克/千克体重，分 2 次口服，连服 6 天。

（3）治疗猪囊尾蚴药物及用法

① 吡喹酮　60～120 毫克/千克体重，以 1∶5（即 1 份吡喹酮 5 份植物油）的植物油加工灭菌制成的混悬液，或以 1∶9（1 份吡喹酮 9 份有机溶剂）的聚乙二醇 400、二甲基乙酰胺等制成针剂，经灭菌后颈部或臀部一次深部一点或多点注射，注射后舍饲 4～5 个月即可获得满意疗效。本药也可用于口服，但药量需加倍，效果不如注射疗效好。

用药治疗病猪时，如血检强阳性或舌检寄生囊尾蚴 8～10 个及以上者，体形呈囊尾蚴病明显改变者和发育严重受阻的僵猪不宜治疗，否则易引起神经症状，导致癫痫甚至引起死亡。

在用药 3～4 天后可出现体温升高、沉郁、食欲减退、呕吐；重者卧地不起，肌肉震颤，呼吸困难等。主要是由于囊虫的囊液被机体吸收所致。为减轻不良反应，可静脉注射高渗葡萄糖等。

② 丙硫咪唑（丙硫苯咪唑）　注射用量和使用方法与吡喹酮相同，优点是成本低，用药后不表现神经症状，安全可靠。该药也可混入饲料喂饲（饲料温度需维持常温），用药量应高于注射用量的 1.5 倍方可收效。用药后应舍饲 4～5 个月方可痊愈。

（4）推荐抗虫治疗方案

① 基本用药（选用其中一种）　阿苯达唑，20 毫克/(千克体重・天)，分 3 次服，10 天为一疗程；吡喹酮，总量 180 毫克/千克体重，分成 7～10 天口服。

② 疗程与疗程间隔期　多数病人采用 1～3 个疗程，疗程间歇期 2～3 个月。如病情有需要，可延长 1～3 个疗程或换用另外的抗虫药物。

三、猪细颈囊尾蚴病

猪细颈囊尾蚴病是由泡状带绦虫的幼虫阶段细颈囊尾蚴所引起的。寄生数量少时可不显症状，如被大量寄生，则可引起猪生长缓慢、毛粗乱、消瘦、贫血，严重的表现为体温升高、咳嗽、下痢等症状。

细颈囊尾蚴病在畜牧业养殖中是一种常见的传染病，近几年来，猪细颈囊尾蚴病发病率呈上升趋势，特别是在农村散养生猪。此病如不及时排查处理，可能会导致猪循环感染或死亡等严重后果，给养猪场户带来严重的经济损失。

（一）病原

1. 幼虫期

本病的病原体为带科、带属的泡状带绦虫的幼虫细颈囊尾蚴，主要寄生在猪的肝脏和腹腔内。细颈囊尾蚴俗称水铃铛、水疱虫，呈泡囊状，囊壁乳白色，泡内充满透明液。囊体由黄豆大到鸡蛋大；肉眼观察时，可看到囊壁上有一个不透明的乳白色结节，即其颈部及内凹的头节所在。如使小结的内凹部翻转出来，能见到一个相当细长的颈部与其游离端的头节。由于该幼虫有一个细长的颈部，所以叫做细颈囊尾蚴。寄生在宿主体内各种脏器中的囊体，体外还有一层由宿主组织反应产生的厚膜包围，故不透明，从外观上易与棘球蚴相混淆。

2. 成虫期

泡状带绦虫是一种较大型的虫体，白色或稍带黄色，体长 75～500 厘米，链体由 250～300 个节片组成。头节稍宽于颈节，顶突有 30～40 个小钩排成 2 列；前部的节片宽而短，向后逐渐加长，孕节的长度大于宽度。孕节子宫每侧有 5～10 个粗大分支，每支又有小分支，全被虫卵充满。虫卵近似椭圆形，大小为 38～39 微米，内含六钩蚴。

泡状带绦虫寄生于狗、狼、狐狸等动物小肠内，鼬、北极熊甚至家猫也可作为终末宿主。孕节随终末宿主的粪便被排出体外，孕节及其破裂后散出的虫卵如果污染了牧草、饲料和饮水，被猪等中间宿主吞食，则在消化道内逸出的六钩蚴即钻入肠壁血管，随血流到肝实质，以后逐渐移行到肝脏表面，并进入腹腔发育。当体积增至尚不超过 8.5 毫米×5 毫米时，头节还未能形成。头节的充分发育（即囊体成熟，具有感染性）一般要 3 个月时间。成熟的囊尾蚴多寄生在肠系膜和网膜上，但可见于腹腔内任何部分；也有进入胸腔者。此时囊体的直径可达 5 厘米或更多，囊内充满液体。当终末宿主吞食了含有细颈囊尾蚴的脏器后，它们即在小肠内发育为成虫。

（二）诊断要点

1. 流行特点

猪细颈囊尾蚴成虫寄生在犬、猫等肉食兽的小肠里，幼虫寄生在猪等的肝脏、肠系膜、网膜等处，严重感染时还可进入胸腔，寄生于肺部。现在农村养犬、猫等很普遍，且管理不严，任其游走，不定期驱虫造成犬、猫等到处散布虫卵，污染草地、饲料和水源。

养猪户缺乏对本病的认识，宰猪后将感染内脏喂狗，形成感染循环。随着生猪集中屠宰政策的落实，目前这种状况已经得到了很大改观。

2. 临床症状

本病多呈慢性经过。轻度感染不呈现症状，但有时严重感染，对牲畜可致病。当猪吞食一个或更多的孕卵节片时，引起大量的幼虫在肝脏移行。最严重的影响与肝片吸虫的严重感染所产生的影响相似。包括急性出血性肝炎，伴发局限性或弥漫性腹膜炎，而大血管被这些幼虫钻入时可发生致死性出血。感染早期，成年猪一般无明显症状，幼猪可能出现急性出血性肝炎和腹膜炎症状。患猪表现为咳嗽、贫血、消瘦、虚弱，可视黏膜黄疸，生长发育停滞，严重病例可因腹水或腹腔内出血而发生急性死亡。肺部的蚴虫可引起支气管炎、肺炎。

3. 病理变化

剖检时可见肝脏肿大，表面有很多小结节和小出血点，肝脏呈灰褐色和黑红色。慢性病例，肝脏及肠系膜寄生有大量大小不等的卵泡状细颈囊尾蚴。

细颈囊尾蚴病生前诊断非常困难，可用血清学方法，诊断时须参照其临床症状，并在尸体剖检时发现虫体及相应病变才能确诊。

（三）防制

1. 预防

含有细颈囊尾蚴的脏器应进行无害化处理，未经高温处理严禁喂其他动物。在该病的流行地区应及时给犬进行驱虫，驱虫可用吡喹酮 5～10 毫克/千克体重或丙硫咪唑 15～20 毫克/千克体重，一次口服。做好猪饲料、饮水及圈舍的清洁卫生工作，防止被犬粪污染。

2. 治疗

目前尚无有效治疗方法。

用吡喹酮，剂量按50毫克/千克体重，每天1次，口服，连服2次。或可用丙硫咪唑或甲苯咪唑治疗。

第四节　线虫病

一、猪蛔虫病

猪蛔虫病是由猪蛔虫寄生在猪的小肠中而引起的一种常见寄生虫病，主要危害3～5月龄的猪，造成生长发育停滞，形成“僵猪”，甚至造成死亡。因此，猪蛔虫病是造成养猪业损失最大的寄生虫病之一。

（一）病原

蛔虫通常为细长的圆柱形，前端钝圆，后端较细，粉红或稍带黄白色，体表光滑，具有厚的角质层。整个虫体可分为头端、尾端、腹面、背面和侧面。头部有口孔，有3片唇片围绕，唇片上有感觉乳突。其他天然孔有排泄孔、肛门和生殖孔。雄虫的肛门和生殖孔合为泄殖孔。雄虫长14～28厘米，尾端稍弯曲，泄殖腔开口距尾端较近，有交合刺一对。雌虫长20～40厘米，虫体较直，尾端较钝，生殖器官为双管型，由后向前延伸，两条子宫合为一个短小的阴道。

受精卵和未受精卵的形态有所不同。受精卵为短椭圆形、黄褐色、卵壳厚，由四层组成，最外一层为凹凸不平的蛋白膜，向内依次为卵黄膜、几丁质膜和脂膜。未受精卵较受精卵狭长，多数没有蛋白质膜，或有而甚薄，且不规则，整个卵壳较薄。

1. 蛔虫体外发育

猪蛔虫的发育不需要中间宿主。虫卵随粪便排出体外，在适宜的温度、湿度和充足空气的条件下，首先可在卵内发育为第1期幼虫。进一步蜕化发育，约经13～18天，卵内形成第2期幼虫。此时的虫卵尚无感染力，须在外界经过3～5周的发育成熟，成为感染性虫卵才具有感染性。

2. 蛔虫体内发育

猪吞食感染性虫卵后，幼虫在小肠内释出。在虫体释出的2小时内，大多数幼虫钻入肠壁，进入血管，随血流进入肝脏；感染后4～5天，在肝脏内进行第2次蜕化，形成第3期幼虫；第3期幼虫随血流经肝静脉、后腔静脉进入右心房、右心室和肺动脉，再经毛细血管进入肺泡；感染后12～14天，在肺泡内进行第3次蜕化变成第4期幼虫，虫体继续发育成为肉眼可见的幼虫。这时虫体离开肺泡，经细支气管和支气管上行至气管，随黏液到咽部，再经食道、胃重返小肠。虫体在小肠进行最后一次蜕化，变为第5期幼虫（童虫），继续发育为成虫。感染性虫卵从被猪吞食到在小肠内发育为成虫约需2～2.5个月。虫体在小肠内以黏膜表层物质和肠内容物为食，在猪体内可生存7～10个月，然后自行随粪便排出。

温度对虫卵的发育影响很大。当温度在28～30℃时，需10天左右即可发育为第一期幼虫；18～20℃时需要20天左右；12～18℃时约需40天左右；高过40℃或低于－2℃时，虫卵停止发育；45～50℃时，虫卵在30分钟内死亡；55℃时15分钟死亡；60～65℃时虫卵只能生存5分钟；如在低温－20～－27℃的环境中，感染性虫卵需经3周才会全部死亡。湿度适宜有利于虫卵的生存。虫卵在疏松湿润的耕地或园土中可以生存2～5年；如湿度降低到50％时，虫卵也能生存数日；在热带沙土表层3厘米范围内，在夏季阳光直射下，由于高温和干燥的作用，虫卵数日内死亡；在干燥的情况下，虫卵能生存3～5小时。氧气也是虫卵发育不可缺少的因素。在无氧气的情况下，虫卵不能发育，但可以存活。如在10厘米深的水中，虫卵经过1个月以上的培养，仍不能发育到感染期。一般情况下虫卵只有在粪便表面才能发育，粪块内的虫卵因缺氧不能发育，但能长期生存。

猪蛔虫卵对化学药物的抵抗力很强，在2％福尔马林溶液中不仅可以存活，而且还可以正常发育。10％漂白粉溶液、3％克辽林溶液、饱和硫酸铜溶液、15％硫酸与硝酸溶液和2％苛性钠溶液均不能杀死虫卵。在5％石炭酸溶液中30小时后和1％碘溶液中26小时后，才能使其致死。在3％来苏儿溶液中经7天，仅有一部分虫卵死亡。一般用60℃上的热碱水，20％～30％热草木灰水或新鲜石灰水杀死蛔虫卵。

（二）诊断要点

1. 流行特点

感染普遍，分布广泛，世界性流行，集约化饲养的猪和散养猪均广泛发生，危害养猪业极为严重。由多重原因引起，特别是在不卫生的猪场和营养不良的猪群中，感染率很高，一般都在50％以上。

猪蛔虫病流行甚广，成年猪抵抗力较强，一般无明显症状，对仔猪危害严重。主要原因在于：第一，蛔虫生活史简单；第二，猪蛔虫繁殖能力强，一条蛔虫可于一昼夜排出11万～28万个虫卵；第三，蛔虫卵对各种外界因素的抵抗力强，可在土壤中存活几个月至几年。蛔虫卵有四层卵膜，它们保护胚胎不受外界各种化学物质的侵蚀。虫卵的全部发育过程都是在卵壳内进行的，使胚胎或幼虫得到了庇护。

猪蛔虫病一年四季均可发生，其流行与饲养管理、环境卫生密切相关。饲养管理不良、卫生条件恶劣和猪只过于拥挤的猪场，在营养缺乏，特别是饲料中缺乏维生素和必需矿物质的情况下，3～5 月龄的仔猪最容易大批地感染蛔虫，病症也较严重，且常发生死亡。

猪感染蛔虫主要是由于采食了被感染性虫卵污染的饮水和饲料，经口感染。母猪的乳房容易沾染虫卵，使仔猪在吸奶时受到感染。

2. 临床症状

临床表现为咳嗽、呼吸增快、体温升高、食欲减退和精神沉郁。病猪俯卧在地，不愿走动。幼虫移行时还引起嗜酸性粒细胞增多，出现荨麻疹和某些神经症状之类的反应。成虫寄生在小肠时可机械性地刺激肠黏膜，引起腹痛。蛔虫数量多时常聚集成团，堵塞肠道，导致肠破裂。有时蛔虫可进入胆管，造成胆管堵塞，引起黄疸等症状。成虫夺取宿主大量的营养，影响猪的发育和饲料转化。大量寄生时，猪被毛粗乱，常是形成“僵猪”的一个重要原因，但规模化猪场较少见。

3. 粪便检查

多采用漂浮集卵法。可用饱和盐水漂浮法检查虫卵。正常的猪蛔虫受精卵为短椭圆形，黄褐色，卵壳内有一个受精卵细胞，两端有半月形空隙，卵壳表面有起伏不平的蛋白质膜，通常比较整齐。有时粪便中可见到未受精卵，偏长，蛋白质膜常不整齐，卵壳内充满颗粒，两端无空隙。1 克粪便中，虫卵数达 1000 个时，可以诊断为蛔虫病。

哺乳仔猪（2 月龄内）患蛔虫病时，其小肠内通常没有发育至性成熟的蛔虫，故不能用粪便检查法做生前诊断，而应仔细观察其呼吸系统的症状和病变。剖检时，在肺部见有大量出血点；将肺组织剪碎，用幼虫分离法处理时，可以发现大量的蛔虫幼虫。如寄生的虫体不多，死后剖检时，须在小肠中发现虫体和相应的病变，但蛔虫是否为直接的致死原因，还必须根据虫体的数量、病变程度、生前症状和流行病学资料以及是否有其他原发或继发的疾病作综合判断。

正确的诊断，必须根据流行病学调查、粪便检查、临床症状和病理变化等多方面因素加以综合判断。幼虫在肝脏移行时，可造成局灶性损伤和间质性肝炎。严重感染的陈旧病灶，由于结缔组织大量增生而发生肝硬变，形成“乳斑肝”；幼虫在肝内死亡或肝细胞凝固性坏死后，则见有周围环绕上皮样细胞、淋巴细胞和嗜中性粒细胞浸润的肉芽肿结节。大量幼虫在肺内移行和发育时，可引起急性肺出血或弥漫性点状出血，进而导致蛔蚴性肺炎；康复后的肺内也常可检出蛔虫性肉芽肿。

（三）防制

1. 预防

（1）规模化猪场的综合预防

① 保持猪舍和运动场的清洁。猪舍内要通风良好，阳光充足，避免潮湿和拥挤。猪舍内要勤打扫，勤冲洗，勤换垫草。运动场和圈舍周围，应于每年春末和秋初翻土2次，或铲除一层表土，换上新土，并用生石灰消毒。对圈舍、饲槽及用具要定期（每月1次）用3%～5%热碱水或20%～30%热草木灰水进行消毒。

② 保持饲料和饮水的卫生。饲料、饮水要新鲜清洁，避免粪便污染。

③ 饲料中要富含蛋白质、维生素和矿物质。保证仔猪全营养，体质健壮，增强机体抗病能力。

④ 猪的粪便和垫草清除出圈后，要运到离猪舍较远的场所堆积发酵或挖坑沤肥，进行生物热处理，以杀死虫卵。

⑤ 规模化猪场建议执行“四加一”驱虫模式。即种猪群每年驱虫4次（定期3个月驱虫1次）；仔猪60日龄驱虫1次。可在饲料中添加复方伊维菌素（虫螨净），连用7天，是简单易行的方法。不同生理阶段的猪，添加量不同。空怀、怀孕、泌乳母猪，每吨饲料添加1.5～3.0千克，怀孕母猪最好在分娩前10～15天使用；仔猪，每吨饲料添加1千克，在转群前使用；公猪，每吨饲料添加4千克。

（2）散养猪药物预防　农村散养猪采用蛔虫成熟前连续驱虫方法，一般仔猪42～56日龄开始用药，每隔6周用药1次，连用3次。

2. 治疗

几乎所有杀线虫药都有效。常用药物及用量：左旋咪唑、丙硫咪唑、噻苯咪唑或伊维菌素等。左旋咪唑，剂量为10毫克/千克体重，喂服或肌注。甲苯咪唑，剂量为10～20毫克/千克体重，混在饲料内喂服。氟苯咪唑，剂量为30毫克/千克体重，混饲，连用5天；或剂量为5毫克/千克体重，一次口服。丙硫咪唑，剂量为10毫克/千克体重，口服。伊维菌素，针剂剂量为0.3毫克/千克体重，一次皮下注射；饲料预混剂，剂量为每天0.1毫克/千克体重，连用7天。

二、猪棘头虫病

猪棘头虫病是由巨吻棘头虫寄生于猪小肠（主要是空肠）所引起的疾病。主要侵害放牧的猪。本病是由于猪吞食棘头虫的中间宿主金龟子的幼虫（蛴螬）而感染。

（一）病原

巨吻棘头虫是一种大型虫体，体近蛭形，分吻、颈、躯干三部分。由于吻形似头状，具棘，故名棘头虫。吻后为短的颈部。吻与颈均可缩入吻鞘内。躯干部表面具环纹的角质层。雌雄异体，雌性生殖系统包括1～2个卵巢，雄性个体包括一对精巢，两者均位于韧带囊中。

成虫活体时背腹略扁，固定后为圆柱形，虫体呈乳白或淡红色，体表有明显的横皱纹，无口及消化道，营养物质自体表吸收。雄虫体长5～15厘米，尾端有一钟形交合伞；雌虫20～65厘米，尾端钝圆。吻突呈类球形，可伸缩，其周围有5～6排尖锐透明的吻钩，颈部短，与吻鞘相连，吻突可伸缩入鞘内。

虫卵椭圆形，棕褐色，(67～110)微米×(40～65)微米，卵壳厚，一端闭合不全，呈透明状，易破裂。成熟卵内含1个具有小钩的幼虫（棘头蚴）。

感染性棘头体呈乳白色，外观似芝麻粒状，大小约为(2.4～2.9)毫米×(1.6～2.0)毫米，前端较宽平，中央因吻突缩入而稍凹陷，后端较窄。虫体后1/5的体表有7～8条明显的横纹，体内可见吻突、吻钩等的雏形，以及6～7个胞核。虫体外有一层白色的结缔组织囊壁包绕。

猪巨吻棘头虫主要寄生在猪和野猪的小肠内，偶尔亦可寄生于人、犬、猫的体内，中间宿主为鞘翅目昆虫。发育过程包括虫卵、棘头蚴、棘头体、感染性棘头体和成虫等阶段。虫卵随宿主粪便排出体外，由于对干旱和寒冷抵抗力强，在土壤中可存活数月至数年。当虫卵被甲虫的幼虫吞食后，卵壳破裂，棘头蚴逸出，并穿破肠壁进入甲虫血腔，在血腔中经过棘头体阶段，最后发育为感染性棘头体，约需3个月。感染性棘头体存活于甲虫发育各阶段的体内，并保持对终宿主的感染力。当猪等动物吞食含有感染性棘头体的甲虫（包括幼虫、蛹或成虫）后，在其小肠内约经1～3个月发育为成虫。人则因误食了含活感染性棘头体的甲虫而受到感染，但人不是猪巨吻棘头虫的适宜宿主，故在人体内，棘头虫大多不能发育成熟和产卵。

（二）诊断要点

1. 流行特点

本病呈地方性流行，主要感染8～10月龄猪，流行严重的地区感染率可高达60%～80%。虫卵对外界环境的抵抗力很强，在高温、低温以及干燥或潮湿的气候下均可长时间存活。

感染季节与金龟子的活动季节是一致的。金龟子一般出现在早春至6～7月，并存在于12～15厘米深的土壤中，仔猪拱土力差，故感染机会少；后备猪拱土力强，故感染率高。因此，每年春夏为猪棘头虫病的感染季节。放牧猪比舍饲猪感染率高，后备猪比仔猪感染率高。感染率和感染强度与地理、气候条件、饲养管理方式等都有密切关系。如气候温和，适宜于甲虫和棘头虫幼虫的发育，则感染率高并且感染的强度大。

2. 临床症状

轻度感染（虫体少于15条）时，一般症状不明显，仅后期出现消瘦，生长受阻。严重感染时（虫体数量15条以上），食欲减退，刨地、互相对咬或出现匍匐爬行、不断哼哼、卧地，消化功能障碍，腹痛，下痢，粪便带血，消瘦，贫血，生长发育停滞。若肠穿孔而继发腹膜炎时，体温升高，不食。经1～2个月后，逐渐消瘦和贫血，生长发育迟缓，有的成为僵猪，有的虫体穿通肠壁引起发炎和肠粘连而死亡。

3. 粪便检查

检查虫卵，要用饱和硫代硫酸钠溶液漂浮法检查粪便，其中以反复沉淀法效果较好。虫卵呈椭圆形，暗棕色，卵壳厚，表面有不规则的沟纹，颇似核桃。

死后剖检，在小肠壁上找到虫体可确诊。可见小肠黏膜有出血性纤维素性炎症。由于虫体吻突深入肠壁肌层，该处组织增生，浆膜面往往有小结节；当肠壁穿孔时，腹膜呈现弥漫性暗红色，浑浊，粗糙。结合临床症状和粪便检查结果，综合判断。实际工作中有时把棘头虫误认为猪蛔虫。两者区别是：蛔虫体表光滑，游离在肠腔中虫体多时常聚集成团；而棘头虫体表有环状皱纹，以吻突深深地固着在肠壁上，不聚成团。

（三）防制

1. 预防

病猪粪便堆积发酵，杀灭虫卵；在流行地区猪群，特别在5～7月份，甲虫出现最多的月份，不宜放牧，应舍饲饲养；尽量减少猪食入蛴螬或金龟子等中间宿主的机会；如用金龟子作饲料时，必须彻底煮熟或炒熟。在猪场以外的适宜地区设置诱虫灯，用以捕杀金龟子等。流行地区的猪应定期驱虫，每年春、秋各1次。

2. 治疗

敌百虫，剂量为0.1克/千克体重，口服或拌料喂；伊维菌素，剂量为0.3毫克/千克体重，皮下注射；盐酸左旋咪唑注射液，剂量为7.5毫克/千克体重，肌内或皮下注射；磷酸左旋咪唑片，剂量为 8 毫克/千克体重，混饮或口服，经 2～4 周，再给药 1 次；噻苯咪唑片，剂量为 50 毫克/千克体重，每日 1 次，连用 3 次；丙硫咪唑，剂量为 10～20 毫克/千克体重，1 次口服；磺苯咪唑，剂量为 3 毫克/千克体重，1 次口服。

中药雷丸、榧子、槟榔、使君子、大黄各等份，共研为细末，1 次服 15 克(以上为 25 千克猪的用量)。

三、猪旋毛虫病

旋毛虫寄生于猪、犬、猫、鼠和人引起的一种人畜共患寄生虫病称为旋毛虫病。成虫寄生于肠管，幼虫寄生于横纹肌。人、猪、犬、猫、鼠类、狐狸、狼、野猪等均可感染。人旋毛虫病可致人死亡，感染来源于摄食了生的或未煮熟的含旋毛虫包囊的猪肉，故肉品卫生检验中将旋毛虫列为首选项目。

（一）病原

旋毛虫成虫细小，肉眼几乎难以辨别。虫体愈向前端愈细，较粗的后部占虫体一半稍多。前部为食道部；食道的前端部无食道腺围绕，其后的全部长度均有一列相连的食道腺细胞所包裹。较粗的后部包含着肠管和生殖器官。旋毛虫是一种很小的线虫，雄虫长 1.4～1.6 毫米，雌虫长 3～4 毫米，阴门位于食道部中央，为胎生。

幼虫多寄生于动物的横纹肌细胞之间，长达 1.15 毫米，能形成包囊。包囊内一般有 1～7 条虫体。包囊有内外两层壁。外层薄，是机体炎性反应的结果。内层厚，是机体对被损伤细胞进行修复过程中，由成肌细胞转化而成。主体蜷曲在包囊内。包囊呈椭圆或圆形，连同两端的囊角便呈梭形，长 0.5～0.8 毫米。

成虫与幼虫寄生于同一宿主，宿主感染时，先为终末宿主，后为中间宿主。

肠内的旋毛虫雌雄交配后，雄虫死亡，雌虫钻入肠黏膜的淋巴间隙，在此产出长约 0.1 毫米的幼虫，幼虫随淋巴经脑导管、前腔静脉流入心脏，然后随血流散布到全身，在肌肉内，特别是膈肌、舌肌、喉部肌肉、眼肌、咬肌、肋间肌等处停留下来继续发育。

幼虫进入肌肉后 14 天可达 0.8～1.0 毫米，并开始蜷曲，周围形成包囊，3 个月后包囊形成完成，囊内可有 1～3 个甚至 6～7 个幼虫。包囊长轴与肌纤维平行。被侵害的肌纤维变性，6 个月后，包囊壁增厚，从两端向中间钙化，全部钙化后虫体死亡，否则幼虫可长期存活，保持生命力由数年至 25 年之久。此幼虫如不被另一动物吞食则不能继续发育，而以全部钙化死亡告终。

动物采食含有活的幼虫的肌肉后，幼虫在胃内破囊而出，在小肠内经 40 小时发育为成虫。7～10 天内产出幼虫。一条雌虫约能生活 6 周，产出幼虫可达 1500 条左右。

（二）诊断要点

1. 流行特点

旋毛虫病分布于世界各地，宿主包括人、猪、鼠、犬、猫等多种动物。人感染旋毛虫多与生吃猪肉，或食用腌制与烧烤不当的猪肉制品有关。欧美地区特别是北美地区，因食用生香肠和以废肉作为猪的饲料，故造成本病流行。

2. 临床症状

人的旋毛虫病可分为由成虫引起的肠型和由幼虫引起的肌型两种。肠型由旋毛虫成虫引起，成虫侵入肠黏膜时引起肠炎，严重时出现带血性腹泻；肌型由旋毛虫幼虫引起，常出现急性心肌炎、发热、肌肉疼痛等症状，严重时多因呼吸肌、心肌及其他脏器的病变而引起死亡。

旋毛虫对猪和其他野生动物的致病力轻微，肠型旋毛虫对其胃肠的影响极小，往往不表现临床症状。

3. 病理变化

肌型旋毛虫的致病作用主要是肌肉的变化，如肌细胞横纹消失、萎缩、肌纤维膜增厚等。

成虫侵入黏膜时，引起肠炎，严重时有带血性腹泻，病变包括肠炎，黏膜增厚，水肿，黏液增多和淤斑性出血。感染后 15 天左右，幼虫进入肌肉，出现肌型症状，其特征为急性肌炎、发热和肌肉疼痛；同时出现吞咽、咀嚼、行走和呼吸困难；面部特别是眼睑水肿，食欲不振，显著消瘦。严重感染时多因呼吸肌麻痹，心肌及其他脏器的病变和毒素的刺激等而引起死亡。轻症者，肌肉中幼虫形成包囊，急性和全身症状消失，但肌肉疼痛可持续数月之久。

生前诊断困难，猪旋毛虫常在宰后可检出。方法为肉眼和镜检相结合检查膈肌。目前国内用 ELISA 方法作为猪的生前诊断手段之一。

（三）防制

1. 预防

本病流行地区，猪只不可放牧，不用生的废肉屑和泔水喂猪，猪舍内灭鼠；加强肉品卫生检验，发现病肉按肉品检验规程处理，加强宣传，改变不良饮食习惯，不食生肉。

2. 治疗

丙硫咪唑及碘苯咪唑，杀灭人畜体内旋毛虫幼虫的效力高达100%。其中丙硫咪唑已广泛用于我国人、兽医临床治疗旋毛虫病。

四、猪毛首线虫病（鞭虫病）

猪毛首线虫病是毛首科、毛首线虫属的线虫寄生于猪的大肠（主要是盲肠）引起的一种感染性极强的寄生虫病。毛首线虫的整体外形比较像鞭子，所以又被称作为鞭虫。该病常在仔猪中发生，严重时可引发仔猪死亡。

（一）病原

猪毛首线虫虫体呈乳白色，头部细长，尾部短粗，从外表看很像一条鞭子，所以叫鞭虫。虫卵呈棕黄色，腰鼓形，卵壳厚，两端有塞。毛首线虫虫卵的抵抗力很强，在受污染的地面上可存活5年。

猪毛首线虫的虫卵随粪便排出，约经3周发育成感染性虫卵，感染性能持续长达6年。猪通过采食饲料、饮水或掘土等摄入有感染性的虫卵后，在小肠和盲肠中孵化发育。从感染到成虫排卵共6～7周，成虫寿命为4～5个月。

猪毛首线虫的雌虫在盲肠产卵，卵随粪便排出。虫卵在加有木炭末的猪粪中发育到感染阶段所需的时间为：37℃需18天；33℃需22天；22～24℃需54天。在户外，温度为6～24℃时需210天。感染性虫卵内为第一期幼虫，既不蜕皮又不孵化。猪吞食感染性虫卵后，第一期幼虫在小肠后部孵化，钻入肠绒毛间发育；到第8天后，移行到盲肠和结肠内，固着于肠黏膜上；感染后30～40天发育为成虫。成虫寿命为4～5个月。

（二）诊断要点

1. 流行特点

仔猪寄生较多，1个半月的猪即可检出虫卵，4个月的猪，虫卵数和感染率均急剧增加，以后减少。由于卵壳厚，抵抗力强，感染性虫卵可在土壤中存活5年，在清洁卫生的猪场，多为夏季放牧感染，秋、冬季出现临床症状，在饲养管理条件差的猪舍内，一年四季均可发生感染，但夏季感染率最高。近年来研究者多认为人鞭虫和猪鞭虫为同种，故在公共卫生方面有一定的重要性。

2. 临床症状

本病幼猪感染较多，1.5月龄的猪即可检出虫卵，4月龄的猪感染率和感染强度急剧增高。轻度感染时，有间歇性腹泻，轻度贫血，生长发育缓慢；严重感染时，食欲减退，消瘦，贫血，腹泻，排水样血色粪便，并有黏液。

3. 病理变化

剖检病变局限于盲肠和结肠。虫体头部深入黏膜，引起盲肠和结肠的慢性炎症。严重感染时，盲肠和结肠黏膜有出血性坏死、水肿和溃疡，还有和结节虫病时相似的结节。

临床症状上诊断猪是否患鞭虫病时，应与猪痢疾相鉴别，若用抗生素治疗无效，并结合剖检病理变化则应考虑是鞭虫感染。粪检发现虫卵或剖检发现虫体，即可确诊。

（三）防制

建议执行“四加一”驱虫模式，即种猪群每年驱虫4次（定期3个月驱虫1次）；仔猪60日龄驱虫1次。

一般来说，左旋咪唑、丙硫咪唑、伊维菌素、多拉菌素、羟嘧啶等均对鞭虫有一定效果，但驱虫效果有一定的局限性。建议选用虫力黑（阿苯哒唑和伊维菌素的预混剂），具有广谱高效、适口性佳、安全长效、收敛止泻等优点。因此，若用虫力黑治疗猪鞭虫病，对猪鞭虫能起到双重杀灭作用，尤其是对鞭虫早期幼虫的杀灭作用更强。

五、仔猪类圆线虫病（杆虫病）

由类圆线虫引起的一种寄生虫病，主要危害3～4周龄的仔猪，也叫杆虫病。

（一）病原

病原为兰氏类圆线虫，寄生于猪的小肠黏膜内，特别是多在十二指肠。毛发状小型虫体，寄生期只有雌虫，体长多在3.3～4.5毫米。体长一般小于10毫米。雌虫深埋于消化道黏膜内，主要是小肠黏膜隐窝内。食道长约为体长的1/3。子宫与肠道互相缠绕成麻花样，位于虫体后部。尾尖偏钝，呈指状。

虫卵呈卵圆形，壳薄，大小仅为典型圆线虫卵的1/2。在草食兽、猪、犬、猫，随粪便排出的是含幼虫的卵；在其他动物，随粪便排出的是第1期幼虫。

类圆线虫的发育是以自由生活和寄生生活世代交替的方式进行的。在猪体内寄生的只有雌虫。孤雌生殖的雌虫在小肠中产出含幼虫的卵，卵随粪便排出，在外界很快孵出第1期幼虫。这时的幼虫食道短，有两个膨大部，称为杆状幼虫。杆状幼虫在外界的发育有直接和间接两种类型。当外界环境条件不适宜其发育时杆状幼虫多进行直接发育，发育为具有感染性的丝状幼虫。这种幼虫的食道长，呈柱状，无膨大部。而当外界环境条件适宜时，幼虫多进行间接发育，成为自由生活的雌虫和雄虫，雌、雄虫交配后，雌虫产含杆状幼虫的虫卵，幼虫在外界孵出，进行直接或间接发育，重复上述过程。

只有丝状幼虫才对动物具有感染性。幼虫经皮肤钻入或经口摄入而致感染。当感染性幼虫通过皮肤侵入时，虫体进入血管内，经血液循环到心、肺、肺泡、支气管、气管，再经咽被吞咽，最后到小肠发育为雌性成虫。当幼虫经口感染时，幼虫从胃黏膜钻入血管，同样经过上述移行过程到小肠发育成熟。

（二）诊断要点

1. 流行特点

发病群体主要是仔猪，生后即可引起感染。1月龄左右的仔猪感染最严重，感染率可达50%。体弱的成年猪和老年猪也可感染。未孵化的虫卵在适宜的环境中保持其发育能力达6个月以上，在低温中虫卵停止发育，温度达到50℃时和低温到－9℃时虫卵即可死亡。感染性幼虫在潮湿的环境下可生存2个月，对干燥和各种消毒药抵抗力弱，在短时间内便可死亡。

多在温暖的季节，尤其是夏季和阴雨天气，特别是猪舍潮湿、卫生不良的情况下流行普遍。经口或经皮肤感染，母猪乳头被感染性幼虫污染时，仔猪吃奶而被感染，人工哺乳可通过未经处理的初乳而感染。在猪圈土壤中的幼虫可通过仔猪的皮肤感染。

2. 临床诊断

本病主要侵害仔猪，虫体大量寄生时，小肠发生充血、出血和溃疡，其症状为消化障碍、腹痛、下痢，便中带血和黏液，最后多因极度衰弱而死亡。

幼虫穿过皮肤移行到肺时，皮肤上可见到湿疹样病变，还会引起支气管炎、肺炎和胸膜炎。肺炎时体温升高。虫体少量寄生时，临床症状不明显，但影响生长发育。丝状幼虫侵入成年猪体内常不能发育至性成熟，但病猪及老年体弱者有时感染。当移行幼虫误入心肌、大脑或脊髓时，可发生猪急性死亡。

3. 粪便检查

实验室可用饱和盐水漂浮法检查虫卵，但必须采用新鲜粪便，夏季不得超过

5～6 小时。虫卵小，呈椭圆形，卵内有一蜷曲的幼虫。陈旧的粪便可采用贝尔曼法分离幼虫。

检查虫体时，由于虫体较细小，又深藏在小肠黏膜内，必须用刀刮取黏膜，并在清水中仔细检查，才能发现虫体。

正确的诊断，必须根据猪场的生产和用药记录、流行病学调查、粪便检查、临床症状和病理变化等多方面因素加以综合判断。死后剖检病变主要限于小肠，肠黏膜充血，并间有斑点状出血，有时可见有深陷的溃疡。肠内容物恶臭。

（三）防制

1. 预防

为了防止仔猪出生后即遭受感染，须驱除母猪体内的类圆线虫。厩舍和运动场应保持清洁、干燥、通风，避免阴暗潮湿，保持地面干燥是预防本病的关键措施；患猪应及时驱虫，给怀孕母猪和哺乳母猪驱虫，可在产前 4～6 天给母猪应用阿维菌素类药物，以防感染幼猪；应及时清扫粪便，堆积在固定场所发酵，杀死虫卵，幼猪与母猪、病猪和健康猪均应分开饲养。

2. 治疗

可参考蛔虫病治疗原则。常用药物：左旋咪唑，剂量为 50 毫克/千克体重，喂服；甲苯咪唑，剂量为 30 毫克/千克体重，一次口服；噻苯咪唑，剂量为 30～50 毫克/千克体重，一次口服；丙硫咪唑，剂量为 40 毫克/千克体重，一次口服；氟苯咪唑，剂量为 5 毫克/千克体重，一次口服。

六、猪食道口线虫病（结节虫病）

猪食道口线虫病是由食道口线虫（又称结节虫）寄生在猪的结肠内所引起的一种线虫病。本虫能在宿主肠壁上形成结节，故又称结节虫病。

（一）病原

食道口线虫的口囊呈小而浅的圆筒形，其外周围有一显著的口领。口缘有叶冠。有颈沟，其前部的表皮常膨大形成头囊。颈乳突位于颈沟后方的两侧。有或无侧翼。雄虫的交合伞发达，有 1 对等长的交合刺。雌虫阴门位于肛门前方附近，排卵器发达，呈肾形。虫卵较大。

在猪体内寄生的食道口线虫共有 3 种：有齿食道口线虫、长尾食道口线虫和短尾食道口线虫。常见的有两种：

1. 有齿食道口线虫

其虫体呈乳白色。口囊浅，头泡膨大。雄虫的大小为 8～9 毫米，交合刺长 1.15～1.3 毫米。雌虫的大小为 8～11 毫米，尾长 350 微米，寄生于结肠。

2. 长尾食道口线虫

其虫体呈暗灰色，口领膨大，口囊壁的下部向外倾斜。雄虫的大小为 6.5～8.5 毫米，交合刺长 0.9～0.95 毫米。雌虫的大小为 8.2～9.4 毫米，尾长 400～460 微米，寄生于盲肠和结肠。

成虫在大肠中产卵，卵随粪便排出体外，经 24～48 小时孵出幼虫，再经 3～6 天发育为感染性幼虫，猪在吃食或饮水时吞进感染性幼虫后，幼虫即在大肠黏膜下形成结节并蜕皮，经 5～6 天后，第四期幼虫返回肠腔，再蜕一次皮即发育为成虫。

感染性幼虫可以越冬。虫卵和幼虫对干燥和高温的耐受性较差，潮湿的环境有利于虫卵和幼虫的发育和存活，在室温 22～24℃的湿润状态下，可生存达 10 个月，在－20～－19℃可生存 1 个月。虫卵在 60℃高温下迅速死亡，干燥也可使虫卵和幼虫致死。猪在采食或饮水时吞进感染性幼虫而发生感染。

（二）诊断要点

1. 流行特点

本病虽感染较为普遍，但虫体的致病力较弱，严重感染时可引起结肠炎，是目前我国规模化猪场流行的主要线虫病之一。

集约化方式饲养的猪和散养的猪都有发生，成年猪被寄生的较多。放牧猪在清晨、雨后和多雾时易遭感染。潮湿和不勤换垫草的猪舍中，感染也较多。

2. 临床症状

猪只表现腹痛、腹泻或下痢，高度消瘦，发育障碍。继发细菌感染时，则发生化脓性结节性大肠炎。

幼虫对大肠壁的机械刺激和毒性物质的作用，可使肠壁上形成粟粒状的结节。初次感染很少发生结节，但经 3～4 次感染后，由于宿主产生了组织抵抗力，肠壁上可产生大量结节，发生结节性肠炎。结节破裂后形成溃疡，引起顽固性肠炎。如结节在浆膜面破裂，可引起腹膜炎；在黏膜面破裂则可形成溃疡，继发细菌感染时可导致弥漫性大肠炎。粪便中带有脱落的黏膜。成虫寄生会影响猪增重和饲料转化，其致病性只有在高度感染时才会出现。由于虫体对肠壁的机械损伤和毒素作用，引起渐进性贫血和虚弱，严重时可导致死亡。猪只表现腹痛、腹泻或下痢，高度消瘦，发育障碍。继发细菌感染时，则发生化脓性结节性大肠炎。

3. 粪便检查

用漂浮法检查有无虫卵。虫卵呈椭圆形，卵壳薄，内有胚细胞，但常与红色猪圆线虫卵混淆，须采用粪便培养至第 3 期幼虫才可鉴别。食道口线虫幼虫短而粗，尾鞘长；而红色猪圆线虫幼虫长而细，尾鞘短。

应根据猪场的生产和用药记录、流行病学、临床症状和粪便检查，结合剖检结果综合判断。幼虫在大肠黏膜下形成结节所致的危害性最大，形成结节的机制是幼虫周围发生局部性炎症，继之由成纤维细胞在病变周围形成包囊。结节因虫而异。长尾食道口线虫的结节，高出于肠黏膜表面，具有坏死性炎性反应性质，至感染35 天后开始消失；有齿食道口线虫的结节较小，消失较快。大量感染时，大肠壁普遍增厚，发生卡他性肠炎。除大肠外，小肠（特别是回肠）也有结节发生。

要注意鉴别诊断：

1. 与猪姜片吸虫病鉴别

相似处：体温不高，消瘦，贫血，下痢。粪便中有虫卵等。

不同处：猪姜片吸虫病多以采食水生植物而感染。剖检可见小肠黏膜脱落呈糜烂状，并可发现虫体。

2. 与猪华支睾吸虫病鉴别

相似处：食欲不振，消瘦，贫血，下痢等。

不同处：猪华支睾吸虫病多因吃生鱼虾而感染。有轻度黄疸。剖检可见胆囊肿大，胆管变粗，胆管和胆囊内有很多虫体和虫卵。

3. 与猪棘头虫病（钩头虫病）鉴别

相似处：食欲减退，消瘦，贫血，下痢，生长迟缓等。

不同处：猪棘头虫病患猪腹痛、有时有血便、虫头穿透肠壁则体温可升至41℃。剖检可发现虫体呈乳白或淡红色，长圆柱形，前部稍粗，后部较细，体表有横纹，雄虫长 5～15 厘米，雌虫长 20～65 厘米。

4. 与猪球首线虫病（钩虫病）鉴别

相似处：贫血，消瘦，下痢，发育不良等。

不同处：猪球首线虫病患猪有时服泻药即可排出虫体，虫体较小。

（三）防制

1. 预防

改善饲养管理，注意饲料、饮水、环境卫生，猪圈经常保持干燥，定期驱虫。母猪分娩前 1 周用药，仔猪产后 1 个月驱虫，可有效防止仔猪感染。每吨饲料中加入0.12%的潮霉素B，连喂5周，有抑制虫卵产生和驱除虫体的作用。牧场被污染时，应换至干净的牧场放牧。

2. 治疗

硫化二苯胺（吩噻嗪）0.2～0.3克/千克体重，混于饲料中喂服，共用2次，间隔2～3天，猪对此药较敏感，应用时要特别注意安全；敌百虫0.1克/千克体重，做成水剂混于饲料中喂服；0.5%福尔马林溶液灌肠，将患猪后躯抬高，使头下垂，身体对地面垂直，将配好的福尔马林液2升注入直肠，然后把后躯放下，注后患猪很快排便，注入越深，效果越好；左噻咪唑10毫克/千克体重，混于饲料一次喂服；四咪唑20毫克/千克体重，拌料喂服，或10～15毫克/千克体重，配成10%溶液肌内注射；丙硫苯咪唑15～20毫克/千克体重，拌料喂服；噻嘧啶（噻吩嘧啶，抗虫灵）30～40毫克/千克体重，混饲喂服；阿维菌素按猪每千克体重0.3毫克，皮下注射，均有效。

七、猪胃线虫病

由红色猪圆线虫、圆形蛔状线虫和六翼泡首线虫寄生在猪胃内所引起的寄生虫病。多发生于散养猪。

（一）病原

猪胃线虫的病原体有3种：

1. 圆形蛔状线虫

圆形蛔状线虫咽长0.083～0.098毫米，咽壁上有三或四叠的螺旋形角质厚纹。有一个颈翼膜，在虫体左侧。雄虫长10～15毫米，右侧尾翼膜大，约为左侧的2倍；有4对肛前乳突和1对肛后乳突，配置均不对称。左交合刺长2.24～2.95毫米，右交合刺长0.46～0.62毫米，形状不同。雌虫长16～22毫米，阴门位于虫体中部的稍前方。虫卵呈深黄色，壳厚，外有一层不平整的薄膜，表面有条纹，两端似有小塞。当虫卵排出时，已含有一发育完全的幼虫。显微镜下鉴别特征为：咽壁上有3～4叠螺旋形角质增厚部分。

圆形蛔状线虫的虫卵随宿主的粪便排到外界，被中间宿主食粪甲虫（蜉金龟属、金龟子属、显壳属、地孔属）所吞食，幼虫便在甲虫体内经20～36天以上发育到感染期。猪由于吞食这些甲虫或含有包囊的贮存宿主而被感染。

2. 六翼泡首线虫

六翼泡首线虫形状与圆形蛔状线虫相似，虫体前部（咽区）角皮略为膨大，其后每侧有 3 个颈翼膜。颈乳突的位置不对称。口小，无齿。咽长 0.263～0.315 毫米，咽壁中部有圆环状的增厚，前、后部则为单线的螺旋形增厚。雄虫长 6～13 毫米，尾翼膜窄，对称；有泄殖孔前乳突和泄殖孔后乳突各 4 对。交合刺 1 对，不等长，左侧的长 2.1～2.25 毫米，右侧的长 0.3～0.4 毫米。雌虫长 13～22.5 毫米，阴门位于虫体中部的后方。虫卵壳厚，内含幼虫。显微镜下鉴别特征为：虫体咽壁呈单弹簧状，中部为环形。

六翼泡首线虫的发育史与圆形蛔状线虫相似，多种食粪甲虫是它们的中间宿主，猪在吞食这些甲虫（六翼泡首线虫的幼虫在鸟粪或其他动物、爬虫类体内形成包囊）后遭受感染，幼虫深入胃黏膜内生长，约需 6 周发育为成虫。带有感染幼虫的甲虫，如被不适宜的宿主吞食，幼虫就会在该宿主的食道内形成包囊。

3. 红色猪圆线虫

红色猪圆线虫虫体细小，呈红色，头细小，有一小的口领；有颈乳突。雄虫长 4～7 毫米，交合伞侧叶大，背叶小；交合刺 2 根，等长，呈有脊的膜质构造，端部各有 2 个尖；引器细长，有副引器。雌虫长 5～10 毫米，阴门在肛门稍前。虫卵椭圆形，呈灰色，卵壳很薄。

红色猪圆线虫的发育史：猪在吞食感染性幼虫后，幼虫到达胃内，侵入胃腺窝发育生长，约经半个月又重返胃内而变为成虫；经 20～25 天排出虫卵；虫卵随粪便排出后发育为感染性幼虫。

（二）诊断要点

1. 流行特点

各种年龄的猪都可以感染，但主要是仔猪、架子猪。饲料蛋白不足，猪容易感染此病。哺乳母猪较不哺乳母猪受感染的为多。停止哺乳的母猪有自愈现象，但此现象可因体质较差而延缓或受抑制。公猪感染和非哺乳母猪相似。乳猪由于接触感染性幼虫的机会不多，故受感染的也较少。感染主要发生于受污染的潮湿的牧场、饮水处、运动场和圈舍。果园、林地、低湿地区都可以成为感染源。猪饲养在干燥环境里，不易发生感染。

2. 临床症状

轻度感染时不显症状，严重感染时，虫体侵入胃黏膜吸血，刺激胃黏膜而造成胃炎；成虫钻入胃黏膜时，可引起溃疡和结节。感染病猪，尤其是幼猪，多数表现为胃黏膜发炎，食欲减少，饮欲增加，腹痛、呕吐、消瘦、贫血，有急、慢性胃炎症状，精神不振，营养障碍，发育生长受阻，排粪发黑或混有血色，有时下痢。

3. 粪便检查

采用粪便沉淀法收集虫卵。虫体细小，红色，雄虫长 4～7 毫米，雌虫长 5～10 毫米。虫卵呈灰白色，长椭圆形，卵壳薄。虫卵形态与食道口线虫卵相似，培养到第 3 期幼虫后方可鉴别。不过虫卵数量一般不多，不易在粪中发现，故生前较难确诊。

幼虫侵入胃腺窝时，引起胃底部点状出血，胃腺肥大。成虫可引起慢性胃炎，黏膜显著增厚，并形成不规划的皱褶。胃内容物少，有大量黏液，胃黏膜尤其胃底部黏膜红肿，有小出血点，黏膜上可见扁豆大小的圆形结节，上有黄色假膜，黏膜增厚并形成不规则皱褶，虫体上被有黏液。严重感染时，多在胃底部发生广泛性溃疡，溃疡向深部发展形成胃穿孔。在成年母猪，胃溃疡可向深部发展，引起胃穿孔而死亡。

结合临床症状和粪便检查的结果，再进行剖检检查。剖检时可见，胃内容物少，但有大量黏液，胃腺扩张肥大，形成扁豆大的扁平突起或圆形结节，胃底部黏膜红肿或覆以痂膜，虫体游离在胃内或部分钻入胃黏膜内。胃壁上有牢固地附着的虫体。

（三）防制

1. 预防

改善饲养管理，给予全价饲料，清扫和消毒猪舍、运动场，妥善处理粪便，保持饮水清洁，进行预防性和治疗性驱虫。猪舍附近不要种植白杨，以免金龟子采食树叶时被猪吞食，或猪拱地吞食金龟子的幼虫蛴螬而发病，不让猪到有剑水蚤、甲虫等中间宿主的地方以免感染。逐日清扫猪粪，运往贮粪场堆积发酵，有计划地定期用药物预防性驱虫。

预防性驱虫可用敌百虫，剂量为 0.1 克/千克体重，口服或拌料喂；伊维菌素，剂量为 0.3 毫克/千克体重，皮下注射；氟化钠，按 1%比例混于饲料中喂服；盐酸左旋咪唑注射液，剂量为 7.5 毫克/千克体重，肌内或皮下注射；或磷酸左旋咪唑片，剂量为 8 毫克/千克体重，混饮或口服，经 2～4 周，再给药 1 次；噻苯咪唑片，剂量为 50 毫克/千克体重，每日 1 次，连用 3 次；丙硫咪唑（抗蠕敏），剂量为 10～20 毫克/千克体重，1 次口服。

2. 治疗

驱虫可选用丙硫苯咪唑，剂量为 5～10 毫克/千克体重，内服；噻苯咪唑，剂量为 50～100 毫克/千克体重，一次口服；左旋咪唑，剂量为 8 毫克/千克体重，一次口服；阿维菌素，剂量为1毫升/千克体重，一次颈部皮下注射。

八、猪后圆线虫病（猪肺线虫病）

猪后圆线虫病是由后圆线虫（又称猪肺线虫）寄生于猪的支气管和细支气管而引起的一种呼吸系统线虫病。由于后圆线虫寄生于猪的肺脏，虫体呈丝状，故又称猪肺线虫病或猪肺丝虫病。本病呈全球性分布。我国也常发生此病，往往呈地方性流行，对幼猪的危害很大。严重感染时，可引起肺炎（尤以肺膈叶多见），而且能加重肺部细菌性和病毒性疾病的危害。

（一）病原

本病的病原体主要为后圆线虫属的长刺猪肺线虫（长刺后圆线虫），其次为短阴后圆线虫和萨氏后圆线虫。长刺猪肺线虫的虫体呈细丝状，乳白色或灰白色，口囊很小，口缘很小，有一对三叶侧唇。雄虫长12～26毫米，交合刺2根，丝状，长达3～5毫米，末端有小钩；雌虫长达20～51毫米，阴道长2毫米以上，尾端稍弯向腹面，阴门前角皮膨大，呈半球形。

猪肺线虫需要蚯蚓作为中间宿主。雌虫在支气管内产卵，卵随痰转移至口腔咽下（咳出的极少），随着粪便排到外界。该虫卵的卵壳厚，表面有细小的乳突状隆起，稍带暗灰色，卵在润湿的土地中可吸水而膨胀破裂，孵化出第一期幼虫。虫卵被蚯蚓吞食后，在其体内孵化出第一期幼虫（有时虫卵在外界孵出幼虫，而被蚯蚓吞食），在蚯蚓体内，经10～20天蜕皮两次后发育成感染性幼虫。猪吞食了此种蚯蚓而被感染，也有的蚯蚓在损伤或死之后，在其体内的幼虫逸出，进入土壤，猪吞食了这种污染了幼虫的泥土也可被感染。感染性幼虫进入猪体后，侵入肠壁，钻到肠系膜淋巴结中发育，又经两次蜕皮后，循淋巴系统进入心脏、肺脏，在肺实质、小支气管及支气管内成熟。自感染后约经24天发育为成虫、排卵，成虫寄生寿命约为1年。

据报道，虫卵对外界的抵抗力十分强大，在粪便中可生存6～8个月；在潮湿的灌木场地可生存9～13个月，并可冰结越冬（－8～－20℃可生存108天）。

（二）诊断要点

1. 流行特点

本病多发生于仔猪和育肥猪。感染来源主要是患病猪和带虫猪。雌虫在猪的支气管中产卵，卵随黏液到咽喉部，被猪咽入消化道，并随粪便排出体外。猪吞食带有感染性幼虫的蚯蚓或是吞食游离在土壤中的感染性幼虫而感染。

本病遍及全国各地，呈地方性流行。低洼、潮湿、疏松和富有腐殖质的土壤中蚯蚓最多，病猪和带虫猪到这样的地方放牧，其排出的虫卵和第一期幼虫被蚯蚓吞食发育为感染性幼虫，健康猪再到这样的地方放牧，就极容易受到感染。国外报道，一条蚯蚓体内含感染性幼虫最多可达 4000 条，而且感染性幼虫在蚯蚓体内保持感染性时间可和蚯蚓的寿命一样长。蚯蚓的寿命随种类不同而异，约为 1.5 年、3 年、4 年，甚至有的种类可活 8～10 年。

2. 临床症状

在猪肺线虫病流行地区，于夏末秋初发现有很多的仔猪和幼猪有阵发性咳嗽，并日渐消瘦，又无明显的体温升高，可怀疑为肺线虫病。

轻度感染的猪症状不明显，但影响生长和发育。瘦弱的幼猪（2～4 月龄）感染虫体较多，而又有气喘病、病毒性肺炎等疾病合并感染时，则病情严重，具有较高死亡率。病猪的主要表现为食欲减少，消瘦，贫血，发育不良，被毛干燥无光；阵发性咳嗽，特别是早晚运动后或遇冷空气刺激时尤为剧烈，鼻孔流出脓性黏稠分泌物，严重病例呈现呼吸困难；有的病猪发生呕吐和腹泻；在胸下、四肢和眼睑部出现浮肿。

因本病突然死亡病猪尸体无明显所见，体表淋巴结肿胀，剖检应仔细检查才能在支气管内发现虫体。主要变化见于肺脏，可见膈叶腹面边缘有楔状肺气肿区。虫体在支气管多量寄生时，阻塞细支气管，可使该部发生小叶性肺泡气肿。如继发细菌感染，则发生化脓性肺炎。胃肠、心、肝、肾、脾等器官无明显与本病有关的变化。尸体剖检病变多位于膈叶下垂部，切开后如果能发现大量虫体，即可做出确诊。

3. 采集粪便检查虫卵

由于肺线虫虫卵相对密度较大，可用饱和硫酸镁溶液（硫酸镁 920 克，加水 1 升）或硫代硫酸钠饱和溶液（硫代硫酸钠 1750 克，溶于 1 升水中）或饱和盐水加等量甘油混合液进行浮集法检查虫卵。

4. 变态反应诊断法

抗原是用患猪气管黏液，加入 30 倍的 0.9%氯化钠溶液，搅匀；再滴加 3%醋酸溶液，直至稀释的黏液发生沉淀时为止；过滤，于溶液中徐徐滴加 3%碳酸氢钠溶液中和，将酸碱度调整到中性或微碱性，间歇消毒后备用。以抗原 0.2 毫升注射于患病猪耳背的皮内，在 5～15 分钟内，注射部位肿胀超过 1 厘米者为阳性。

（三）防制

1. 预防

（1）定期驱虫　在猪肺线虫病流行地区，应有计划地进行驱虫，每年春秋两季在粪检的基础上对仔猪和带虫成年猪进行定期驱虫。对 3～6 月龄的猪更需多加注意，遇可疑病例时应做粪便检查，确诊后驱虫。

（2）粪便处理　经常清扫粪便，运到离猪舍较远的地方堆积发酵，猪圈舍和运动场经常用 1%热碱水或 30%草木灰水消毒，以便杀死虫卵。

（3）防止猪吃到蚯蚓　猪场应建于高燥处，铺水泥地面或木板猪床，注意排水，保持干燥，创造无蚯蚓滋生的条件。对放牧猪应严加注意，尽量避免去蚯蚓密集的潮湿地区放牧。

（4）加强饲养管理　注意给予全价营养，增强猪体抗病能力。

2. 治疗

左旋咪唑 15 毫克/千克体重，1 次肌注，间隔 4 小时重用 1 次或 10 毫克/千克体重，混于饲料 1 次喂服，对 15 日龄幼虫和成虫均有 100%的疗效；四咪唑 20～25 毫克/千克体重，口服或 10～15 毫克/千克体重，肌注；氰乙酰肼 17.5 毫克/千克体重口服，或 15 毫克/千克体重皮注，但总量不超过 1 克，连用 3 天；海群生（乙胺嗪）100 毫克/千克体重，溶于 10 毫升蒸馏水中，皮下注射，每天 1 次，连用 3 天。

九、猪冠尾线虫病（猪肾虫病）

猪冠尾线虫病又称猪肾虫病，是由有齿冠尾线虫寄生于猪的肾盂、肾周围脂肪和输尿管等处引起的。虫体偶尔寄生于腹腔和膀胱等处。本病分布广泛，危害性大，常呈地方性流行，是热带和亚热带地区猪的主要寄生虫病。

（一）病原

虫体粗壮，呈灰褐色，形似火柴杆，体壁较透明，其内部器官隐约可见。口囊杯状，囊壁肥厚，口缘有 1 圈细小的叶冠和 6 个角质隆起，口囊底有 6～10 个小齿。雄虫长 20～30 毫米，交合伞小，交合刺两根。雌虫长 30～45 毫米，阴门靠近肛门。虫卵呈长椭圆形，较大，灰白色，两端钝圆，卵壳薄，长 99.8～120.8 微米，宽 56～63 微米。

虫卵随尿排出体外，在适宜的温度与湿度条件下，经 1～2 天孵出第一期幼虫；

经2～3天，第一期幼虫经过第一、二次蜕皮，变为第三期幼虫（即感染性幼虫）。感染性幼虫可以通过两条途径感染猪：一是经口感染；二是经皮肤感染。经口感染往往是由于猪吞食了感染性幼虫；幼虫钻入胃壁，脱去鞘膜，经3天后进行第三次蜕皮变为第四期幼虫，然后随血流进入肝脏。经皮肤感染的幼虫钻进皮肤和肌肉，约经70小时变为第四期幼虫，随血流经肺和大循环进入肝脏，幼虫在肝脏停留3个月或更长时间，穿过包膜进入腹腔，后移至肾脏或输尿管组织中形成包囊，并发育成成虫。少数幼虫误入脾、脊髓、腰肌等处，不能发育成成虫而死亡。从幼虫侵入猪体到发育成成虫，一般需经6～12个月。

（二）诊断要点

1. 流行病学

本病多发生于气候温暖的多雨季节，在我国南方，猪只感染多在每年3～5月和9～11月。感染性幼虫多分布于猪舍的墙根和猪排尿的地方，其次是运动场中的潮湿处。猪只往往在墙根掘土时摄入幼虫，在墙根下或其他潮湿的地方躺卧时，感染性幼虫钻入皮肤而受感染。

虫卵和幼虫对干燥和直射阳光的抵抗力都很弱。卵和幼虫在21℃以下温度中干燥56小时，全部死亡；虫卵在30℃以上干燥6小时，即不能孵化；虫卵在32～40℃的干燥或潮湿的环境中，处于阳光直射下，经1～3小时均会死亡。幼虫在完全干燥的环境中，仅能存活35分钟；在潮湿土壤中的第一期幼虫和感染性幼虫，在36～40℃温度中，于阳光照射下，3～5分钟全部死亡。生活在土壤表层2厘米范围内的幼虫，其向土壤周围和下层迁移的能力较弱，而向表面爬行的能力颇强；在12厘米深处的幼虫，经1周便能迁移到土壤表面；幼虫在32厘米深的疏松而潮湿的土壤中，可生存6个月。

虫卵和幼虫对化学药物的抵抗力很强。在1%浓度的敌百虫、硫酸铜、氢氧化钾、碘化钾、煤酚皂等溶液中，均不被杀死。只有1%浓度的漂白粉或石炭酸溶液才具有较高的杀虫力。在海滨可用海水杀灭虫卵和或幼虫。

冠尾线虫病在集中饲养的猪场流行严重，在分散饲养的情况下发生较轻。如猪舍空气流通、阳光充足、干燥、经常打扫，猪舍和运动场的地面用石料修建，或用水泥或三合土修筑，均可减少感染；反之，猪舍设备简陋、饲养管理粗放时，感染率都会增高。

2. 临床症状

无论幼虫或成虫，致病力都很强。幼虫钻入皮肤时，常引起化脓性皮炎，皮肤发生红肿和小结节，尤以腹部皮肤最常发生。同时，附近体表的淋巴结常肿大。幼虫在猪体内移行时，可损伤各种组织，其中以肺脏受害最重。

3. 尿检

发现病猪腰背松软无力，后躯麻痹或有不明原因的跛行时，可镜检尿液，发现大量虫卵，即可确诊。有人用皮内变态反应进行早期诊断，即用肾虫的成虫制作抗原，配成1∶100浓度，皮内注射0.1毫升，经5～15分钟检查结果。凡注射部位发生丘疹，其直径大于1.5厘米者为阳性反应；直径1.2～1.49厘米者为可疑；小于1.2厘米者为阴性反应。

（三）防制

1. 预防

猪舍及运动场所经常清扫，保持地面的清洁和干燥。疏通粪尿排放沟，并对粪尿进行集中处理；圈舍运动场所及其用具用1%～3%漂白粉定期消毒。猪只要经常进行尿检，发现阳性猪只，立即隔离治疗。对买进的猪只和外运的猪只进行严格的检疫，防止本病的感染和传播。

将患病猪和假定健康猪分开饲养，将断乳仔猪饲养在未经污染的圈舍内。注意补充维生素和矿物质，以增强猪只对疾病的抵抗力。调教猪只定点排便，以利于粪尿的疏通和集中处理。

定期用左旋咪唑、丙硫咪唑等进行驱虫。

2. 治疗

左旋咪唑，按5～7毫克/千克体重一次肌内注射；丙硫咪唑，按20毫克/千克体重，一次拌料口服；阿维菌素（1%），1毫升/30千克体重，颈部皮下注射。

第五节　体表寄生虫病

一、猪疥螨病

由猪疥螨所引起的一种以猪皮肤病变为主的寄生虫病，称为猪疥螨病，也称“疥螨”或“疥疮”，俗称癞。本病临床上以剧痒为主要特征。

（一）病原

成螨体积小，呈背腹扁平的龟形，体长0.2～0.5毫米，灰白色。头、胸、腹融为一体。假头背面后方有1对粗短的垂直刚毛或刺。腹面有4对足，足粗短，足末端有爪间突吸盘或长刚毛，吸盘位于不分节的柄上。雄虫第1、2、4对足，雌虫第1、2对足有带柄吸盘。雄螨无性吸盘和尾突。雌、雄疥螨均无呼吸系统，它们通过薄软的体被呼吸。无爪，取而代之的是跗节的吸盘状结构。虫卵呈椭圆形，两端钝圆，透明，灰白色，大小为0.15毫米×0.10毫米，内含卵胚或幼虫。猪疥螨寄生于猪皮肤的表皮层，其发育属不完全变态，一生包括卵、幼虫、若虫和成虫4个阶段。

疥螨的发育过程包括卵、幼虫、若虫和成虫四个阶段；雄螨有1个若虫期，而雌螨有2个若虫期。受精后的雌螨非常活跃，每分钟能爬行2.5厘米，在宿主的表皮寻找适当部位，利用螯肢和前足跗节末端的爪突挖凿隧道，每天能挖凿2～5毫米，以后逐渐形成一条与皮肤平行的蜿蜒隧道。在隧道中，每隔一段距离即有若干条通向表皮的纵向通道，便于虫卵的孵育和幼虫爬出隧道之用。雌螨经2～3天开始在隧道内产卵，每天产卵1～2粒。雌螨继续向前掘进，卵就留在虫体后面的隧道中。这样持续4～5周，可产卵40～50粒。

虫卵呈椭圆形，淡黄色，长约0.15毫米。虫卵在隧道中一般经3～4天孵出幼虫。幼虫孵出后很活跃，可离开隧道爬到宿主皮肤表面，然后顺着毛孔或毛囊间的皮肤而钻入，并开凿小穴道，在小穴道内经3～4天蜕皮发育为若虫。若虫有大小两型：小型若虫是雄性若虫，在挖凿的浅穴道内蜕皮变为雄螨；大型若虫是雌性第一期若虫，体长约0.16毫米，有4对足，经蜕皮发育为雌性第二期若虫（又称未成熟雌虫或青春期雌虫）。雌性第二期若虫与雄虫在隧道中或宿主体表交配，然后雌性第二期若虫再蜕皮变为雌螨。雌螨又钻入皮内，挖凿永久性隧道，并在其中产卵。雄螨交配后留在隧道中，或自行啮钻1个短隧道而短期生活，很快就会死亡。雌螨的寿命达4～5周。疥螨整个发育过程为8～22天，平均15天。

疥螨离开宿主后，在适宜温湿度下，在畜舍内、墙壁上或各种用具上能存活3周左右；在18～20℃，空气湿度65%时，可存活2～3天；7～8℃，经15～18天死亡。虫卵离开宿主后10～30天，仍保持其发育能力。在某种动物上寄生的疥螨机械地传给另一种动物时，疥螨能在后一种动物的皮肤内生存数天，甚至能够采食，以后则死亡，因此认为疥螨有宿主特异性。

（二）诊断要点

1. 流行特点

各种年龄、品种的猪均可感染该病。经产母猪过度角化（慢性螨病）的耳部是猪场螨虫的主要传染源。由于对公猪的防治强度弱于母猪，因而在种猪群公猪也是一个重要的传染源。大多数猪只疥螨主要集中于猪耳部，仔猪往往在哺乳时受到感染。主要是由于病猪与健康猪的直接接触，或通过被螨及其卵污染的圈舍、垫草和饲养管理用具间接接触等而引起感染。幼猪有挤压成堆躺卧的习惯，这是造成该病迅速传播的重要原因。此外，猪舍阴暗、潮湿、环境不卫生及猪营养不良等均可促进本病的发生和发展。秋冬季节，特别是阴雨天气，该病蔓延最快。

该病主要为直接接触传染，也有少数间接接触传染。直接接触传染途径包括：患病母猪传染哺乳仔猪；病猪传染同圈健康猪；受污染的栏圈传染新转入的猪。猪舍阴暗潮湿，通风不良，卫生条件差，猪只咬架殴斗及碰撞摩擦引起的皮肤损伤等都是诱发和传播该病的适宜条件。间接接触传染途径有通过饲养人员的衣服和手、看守犬等传染。

2. 临床症状

猪疥螨感染通常起始于头部、眼下窝、面颊及耳部，以后蔓延到背部、躯干两侧及后肢内侧，尤以仔猪的发病最为严重。患猪局部发痒，常在墙角、饲槽、柱栏等处摩擦。可见皮肤增厚、粗糙和干燥，表面覆盖灰色痂皮，并形成皱褶。极少数病情严重者，皮肤的角化程度增强，皮肤干枯，有皱纹或龟裂，龟裂处有血水流出。病猪逐渐消瘦，生长缓慢，成为僵猪。同时免疫力降低，有时会因继发感染而死亡。

3. 实验室诊断

在病变区的边缘刮取皮屑，镜检有无虫体。从耳内侧皮肤或患部刮取皮屑时，一定要选择在患病皮肤和健康皮肤交界处，这里的疥螨比较多，而且要刮得深，直到见血为止。将最后刮下的皮屑滴加少量的甘油水等量混合液或液体石蜡，放在载玻片上，用低倍镜检查，可发现活疥螨。

另外，将刮到的病料装入试管内，加入5%～10%苛性钠（或苛性钾）溶液，浸泡2小时，或煮沸数分钟，由管底沉渣镜检虫体。

还可在上述方法取得的沉渣中加入60%次亚硫酸溶液，使液体满于管口但不溢出，离心沉淀或静置10几分钟后，取表层液镜检。

根据流行病学、症状，可做出初步诊断。本病易与猪湿疹及癣病混淆，且多存在隐性感染，确诊须检查是否有疥螨虫体或虫卵存在。还可采用肉眼观察法，用手电筒检查猪耳内侧是否有结痂，取1～2厘米^{2}的痂皮，弄碎，放在黑纸上，几分钟后将痂皮轻轻移走，可借助放大镜以肉眼观察疥螨。

（三）防制

1. 预防

（1）从产房抓起，对产房消毒的同时，也要用杀虫药物对产房进行处理。

（2）保持猪舍清洁干燥，勤换垫草，圈内地面和墙壁用1%敌百虫溶液喷洒。

（3）待产母猪用药治疗后再移入分娩舍。

（4）对断奶仔猪必须进行预防性用药。

（5）新引进猪只必须经过用药治疗后进场。

（6）种猪群（种公猪、种母猪）一年两次药物防治。

2. 治疗

可用于治疗猪疥螨病的药物有：敌百虫、蝇毒磷乳剂、溴氰菊酯、伊维菌素。应用敌百虫治疗时应非常小心，不可用碱性水洗刷，否则会引起中毒。应用外用药时一定要严格按说明使用，一般情况下需反复用药才能彻底治疗。

内服用药有伊维菌素，针剂：剂量为0.3毫克/千克体重，一次皮下注射；饲料预混剂：剂量为0.1毫克/千克体重，每天1次，连用7天。

此外，虫力黑是由伊维菌素、阿苯哒唑等药物组成的复方制剂，除了能对猪各种常见寄生虫起到双重杀灭作用外，还拓宽了驱虫谱（包括猪球虫在内的各种常见寄生虫）及抗寄生虫范围，尤其是提高了对猪蛔虫和毛首线虫早期幼虫的驱虫效果。因此，虫力黑能做到全面、彻底地驱除集约化猪场中的各种常见寄生虫。

虫力黑是一种黑色粉末状预混剂，通过拌料给药，空怀母猪、妊娠母猪、种公猪每隔3个月驱虫1次，新生仔猪在保育阶段后期或生长舍阶段驱虫1次，引进种猪并群前10天驱虫1次。此法不仅可有效净化猪场的疥螨病，同时对包括猪球虫病、鞭虫病在内的其他寄生虫病的净化效果也非常显著。该药的安全性好，适用于包括怀孕重胎母猪在内的任何阶段猪只使用，休药期不少于14天。

其添加剂量为：种猪（包括空怀母猪、怀孕母猪和种公猪），按每吨饲料添加1千克，连喂5天；中大肉猪、哺乳母猪，按每吨饲料添加0.75千克，连喂5天；保育仔猪（包括小猪），按每吨饲料添加0.5千克，连喂5天。

二、猪虱虫病

猪虱虫病是因猪虱寄生于猪体表引起的寄生虫病，本病在寒冷季节多发。猪虱多寄生于耳基部周围、颈部、腹下、四肢内侧。受害病猪表现为不安、瘙痒、食欲减退、营养不良、不能很好睡眠，导致机体消瘦，尤其仔猪症状表现明显。

（一）病原

虱体背腹扁平，无翅，呈白色或灰黑色。革质膜，触角单节，头部呈长圆锥形，比胸部狭窄，具刺吸式口器，爪强大。分头、胸、腹3部分，分界明显，触角3～5节。胸部腹面有3对粗短的腿。腹部分节。猪血虱个体很大，雌虫长达5毫米，腹部末端分叉；雄虫长达4毫米，末端钝圆；卵呈黄白色，长椭圆形，长0.8～1.0毫米；虫体呈灰黄色；常寄生在猪的耳根、颈部及后肢内侧。猪虱除引起猪虱虫病外，还可成为某些传染病的媒介。此外，还可使皮革质量下降。

猪血虱终生不离猪体，为不完全变态发育，经卵、若虫和成虫3个发育阶段。雌雄交配后雄虱即死亡，雌虱于2～3天后开始产卵，每虱一昼夜产卵1～4枚。卵呈黄白色，长椭圆形，黏附于家畜被毛上。卵经9～20天孵化出若虫，若虫分3龄，每隔4～6天蜕化1次，第三次蜕皮后变为成虫。雌虱产卵期2～3周，共产卵50～80枚，卵产完后即死亡。

猪血虱对低温的抵抗力很强，对高温和湿热空气抵抗力弱，如离开宿主通常在1～10天内死亡；在35～38℃时经一昼夜死亡；在0～6℃时可存活10天。虱卵的抵抗力也很强，低温－40℃、高温达45℃时仍能存活2～4小时，高温达60℃时致死时间需45分钟。虱卵孵化最适宜温度为36～37℃、22℃以下和40℃以上均不能孵化。

（二）诊断要点

1. 流行特点

猪体表的各阶段虱均是传染源，通过直接接触传播。在场地狭窄、猪只密集、管理不良时最易感染；也可通过垫草、用具等引起间接感染。一年四季都可感染，但以寒冷季节多发。

2. 临床症状

猪血虱吸食血液，刺痒皮肤，致使患猪被毛脱落、皮肤损伤、猪体消瘦。猪血虱寄生于猪体所有部位，但以颈部、颊部、体侧及四肢内侧皮肤皱褶处为多。

3. 鉴别诊断

猪虱吸血时，分泌有毒唾液引起痒觉，病猪到处擦痒，造成皮肤损伤，脱毛。在寄生部位容易发现成虫和虱卵，故易于确诊。

（三）防制

1. 预防

搞好猪舍卫生工作，经常保持清洁、干燥、通风。进猪时，应隔离观察，防止引进病猪。发现病猪应立即隔离治疗，在防止蔓延。在治疗病猪的同时，应用药物彻底消毒猪舍和用具，将治疗后的病猪安置到已消毒过的猪舍内饲养，定期按计划驱虫。

此外，要经常检查猪只，发现猪虱，即捕捉并进行药物治疗。

2. 治疗

(1) 皮下注射伊维菌素或阿维菌素注射液，给药剂量为0.3毫克/千克体重；或肌内注射多拉菌素注射液，给药剂量为0.3毫克/千克体重。

(2) 用0.5%～1.0%的兽用精制敌百虫溶液喷射猪体患部，每天1次，连用2次即可杀灭。

(3) 用花生油擦洗生虱子的地方，短时间内虱子便掉落下来。

(4) 生猪油、生姜各100克，混合捣碎成泥状，均匀地涂在生长虱子的部位，1～2天，虱子就会被杀死。

(5) 食盐1克、温水2毫升、煤油10毫升，按此比例配成混合液涂擦猪体，虱子立即死亡。

(6) 百部250克、苍术200克、雄黄100克、菜油200克，先将百部加水2千克煮沸后去渣，然后加入苍术、雄黄细末拌匀后加入菜油充分搅拌均匀后涂擦猪的患部，每天1次或2次，连用2～3天，可全部除尽猪虱。

(7) 烟叶30克，加水1千克，煎汁涂擦患部，每天1次。

第十章　猪常见普通病的防制

第一节　营养与代谢疾病

一、仔猪低血糖症

仔猪低血糖症见于1周龄以内的新生仔猪，由于血糖含量低而出现神经症状，继而昏迷死亡。

（一）病因

本病的病因较为复杂，仔猪方面多是由于仔猪在胚胎期间吸收不好，产出即为弱仔，或患有肠道疾病、先天性震颤而造成无力吮奶；母猪方面是由于母猪在怀孕后期饲养管理不当，产后感染而发生子宫炎等疾病，引起缺奶或无奶，也可能因母猪年老体弱，产仔过多，而造成供奶不足。

（二）诊断要点

仔猪多半在出生后第二天开始发病，也有的在第三或第四天出现症状，个别可延至1周龄。仔猪突然出现四肢绵软无力，步态不稳，卧地不起并呈现阵发性神经症状，头部后仰，四肢做游泳动作。有时四肢伸直，眼球不能活动，瞳孔散大，口角流出少量白沫。肢体瘫软，可以随意摆动，体表感觉迟钝或消失。

病猪的体温不高，甚至稍低。大部分病猪在出现症状2～3小时内即可死亡，少数拖延到1天以上，发病仔猪几乎100%致死，1窝仔猪中只要见到1头病猪，在1天内都可相继死亡。

本病的剖检病变以肝脏最为典型，呈橙黄色，若肝脏血量较多时则黄中带红色。切开肝脏，血液流出后肝呈淡黄色，质地极柔软，稍碰即破。胆囊肿大，内充盈淡黄色半透明的胆汁。肾呈淡土黄色，表面常有散在针尖大的红色小点，髓质暗红，与皮质分界清楚。膀胱黏膜也可见到小点状出血。

（三）防制

加强怀孕后期母猪的饲养管理，确保在怀孕期内提供给胎儿足够的营养，产后有大量的奶水，满足仔猪营养的需要。尽快给仔猪补糖，每隔5～6小时腹腔注射5%葡萄糖液15～20毫升，也可口服20%葡萄糖或喂饮糖水，连用2～3天，效果良好。

二、仔猪贫血

仔猪贫血是指半月龄至1月龄哺乳仔猪所发生的一种营养性贫血。主要原因是缺铁，多发生于寒冷的冬末春初季节，舍饲仔猪多发，特别是猪舍为木板或水泥地面而又不采取补铁措施的猪场内，常大批发生，造成严重的损失。

（一）病因

本病主要是由于铁的需要量供应不足所致。半个月至1个月的哺乳仔猪生长发育很快，随着体重增加，全血量也相应增加，如果铁供应不足，就会影响血红蛋白的合成而发生贫血，因此，本病又称为缺铁性贫血。正常情况下，仔猪也有一个生理性贫血期，若铁的供应及时而充足，则仔猪易于度过此期。放牧的母猪及仔猪，可以从青草及土壤中得到一定量的铁，而长期在水泥、木板地面的猪舍内饲养的仔猪，由于不能与土壤接触，失去了铁的摄取来源，则难以度过生理性贫血期，因而发生重剧的缺铁性贫血。本病冬春季节发生于2～4周龄仔猪，且多群发。

（二）诊断要点

病猪精神沉郁，离群伏卧，食欲减退，营养不良，被毛逆立，体温不高，可视黏膜呈淡蔷薇色，轻度黄染。严重者黏膜苍白，光照耳壳呈灰白色，几乎见不到明显的血管，针刺也很少出血，呼吸、脉搏均增加，可听到心内杂音，稍运动则心悸亢进，喘息不止。有的仔猪外观很肥胖，生长发育也较快，可在奔跑中突然死亡，剖检可见典型贫血变化。

病理解剖可见：皮肤及黏膜显著苍白，有时轻度黄染；病程长的病猪多呈消瘦；胸腹腔积有浆液性及纤维蛋白性液体；实质脏器脂肪变性；血液稀薄，肌肉色淡；心脏扩张，胃、肠和肺常有炎性病变。

血液检查：血液色淡而稀薄，不易凝固；红细胞数减少至 3 万亿/升，血红蛋白量降低，每升血液可低至 40 克以下。

血片观察：红细胞着色浅，中央淡染区明显扩大，红细胞大小不均，而以小的居多，出现一定数量的梨形、半月形、镰刀形等异形红细胞。

（三）防制

1. 预防

主要加强哺乳母猪的饲养管理，多喂富含蛋白质、无机盐和维生素的饲料。最好让仔猪随同母猪到舍外活动或放牧，也可在猪舍内放置土盘，装添红土或深层干燥泥土，任仔猪自由拱食。

北方如无保温设备，应尽量避免母猪在寒冷季节产仔。在水泥地面的猪舍内长期舍饲仔猪时，必须从仔猪生后 3～5 日即开始补加铁剂。补铁方法是将铁铜合剂洒在粒料或土盘内，或涂于母猪乳头上，或逐头按量灌服。对育种用的仔猪，可于生后 8 日肌内注射右旋糖酐铁 2 毫升（每毫升含铁 50 毫克）或铁钴注射液 2 毫升，预防效果确实可靠。

2. 治疗

有效的方法是补铁。常用的处方有：

① 硫酸亚铁 2.5 克，硫酸铜 1 克，水 1000 毫升混合。每千克体重 0.25 毫升，用汤匙灌服，每日 1 次，连服 7～10 日。

② 硫酸亚铁 0.1 千克、硫酸铜 0.02 千克，磨成细末后混于 5 千克细砂中，撒在猪舍内，任仔猪自由舔食。

③ 焦磷酸铁，每日内服 30 毫克，连服 1～2 周。还原铁对胃肠几乎无刺激性，可一次内服 500～1000 毫克，1 周 1 次。如能结合补给氯化钴每次 50 毫克或维生素 B_{12} 每次 0.3～0.4 毫克配合应用叶酸 5～10 毫克，则效果更好。

④ 注射铁制剂，如右旋糖酐铁钴注射液（葡聚糖铁钴注射液）、复方卡铁注射液和山梨醇铁等。实践证明，铁钴注射液或右旋糖酐铁 2 毫升肌肉深部注射，通常 1 次即愈。必要时隔 7 日再半量注射 1 次。

三、矿物元素代谢障碍

（一）钙、磷缺乏症

1. 病因

钙、磷缺乏是由于饲料中钙、磷不足，或二者比例不当，或维生素D缺乏，或饲料中碱过多，或饲料中含过多的植酸、草酸、鞣酸、脂肪酸等使钙变为不溶性钙盐，或饲料中含过多的金属离子（如镁、铁、铜、锰、铝）与磷酸根形成不溶性的磷酸盐复合物等，均会影响钙、磷的吸收，或机体存在影响钙、磷吸收的疾病。临床上以消化紊乱、异食癖、骨骼弯曲为主要特征。

2. 诊断要点

（1）小猪佝偻病　早期表现食欲不振、精神沉郁、消化紊乱、不愿站立，以后为生长发育迟缓、异食癖、跛行及骨骼变形，面部、躯干和四肢骨骼变形，面骨肿胀，拱背，罗圈腿或八字腿。下颌骨增厚，齿形不规则、凹凸不平。肢关节增大，胸骨弯曲成S形。肋骨与肋软骨间及肋骨头与胸椎间有球形扩大，排列成串珠状。骨与软骨的分界线极不整齐，呈锯齿状。软骨骨钙化障碍时，骨骼软骨过度增生，该部体积增大，可形成“佝偻珠”。成骨的钙盐减少，可因钙盐脱出变为头骨组织或发生陷窝性吸收变化。

（2）成年猪的骨软症　多见于母猪，初表现异食为主的消化机能紊乱，后主要是表现运动障碍。眼观跛行，骨骼变形，表现上颌骨肿胀，脊柱拱起或下凹，骨盆变形，尾椎骨变形、萎缩或消失，肋骨与肋软骨结合部肿胀，易折断。骨干部质地柔软易折断，骨干部、头和骨盆扁骨增厚变形，牙齿松动、脱落。甲状旁腺常肿大，弥漫性增生。

根据发病动物的年龄、胎次，调查饲料种类和配方以及临床症状是否有骨骼、关节异常、异食癖等可做出诊断，另外还可结合补充钙、磷和维生素D制剂后的治疗效果帮助诊断。

3. 防制

（1）佝偻病　加强护理，调整日粮组成，补充维生素D和钙、磷，适当运动，多晒太阳。有效的药物制剂：鱼肝油、浓缩鱼肝油。维生素D胶性钙注射液、维生素AD注射液、维生素D_3注射液。常用钙剂有蛋壳粉、牡蛎粉、骨粉、碳酸钙、乳酸钙、10%葡萄糖酸钙溶液、10%氯化钙注射液、鱼粉。

（2）骨软病　调整日粮组成。在骨软病流行地区，增喂麦麸、米糠、豆饼等富含磷的饲料。国外采用牧地施加磷肥或饮水中添加磷酸盐，防止群发性骨软病。补充磷制剂如骨粉，配合应用20%磷酸二氢钠溶液或3%次磷酸钙溶液或磷酸二氢钠粉。

（二）母猪生产瘫痪

母猪生产瘫痪又称母猪瘫痪、乳热症或低血钙症，中兽医称为产后风瘫。包括产前瘫痪和产后瘫痪，是母猪在产前产后，以四肢肌肉松弛、低血钙为特征的疾病。

1. 病因

主要原因是钙磷等营养性障碍。

引起血钙降低的原因可能与下面几种因素有关：分娩前后大量血钙进入初乳，血中流失的钙不能迅速得到补充，致使血钙急剧下降；怀孕后期，钙摄入严重不足；分娩应激和肠道吸收钙量减少；饲料钙磷比例不当或缺乏，维生素D缺乏，低镁日粮等可加速低血钙发生。此外，饲养管理不当、产后护理不好、母猪年老体弱、运动缺乏等，也可发病。

2. 诊断要点

产前瘫痪时母猪长期卧地，后肢起立困难，检查局部无任何病理变化，知觉反射、食欲、呼吸、体温等均无明显变化，强行起立后步态不稳，并且后躯摇摆，终至不能起立。

母猪产后瘫痪见于产后数小时至2～5日内，也有产后15天内发病者。病初表现为轻度不安，食欲减退，体温正常或偏低；随即发展为精神极度沉郁，食欲废绝，呈昏睡状态，长期卧地不能起立；反射减弱，奶少甚至完全无奶，有时病猪伏卧不让仔猪吃奶。

根据发病史及临诊症状，可做出诊断。

3. 防治

（1）预防　科学饲养，保持日粮钙、磷比例适当，增加光照，适当增加运动，均有一定的预防作用。

（2）治疗　本病的治疗方法是糖钙疗法和对症疗法。静脉注射10%葡萄糖酸钙溶液200毫升，有较好的疗效。静脉注射速度宜缓慢，同时注意心脏情况，注射后如果不见好转，6小时后可重复注射，但最多不得超过3次，因用药过多，可能产生副作用。如已用过3次糖钙疗法病情不见好转，可能是钙的剂量不足，也可能是其他疾病。肌内注射维生素D_3 5毫升，或维丁胶钙10毫升，每日1次，连用

3～4 天。在治疗的同时，病猪要喂适量的骨粉、蛋壳粉、碳酸钙、鱼粉。

中兽医认为，治母猪产后风瘫宜活血祛风，除湿散寒。可选用桂枝、桂皮、钩藤、防己各 30 克，细辛 15 克，麻黄、煨附子各 6 克，秦艽 15 克，苍术、赤芍、甘草各 9 克，姜黄、红藤各 7 克。共为末，开水冲后放凉灌服，1 次/日，连用 2～3 剂。对卧地不起的病猪使用活血化瘀、理气止痛、强壮筋骨的中药制剂，如牛膝散或赤芍 15 克、延胡索 15 克、没药 12 克、桃红 15 克、红花 8 克、牛膝 7 克、白术 7 克、丹皮 7 克、当归 7 克、川芎 7 克，粉碎，水煎后灌服，1 次/天，连用5～7 天。

（三）硒缺乏症

硒缺乏症是指由于饲料中硒含量不足所引起的营养代谢障碍综合征，主要以骨骼肌、心肌及肝脏变质性病变为基本特征。猪主要病型有仔猪白肌病、仔猪肝坏死和桑葚心等。一年四季都可发生，以仔猪发病为主，多见于冬末春初。

1. 病因

主要原因是饲料中硒的含量不足。我国由东北斜向西南走向的狭窄地带，包括黑龙江、河北、山东、山西、陕西、贵州等十多个省、自治区，土壤普遍低硒，其中以黑龙江、四川最严重。因土壤内硒含量低，直接影响农作物的硒含量。植物性饲料的适宜含硒量为 0.1 毫克/千克，当土壤含硒量低于 0.5 毫克/千克，植物性饲料含硒量低于 0.05 毫克/千克时，便可引起动物发病。此外，酸性土壤也可阻碍硒的利用，而使农作物含硒量减少。

2. 诊断要点

（1）仔猪白肌病　一般多发生于生后 20 日左右的仔猪，成猪少发。患病仔猪一般营养良好、身体健壮而突然发病，体温一般无变化，食欲减退，精神不振，呼吸促迫，常突然死亡。病程稍长者，可见后肢强硬、弓背。行走摇晃，肌肉发抖，步幅短而呈痛苦状；有时两前肢跪地移动，后躯麻痹。部分仔猪出现转圈运动或头向侧转。最后呼吸困难，心力衰竭而死亡。

死后剖检变化：骨骼肌和心肌有特征性变化，骨骼肌特别是后躯臀部和股部肌肉色淡，呈灰白色条纹，膈肌呈放射状条纹；切面粗糙不平，有坏死灶；心包积水，心肌色淡，尤以左心肌变性最为明显。

（2）仔猪肝坏死　急性病例多见于营养良好、生长迅速的仔猪，以 3～15 周龄猪多发，常突然发病死亡。慢性病例的病程 3～7 天或更长，出现水肿不食，呕吐，腹泻与便秘交替，运动障碍，抽搐，尖叫，呼吸困难，心跳加快。有的病猪呈现黄疽，个别病猪在耳、头、背部出现坏疽，体温一般不高。

死后剖检：皮下组织和内脏黄染；急性病例的肝脏呈紫黑色，肿大1～2倍，质脆易碎，呈豆腐渣样；慢性病例的肝脏表面凹凸不平，正常肝小叶和坏死肝小叶混合存在，体积缩小，质地变硬。

(3) 猪桑葚心　病猪常无先兆病状而突然死亡。有的病猪精神沉郁，黏膜紫绀，躺卧，强迫运动常立即死亡。体温无变化，心跳加快，心律失常。粪便一般正常。有的病猪，两腿间的皮肤可出现形态和大小不一的紫色斑点，甚至全身出现斑点。

死后剖检变化：尸体营养良好，各体腔均充满大量液体，并含纤维蛋白块；肝脏增大呈斑驳状，切面呈槟榔样红黄相间；心外膜及心内膜常呈线状出血，沿肌纤维方向扩散；肺水肿，肺间质增宽，呈胶冻状。

3. 防制

(1) 预防　猪对硒的需要量：日粮不能低于0.1毫克/千克，允许量为0.25毫克/千克，不得超过5～8毫克/千克。对维生素E的需要量是：4.5～14.0千克的仔猪以及怀孕母猪和泌乳母猪，每千克饲料22国际单位；一般猪14～54千克体重时，每千克饲料加维生素E 11国际单位。平时应注意饲料搭配和有关添加剂的应用，满足猪对硒和维生素E的需要。麸皮、豆类、苜蓿和青绿饲料含较多的硒和维生素E，要适当选择饲喂。

缺硒地区的妊娠母猪，产前15～25天内及仔猪生后第2天起，每30天肌内注射0.1%亚硒酸钠液1次，母猪3～5毫升，仔猪1毫升；也可在母猪产前10～15天喂给适量的硒和维生素E制剂，均有一定的预防效果。

(2) 治疗　患病仔猪，肌内注射亚硒酸钠维生素E注射液1～3毫升（每毫升含硒1毫克，维生素E 50单位）。也可用0.1%亚硒酸钠溶液皮下或肌内注射，每次2～4毫升，隔20日再注射1次。配合应用维生素E 50～100毫克肌内注射，效果更佳。成年猪10～15毫升，肌内注射。

(四) 锌缺乏症

猪的锌缺乏症也称角化不全症，是由于日粮中锌绝对或相对缺乏而引起的一种营养代谢病，以食欲不振、生长迟缓、脱毛、皮肤痂皮增生、皲裂为特征。本病在养猪业中危害甚大。

1. 病因

(1) 原发性缺锌　主要原因是饲料中缺锌。中国约30%的地区属缺锌区，土壤、水中缺锌，造成植物饲料中锌的含量不足，或者是有效态锌含量少于正常。

（2）继发性缺锌　是因为饲料中存在干扰锌吸收利用的因素，已发现如钙、碘、铜、铁、锰、钼等，均可干扰饲料锌的吸收和利用。高钙日粮中的钙，通过吸收竞争而干扰锌的利用，诱发缺锌症。饲料中植酸、氨基酸、纤维素、糖的复合物、维生素D过多，不饱和脂肪酸缺乏，以及猪患有慢性消耗性疾病时，均可影响锌的吸收而造成锌的缺乏。

2. 诊断要点

（1）流行特点　猪场的种公猪、母猪、生产和后备母猪、仔猪等均可患病。种公猪、母猪发病率高，而仔猪发病率低，由此证明，该病随年龄增大发病率增高。经了解，农民散养猪和猪舍结构简单的猪只不发病，生活在水泥地砖圈舍的猪只发病。该病无季节性。

（2）临床症状　猪只生长发育缓慢乃至停滞，生产性能下降，繁殖机能异常，骨骼发育障碍，皮肤角化不全；被毛异常，创伤愈合缓慢，免疫功能缺陷以及胚胎畸形。病初便秘，以后呕吐腹泻，排出黄色水样液体，但无异常臭味，猪只腹下、背部、股内侧和四肢关节等部位的皮肤发生对称性红斑，继而发展为直径3～5毫米的丘疹，很快表皮变厚，有数厘米深的裂隙，增厚的表皮上覆盖容易剥离的鳞屑。临床上动物没有痒感，但常继发皮下脓肿。病猪生长缓慢，被毛粗糙无光泽，全身脱毛，个别变成无毛猪。脱毛区皮肤上常覆盖一层灰白色。严重缺锌病例，母猪出现假发情，屡配不孕，产仔数减少，新生仔猪成活率降低，弱胎和死胎增加。公猪睾丸发育及第二性征的形成缓慢，精子缺乏。遭受外伤的猪只，伤口愈合缓慢，补锌后则可迅速愈合。

3. 防制

（1）预防　按饲养标准的补锌量，每吨饲料内加硫酸锌或碳酸锌180克，也可饲喂葡萄糖酸锌，具有预防效果。

（2）治疗　每日一次肌内注射碳酸锌2～4毫克/千克体重，连续使用10日，一个疗程即可见效。内服硫酸锌0.2～0.5克/头，对皮肤角化不全和因锌缺乏引起的皮肤损伤，数日后即可见效，经过数周治疗，损伤可完全恢复。饲料中加入0.02%硫酸锌（或碳酸锌或氧化锌）对本病兼有治疗和预防作用。但一定注意其含量不得超过0.1%，否则会引起锌中毒。

（五）碘缺乏症

猪碘缺乏症又称为甲状腺肿，是碘绝对或相对不足而引起的以甲状腺机能减退和甲状腺肿大为病理特征的慢性营养缺乏症。

1. 病因

（1）原发性碘缺乏　猪摄入碘不足可直接诱发原发性碘缺乏症。动物体内的碘来自饲料和饮水，饲料和饮水中碘的含量又与土壤密切相关。这种情况多发生于远离海洋的沙漠土、灰化土、沼泽地区以及高山、盆地、水质过软或过硬的地带以及土壤富含钙质而缺少腐殖质的地带。

（2）继发性碘缺乏　主要是某些化学物质或致甲状腺肿物质可影响碘的吸收，干扰碘与酪蛋白结合，从而诱发继发性碘缺乏症，如芜菁、甘蓝、油菜、油菜籽饼、亚麻籽饼等含有阻止或降低甲状腺聚碘作用的硫氰酸盐、硝酸盐。植物中致甲状腺肿素、硫脲及硫脲嘧啶也可干扰酪氨酸碘化过程，引起动物发病。

2. 诊断要点

（1）临床症状　猪碘缺乏症表现为甲状腺明显肿大，生长发育缓慢，被毛生长不良，消瘦贫血；繁殖能力下降，母猪发生胎儿吸收、流产、死产或所产仔猪衰弱、无毛；部分新生仔猪水肿，皮肤增厚，颈部粗大，嗜睡，生长发育缓慢，死后剖检可见甲状腺异常肿大。临诊病理学检查，血清蛋白结合碘、尿碘及甲状腺碘含量普遍降低。

（2）鉴别诊断　根据饲料缺碘的病史，临诊症状见甲状腺肿大、生长发育迟缓、繁殖性能减退、被毛生长不良可做出诊断。必要时进行实验室检查，测定饲料、饮水的含碘量，测定血清蛋白结合碘含量，测定尿碘量等。

3. 防制

（1）预防　减少饲喂致甲状腺肿的植物饲料；饲料中添加碘盐；妊娠母猪 60 日龄时，每月在饲料或饮水中加入碘化钾 0.5～1 克，或每周在颈部皮肤上涂抹 3%碘酊 10 毫升。

（2）治疗　饲料中加喂碘盐（10 千克食盐中加碘化钾 1 克）。每日口服碘化钠或碘化钾，剂量为 0.5～2.0 克，连用数日。

（六）锰缺乏症

锰缺乏症是饲料中锰含量绝对或相对不足引起的一种营养缺乏病，临诊特征为骨骼畸形、繁殖机能障碍及新生仔猪运动失调。

1. 病因

（1）原发性锰缺乏　主要是由于饲料中锰含量不足所引起。在缺锰地区，植物性饲料中锰含量较低，从而使该病的发病率较高。中国缺乏锰土壤多分布于北方地区。以玉米、大麦和大豆作为基础日粮时，因其中锰含量低也可引起锰缺乏。

（2）继发性锰缺乏　饲料中钙、磷、铁、钴及植酸盐含量过高，可影响机体对锰的吸收利用，这是因为锰与铁、钴等在肠道内有共同的吸收部位，饲料中铁和钴等含量过高可引起竞争性抑制锰的吸收。

2. 诊断要点

锰缺乏症主要表现为生长发育受阻，骨骼畸形，繁殖机能障碍，新生仔猪运动失调以及类脂和糖代谢紊乱等症状。具体表现为母猪乳腺发育不良，发情期延长，不易受胎，出现流产、死胎、弱胎。新生仔猪弱小，呻吟震颤，站立困难，行走蹒跚。断乳仔猪生长缓慢，饲料利用率降低，体脂沉积减少，管状骨变短，骨骺端增厚，临床可见步态强拘或跛行。有的表现出类似佝偻病的症状。

剖检，腿骨较正常，骨短而粗。

实验室检查，血锰含量低于正常。

3. 防制

正常情况下，猪对锰的需要量，每天每千克体重平均为 0.3 毫克。对于缺锰地区猪只和患病猪只，通过改善饲养管理、合理调配日粮，给予富锰饲料，可有效地达到治疗和预防本病的目的。预防用量为每 100 千克饲料中加 12～24 克硫酸锰或用 1∶3000 高锰酸钾液作饮水，在猪的日粮中含锰 20～25 毫克/千克便可预防本病。

四、维生素缺乏症

维生素是保证猪只生长、发育和各种生理活动正常所必需的有特殊作用的一类有机化合物。它是维护猪体组织结构、维持正常生理机能、调节物质代谢、保证生长发育、增强抗病能力、获得健康的后代等不可缺少的物质。因为维生素大多参与组成与生命代谢有重要关系的各种代谢酶，所以猪对维生素的需要量虽然不大，但缺乏时可引起各种代谢紊乱或疾病。特别是今天，我国的养猪业正从个体、分散的散养猪向集中化、专业化甚至机械化养猪转变，而猪的饲料几乎都为配合饲料，即为精饲料，很少或完全不喂给青绿饲料，所以在饲料中缺乏维生素时，常可造成维生素缺乏症。

维生素种类很多，根据它们溶解特性的不同，可分为两大类：一类为脂溶性维生素，如维生素 A、维生素 D、维生素 E、维生素 K 等；另一类为水溶性维生素，如维生素 B_1、维生素 B_2、维生素 B_6、维生素 B_{12}、维生素 C、维生素 PP、叶酸、泛酸、生物素等。

维生素广泛存在于绿色植物的茎叶、谷类胚芽、麦麸、米糠、鱼肝油等饲料原料中，因此，喂猪的饲料应该多样化。常年保持喂给一定量的青绿饲料或青贮饲料，是预防维生素缺乏和营养不足的重要措施。在精饲料中，合理使用多维是预防集约化、机械化、规模化养猪发生维生素缺乏症的最有效的方法。

（一）病因

引起维生素缺乏的原因，主要有内源性和外源性两种。

（1）内源性　是指虽然供给或采食了足够的维生素，但由于猪的各种胃肠道病或其他疾病，引起猪食欲减退、腹泻，胃肠功能紊乱，而影响其对维生素的吸收和利用。如脂溶性维生素需要借助于胆汁分泌和脂肪的存在，方能良好地吸收，当猪患消化道疾病时，常可妨碍它们被吸收。

哺乳仔猪、断奶仔猪、妊娠母猪、带乳母猪及猪患病高热等，都对维生素的需要量大为增加，此时如果还是按一般需要量或不能正常供给（缺乏），则会引起维生素缺乏症。

（2）外源性　主要是指饲料内维生素含量不足，猪从外界得不到足够的维生素。尤其是饲养条件较好的猪场，完全喂给猪精料，这时如在饲料配方中没有加维生素，或饲料保管不当，如过期、暴晒、潮湿变质等使其中维生素被破坏就会引起维生素缺乏。另外，目前一些多维产品的维生素含量不足，或本身过期、失效等，添加饲料中亦可导致维生素缺乏。

1. 维生素A缺乏

缺乏粗饲料或长期缺乏青饲料的养猪场，容易发生此病。饲料调制不当，遭受日光暴晒，酸败，氧化，易使胡萝卜素丧失。猪舍内阳光不足，空气不流通，猪只缺乏运动，以及患慢性消化系统疾病等，都可能促使本病的发生。仔猪发病较多。

2. 维生素D缺乏

维生素D缺乏常导致发生佝偻病，其主要原因是由于饲料配合不当，长期喂给猪单一饲料，如酒糟、糖渣、豆腐渣、甜菜渣等，导致钙、磷和维生素D不足或缺乏，或是钙、磷比例不合适，猪舍阴暗，缺乏阳光照射。怀孕母猪的维生素和矿物质供给不足时，所产仔猪可发生先天性佝偻病。此外，某些慢性胃肠病、寄生虫病及先天发育不良等因素，会影响猪对饲料中钙、磷及维生素D的吸收和利用，也可诱发本病。

3. 维生素E缺乏

体内不饱和脂肪酸增多，长期饲喂含有大量不饱和脂肪酸（亚油酸、花生四烯酸）或酸败的脂肪类（陈旧、变质的动植物油或鱼肝油）以及霉变的饲料等；饲料中含大量维生素 E 的拮抗物质，可引起相对性缺乏症；日粮组成中，含硫氨基酸（蛋氨酸、胱氨酸、半胱氨酸）或微量元素硒缺乏，可促发本病；母乳量不足或乳中维生素 E 的含量低下，以及断奶过早是引起仔猪发病的主要原因。

4. 维生素 B_1 缺乏

原发性维生素 B_1（硫胺素）缺乏，多因饲料中维生素 B_1 含量不足。动物体内不能储存硫胺素，只能从饲料中获取，当长期缺乏青绿饲料而谷类饲料又不足时，则影响母猪泌乳、妊娠、仔猪生长发育，出现慢性消耗性疾病及发热过程。继发性维生素 B_1 缺乏是由于饲料中存在干扰硫胺素作用的物质，如患慢性腹泻等。

5. 维生素 B_2 缺乏

饲料中维生素 B_2（核黄素）含量不足，如长期单纯饲喂谷物及其副产品，而缺乏青草、苜蓿、番茄、甘蓝、酵母、动物肝脑肾等富含核黄素的饲料；动物对维生素 B_2 的需要增加，机体供应相对不足；饲料的加工调制、储存方法不当也可造成维生素 B_2 的破坏而导致含量不足；动物患胃肠道疾病，影响了机体对维生素 B_2 的吸收，可继发本病。

6. 维生素 K 缺乏

饲料中维生素 K 含量不足，吸收障碍。

（二）诊断要点

1. 维生素 A 缺乏

怀孕母猪患病时，易发生流产、早产、产死胎或畸形胎。所生仔猪体质衰弱，生活力不强，极易患病，如气管炎、肠炎和肺炎等，也可引起死亡。公猪患病后，性欲下降，精子活动下降，甚至排死精。

仔猪患病多表现皮肤粗糙，耳尖干枯，背毛粗乱、无光泽，视力减弱或出现夜盲症。有的猪行走不便，盲目行动，碰墙和撞障碍物等。严重时出现干眼病，眼角膜及结膜干燥、发炎，甚至角膜软化、穿孔。仔猪还常出现神经症状，走路摇摆不稳，共济失调，转圈，痉挛，后躯麻痹，甚至瘫痪。

2. 维生素 D 缺乏

病初食欲减退，消化不良，发育缓慢，不愿起立和跑动，经常躺卧。有啃咬食槽、墙壁、泥土、垫草、砖块、破布、瓦片、粪便等异食的表现，故容易出现消化不良症状。如果病情继续发展，可以看到病猪行走摇摆、强拘，起立、卧下均很吃力，常呈犬坐姿势。若强迫猪只走动时，常常发出痛苦的叫声，四肢发软，无力支撑身体，用前肢爬行，有时两前肢交叉站立。最严重时，骨骼发生变形，面骨肿胀，关节变形，粗大，肋骨有念珠状肿，并向内弯曲，胸廓扁平狭小，甚至脊背弯曲，或向上凸和下凹。此时病猪进食紊乱，消瘦，常并发其他疾病而死。有的仔猪有神经症状，表现为阵发性痉挛。母猪患本病时，易发生瘫痪，尤其在产后。

3. 维生素 E 缺乏

缺乏维生素 E 时仔猪成活率低；母猪不易受孕且易流产；公猪精液品质低，性欲不强，运动失调。

4. 维生素 B_1 缺乏

病猪消瘦，被毛粗乱、无光泽，皮肤干燥，食欲减退，有的呕吐，前期多见便秘，粪便似羊粪蛋样小球，后期常变为腹泻。单肢或多肢跛行，步态僵硬，不灵活，站立困难，震颤发抖。触诊无刺痛，对刺激反应迟钝。精神不振，喜卧，呈疲劳状态。有的阵发性痉挛，有的倒地抽搐，四肢游泳样划动。体温变化不大。发病缓慢，病程长，多在 7～10 天以上。

5. 维生素 B_2 缺乏

病猪厌食，生长缓慢，经常腹泻，被毛粗乱无光，并有大量脂性渗出，惊厥，眼周围有分泌物，运动失调，昏迷，死亡。鬃毛脱落，由于跛行，不愿行走，眼结膜损伤，眼睑肿胀，卡他性炎症，甚至晶体浑浊、失明。怀孕母猪缺乏维生素 B_2，仔猪出生后不久死亡。

6. 维生素 K 缺乏

临床表现感觉过敏、贫血、厌食、衰弱、轻度或中度出血倾向，鼻出血或创伤出血不止，凝血时间显著延长。

（三）防制

1. 预防

（1）维生素 A 缺乏　配合饲料中供给足够的维生素 A 或能全年保证猪吃到青绿饲料或青干草等。特别是冬春季节。

（2）维生素 D 缺乏　注意配合饲料中饲给足够的维生素 D，保证猪舍的干燥、通风、光照，特别是舍内养猪，要注意阳光照射。同时注意在饲料中配给合理的钙、磷。

（3）维生素 E 缺乏　妊娠母猪于分娩前 1 个月，仔猪出生后，可应用维生素 E 或亚硒酸钠进行预防注射。

（4）维生素 B_1 缺乏　加强饲养管理，饲喂符合其营养需要的全价配合日粮，并注意搭配细米糠、麸皮、豆类、青菜、青草等富含维生素 B_1 的饲料，可防止本病的发生，进而促进猪只健康快速生长发育。

（5）维生素 B_2 缺乏 正常情况下猪每天每千克体重需要 60～80 微克维生素 B_2，每吨饲料中补充维生素 B_2 2～3 克，就可有效防止本病的发生。

（6）维生素 K 缺乏 首要的是要保证饲料中维生素 K 的足够含量，另外，消除影响维生素 K 吸收的因素，如肝胆疾病等。

2. 治疗

（1）维生素 A 缺乏 发病后，必须改善饲养条件，供给青绿饲料，如菠菜、白菜、水生植物、胡萝卜、苜蓿等富含维生素 A 的饲料；鱼肝油每日 1～2 次，每次 2～3 毫升，滴于仔猪口中，或肌内注射 1～3 毫升；维生素 AD 注射液 2～5 毫升，肌内注射；维生素 A 注射液 2～5 毫升，肌内注射。

（2）维生素 D 缺乏 肌注维生素 AD 2～5 毫升，或维丁胶钙 2～4 毫升，或多维钙片内服；成年母猪静注 10%葡萄糖酸钙 30～50 毫升，隔日 2 次，注射 2～3 天；鱼肝油皮下注射 5 毫升，或拌食喂给仔猪；结合喂给贝壳粉、石粉、碳酸钙、鱼粉或肉骨粉等。

（3）维生素 E 缺乏 每千克饲料拌入 10～15 毫克维生素 E 饲喂。亚硒酸钠用量可参考硒缺乏症。

（4）维生素 B_1 缺乏 若猪只已发生本病，一方面，停喂原来饲料，改喂富含维生素 B_1 的全价配合饲料；另一方面，按每千克体重 0.25～0.5 毫克，采取皮下、肌内或静脉注射维生素 B_1，每日 1 次，连用 3 日。亦可内服丙硫胺或维生素 B_1 片。

（5）维生素 B_2 缺乏 每吨饲料内补充核黄素 2～3 克，也可采用口服或肌内注射维生素 B_2，每头猪 0.02～0.04 克，每日 1 次，连用 3～5 日。

（6）维生素 K 缺乏 可应用维生素 K 注射液 10～30 毫克肌内注射，每天 1 次，连用 3～5 天。最好同时给予钙剂治疗。

五、黄脂病

猪黄脂病俗称“猪黄膘”，指猪体内脂肪组织为蜡样质的黄色颗粒沉着，呈现出黄色，并伴有特殊的鱼腥味或蛹臭味，影响肉质。饲料中不饱和脂肪酸含量过多，或缺乏维生素 E 所致。长期饲喂变质的鱼粉、鱼肝油下脚料、鱼类加工时的废弃物、蚕蛹等，易发生黄脂。遗传因素以及饲喂含天然黄色素较丰富的饲料，也可能产生黄脂。

（一）病因

1. 饲料霉变

猪食用了被黄曲霉毒素污染的饲料。

2. 饲料中不饱和脂肪酸含量过多和维生素 E 不足

若饲喂鱼或其副产品（鱼肝油下脚料、比目鱼和鲑鱼的副产品最危险）、鱼粉、蚕蛹粕和油渣、油糟类、米糠、玉米、豆饼、亚麻饼、蝇饲料等高脂肪、易酸败饲料过多，在饲喂量超过日粮的 20%且饲料中不饱和脂肪酸含量高或者生育酚含量不足的情况下，使机体内维生素 E 的消耗量大增，引起机体内维生素 E 相对缺乏，加上其他抗氧化剂不足的共同作用，导致抗酸色素在脂肪组织中沉积，并使脂肪组织形成一种棕色或黄色无定形的非饱和叠合物小体，促使黄膘产生。

3. 饲料中含有色素含量高的原料

如紫云英（草籽）、芜菁、胡萝卜和南瓜等，这些原料中胡萝卜素和叶红素含量较高，在体内代谢不全引起黄染。另外，如果原料商卖出的原料本身就是染色的，例如染色掺假棉粕、柠檬酸渣、假 DDGS（豆粕替代品，用玉米皮、尿素和黄染料制成）等，猪吃这些原料制成的饲料，染料会沉积到脂肪上，变成黄膘。

4. 饲料中添加了导致产生猪黄脂病的药物

如磺胺类和某些有色中草药，在使用时间较长或没有经过足够长的休药期便屠宰，会造成猪胴体局部或全身脂肪发黄。

5. 饲料添加剂配方或生产工艺不合理

高铜的配方可使饲料中的油脂氧化酸败导致黄脂。实际上铜本身并不会导致黄脂，而在于铜本身的催化氧化作用。铜的使用主要与类抗生素作用有关，在维生素 E 添加量处于临界状态时，高铜导致饲料氧化加快，加大了维生素 E 需要量，尤其在湿热的条件下更是如此。一般条件下，30℃维生素 E 与饲料硫酸铜混合存留时间约为 3 天，损失过半；而湿润条件下，这种损失更快、更明显，这是调质（对颗粒饲料制粒前的粉状物料进行水热处理）制粒的饲料更容易导致黄脂的主要原因。

如果饲料生产线通风不良（尤其是玉米粉碎系统），在玉米粉碎过程中产生的大量热量和水蒸气就会凝结在粉碎玉米的表面，导致玉米中不饱和脂肪酸过氧化，或者配合料从生产到使用时间间隔长，引起饲料中不饱和脂肪酸过氧化。全价料在高温、高湿的季节，饲料中的不饱和脂肪酸更容易发生酸败，而酸败的脂肪可以形成黄脂；另外，变质的淀粉导致胆汁外泄，形成黄脂，实际类似于黄疸；调质制粒时遇到高温和高湿，并在铜的参与下，这种黄脂变化会更为迅速。

6. 遗传因素

有人曾对易发生黄脂病的猪做调查，发现凡是父本或母本屠宰时发现黄脂的猪，其所生后代黄脂病发生也多。

（二）诊断要点

1. 临床症状

该病的临床症状不够明显，生前很难判断。大多数病猪食欲不振，精神倦怠，衰弱，被毛粗糙，增重缓慢，结膜色淡，有时发生跛行，眼有分泌物。黄脂病严重的猪血红蛋白水平降低，有低色素性贫血的倾向，个别病猪突然死亡。剖检可见体脂呈柠檬黄色，骨骼肌和心肌呈灰白（与白肌病相似），变脆；肝呈黄褐色，脂肪变性明显；肾呈灰红色，横断面发现髓质呈浅绿色；淋巴结水肿，有出血点，胃肠黏膜充血。

2. 感官鉴别

黄膘肉病猪胴体脂肪是棕色或黄色，在将其悬挂 24 小时后黄色变浅或消失，内脏正常无变化、无异味，一般认为是饲料引起，可以食用。

黄疸肉与黄膘肉不同。遇到黄染的肉，首先要看皮肤是否发黄（因黄疸病猪皮肤都黄），其次是查看关节滑液囊液以及筋腱，如果也是黄色，基本判定为黄疸。将有疑问的胴体放置一边，经几小时后再观察，若色度减轻或消失则为黄脂；反之，黄色不减而加重，必是黄疸无疑。观察肝脏和胆管的病理变化，也可确定是否为黄疸肉，绝大多数黄疸（90%以上）的肝和胆管都有病变，如肝的囊肿、硬化、变性，胆管阻塞等。黄疸肉不但脂肪发黄，皮肤、黏膜、关节囊液、组织液、血管内膜、浆膜、肌腱等都显黄色，内脏也出现病理变化，实质器官均呈现不同程度的黄色。由钩端螺旋体病引起的黄疸尤其在皮肤、关节滑液囊液、血管内膜和肌腱的黄染比较明显。

3. 实验室鉴别

（1）硫酸法　取 10 克脂肪置于 50%酒精中浸抽，并不停摇晃 10 分钟，然后过滤，取 8 毫升滤液置于试管中，加入 10～20 滴浓硫酸。当存在胆红素时，滤液呈现绿色，继续加入硫酸经适当加热，滤液即变为淡蓝色，出现这些现象时就能确定为黄疸肉。

（2）苛性钠法　称取 2 克脂肪，剪碎置入试管中，加入约 5 毫升 5%氢氧化钠水溶液，在火焰上煮沸约 1 分钟，振荡试管，在流水下降温冷却到 40～50℃（手摸有温热感）。然后小心向试管中加入1～2滴乙醚或汽油轻轻混匀，再微微加热后加塞静止，待溶液分层后观察。若上层乙醚呈无色，下层液体呈黄绿色，表明检样中有胆红素存在，即检样为黄疸肉；若上层乙醚呈黄色，下层液体无色，表明检样中含有天然色素而无胆红素，即检样为黄脂肉；若试管上下层均为黄色，则表明检样中两种色素均存在，说明既有黄疸又有黄膘。

（三）防制

应做好品种的选育工作，即淘汰黄脂病的易发品种，选育抗该病的品种。合理调整日粮，增加维生素E供给，减少饲料中含不饱和脂肪酸的高油脂成分，将日粮中含不饱和脂肪酸甘油酯的饲料限制在10%以内。禁喂鱼粉或蚕蛹。日粮中添加维生素E，500～700毫克/(头·日)，或加入6%干燥小麦芽、30%米糠，也有预防效果。禁止使用黄曲霉毒素污染严重的饲料。

六、异食癖

猪异食癖是由于饲养管理不当、环境不适、饲料营养供应不平衡、疾病及代谢机能紊乱等引起的一种应激综合征。在冬季、早春发病率较高，给养猪户造成不必要的经济损失。

（一）病因

1. 饲养管理不当

饲养密度过大、饲槽空间狭小、限饲与饮水不足、同一圈舍猪只大小强弱悬殊、猪只新并群造成打斗、争夺位次等原因均可诱发异食癖。

2. 环境因素

冬春季猪发病率比较高的原因可能是干燥和多尘环境导致了猪出现更多的烦躁和攻击行为。猪舍环境条件差，如舍内温度过高或过低，通风不良及有害气体的蓄积，猪舍光照过强，猪处于兴奋状态而烦躁不安，猪生活环境单调，惊吓，猪乱串群；天气的异常变化，猪圈潮湿引起皮肤发痒等因素，使猪产生不适感或休息不好，均能引发啃咬等异食癖的发生。

3. 品种和个体差异

同一猪圈内如果饲养不同品种或同一品种间体重差异过大的猪，因品种及生活特点差异，出现矛盾，相互争雄而发生厮咬。个体之间差异大，在占有睡觉面积和抢食中，常出现以大欺小现象。

4. 疾病

猪患有虱子、疥癣等体外寄生虫时，可引起猪体皮肤刺激而烦躁不安，在舍内摩擦而导致耳后、肋部等处出现渗出物，对其他猪产生吸引作用而诱发咬尾；猪体内寄生虫病，特别是猪蛔虫，刺激患猪攻击其他猪；猪只体内激素的刺激导致情绪不稳定，也可诱发咬尾现象。

5. 营养供应不平衡

当饲料营养水平低于饲养标准，满足不了猪生长发育的营养需要时可导致咬尾症的发生。另外，日粮中的各种微量营养成分不平衡，如日粮中钾、钠、镁、铁、钙、磷、维生素等的缺乏或者不平衡也会造成此症。

6. 猪本身的天性

猪爱玩好动，处于舒适环境的小猪咬其他猪的尾巴玩，同群猪模仿，这是引发大群发生异食癖的原因之一。同时因互咬导致的破皮与流血等外伤，又诱发了猪断咬的兴趣。

（二）诊断要点

常见的猪异食癖表现为咬尾、咬耳、咬肋、吸吮肚脐、食粪、饮尿、拱地、闹圈、跳栏、母猪食仔猪等现象。相互咬斗是异食癖中较为恶劣的一种，表现为猪对外部刺激敏感，举止不安，食欲减弱，目光凶狠。起初只有几头相互咬斗，逐渐有多头参与，主要是咬尾，少数也有咬耳，常见被咬尾脱毛出血，咬猪进而对血液产生异嗜，引起咬尾癖，危害也逐渐扩大。被咬猪常出现尾部皮肤和被毛脱落，影响体增重，严重时可继发感染，引起骨髓炎和脓肿，若不及时处理，可并发败血症等导致死亡。

（三）防制

1. 加强饲养管理，营造良好的生活环境

（1）合理布控猪舍　同一圈舍猪只个体差异不宜太大，应尽量接近。饲养密度不宜过大，原则是以不拥挤、不影响生长和能正常采食饮水为宜。冬季密一些，夏季稀一些，保证每头育肥猪饲养面积 0.8～1 米^2、中猪 0.6～0.7 米^2、仔猪 0.3～0.5 米^2。

（2）单独饲养有恶癖的猪　咬尾症的发生常因个别好斗的猪引起，如在圈中发现有咬尾恶癖的猪，应及时挑出单独饲养。可在猪尾上涂焦油，还可用博克或 50 度以上白酒喷雾猪体全身和鼻端部位，每天 3～5 次，一般两天可控制咬尾症。同时隔离被咬的猪，对被咬伤的猪应及时用高锰酸钾液清洗伤口，并涂上碘酒以防止伤口感染，严重的可用抗生素治疗。

（3）避免应激　调控好舍内温度与湿度，加强猪舍通风，防止贼风侵袭、粪便污染、空气浑浊、潮湿等因素造成的应激。定时定量饲喂，不喂发霉变质饲料，饮水要清洁，饲槽及水槽设施充足，注意卫生，避免抢食争斗及饮食不均。

2. 仔猪及时断尾

对仔猪断尾是控制咬尾症的一种有效措施。

3. 分散猪只注意力

在猪圈中投放玩具（如链条、皮球、旧轮胎）以及青绿饲料等，分散猪只关注的焦点，从而减少咬尾症的发生。

4. 使用平衡营养的配合饲料，满足猪的营养需要

选用优质饲料原料，适度增加食盐用量。对于吃胎衣和胎儿的母猪，除加强护理外，还可用河虾或小鱼100～300克煮汤饮服，每天1次，连服数日；还可在饲料中增加调味消食剂，添加大蒜、白糖、陈皮及一些调味剂来改善猪的异食癖。

5. 对症用药，控制异食癖

对患慢性胃肠疾病的猪，治疗主要以抑菌消炎、清除肠内有害物质为原则，并结合补液、强心措施。对于患寄生虫病的猪，应及时驱虫。对于被咬伤的猪外部消毒，并辅以抗生素治疗。

第二节　中毒性疾病

一、亚硝酸盐中毒

亚硝酸盐中毒是由于菜类等青绿饲料的贮存、调制方法不当，在适宜的温度和酸碱度的条件下，在微生物的作用下，大量的硝酸盐可还原成剧毒的亚硝酸盐，猪采食这类饲料后而引起中毒。本病常于猪吃饱后不久发生，故有饱潲症之称。

（一）病因

因食用贮存和加工不当，含有较多硝酸盐的白菜、菠菜、甜菜、野菜等青绿多汁饲料，而使猪群发生中毒。

亚硝酸盐毒性很大，主要是血液毒。当亚硝酸盐经过胃肠黏膜吸收进入血液后，能使血液中的氧化血红蛋白变为变性血红蛋白（高铁血红蛋白），使血液失去携氧的能力，而引起全身缺氧，导致呼吸中枢麻痹，严重者30分钟左右即可窒息而死。亚硝酸盐在体内可透过内屏障及胎盘组织，引起妊娠母猪发生早产、弱胎及死胎。

（二）诊断要点

病猪突然发病，一般在采食后10～30分钟，最迟2小时出现症状，病猪突然不安，呼吸困难，继而精神萎靡，呆立不动，四肢无力，行走打晃，起卧不安，犬坐姿势，流涎、口吐白沫或呕吐，皮肤、耳尖、嘴唇及鼻盘等部开始苍白，以后呈青紫色，穿刺耳静脉或剪断尾尖流出酱油状血液，凝固不良。体温一般低于正常值（35～37℃），四肢和耳尖冰凉，脉搏细数，很快四肢麻痹，全身抽搐，嘶叫，伸舌，最后窒息而死。若病猪2小时内不死者，则可逐渐恢复。

剖解后病理变化为：因死亡快，内脏多无显著变化，主要特征是血液呈酱油状、紫黑色而凝固不良。胃底、幽门部和十二指肠黏膜充血、出血。病程稍长者，胃黏膜脱落或溃疡，气管及支气管有血样泡沫，肺有出血或气肿，心外膜常有点状出血。肝、肾呈蓝紫色，淋巴结轻度充血。

实验室检查：取胃肠内容物或残余饲料的液汁1滴，滴在滤纸上，加10％联苯胺液1～2滴，再加10％冰醋酸液1～2滴，如有亚硝酸盐存在，滤纸即变为红棕色，否则颜色不变；也可将待检饲料放在试管内，加10％高锰酸钾溶液1～2滴，搅匀后，再加10％硫酸1～2滴，充分摇动，如有亚硝酸盐，则高锰酸钾变为无色，否则不褪色。

（三）防制

1. 预防

改善饲养管理，不喂存放不当的青绿多汁饲料，防止亚硝酸盐中毒。

2. 治疗

发现亚硝酸盐中毒，应迅速抢救。目前，特效解毒药为美蓝和甲苯胺蓝。同时配合应用维生素C和高渗葡萄糖溶液，效果较好。

对严重病例，要尽快剪耳、断尾放血；静脉或肌内注射1％美蓝溶液，用量为1毫升/千克体重，或注射甲苯胺蓝，用量为5毫克/千克体重。内服或注射大剂量维生素C，用量为10～20毫克/千克体重，以及静脉注射10％～25％葡萄糖液300～500毫升。

对症状较轻者，需安静休息，投服适量的糖水或牛奶等即可。

对症治疗：对呼吸困难、喘息不止的患畜，可注射山梗菜碱、尼可刹米等呼吸兴奋剂；对心脏衰弱者，可注射安钠咖、强尔心等；对严重溶血者，放血后输液并口服或静脉滴注肾上腺皮质激素，同时内服碳酸氢钠等药物，使尿液碱化，以防血红蛋白在肾小管内凝集。

二、霉饲料中毒

霉饲料中毒就是猪采食了发霉的饲料而引起的中毒性疾病，以神经症状为特征。

（一）病因

自然环境中，含有许多霉菌，常生长于含淀粉的饲料上，如果温度（28℃左右）和湿度（80％～100％）适宜，就会大量生长繁殖。有些霉菌在生长繁殖过程中能产生有毒物质。目前，已知的霉菌毒素有上百种，最常见的有黄曲霉毒素、镰刀菌毒素和赤霉菌毒素等。这些霉菌毒素都可引起猪中毒，仔猪及妊娠母猪尤为敏感。

发霉饲料中毒的病例，临床上常难以确定为何种霉菌毒素中毒，往往是几种霉菌毒素协同作用的结果。

（二）诊断要点

仔猪和妊娠母猪对发霉饲料较为敏感。中毒仔猪常呈急性发作，出现中枢神经症状，头歪向一侧，头顶墙壁，数天内死亡。大猪病程较长，一般体温正常，初期食欲减退，后期废食，腹痛，下痢或便秘，粪便中混黏液或血液，被毛粗乱，迅速消瘦，生长迟缓。白猪的嘴、耳、四肢内侧和腹部皮肤出现红斑，妊娠母猪常引起流产及死胎等。

剖检，主要病理变化为：肝实质变性，颜色变淡黄，显著肿大，质地变脆；淋巴结水肿。病程较长者，皮下组织黄染，胸腹膜、肾、胃肠道出血。急性病例最突出的变化是胆囊黏膜下层严重水肿。

（三）防制

1. 预防

防止饲料发霉变质，严禁用发霉饲料喂猪。

2. 治疗

目前尚无特效药物。发病后应立即停喂发霉饲料，同时进行对症治疗。急性中毒，用0.1%高锰酸钾溶液、温生理盐水或2%碳酸氢钠液进行灌肠、洗胃后，内服盐类泻剂，如硫酸钠0.03～0.05千克、水1升，1次内服。静脉注射5%葡萄糖生理盐水300～500毫升、40%乌洛托品20毫升；同时皮下注射20%安钠咖5～10毫升。

三、酒糟中毒

酒糟贮存方法不当或放置过久，可发生腐败霉烂，产生大量有机酸（醋酸、乳酸、酪酸）、杂醇油（正丙醇、异丁醇、异戊醇）及酒精等有毒物质，易引起猪中毒。

（一）病因

突然给猪饲喂大量的酒糟，或对酒糟保管不当，被猪大量偷吃，或长期单一饲喂酒糟，而缺乏其他饲料的适当搭配，以及饲喂严重霉败变质的酒糟，其有毒物质、霉菌、酒精可直接刺激胃肠并被吸收而发生中毒。

（二）诊断要点

患猪发病初期，表现精神沉郁，食欲减退，粪便干燥，以后发生下痢，体温升高。严重时出现腹痛症状，呼吸迫促，心跳加速。外表常有皮疹，卧地不起。

剖检主要病理变化为：胃肠黏膜充血和出血，直肠出血、水肿；肠系膜淋巴结充血；肺充血和水肿；肝、肾肿胀，质地变脆；心脏有出血斑。

（三）防制

1. 预防

必须以新鲜的酒糟喂猪，且酒糟的喂量不宜过多，一般应与其他饲料搭配饲喂，酒糟的比例以不超过日粮的1/3为宜，用不完的酒糟要妥善贮存，可将其紧压在饲料缸内，以隔绝空气；如堆放保存，则不宜过厚，并避免日晒，以防霉败变质。发霉酸败的酒糟严禁喂猪。

2. 治疗

对中毒的猪，应立即停喂酒糟，以1%碳酸氢钠液1000～2000毫升内服或灌肠。同时内服硫酸钠30克、植物油150毫升，加适量水混合后内服，并静脉注射

5%葡萄糖生理盐水500毫升，加10%氯化钙液20～40毫升。严重病例应注意维护心、肺功能，可肌内注射10%～20%安钠咖5～10毫升。发生皮疹或皮炎的猪，用2%明矾水或1%高锰酸钾液冲洗，剧痒时可用5%石灰水冲洗，或以3%石炭酸酒精涂擦。

四、菜籽饼中毒

猪长期或大量摄入不经适当处理的菜籽饼，可引起中毒或死亡。临床上以急性胃肠炎、肺气肿和肾炎为特征。

（一）病因

油菜是我国主要油料作物之一，菜籽饼（粕）中粗蛋白含量可达32%～39%，是重要的蛋白质饲料资源，但因其含有有毒物质（硫葡萄糖苷、硫葡萄糖苷降解物、芥子碱、缩合单宁等），如果在饲料中添加剂量过大，可造成猪只中毒。

菜籽饼（粕）中毒是菜籽饼（粕）中含有的硫葡萄糖苷在葡糖硫苷酶的作用下产生异硫氰酸盐、硫氰酸盐、噁唑烷硫酮等，被动物过量采食而发生以胃肠炎、呼吸困难、血红蛋白尿及甲状腺肿大为特征的中毒性疾病。

（二）诊断要点

因毒物引起毛细血管扩张、血容量下降和心率减慢，可见心力衰竭或休克。有感光过敏现象，精神不振，呼吸困难，咳嗽。出现胃肠炎症状，如腹痛、腹泻、粪便带血；肾炎，排尿次数增多，有时有血尿；肺气肿和肺水肿。发病后期体温下降，死亡。

剖检可见胃肠道黏膜充血、肿胀、出血；肝肿大、浑浊、坏死；胸、腹腔有浆液性、出血性渗出物；肾有出血性炎症，有时膀胱积有血尿；肺气肿；甲状腺肿大；血液暗色，凝固不良。

（三）防制

1. 预防

每日饲喂菜籽饼的量最好不超过日粮的10%，通过坑埋法、发酵中和法、加水浸泡法而使毒素减少。

2. 治疗

无特效解毒药，中毒后立即停喂菜籽饼。治宜除去毒物，对症处理。

对症治疗方法：可适当静脉注射维生素C、维生素K、肾上腺皮质激素、利尿剂、止血药。

处方1：用0.1%～1%单宁酸或0.05%高锰酸钾液洗胃；蛋清、牛奶或豆浆适量，一次内服。

处方2：硫酸钠35～50克，小苏打5～8克，鱼石脂1克，加水100毫升，一次灌服。

处方3：20%樟脑油3～6毫升，一次皮下注射。

处方4：甘草60克，绿豆60克，水煎去渣，一次灌服。

五、食盐中毒

猪食盐中毒后，可引起消化道、脑组织水肿、变性，乃至坏死，并伴有脑膜和脑实质的嗜酸性粒细胞浸润。以突出的神经症状和消化紊乱为其临床特征。

（一）病因

猪采食了含食盐过高的饲料，可引起食盐中毒，特别是仔猪更为敏感。食盐中毒的实质是钠离子中毒。因此，给猪只投喂过量的乳酸钠、碳酸钠、丙酸钠、硫酸钠等都可发生中毒。据报道：食盐中毒量为1～2.2毫克/千克体重，成年中等个体猪的致死量为0.125～0.25千克。这些数值的变动范围很大，主要受饲料中无机盐组成、饮水量等因素的影响。全价饲料，特别是日粮中钙、镁等无机盐充足时，可降低猪对食盐的敏感性；反之，敏感性显著增高。例如，仔猪的食盐致死量通常为4.5毫克/千克体重。钙、镁不足时，致死量缩小为0.5～2克/千克体重；钙、镁充足时，增大到9～13克/千克体重。饮水充足与否，对食盐中毒的发生具有决定性作用。当猪食入含10%～13%食盐的饲料而不限制饮水时，则不发生中毒；相反，即使饲料中仅含2.5%的食盐，但不给充足饮水，亦可引起中毒。因此，食盐中毒的确切原因是食盐过量饲喂而饮水供应不足所致。

（二）诊断要点

患病初期，病猪呈现食欲减退或废绝、精神沉郁、黏膜潮红、便秘或下痢、口渴和皮肤瘙痒等症状。继之出现呕吐和明显的神经症状，病猪兴奋不安，频频点头，张口咬牙，口吐白沫，四肢痉挛，肌肉震颤，来回转圈或前冲、后退，听觉、视觉障碍，刺激无反应，不避障碍，头顶墙壁；严重的呈癫痫样痉挛，每间隔一定时间发作1次。发作时依次出现鼻盘抽缩或扭曲，头颈高抬或向一侧歪斜，脊柱上弯或侧弯，呈后弓反张或侧弓反张姿势，以致整个身躯后退而呈犬坐姿势，甚至仰翻倒地。每次发作持续2～3分钟，甚至连续发作，心跳加快（140～200次/分钟），呼吸困难。最后四肢瘫痪，卧地不起，一般1～6小时死亡。

慢性中毒者，即慢性钠潴留期间，有便秘、口渴和皮肤瘙痒等前驱症状。一旦暴发，则表现上述的神经症状。

实验室检查：血清钠显著增高，达到180～190毫摩尔/升（正常为135～145毫摩尔/升），且血液中嗜酸性粒细胞显著减少。为进一步确诊，还可采取死亡猪的肝、脑等组织作氯化钠含量测定，如果肝和脑中的钠含量超过150毫摩尔/升，脑、肝、肌肉中的氯化物含量分别超过180毫摩尔/升、250毫摩尔/升、70毫摩尔/升，即可确认为食盐中毒。

（三）防制

1. 预防

严禁用含盐量过高的饲料喂猪，日粮含盐量不应超过0.5%。同时，要供给足够的饮水。

2. 治疗

食盐中毒无特效治疗药物，主要是促进食盐排出及对症治疗。

发现中毒后应立即停喂含食盐的饲料及饮水，改喂稀糊状饲料。口渴时多次少量给予饮水，切忌突然大量给水或任意自由饮水，以免胃肠内水分吸收过速，使血钠水平迅速下降，加重脑水肿，而使病情突然恶化。

急性中毒，用1%硫酸铜50～100毫升内服催吐后，内服黏浆剂及油类泻剂80毫升，使胃肠内未吸收的食盐泻下和保护胃肠黏膜；也可在催吐后内服白糖0.15～0.2千克。

对症治疗：为恢复体内离子平衡，可静脉注射10%葡萄糖酸钙50～100毫升；为缓解脑水肿、降低脑内压，可静脉注射25%山梨醇液或50%高渗葡萄糖液50～100毫升；为缓解兴奋和痉挛发作，可静脉注射25%硫酸镁注射液20～40毫升；心脏衰弱时，可皮下注射安钠咖等。

六、猪阿维菌素中毒

阿维菌素是阿佛曼链球菌的天然发酵产物，是一种高效、广谱抗寄生虫药物，对动物体内线虫和螨虫有很强的驱杀作用。

（一）病因

剂量计算错误和盲目增大剂量是造成阿维菌素中毒的主要原因。临床上一般以0.3毫克/千克体重的剂量给猪皮下注射。猪对阿维菌素耐受力很强，实验证明，每天5倍剂量的阿维菌素皮下注射，连续注射5天，并未出现典型的中毒症状，第6～8天按8倍量注射，第7天出现典型中毒症状，第8天死亡。

（二）诊断要点

阿维菌素蓄积中毒的猪，初期表现步态不稳，舌肌麻痹，舌尖露出口腔外。之后瞳孔散大，眼睑水肿，全身肌肉松弛无力，前肢跪地。腹胀，头部出现不自主的颤抖，呼吸加快，心音减弱。中毒严重的昏迷不醒，全身反射减弱或消失，最后在昏迷中死亡。

剖检可见胃肠臌气，膀胱麻痹、积尿，肺脏出血，心包积液，心脏水肿，脾脏肿大。胃黏膜弥漫性出血，盲肠内积满大量黑色粪便，黏膜有点状出血。硬脑膜出血，软脑膜及脑回出血。

（三）防制

1. 预防

预防阿维菌素中毒，最关键的是应准确测定猪的体重并严格按使用剂量用药。

2. 治疗

阿维菌素中毒没有特效解毒药，以补液、强心、利尿和兴奋肠蠕动为治疗原则。可用10%葡萄糖液500～1000毫升、地塞米松2.5～5毫克、维生素C 1～2克、三磷酸腺苷（ATP）注射液2～4毫升、辅酶A 100～300单位，混合后静脉注射；强心可用安钠咖。

第三节　外科、产科疾病

一、疝

疝是腹部的内脏从自然孔道或病理性破裂孔脱至皮下或其他腔、孔的一种常见病。根据发生的部位一般分为：脐疝、腹股沟阴囊疝、腹壁疝几种。

（一）脐疝

1. 病因

多发生于幼龄猪，常因为脐带轮闭锁不全或完全没有闭锁，再加上腹腔内压增高，奔跳、捕捉、按压等诱因造成腹腔脏器进入囊内。一是先天性脐带轮发育不全，轮孔异常宽大，肠管容易通过；二是脐带轮未闭合完全时，猪便秘努责，幼猪贪食，腹胀如鼓，腹压增高，肠管由脐部脱出。

2. 诊断要点

根据病情可分为可复性脐疝和嵌闭性脐疝两种。可复性脐疝在脐部发现鸡蛋大或碗口大的柔软肿胀，在外表上呈局限性、半圆形肿胀（图 10-1），推压肿胀部或使猪腹部向上则肿胀消失。该处可摸到一个圆形的脐带轮，但还纳后又复原。肿胀部没有热痛，听诊时可听到肠的蠕动音。病猪体温、食欲正常，过分饱食或奔走时下坠物就增大。患嵌闭性脐疝的动物表现不安，并有呕吐症状，肿胀部位硬固疼痛，温度增高。

图 10-1　脐疝

3. 防制

如幼龄猪脱出肠管较少，还纳腹腔后，局部用绷带压迫，脐孔可能闭锁而治愈。脐孔较大或发生肠嵌闭时，须进行疝孔闭锁术（图 10-2）。

手术前，病猪应停食 1 天，仰卧保定，手术部剪毛、洗净、消毒，用 1％普鲁

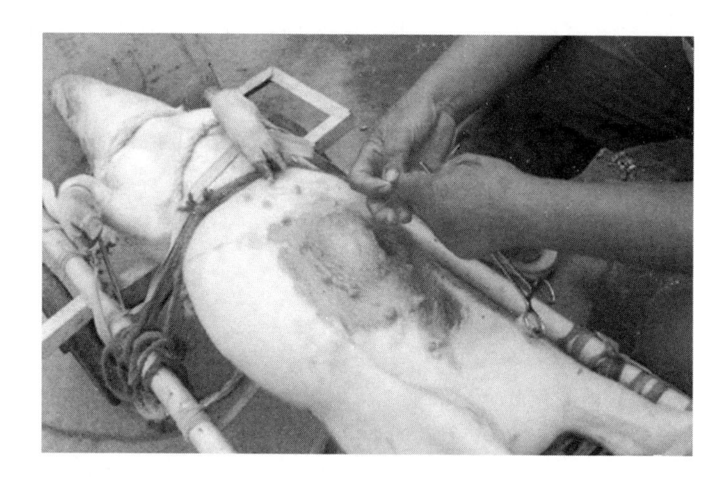

图 10-2　脐疝手术治疗

卡因 10～15 毫升浸润麻醉，纵向切开皮肤，切时谨防伤及腹膜或阴茎，妥善保存疝囊。将肠管送回腹腔，随之立即内翻疝囊，用缝线顺疝囊环作间断内翻缝合，将多余的囊壁及腹膜对称切除，冲洗干净后撒布青霉素粉，再结节缝合皮肤。如为嵌闭性脐疝而且肠管与腹膜粘连，则用外科刀尖开一小口，再伸入食指进行钝性剥离。剥离后再按上法内翻疝囊，清洗消毒，撒布青霉素粉，缝合皮肤。

（二）腹壁疝

1. 病因

疝囊由腹壁的皮肤、皮下组织及腹膜形成，其内容物可为肠管、网膜、肝脏及子宫等，发生的部位不定。通常是由于外界的钝性暴力，如剧烈的冲撞、踢跌及分娩等原因引起。

2. 诊断要点

腹壁上有球形或椭圆形的大小不等的肿胀，肿胀的周边与健康组织之间有明显界线。肿胀部柔软、无疼痛、无热，用力压迫时肿胀缩小。触诊可发现腹壁肌肉破裂的部位和形状，听诊时可听到蠕动音。

3. 防制

改善饲养管理，防止创伤发生。如果发生腹壁疝，以手术疗法为好。

术前应停食 1 天，使肠道内容物减少，以便于手术。后肢吊起或仰卧保定，手术部位剪毛并充分洗净，涂浓碘酊或 75％酒精消毒（图 10-3），用 1％普鲁卡因进行浸润麻醉。延疝颈切开疝囊，应注意勿损伤疝内容物，将粘连的肠管剥离后还纳进腹腔。已经粘连的网膜如果不易剥离则可部分剪除，多余的腹膜可与表面的皮肤、皮下组织、浅筋膜等一并剪除。进一步整理疝颈四周腹膜，再用线做间断缝合。疝环两侧横行切开腹直肌前鞘，然后将下筋膜片包括腹直肌前后鞘以横行褥式缝合法缝合于上筋膜片下面，两片重叠约3～4厘米，所有缝线全部缝好后再一一结扎。将上筋膜片边缘连续缝合在下片表面，缝时勿将缝针刺入过深，以免损伤内脏。如果腹膜不能从疝环筋膜层下剥离出来，也可把筋膜层连同腹膜层作上述重叠修补。最后撒青霉素粉并结节缝合皮肤（图10-4）。

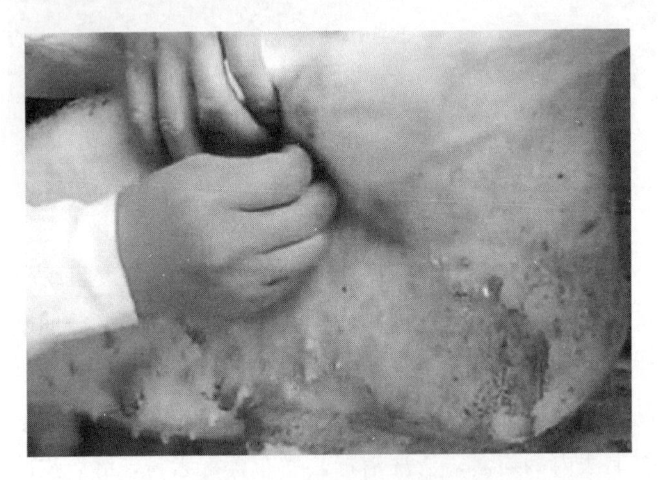

图10-3　手术部位消毒

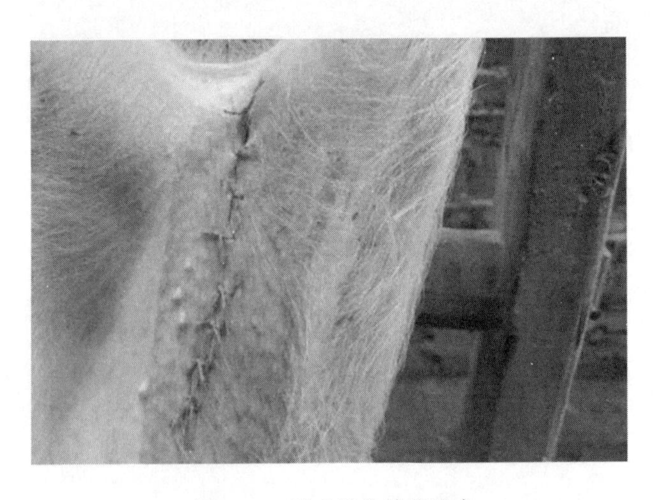

图10-4　手术部位结节缝合

（三）腹股沟阴囊疝

1. 病因

公猪的腹股沟阴囊疝有遗传性，若腹股沟管内口过大，就可发生疝，常在出生时发生（先天性腹股沟阴囊疝），也可在出生几个月后发生。后天性腹股沟阴囊疝主要是腹压增高所引起。

2. 诊断要点

猪的腹股沟阴囊疝症状明显，一侧或两侧阴囊增大（图 10-5），捕捉以及凡能使腹压增大的因素均可加重症状，触诊时硬度不一，可摸到疝的内容物（多半为小肠），也可以摸到睾丸，如将两后肢提举，常可使增大的阴囊缩小而达到自然整复的目的。少数猪可变为嵌闭性疝，此时多数肠管已与囊壁发生广泛性粘连。

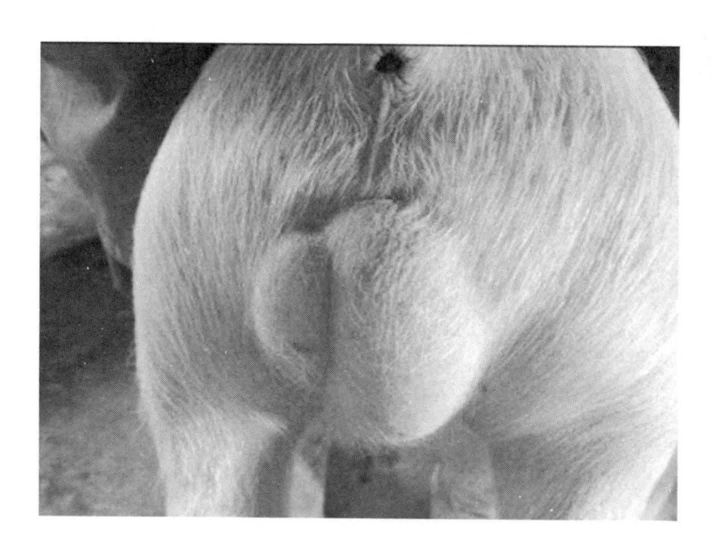

图 10-5　一侧阴囊增大

3. 防制

猪的阴囊疝可在局部麻醉下手术。后肢吊起或仰卧保定，手术部位剪毛并充分洗净，涂浓碘酊或 75%酒精消毒，用 1%普鲁卡因进行浸润麻醉。切开皮肤分离浅层与深层的筋膜，然后将总鞘膜剥离出来，从鞘膜囊的顶端沿纵轴捻转，此时疝内容物逐渐回入腹腔。猪的嵌闭性疝往往有肠粘连、肠臌气，所以在钝性剥离时要求动作轻巧，稍有疏忽就有剥破的可能，在剥离时用浸以温灭菌生理盐水的纱布慢慢地分离，对肠管轻轻压迫，以减少对肠管的刺激，并可减少剥破肠管的危险。在确认还纳全部内容物后，在总鞘膜和精索上打一个去势结（为防止脱开，也可双次结扎，图 10-6），然后切断，将断端缝合到腹股沟环上，若腹股沟环仍很宽大，则必须再作几针结节缝合，皮肤和筋膜分别作结节缝合。术后不宜喂得过早、过饱，要适当控制运动。仔猪的阴囊疝采用皮外闭锁缝合。

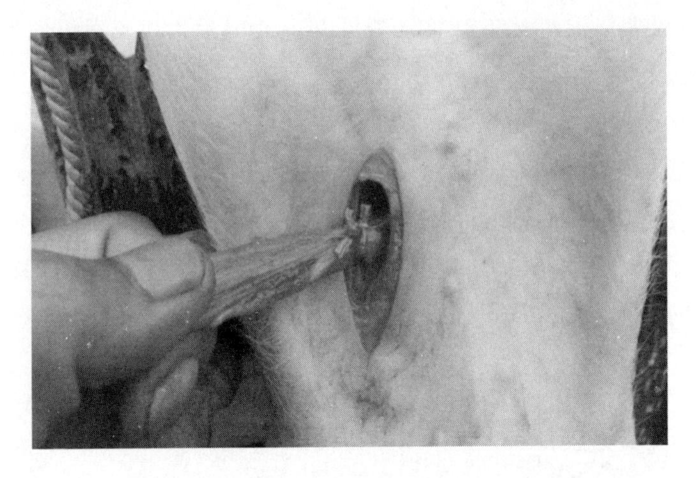

图 10-6　切除睾丸和部分总鞘膜，双次结扎

二、母猪流产

猪流产是指母猪正常妊娠发生中断，表现为产死胎、未足月活胎（早产）或排出干尸化胎儿等。流产是养猪过程中发生的常见病，对养猪业有很大的影响，常由传染性和非传染性（饲养和管理）因素引起，可发生于怀孕的任何阶段，但多见于怀孕早期。

（一）流产的原因

流产的病因很多，大致分为传染性流产和非传染性流产。

1. 传染性流产

一些病原微生物和寄生虫病可引起流产。如猪的伪狂犬病、细小病毒病、乙型脑炎、猪丹毒（图 10-7）、猪蓝耳病（图 10-8）、布鲁氏菌病、猪瘟、弓形虫病、钩端螺旋体病等均可引起猪流产。

2. 非传染性流产

非传染性流产的病因更加复杂，与营养、遗传、应激、内分泌失调、创伤、中毒、用药不当等因素有关。

（二）诊断要点

隐性流产发生于妊娠早期，由于胚胎尚小，骨骼还未形成，胚胎被子宫吸收，而不排出体外，不表现出临诊症状。有时阴门流出多量的分泌物，过些时间再次发情。

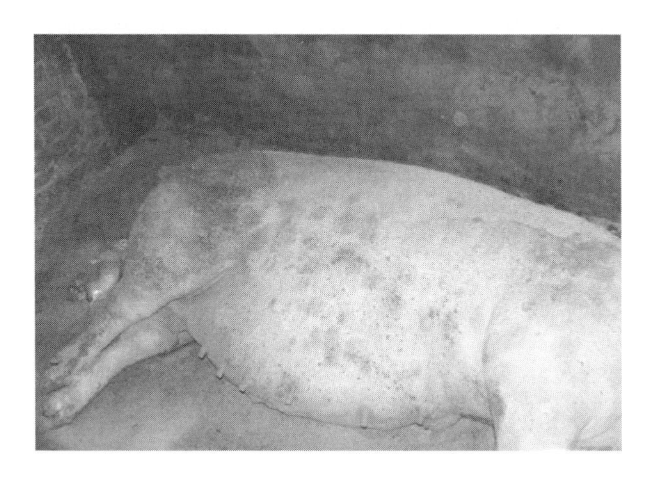

图 10-7　猪丹毒引起母猪流产

图 10-8　蓝耳病引起母猪流产

有时在母猪妊娠期间，仅有少数几头胎猪发生死亡，但不影响其余胎猪的生长发育，死胎不立即排出体外，待正常分娩时，随同成熟的仔猪一起产出。死亡的胎猪由于水分逐渐被母体吸收，胎体紧缩，颜色变为棕褐色，称木乃伊胎。

如果胎儿大部或全部死亡时，母猪很快出现分娩症状，母猪兴奋不安，乳房肿大，阴门红肿，从阴门流出污褐色分泌物，母猪频频努责，排出死胎或弱仔。

流产过程中，如果子宫口开张，腐败细菌便可侵入，使子宫内未排出的死亡胎儿发生腐败分解。这时母猪全身症状加剧，从阴门不断流出污秽、恶臭分泌物和组织碎片，如不及时治疗，可因败血症而死。

根据临诊症状，可以做出诊断。要判定是否为传染性流产，则需进行实验室检查。

（三）防制

1. 预防

加强对怀孕母猪的饲养管理，避免对怀孕母猪的挤压、碰撞，饲喂营养丰富、容易消化的饲料，严禁喂冰冻、霉变及有毒饲料。做好预防接种，定期检疫和消毒。谨慎用药，以防流产。

2. 治疗

治疗的原则是尽可能防止流产；预防无效时，促进死胎排出，保证母猪的健康；根据不同情况，采取不同措施。

（1）妊娠母猪表现出流产的早期症状，胎儿仍然活着时，应尽量保住胎儿，防止流产。可肌内注射孕酮 10～30 毫克，隔日 1 次，连用 2 次或 3 次。

（2）保胎失败，胎儿已经死亡或发生腐败时，应促使死胎尽早排出。肌内注射己烯雌酚等雌激素，配合使用垂体后叶素、催产素等促进死胎排出。当流产胎儿排出受阻时，应实施助产。

（3）对于流产后子宫排出污秽分泌物时，可用 0.1%高锰酸钾等消毒液冲洗子宫，然后注入抗生素，进行全身治疗。对于继发传染病而引起的流产，应防治原发病。

三、母猪死胎

母猪死胎是繁殖障碍的一种，妊娠母猪腹部受到打击、冲撞而损伤胎儿，有妊娠疾病及传染病（布鲁氏菌病、猪细小病毒病、乙型脑炎等）时均可引起死胎。

（一）诊断要点

母猪起初不食或少食，精神不振；随后起卧不安，弓背努责，阴户流出污浊液体。在怀孕后期，用手按腹部检查久无胎动。如果时间过长，病猪呆滞，不食。如死胎腐败，常有体温升高、呼吸急促、心跳加快等全身症状，阴户流出不洁液体，如不及时治疗，常因急性子宫内膜炎引起败血症而死亡。

（二）防制

1. 预防

（1）淘汰老龄母猪，保持生产高峰期的母猪群　引种时一定搞清楚种猪系谱、种源地和当地流行病情况，最好是从同一地域引种，引种后要隔离饲养，在 1 个月内可交替使用抗生素净化隐性疾病，同时要做好驱虫、消毒和配种前几种疫苗的防疫程序。

（2）加强科学饲养管理　日粮营养成分采取最佳科学配比，调控母猪体况。当母猪受外界应激采食量减少时，必须提高日粮中的矿物元素和维生素含量，增强母猪体质，使母猪尽可能多地供给胎儿营养。

（3）注意夏季管理　由于高温高湿，母猪产仔时子宫收缩无力，产程延长，呼吸困难，吃料减少。对此情况，首先采取降温措施，同时改变饲喂时间，每天早晨 5 点和晚上 9 点各饲喂一次，中间加喂两次，使母猪对饲料摄入量增加。给产前 7 天的母猪注射维生素 D_3 和维生素 E。

（4）正确用药，科学防治　对待母猪流产及发烧、采食量下降等症状，不能滥用抗生素、随意加大药物剂量。根据各种症状，分析病因，使用高效、低毒、安全的药物治疗，配合使用青饲料、清洁饮水，增强机体各项功能。另外，根据实际情况可脉冲式添加药物，对母猪进行疾病预防、净化，只有确保母猪的健康状况良好，才能充分发挥其生产及繁殖潜力，取得更大的经济效益。

2. 治疗

如果已诊断为死胎，可手术取出，必要时注射垂体后叶素或催产素，一次皮下注射 10～50 单位。对虚弱的母猪，术前、术后应适当补液。手术后将装有金霉素或土霉素 200 万～300 万单位的胶囊，投入子宫内，病猪体温升高者，可肌内注射青霉素、链霉素，连续数天。

四、母猪难产

母猪难产是指母猪在分娩过程中，分娩过程受阻，胎儿不能正常排出，母猪很少发生难产，发病率比其他家畜低得多，因为母猪的骨盆入口直径比胎儿最宽横断面直径大 2 倍，很容易把仔猪产出。难产的发生取决于产力、产道及胎儿 3 个因素，主要发生于初产母猪、老龄母猪。

（一）病因

1. 母猪方面原因

（1）产道狭窄型　产仔时，耻骨联合会正常开张，但受骨盆生理结构的制约，虽经剧烈持久的努责收缩，终因骨盆口开张太小，胎儿不能排出体外，滞留在子宫口而难产，此类型多发生在初产母猪。

（2）产力虚弱型　产仔时，多种诱因致使母猪疲劳，最终造成子宫收缩无力，无法将胎儿排出产道而难产，此类型多发生在体弱、老龄、产仔时间长、产仔太多、产仔胎次太多以及患病母猪。

（3）膀胱积尿型　产仔时，母猪需要长时间躺卧，此时，膀胱括约肌因体况虚弱、生产时间长、疾病等不良因素影响，致使膀胱麻痹，造成膀胱腔隙内的尿液因蓄积过多（不能及时排出体外）而容积性占位，挤压产道而造成难产。

（4）环境应激型　产仔时，母猪受到外界的突发性刺激，如声音、光照、气味、颜色等，致使其频频起卧，坐立不安，使得母猪子宫收缩不能正常进行而难产。此类型多发生于初产母猪和胆小母猪。

（5）其他　如母猪过肥、产道畸形、先天性发育不良等也可引起难产。

2. 胎儿方面原因

（1）胎儿过大型　多见于母猪孕育的胎儿太少，且发育过大引起难产。

（2）胎位不正　多见于胎儿在产道中姿势不正，堵塞产道引起难产。

（3）胎儿畸形　畸形的胎儿不能顺利通过产道，引起难产。

（4）胎儿死亡　胎儿在母体内死亡时间较长，引起胎儿水肿、发胀造成难产。

（5）争道占位　两头胎儿同时进入产道引起难产。

（6）其他　多因操作方法不规范、药物使用不合理、助产过早、助产过频等行为，由于子宫收缩不规整（间歇性）、产道因润滑剂少而干涩等原因而难产。

（二）诊断要点

不同原因造成的难产，临诊表现不尽相同，有的在分娩过程中时起时卧，痛苦呻吟，母猪阴户肿大，有黏液流出，时做努责，但不见小猪产出，乳房膨大而滴奶，有时产出部分小猪后，间隔很长时间不能继续排出，有的母猪不努责或努责微弱，生不出胎儿，若时间过长，仔猪可能死亡，严重者可致母猪衰竭死亡。

根据母猪分娩时的临诊症状，不难做出诊断。

（三）防制

1. 预防

预防母猪难产，应严格选种选配，发育不全的母猪应缓配，同时加强妊娠期间的饲养管理，适当加强运动，注意母猪健康情况，加强临产期管理，发现问题及时处理。

2. 治疗

母猪破羊水后1小时仍然无仔猪产出或产仔间隔超过0.5小时，应及时采取措施。有难产史的母猪在产前1天肌注氯前列烯醇。当子宫颈口开张时，若母猪阵缩无力，可人工肌注催产素，一般可注射人工合成催产素，用量按每50千克体重1毫升的剂量，注射后20～30分钟可产出仔猪。若分娩过程过长或阵缩力量不足，可第2次注射（最多2次）；当催产无效或胎位不正、争道占位、畸形、死亡、骨盆狭窄等诱因造成难产时，可进行人工助产，一般可采用手术取出。

母猪难产时常见的人工助产方法有：

（1）驱赶助产　当母猪发生难产时，可尝试将母猪从产房中赶出，在分娩舍过道中驱赶运动约10分钟，以期调整胎儿姿势，然后再将母猪赶回产房中分娩，往往会收到较好的效果。

（2）按摩助产　母猪生产每头仔猪时间间隔较长或子宫收缩无力时，可辅以按摩法进行助产。其常用的助产方法：助产者双手手指并拢、伸直，放在母猪胸前，依次由前向后均匀用力按摩母猪下腹部乳房区，直至母猪出现努责并随着按摩时间的延长呈渐渐增强之势时，变换助产姿势，一只手仍以原来的姿势按摩，另一只手变为按压侧腹部，有节奏、有力度地向下按压腹部逐渐变化的最高点。实际助产时，若手臂酸痛，可两手互换按压。随着按摩的进行，母猪努责频率不断加强，最后将仔猪排出体外。

（3）踩压助产　母猪生产时，若频频努责而不见仔猪产出或者是母猪阵缩乏力时，可采用踩压助产。即让人站在母猪侧腹部上虚空着脚踩压，不可用踏实的方法进行助产。其具体方法是：双手扶住栏杆（有产仔栏的最好，也可自制栏杆）借助双手的力量，轻轻地用脚踩压母猪腹部，自前向后均匀地用力踏实，手不能放松。母猪越用力努责就越用力踩压，借助踩压的力量让母猪产出仔猪。如果踩压不能奏效时，很可能是发生了较复杂的难产，应当进行产道、胎位、胎儿等方面的检查，然后再制定方案将胎儿取出。一般当取出一头仔猪后，还要采用按摩法或踩压等方法进行助产，如生产顺利，可让其自行生产。

（4）药物催产　经产道检查，确诊产道完整畅通属于子宫阵缩努责微弱引起的难产时，可采用药物进行催产。催产药可选用缩宫素，肌内或皮下注射2～4毫升，可以每隔30～45分钟注射1次。为了提高缩宫素的药效，也可以先肌注雌二醇10～20毫克或其他雌激素制剂，再注射缩宫素。产仔胎次过多的老龄母猪或难产母猪使用缩宫素无效的，可以肌内注射毛果芸香碱或新斯的明等药物（5～8毫升/头）。

（5）人工助产　最好是选择手相对小一些的人员施行人工助产手术。

① 术前准备　助产人员剪掉指甲并磨光，之后用3%来苏儿清洗双手，消毒手掌和手臂，涂以润滑剂；助手用0.1%高锰酸钾溶液彻底清洗母猪的后躯部、肛门部、阴道部；准备相关物品等。

② 手术过程　助手将长臂手套用3%来苏儿消毒液浸泡，然后涂上肥皂或石蜡油，帮助助产者戴上手套。助产者将左手并拢，五指呈圆锥形，多次轻轻刺激母猪的外阴部（使母猪适应此种刺激），当母猪逐渐适应后，左手在母猪努责的间隙期，将手心朝上，缓缓伸入到母猪产道内，手边伸边旋转，母猪努责时停止伸入，不努责时再往里伸入，检查难产情况或进行助产。在此过程中，要注意不要损伤子宫与产道，动作要轻、缓、稳，切忌强拉硬拽。

仔猪产出后，母猪要及时注射抗生素等药物防止感染。若母猪产道过窄，或因产道粘连，助产无效时，可以考虑剖腹产手术。

助产时可以根据胎儿难产情况选择以下助产方式：

a. 徒手牵拉法　助产者手臂伸入到产道后，慢慢地摸清楚胎儿在子宫内的位置、胎势与朝向。当胎位正常（正生）时，手找到仔猪的耳朵、眼眶等部，用手握住，将其缓慢地拉出产道；也可先找到仔猪的口角，再找到犬齿，将拇指与食指放到其后面固定，缓慢拉出仔猪。当仔猪倒生时，可用手指握住仔猪两后肢将仔猪慢慢拉出。

如果胎位不正，应先矫正仔猪胎位，然后再牵拉出来。如果2头仔猪同时进入产道，可将1头推回到子宫，将另1头拉出。掏出1头仔猪后，如果转为正常分娩，则不再需要继续用手牵拉助产。

助产结束后，应向子宫内注入宫净康等药物预防子宫感染。

b. 器械助产法　通常借助于产科器械如产科绳、产科钩等进行人工助产。

其缺点是不仅仅对仔猪造成较重的伤害乃至死亡，而且对母猪的产道也会造成较大的损伤甚至终生不孕不育。

临床上使用产科绳的方法是，将绳的一头打一活套，用手（预先消毒好）携带产科绳套（消毒处理好）入母猪的子宫，“找”到仔猪的上颌骨、前肢（正生）或后肢（倒生），用绳套套住，缓慢拉出。牵拉最好配合母猪努责同时进行；用产科钩助产时，将产科钩置于手掌心，用手护住产科钩将其带入到产道内，钩住仔猪眼眶、下颌骨间隙或上颚等处将仔猪拽出。

器械助产主要适用于死胎性难产及难产程度较大的难产。

c. 剖腹产　对硬产道狭窄、子宫颈狭窄、胎儿过大等引起的难产，经过助产尚不能将仔猪全部产出的，可考虑剖腹术。

五、胎衣不下

母猪胎衣不下，又称猪胎衣滞留，是指母猪分娩后，胎衣（胎膜）在1小时内不排出。胎衣不下多与猪体虚弱，产后子宫收缩无力，以及怀孕期间子宫受到感染，胎盘发生炎症，导致结缔组织增生，胎盘粘连等因素有关。流产、早产、难产之后或子宫内膜炎、胎盘炎、管理不当、运动不足、母体瘦弱时，也可发生胎衣不下。

（一）诊断要点

母猪胎衣不下有全部不下和部分不下两种，多数为部分不下。全部胎衣不下时胎衣悬垂于阴门之外，呈红色、灰红色和灰褐色的绳索状，常被粪土污染；部分胎衣不下时残存的胎儿胎盘仍存留于子宫内，母猪常表现不安，不断努责，体温升高，食欲减退，泌乳减少，喜喝水，精神不振，卧地不起，阴门内流出暗红色带恶臭的液体，内含胎衣碎片，严重者可引起败血症。

根据母猪分娩后胎衣的排出情况，不难做出诊断。

（二）防制

1. 预防

加强饲养管理，使猪适当运动，增喂钙及维生素丰富的饲料，能有效预防猪胎衣不下。

2. 治疗

治疗原则为加快胎膜排出，控制继发感染。

注射垂体后叶素或催产素20～40单位，也可静脉注射10%氯化钙20毫升或10%葡萄糖酸钙50～100毫升。

也可投服益母草流浸膏4～8毫升，每天2次。胎衣腐败时，可用0.1%高锰酸钾溶液冲洗子宫，并投入土霉素片。为促进胎儿胎盘与母体胎盘分离，可向子宫内注入5%～10%盐水1～2升，注入后应注意使盐水尽可能完全排出。

以上处理无效时，可将手伸入子宫剥离并拉出胎衣。猪的胎衣剥离比较困难。用0.1%高锰酸钾溶液冲洗子宫，导出洗涤液后，投入适量抗生素（1克土霉素加100毫升蒸馏水溶解，注入子宫）。

中药治疗：当归尾10克、赤芍10克、川芎10克、蒲黄6克、益母草12克、五灵脂 6 克，水煎取汁，候温喂服。

猪胎衣不下一般预后不良，应引起重视，不仅因泌乳不足影响仔猪的发育，而且可引起子宫内膜炎，使以后不易受孕。

六、母猪子宫内膜炎

母猪子宫内膜炎是母猪分娩及产后，子宫有时受到感染而发生炎症。

（一）病因

难产、胎衣不下、子宫脱出以及助产时手术不洁、操作粗鲁，造成子宫损伤、产后感染，以及人工授精时消毒不彻底，自然交配时公猪生殖器官或精液内有致病菌、炎性分泌物等可引起子宫内膜炎。母猪营养不良，个体瘦弱，抵抗力下降时，其生殖道内非致病菌也能引起发病。

（二）诊断要点

临床上可分为急性与慢性子宫内膜炎。

1. 急性子宫内膜炎

全身症状明显，母猪体温升高，精神不振，食欲减退或废绝，时常努责，特别在母猪刚卧下时，阴道内流出白色黏液或带臭味污秽不洁红褐色黏液或脓性分泌物，分泌物粘于尾根部，腥臭难闻。有时母猪出现腹痛症状。急性子宫内膜炎多发生于产后及流产后。

2. 慢性子宫内膜炎

多由急性子宫内膜炎治疗不及时转化而来。病猪全身症状不明显。病猪可能周期性地从阴道内排出少量浑浊的黏液。母猪往往推迟发情或发情不正常，即使能定期发情，也屡配不孕。

（三）防制

1. 预防

预防本病应保持猪舍清洁、干燥，临产时地面上可铺清洁干草。发生难产时助产应小心谨慎，手臂、用具要消毒，取完胎儿、胎衣后，应用消毒溶液洗涤产道，并注入抗菌药物。人工授精要严格按规则操作和消毒。

2. 治疗

（1）在产后急性期，首先应清除积留在子宫内的炎性分泌物，用 1%盐水或

0.02%新洁尔灭溶液、0.1%高锰酸钾溶液充分冲洗子宫。冲洗后务必将残留的溶液全部排出，至导出的洗液全部透明为止。最后向子宫内注入 20 万～40 万单位青霉素或 1 克金霉素。

(2) 全身疗法可用抗生素或磺胺类药物治疗。青霉素 40 万～80 万单位，链霉素 100 万单位，肌内注射每日 2 次；用金霉素或土霉素盐酸盐时，母猪每千克体重 40 毫克，每日肌内注射 2 次；磺胺嘧啶钠每千克体重 0.05～0.1 克，每日肌内或静脉注射 2 次。

(3) 对患慢性子宫内膜炎的病猪，可用青霉素 20 万～40 万单位、链霉素 100 万单位，溶入高压消毒的 20 毫升植物油中，向子宫内注入。皮下注射垂体后叶素 20 万～40 万单位，促使子宫收缩，排出腔内炎性分泌物。

(4) 金银花、黄连、知母、黄柏、车前、猪苓、泽泻、甘草各 15 克，水煎 1 次喂服。

七、母猪阴道炎

母猪阴道常在产后，自然交配，人工授精，子宫内膜炎，胎衣腐烂等情况下感染细菌，引起阴道发炎。临床上以弓背翘尾，阴唇时开时闭作排尿姿势，外阴部红肿，阴门排出渗出液黏附在尾根及外阴周围等为特征。

(一) 病因

1. 分娩前后感染

分娩母猪产道处于开放状态，抵抗力差，容易感染，这一点业内人士都有所认识， 往往采取如外阴清洁、抗生素保健等措施进行预防控制，但效果不确切。生产经验显示，难产加上人工助产使产道黏膜严重损伤、自身修复能力大幅下降、修复时间延长、细菌感染容易，而由于子宫的结构特点，产后数天宫颈关闭，不能冲洗治疗，全身用药也难有足量抗生素到达宫腔，因此疗效差。过长的产程容易导致母猪体能透支，产后产道及全身生理性恢复难，抗病力明显下降，容易感染，疗效也差。

2. 人工授精后感染

现代猪场普遍利用工具进行人工输精，在采精、稀释、输入过程中难免污染，人工器械操作加上母猪的不配合容易导致产道的损伤，是配种后阴道炎症的直接原因，而营养不良是母猪发情不典型的原因，也是配种后阴道炎症和复发情的深层次原因。

3. 后备母猪阴道流脓

还没有接受交配的后备母猪阴道发生化脓性炎症的原因，是受某种因素的影响，阴道黏膜出现病理性反应，抗感染能力下降，细菌继发感染所致。其中，由于饲料霉变（尤其受禾谷镰刀霉菌污染）产生的玉米赤霉烯酮毒素引起的雌性激素综合征是阴道黏膜出现病理性反应的常见原因，玉米赤霉烯酮毒素引起的雌性激素综合征，使尚未性成熟的后备母猪表现出类似发情的假象，阴道黏膜出现持续的病理性充血水肿。与正常发情不同的是，这种持续性病理变化，使阴道黏膜的抵抗力、抗感染能力大幅下降，细菌感染就容易发生。饲料霉菌毒素是引起后备母猪阴道化脓性炎症的基础原因。

（二）诊断要点

阴唇肿胀，白色母猪可以见到阴唇红肿，有时见有溃疡。手触摸阴唇时母猪表现有疼痛感觉。

阴道感染发炎时，黏膜肿胀、充血，当肿胀严重时手伸入即感到困难，并有热痛，有时有干燥感，或在黏膜上发生溃疡及糜烂。病猪常呈排尿姿势，但尿量很少。

有假膜性阴道炎时则症状加剧。病猪精神沉郁，常努责排出有臭味的暗红色黏液，并在阴门周围干涸形成黑色的痂皮。检查阴道可见有在黏膜上被覆一层灰黄色薄膜。阴道炎是造成母猪不孕的原因之一。

根据临床症状可作出正确诊断。

（三）防制

首先将尾巴用绷带扎好拉向体侧方，减少与阴门的摩擦和防止继续感染。阴道用温的弱消毒溶液洗涤：0.1％高锰酸钾，3％过氧化氢，1％～2％的等量苏打氯化钠溶液，0.05％～0.1％雷佛奴尔或用1％～2％明矾溶液，1％～3％鞣酸溶液等。冲洗后应将洗涤液完全导出，以免引起扩散感染。假膜性阴道炎禁止冲洗，因为冲洗后能引起扩散，或者使血管破坏而导致脓毒血症。冲洗后用青霉素、磺胺、碘仿或硼酸等软膏涂抹黏膜。如疼痛剧烈，则可在软膏中按1％～2％的比例加入可卡因。黏膜上有创伤或溃疡时，洗涤后可涂等量的碘甘油溶液。症状严重的阴道炎，亦可全身应用抗生素。

八、母猪乳腺炎

母猪乳腺炎是由病原微生物或者机械创伤、理化等因素引起的母猪乳房红、肿、热、硬，并伴有痛感、泌乳减少症状的疫病。此病多发生在母猪分娩后泌乳期。

（一）病因

1. 病菌感染

病菌感染是造成母猪乳腺炎的主要因素之一。

感染病菌主要来源于两个方面，即接触性病原菌以及环境性病原菌。接触性病原菌一般是寄生于乳腺上，其中金黄色葡萄球菌、链球菌、大肠杆菌是常见的接触性病原菌，会通过乳头侵入乳房，从而造成乳腺炎。

2. 内分泌系统紊乱

很多养殖户为了提高经济效益而对母猪使用了大量的药物，这样使母猪的内分泌系统出现紊乱、失调的情况，并导致母猪的乳房出现肿胀，造成母猪乳腺炎的发作。

3. 饲养管理不科学

在母猪的养殖过程中，没有对猪舍的温度、湿度进行适当的控制会让母猪出现疲劳的情况，不良的通风条件，母猪产房消毒不够彻底，会影响母猪正常的抵抗力，使其不能对病原菌进行正常的免疫。

4. 继发性因素

继发性因素包括很多方面，比如，当母猪出现发热性症状之后，可能会引发阴道炎等症状从而带来乳腺炎。另外，子宫内膜炎会让子宫产生不良分泌物，从而影响母猪正常的血液循环并进一步地蔓延，导致发乳腺炎的发作。

（二）诊断要点

母猪在隐性感染或隐性带毒的情况下，很容易造成隐性乳腺炎。隐性感染时母猪不表现可见的临床症状，精神、采食、体温均不见异常，但少乳或无乳。这种情况既可在分娩后立刻出现，也可在分娩 2～3 天后发生。此时仔猪表现虚弱，常围卧在母猪周围。病原体通过乳汁和哺乳接触传染给仔猪，引起仔猪生长受阻，还可以引起腹泻等一系列感染症状，造成很大的损失。由于隐性乳腺炎在兽医临床诊断过程中具有一定的困难，所以不易被早期发现，一般均需要对乳汁采样进行检测才能够确定。虽然隐性乳腺炎不易被发现和诊断，但是带来的危害是巨大的，在临床上应该得到重视。

发生了临床型乳腺炎的病猪，很容易确诊，其临床检查可见母猪一个或数个乳房甚至一侧或两侧乳房均出现红肿，用手指触诊时有热度且硬，按压时动物对疼痛表现为敏感。有的母猪发生乳腺炎时，拒绝哺乳仔猪。早期乳腺炎呈黏液性乳腺炎，乳汁最初较稀薄，以后变为乳清样，仔细观察时可看到乳中含絮状物。炎症发展成脓性时，可排出淡黄色或黄色脓汁。捏挤乳头时有浓稠黄色、絮状凝固乳汁排出，即可确诊患有乳腺炎。如脓汁排不出时，可形脓肿，拖延日久往往自行破溃而排出带臭味的脓汁。母猪患脓性或坏疽性乳腺炎，尤其是波及几个乳房时，可能会出现全身症状，体温升高达40.5～41℃，食欲减退，精神倦怠，伏卧，拒绝仔猪吮乳。仔猪腹泻、消瘦等情况较多。

（三）防制

1. 预防

（1）重视消毒　改善产床与栏舍条件，产房做好空栏的消毒，使用含碘的消毒药彻底消毒，母猪上产床前有条件的可以对产栏进行火焰消毒，并空栏干燥7天以上。

（2）确保母猪饲料品质，防止霉菌毒素导致母猪无乳　分娩前给母猪适当减料，产仔当天饲喂量不大于1千克或不喂，随后逐步增加饲喂量。损伤的乳头要及时做消毒处理，并贴上药膏防仔猪咬。防止磨伤带来的细菌感染。

（3）搞好管理　预防母猪便秘，并严格做好产房的清洁卫生，以避免肠道的常在菌入侵而发生乳腺炎。做好防暑降温，保持舒适干燥的环境，以有效降低母猪围产期的应激。

（4）围产期添加药物　在饲料中添加大环内酯类药物如替米考星或泰万菌素，这些药物在奶水中浓度高，可以有效减少乳腺炎的发生。此外，早期的研究证明其他抗菌药如复方磺胺药物、恩诺沙星等皆可有效降低母猪乳腺炎的发生比例。

（5）产后注射药物预防　药物注射是多数猪场的常规操作。常见的方法有以下几种：①母猪产后立即肌注15～20毫升长效土霉素一次，用于预防乳腺炎；②产后使用5%糖盐水300～500毫升＋抗菌药（如头孢类抗生素）＋鱼腥草针剂30毫升，静脉给药1～2次，在分娩当天和次日各输液一次；③有些猪场还在分娩后24小时内，给母猪注射1次氯前列烯醇，以预防产后子宫炎和无乳的发生。

2. 治疗

临床型乳腺炎，可采用下列方法治疗：

（1）按摩与热、冷敷法　对发热、急性和有痛感的乳腺炎必须用冷敷疗法，而不可热敷，否则将加剧乳房肿胀。对于隐性乳腺炎或病程较长的乳腺炎，可使用

50℃左右的热水浸毛巾热敷，并对乳房进行按摩，促进血液循环，使过量的体液再回到淋巴系统。按摩时，先将肥皂液涂在乳房上，沿着乳房表面旋转手指或来回按摩，然后用手将乳房压下再弹起，这对防止乳房不适症有极大的好处。

（2）封闭疗法　对严重的急性乳腺炎，可使用0.25％盐酸普鲁卡因溶液10～30毫升，加入青霉素400万单位，在乳房实质与腹壁之间做环形乳基封闭，一般处理1次，重症可重复1～2次。后期化脓病灶可以手术引流排脓。

（3）吸通法　让快断奶的仔猪帮忙吸通，有很好的效果。

（4）全身治疗法　可使用抗菌药＋催产素＋清热解毒中药注射剂（如鱼腥草、穿心莲等），肌内注射，每日1～2次，连续2～3天。

九、母猪产后无乳综合征

母猪产后无乳综合征也称产后泌乳障碍综合征，中国的养殖者习惯称之为母猪无乳综合征（即母猪乳腺炎、子宫炎、无乳症）。

母猪发病后因无乳或缺乳，可引起仔猪迅速消瘦、衰竭或因感染疾病而死亡，或后期长势差，饲料报酬低。发病严重的场仔猪死亡率可高达55％，一般造成的损失为窝平均减少断奶仔猪0.3～2头；常因子宫内膜炎、乳腺炎引起母猪繁殖机能严重受损，出现繁殖障碍，如不发情、延迟发情、屡配不孕、妊娠后易发生流产等，降低母猪生产性能，还可导致母猪非正常淘汰率显著上升，使用年限短，母猪折旧费用高，影响正常的生产秩序。

（一）病因

母猪无乳综合征主要由霉菌毒素、蓝耳病、应激、膀胱炎、营养管理等因素引起。

（二）诊断要点

母猪无乳综合征主要有急性型和亚临床感染型两种类型。

1. 急性型

母猪产后不食，体温升高至40.5℃或更高；呼吸加快、急促，甚至困难；阴户红肿，产道流出污红色或多量脓性分泌物；乳房及乳头缩小、干瘪，乳房松弛或肥厚肿胀、挤不出乳汁、无乳；或乳腺发炎、红肿、有痛感，母猪喜伏卧，对仔猪的吮乳要求没反应或拒绝哺乳；仔猪腹泻现象如黄白痢增加，生长发育不良；个别母猪便秘，鼻吻干燥，嗜睡，不愿站立。

2. 亚临床感染型

母猪食欲无明显变化或略有减退；体温正常或略有升高，呼吸大多正常；阴道内不见或偶见污红色或白色脓性分泌物，发情时量较多；乳房苍白、扁平，少乳或无乳，仔猪不断用力拱撞或更换乳房吮乳，母猪放乳时间短；哺乳期仔猪下痢、消瘦，断奶后仔猪下痢症状消失；亚临床感染型产后无乳综合征常因母猪症状不明显而容易被忽视，以致母猪淘汰率增加。

（三）防制

1. 预防

应激因素在许多情况下是引起母猪泌乳失败的重要因素，因此要采取综合管理措施减少应激。除必要的兽医防疫措施之外，还要搞好猪舍内环境的管理，如控制好产房中的温度、湿度，降低噪声，避免粗暴管理，保持良好的卫生环境条件，供给全价的饲料等等。

2. 治疗

（1）激素疗法　肌内注射己烯雌酚 4～5 毫升，一日 2 次；或肌内注射缩宫素 5～6 毫升，每日 2 次。

（2）药物疗法　肌内注射常量青霉素、链霉素或磺胺类药物清除炎症。口服以王不留行等为主的中药催乳散。

（3）可通过对母猪乳房按摩、仔猪吮乳促进母猪乳房消炎、消肿和排乳。

（4）对初生小猪可采取寄养的方法，以免饿死。

十、产褥热

母猪产褥热是在母猪分娩过程中或产后，在排出或助产取出胎儿时，软产道受到损伤，或恶露排出迟滞引起感染而发生，又称母猪产后败血症和母猪产后发热。

（一）病因

本病是因产后子宫感染病原菌而引起高热，临床上以产后体温升高、寒战、食欲废绝、阴户流出褐色带有腥臭气味分泌物为特征。助产时消毒不严，或产圈不清洁，或助产时损伤产道黏膜，致产道感染细菌（主要是溶血链球菌、金黄色葡萄球菌、化脓性棒状杆菌、大肠杆菌），这些病原菌进入血液大量繁殖产生毒素而发生产褥热。

（二）诊断要点

母猪产后 2～3 天内发病，体温达 41～41.5℃而稽留，寒战，减食或完全不食，呼吸迫促，心跳加快，每分钟超过 100 次，甚至达 120 次。精神沉郁，躺卧不愿起，耳及四肢寒冷，时时磨齿，常卧于垫草内，起卧均现困难。行走强拘，四肢关节肿胀、发热、疼痛，排粪先便秘后下痢，阴道黏膜肿胀呈污褐色，触之剧痛。阴户常流褐色恶臭液体和组织碎片，泌乳减少或停止。

（三）防制

1. 预防

在母猪分娩前搞好产房的环境卫生，垫草暴晒干净，分娩时助产者必须严密消毒双手后方可进行助产。准备碘酒和一盆消毒药水（2%来苏儿液或 0.1%新洁尔灭）随时备用，以保证助产无菌、阴道无创伤，避免发生感染。在母猪产出最后 1 头仔猪后 36～48 小时，肌注前列腺素 2 毫克，可排净子宫残留内容物，避免发生产褥热。

2. 治疗

可用 3%双氧水或 0.1%雷佛奴尔溶液冲洗子宫，冲洗完毕须将余液排出，适当选用磺胺类药物或青霉素，必要时加链霉素肌注 0.01～0.02 克/(千克·日)，分 1～2 次注射。青霉素肌注 4000～10000 单位/千克，每 24 小时注射 1 次；油剂普鲁卡因青霉素 G，肌注 4000～10000 单位/千克，每 24 小注射 1 次。帮助子宫排出恶露，可应用垂体后叶素 20～40 单位注射。中草药：①当归尾、炒川芎、大桃仁各 15 克，炮姜炭、怀牛膝、木红花各 10 克，益母草 20 克，煎服，连服 2～3 次；②乌豆壳 200 克、桃仁 40 克、生韭菜 100～200 克，煎水 1 次内服。

十一、产后恶露

在一些地方，饲养母猪的经验不足，母猪产后或配种后恶露不尽，从阴门排出大量灰红色或黄白色有臭味的黏液性或脓性分泌物，严重者呈污红色或棕色，有的猪场后备母猪也有发生。这种情况会导致母猪不发情、推迟发情或是屡配不孕，降低了母猪利用率，给养殖户造成一定的损失。

（一）病因

母猪饲养失调、湿浊行滞、湿热下注蕴结于胞宫而致胞宫热毒壅盛，或产仔过程中胎衣瘀滞胞宫、瘀血未尽，或助产消毒不严、交配过度等损伤胞宫及阴道等多种因素。中兽医将轻者称为带下，常见子宫内膜炎和卵巢炎；重者称为恶露不尽，常见于母猪产仔时胎衣没有完全排出，或死胎（包括木乃伊胎）没有排出，停留在子宫内腐烂。母猪自身免疫能力下降也是重要的原因。

（二）诊断要点

多见母猪产后或配种后恶露不尽，从阴门排出大量灰红色或黄白色有臭味的黏液性或脓性分泌物，严重者呈污红色或棕色。

（三）防制

1. 预防

保持猪舍清洁，助产或人工授精时要严格消毒，对各种饲料原料严格把关，禁用霉变饲料。也可以根据实际情况采用药物预防措施，后备猪 6 月龄及配种前各 1 周在饲料中添加支原净 60 克/500 千克＋金霉素 180 克/500 千克；母猪产前产后各 1 周在饲料中添加支原净 60 克/500 千克＋金霉素 180 克/500 千克；母猪断奶前后各 1 周在饲料中添加磺胺二甲嘧啶 150 克/500 千克＋乳酸 TMP30 克/500 千克，或氟苯尼考 60 克/500 千克。

2. 治疗

炎症急性期应清除积留在子宫内的炎性分泌物，用 1％的温生理盐水或 0.02％新洁尔灭、0.1％高锰酸钾、1％～2％碳酸氢钠共 2000 毫升冲洗子宫，最后向子宫注入 200 万～400 万单位青霉素、洗必泰或其他抗生素类药物。全身症状严重时，使用抗生素或磺胺类药物进行肌内注射。患慢性子宫内膜炎的病猪，可使用催产素等子宫收缩剂，促进子宫内炎性分泌物的排出。再用 200 万～400 万单位青霉素加 100 万单位链霉素，混于高压灭菌的植物油 20 毫升注入子宫内。冲洗子宫可以每天一次或隔天一次，一般可以治愈。

十二、直肠脱及脱肛

直肠脱是指直肠后段全层脱出于肛门之外；脱肛是指直肠后段的黏膜脱出于肛门之外。

（一）病因

主要由便秘和反复腹泻造成的肛门括约肌松弛引起。

（二）诊断要点

2～4 月龄的猪发病较多。病初仅在排便后有小段直肠黏膜外翻，但仍能恢复，如果反复便秘或下痢，不断努责，则脱出的黏膜或肠段长时间不能恢复，引起水肿，最后黏膜坏死、结痂，病猪逐渐衰弱，精神不振，食欲减退，排粪困难。

（三）防治

必须认真改善饲养管理，特别是对幼龄猪，注意增喂青绿饲料，饮水要充足，运动要适当，保持圈舍干燥。经常检查粪便情况，做到早发现、早治疗。

发病初期，脱出体外的直肠段很短，应用 1%明矾水或用 0.5%高锰酸钾水洗净脱出的肠管及肛门周围，再提起猪的后腿，慢慢送回腹腔。脱出时间较长，水肿严重，甚至部分黏膜坏死时，可用 0.1%高锰酸钾水冲洗干净，小心剪除坏死的黏膜，注意不要损伤肠管肌层，然后轻轻整复，并在肛门上下左右分四点注射 95%酒精，每点 2～3 毫升。还可针穿刺水肿黏膜后，用纱布包扎，挤出水肿液，再按压整复，之后在肛门周围作荷包口状缝合，缝合后打结应松些，使猪能顺利排粪。为了防止剧烈努责造成肠管再度脱出，可于交巢穴注射 1%盐酸普鲁卡因液 5～10 毫升。若直肠脱出部分已坏死糜烂，不能整复时，则可采取截除手术。

附　录

一、不同阶段猪的体温，呼吸和心跳数

猪的阶段	肛门温度 （范围为±0.3℃）/℃	呼吸 /（次/分钟）	心跳 /（次/分钟）
生后1小时的仔猪	36.8		
生后12小时的仔猪	38.0		
生后24小时的仔猪	38.6	50～60	200～250
未断奶仔猪	39.2		
保育仔猪	39.3	25～40	90～100
后备猪	39	30～40	80～90
育肥猪（50～90千克）	38.8	25～35	75～85
妊娠母猪	38.7	13～18	70～80
母猪产前6小时	39.0	95～105	
产第一头仔猪后的母猪	39.4	35～45	
产后12小时的母猪	39.7	20～30	
产后24小时的母猪	40.0	15～22	
产后1周至断奶的母猪	39.3		
断奶后的母猪	38.6		
种公猪	38.4	13～18	70～80

二、母猪繁殖生理常数

项目	指标
母猪性成熟期	3～8 月龄
性周期	21 天
产后发情期	断奶后 3～5 天
绝经期	6～8 年
寿命	12～16 年
开始繁殖日龄	8～10 月
可供繁殖年龄	4～5 年
1 年产仔胎数	2.0～2.5 胎
每胎产仔数	8～15 头
母猪分娩时子宫颈开张	2～6 小时
分娩时每个胎儿出生间隔	1～30 分钟
胎衣排出时间	10～60 分钟
恶露排出时间	2～3 天
妊娠期	114 天

三、母猪分娩日期推算表

月．日

配种	1 月	2 月	3 月	4 月	5 月	6 月	7 月	8 月	9 月	10 月	11 月	12 月
1 日	4.25	5.26	6.23	7.24	8.23	9.23	10.23	11.23	12.24	1.23	2.23	3.25
2 日	4.26	5.27	6.24	7.25	8.24	9.24	10.24	11.24	12.25	1.24	2.24	3.26
3 日	4.27	5.28	6.25	7.26	8.25	9.25	10.25	11.25	12.26	1.25	2.25	3.27
4 日	4.28	5.29	6.26	7.27	8.26	9.26	10.26	11.26	12.27	1.26	2.26	3.28
5 日	4.29	5.30	6.27	7.28	8.27	9.27	10.27	11.27	12.28	1.27	2.27	3.29
6 日	4.30	5.31	6.28	7.29	8.28	9.28	10.28	11.28	12.29	1.28	2.28	3.30
7 日	5.1	6.1	6.29	7.30	8.29	9.29	10.29	11.29	12.30	1.29	3.1	3.31
8 日	5.2	6.2	6.30	7.31	8.30	9.30	10.30	11.30	12.31	1.30	3.2	4.1
9 日	5.3	6.3	7.1	8.1	8.31	10.1	10.31	12.1	1.1	1.31	3.3	4.2
10 日	5.4	6.4	7.2	8.2	9.1	10.2	11.1	12.2	1.2	2.1	3.4	4.3
11 日	5.5	6.5	7.3	8.3	9.2	10.3	11.2	12.3	1.3	2.2	3.5	4.4
12 日	5.6	6.6	7.4	8.4	9.3	10.4	11.3	12.4	1.4	2.3	3.6	4.5
13 日	5.7	6.7	7.5	8.5	9.4	10.5	11.4	12.5	1.5	2.4	3.7	4.6
14 日	5.8	6.8	7.6	8.6	9.5	10.6	11.5	12.6	1.6	2.5	3.8	4.7

续表

配种	1月	2月	3月	4月	5月	6月	7月	8月	9月	10月	11月	12月
15日	5.9	6.9	7.7	8.7	9.6	10.7	11.6	12.7	1.7	2.6	3.9	4.8
16日	5.10	6.10	7.8	8.8	9.7	10.8	11.7	12.8	1.8	2.7	3.10	4.9
17日	5.11	6.11	7.9	8.9	9.8	10.9	11.8	12.9	1.9	2.8	3.11	4.10
18日	5.12	6.12	7.10	8.10	9.9	10.10	11.9	12.10	1.10	2.9	3.12	4.11
19日	5.13	6.13	7.11	8.11	9.10	10.11	11.10	12.11	1.11	2.10	3.13	4.12
20日	5.14	6.14	7.12	8.12	9.11	10.12	11.11	12.12	1.12	2.11	3.14	4.13
21日	5.15	6.15	7.13	8.13	9.12	10.13	11.12	12.13	1.13	2.12	3.15	4.14
22日	5.16	6.16	7.14	8.14	9.13	10.14	11.13	12.14	1.14	2.13	3.16	4.15
23日	5.17	6.17	7.15	8.15	9.14	10.15	11.14	12.15	1.15	2.14	3.17	4.16
24日	5.18	6.18	7.16	8.16	9.15	10.16	11.15	12.16	1.16	2.15	3.18	4.17
25日	5.19	6.19	7.17	8.17	9.16	10.17	11.16	12.17	1.17	2.16	3.19	4.18
26日	5.20	6.20	7.18	8.18	9.17	10.18	11.17	12.18	1.18	2.17	3.20	4.19
27日	5.21	6.21	7.19	8.19	9.18	10.19	11.18	12.19	1.19	2.18	3.21	4.20
28日	5.22	6.22	7.20	8.20	9.19	10.20	11.19	12.20	1.20	2.19	3.22	4.21
29日	5.23		7.21	8.21	9.20	10.21	11.20	12.21	1.21	2.20	3.23	4.22
30日	5.24		7.22	8.22	9.21	10.22	11.21	12.22	1.22	2.21	3.24	4.23
31日	5.25		7.23		9.22		11.22	12.23		2.22		4.24

四、猪只各个阶段的采食量与饮水量

（一）猪只各个阶段的采食量

按猪的体重计算：

喂量＝实际体重×系数

猪的采食量系数为：小猪 0.05，中猪 0.04，大猪 0.03。

10 千克的猪每天吃 0.6 千克；15 千克的猪每天吃 0.75 千克；

20 千克的猪每天吃 1.05 千克；25 千克的猪每天吃 1.35 千克；

30 千克的猪每天吃 1.65 千克；35 千克的猪每天吃 1.725 千克；

40 千克的猪每天吃 1.8 千克；45 千克的猪每天吃 1.875 千克；

50 千克的猪每天吃 1.95 千克；55 千克的猪每天吃 2.025 千克；

60 千克的猪每天吃 2.1 千克；65 千克的猪每天吃 2.25 千克；

70 千克的猪每天吃 2.4 千克；75 千克的猪每天吃 2.55 千克；

80 千克的猪每天吃 2.7 千克；85 千克的猪每天吃 2.85 千克；
90 千克的猪每天吃 3 千克。

（二）猪只各个阶段的饮水量

10 千克断奶仔猪每天的饮水量为 0.67～2.5 升；
25 千克生长猪每天的饮水量为 1.9～4.5 升；
50 千克育肥猪每天的饮水量为 3.0～6.8 升；
100 千克育肥猪每天饮水量为 6.0～12.0 升；
怀孕母猪每天饮水量为 7.0～17.0 升；
哺乳母猪每天饮水量为 14.0～29.0 升。

参考文献

[1] 韩一超. 猪场兽医师手册. 北京：金盾出版社，2009.

[2] 王志远，羊建平. 猪病防治. 第二版. 北京：中国农业出版社，2014.

[3] 李连任. 现代高效规模养猪实战技术问答. 北京：化学工业出版社，2015.